水利水电工程施工技术全书

第一卷 地基与基础工程

第八册

深层搅拌技术

刘保平 等 编著

中国水利水电出版社

www.waterpub.com.cn

·北京·

内 容 提 要

本书是《水利水电工程施工技术全书》第一卷《地基与基础工程》中的第八分册。本书系统地阐述了深层搅拌技术的施工方法和应用，主要内容包括：综述、技术原理、工程设计、材料与浆液、施工设备、施工组织设计、工程施工、质量控制、质量检查与验收、安全环保与节能减排、工程案例等。

本书可作为水利水电工程施工领域的工程技术人员、工程管理人员和高级技术工人的工具书，也可供从事水利水电工程科研、设计、建设及运行管理和相关企事业单位的工程技术人员、工程管理人员使用，并可作为大专院校水利水电工程及机电专业师生教学参考书。

图书在版编目（C I P）数据

深层搅拌技术 / 刘保平等编著. -- 北京 ： 中国水
利水电出版社，2018.6
（水利水电工程施工技术全书. 第一卷. 地基与基础
工程 ； 第八册）
ISBN 978-7-5170-6695-8

Ⅰ. ①深… Ⅱ. ①刘… Ⅲ. ①深层搅拌法 Ⅳ.
①TU472.3

中国版本图书馆CIP数据核字(2018)第175238号

书　　名	水利水电工程施工技术全书 **第一卷　地基与基础工程** **第八册　深层搅拌技术** SHENCENG JIAOBAN JISHU	
作　　者	刘保平　等 编著	
出版发行	中国水利水电出版社 （北京市海淀区玉渊潭南路1号D座　100038） 网址：www.waterpub.com.cn E-mail：sales@waterpub.com.cn 电话：(010) 68367658（营销中心）	
经　　售	北京科水图书销售中心（零售） 电话：(010) 88383994、63202643、68545874 全国各地新华书店和相关出版物销售网点	
排　　版	中国水利水电出版社微机排版中心	
印　　刷	北京瑞斯通印务发展有限公司	
规　　格	184mm×260mm　16开本　19.25印张　456千字	
版　　次	2018年6月第1版　2018年6月第1次印刷	
印　　数	0001—3000册	
定　　价	**88.00元**	

《水利水电工程施工技术全书》
编审委员会

《水利水电工程施工技术全书》
各卷主（组）编单位和主编（审）人员

卷序	卷名	组编单位	主编单位	主编人	主审人
第一卷	地基与基础工程	中国电力建设集团（股份）有限公司	中国电力建设集团（股份）有限公司 中国水电基础局有限公司 中国葛洲坝集团基础工程有限公司	宗敦峰 肖恩尚 焦家训	谭靖夷 夏可风
第二卷	土石方工程	中国人民武装警察部队水电指挥部	中国人民武装警察部队水电指挥部 中国水利水电第十四工程局有限公司 中国水利水电第五工程局有限公司	梅锦煜 和孙文 吴高见	马洪琪 梅锦煜
第三卷	混凝土工程	中国电力建设集团（股份）有限公司	中国水利水电第四工程局有限公司 中国葛洲坝集团有限公司 中国水利水电第八工程局有限公司	席　浩 戴志清 涂怀健	张超然 周厚贵
第四卷	金属结构制作与机电安装工程	中国能源建设集团（股份）有限公司	中国葛洲坝集团有限公司 中国电力建设集团（股份）有限公司 中国葛洲坝建设有限公司	江小兵 付元初 张　晔	付元初
第五卷	施工导（截）流与度汛工程	中国能源建设集团（股份）有限公司	中国能源建设集团（股份）有限公司 中国葛洲坝集团有限公司 中国水利水电第八工程局有限公司	周厚贵 郭光文 涂怀健	郑守仁

《水利水电工程施工技术全书》
第一卷《地基与基础工程》编委会

《水利水电工程施工技术全书》
第一卷《地基与基础工程》
第八册《深层搅拌技术》
编写人员名单

主　　编：刘保平

审　　稿：刘　健

编写人员：陈　武　赵建强　刘中华　张广玉

序 一

水利水电工程建设在我国作为一项基础建设事业，已经走过了近百年的历程，这是一条不平凡而又伟大的创业之路。

新中国成立66年来，党和国家领导一直高度重视水利水电工程建设，水电在我国已经成为了一种不可替代的清洁能源。我国已经成为世界上水电装机容量第一位的大国，水利水电工程建设不论是规模还是技术水平，都处于国防领先或先进水平，这是几代水利水电工程建设者长期艰苦奋斗所创造出来的。

改革开放以来，特别是进入21世纪以后，我国的水利水电工程建设又进入了一个前所未有的高速发展时期。到2014年，我国水电总装机容量突破3亿kW，占全国电力装机容量的23%。发电量也历史性地突破31万亿kW·h。水电作为我国当前重要的可再生能源，为我国能源电力结构调整、温室气体减排和气候环境改善做出了重大贡献。

我国水利水电工程建设在新技术、新工艺、新材料、新设备等方面都取得了突破性的进展，无论是技术、工艺，还是在材料、设备等方面，都取得了令人瞩目的成就，它不仅推动了技术创新市场的活跃和发展，也推动了水利水电工程建设的前进步伐。

为了对当今水利水电工程施工技术进展进行科学的总结，及时形成我国水利水电工程施工技术的自主知识产权和满足水利水电建设事业的工作需要，全国水利水电施工技术信息网组织编撰了《水利水电工程施工技术全书》。该全书编撰历时5年，在编撰过程中组织了一大批长期工作在工程建设一线的中青年技术负责人和技术骨干执笔，并得到了有关领导、知名专家的悉心指导和审定，遵循"简明、实用、求新"的编撰原则，立足于满足广大水利水电工程技术人员的实际工作需要，并注重参考和指导价值。该全书内容涵盖了水利水电工程建设地基与基础工程、土石方工程、混凝土工程、金属结构制作与机电安装工程、施工导（截）流与度汛工程等内容的目标任务、原理方法及工程实例，既有理论阐述，又有实例介绍，重点突出，图文并茂，针对性及可操作性强，对今后的水利水电工程建设施工具有重要指导作用。

《水利水电工程施工技术全书》是对水利水电施工技术实践的总结和理论提炼，是一套具有权威性、实用性的大型工具书，为水利水电工程施工"四新"技术成果的推广、应用、继承、创新提供了一个有效载体。为大力推动水利水电技术进步和创新，推进中国水利水电事业又好又快地发展，具有十分重要的现实意义和深远的科技意义。

水利水电工程是人类文明进步的共同成果，是现代社会发展对保障水资源供给和可再生能源供应的基本需求，水利水电工程施工技术在近代水利水电工程建设中起到了重要的推动作用。人类应对全球气候变化的共识之一是低碳减排，尽可能多地利用绿色能源就成为重要选择，太阳能、风能及水能等成为首选，其中水能蕴藏丰富、可再生性、技术成熟、调度灵活等特点成为最优的绿色能源。随着水利水电工程建设与管理技术的不断发展，水利水电工程，特别是一些高坝大库能有效利用自然条件、降低开发运行成本、提高水库综合效能，高坝大库的（高度、库容）记录不断被刷新。特别是随着三峡、拉西瓦、小湾、溪洛渡、锦屏、向家坝等一批大型、特大型水利水电工程相继建成并投入运行，标志着我国水利水电工程技术已跨入世界领先行列。

近年来，我国水利水电工程施工企业积极实施走出去战略，海外市场开拓业绩突出。目前，我国水利水电工程施工企业在亚洲、非洲、南美洲多个国家承建了上百个水利水电工程项目，如尼罗河上的苏丹麦洛维水电站、号称"东南亚三峡工程"的马来西亚巴贡水电站、巨型碾压混凝土坝泰国科隆泰丹水利工程、位居非洲第一水利枢纽工程的埃塞俄比亚泰克泽水电站等，"中国水电"的品牌价值已被全球业内所认可。

《水利水电工程施工技术全书》对我国水利水电施工技术进行了全面阐述。特别是在众多国内外大型水利水电工程成功建设后，我国水利水电工程施工人员创造出一大批新技术、新工法、新经验，对这些内容及时总结并公开出版，与全体水利水电工作者分享，这不仅能促进我国水利水电行业的快速发展，提高水利水电工程施工质量，保障施工安全，规范水利水电施工行业发展，而且有助于我国水利水电行业走进更多国际市场，展示我国水利水电行业的国际形象和实力，提高我国水利水电行业在国际上的影响力。

该全书的出版不仅能提高水利水电工程施工的技术水平，而且有助于提高我国水利水电行业在国内、国际上的影响力，我在此向广大水利水电工程建设者、工程技术人员、勘测设计人员和在校的水利水电专业师生推荐此书。

2015 年 4 月 8 日

序 二

《水利水电工程施工技术全书》作为我国水利水电工程技术综合性大型工具书之一，与广大读者见面了！

这是一套非常好的工具书，它也是在《水利水电工程施工手册》基础上的传承、修订和创新。集中介绍了进入 21 世纪以来我国在水利水电施工领域从施工地基与基础工程、土石方工程、混凝土工程、金属结构制作与机电安装工程、施工导（截）流与度汛工程等方面采用的各类创新技术，如信息化技术的运用：在施工过程模拟仿真技术、混凝土温控防裂技术与工艺智能化等关键技术，应用了数字信息技术、施工仿真技术和云计算技术，实现工程施工全过程实时监控，使现代信息技术与传统筑坝施工技术相结合，提高了混凝土施工质量，简化了施工工艺，降低了施工成本，达到了混凝土坝快速施工的目的；再如碾压混凝土技术在国内大规模运用：节省了水泥，降低了能耗，简化了施工工艺，降低了工程造价和成本；还有，在科研、勘察设计和施工一体化方面，数字化设计研究面向设计施工一体化的三维施工总布置、水工结构、钢筋配置、金属结构设计技术，推广复杂结构三维技施设计技术和前期项目三维枢纽设计技术，形成建筑工程信息模型的协同设计能力，推进建筑工程三维数字化设计移交标准工程化应用，也有了长足的进步。因此，在当前形势下，编撰出一部新的水利水电施工技术大型工具书非常必要和及时。

随着水利水电工程施工技术的不断推进，必然会给水利水电施工带来新的发展机遇。同时，也会出现更多值得研究的新课题，相信这些都将对水利水电工程建设事业起到积极的促进作用。该全书是当今反映水利水电工程施工技术最全、最新的系列图书，体现了当前水利水电最先进的施工技术，其中多项工程实例都是曾经创造了水利水电工程的世界纪录。该全书总结的施工技术具有先进性、前瞻性，可读性强。该全书的编者们都是参加过我国大型水利水电工程的建设者，有着非常丰富的各专业施工经验。他们以高度的社会责任感和使命感、饱满的工作热情和扎实的工作作风，大力发展和创新水电科学技术，为推进我国水利水电事业又好又快地发展，做出了新的贡献！

近年来，我国水利水电工程建设快速发展，各类施工技术日臻成熟，相继建成了三峡、龙滩、水布垭等具有代表性的水电工程，又有拉西瓦、小湾、溪洛渡、锦屏、糯扎渡、向家坝等一批大型、特大型水电工程，在施工过程中总结和积累了大量新的施工技术，尤其是混凝土温控防裂的施工方法在三峡水利枢纽工程的成功应用，高寒地区高拱坝冬季施工综合技术在拉西瓦等多座水电站工程中的应用……其中的多项施工技术获得过国家发明专利，达到了国际领先水平，为今后水利水电工程施工提供了参考与借鉴。

目前，我国水利水电工程施工技术已经走在了世界的前列，该全书的出版，是对我国水利水电工程建设领域的一大贡献，为后续在水利水电开发，例如金沙江上游、长江上游、通天河、黄河上游的水电开发、南水北调西线工程等建设提供借鉴。该全书可作为工具书，为广大工程建设者们提供一个完整的水利水电工程施工理论体系及工程实例，对今后水利水电工程建设具有指导、传承和促进发展的显著作用。

《水利水电工程施工技术全书》的编撰、出版是一项浩繁辛苦的工作，也是一个具有创造性的劳动过程，凝聚了几百位编、审人员近 5 年的辛勤劳动，克服了各种困难。值此该全书出版之际，谨向所有为该全书的编撰给予关心、支持以及为此付出了辛勤劳动的领导、专家和同志们表示衷心的感谢！

马洪琪

2015 年 4 月 18 日

前　言

由全国水利水电施工技术信息网组织编写的《水利水电工程施工技术全书》第一卷《地基与基础工程》共分为 8 册,《深层搅拌技术》为第八册,由北京江河神州水电工程有限公司编写。

深层搅拌技术俗称深层搅拌法,是建筑物地基加固、堤坝防渗、基坑支护等常用的一种工程技术。深层搅拌是相对于浅层搅拌而言,一般施工深度大于 5.0m。深层搅拌掺入材料有水泥和石灰,材料状态有浆体和粉体。本书仅讨论最常使用的水泥浆液作为掺入材料的工艺方法。深层搅拌技术始于第二次世界大战后,由美国最先发明,1953 年引入日本,1974 年开始在日本投入实际应用。1977 年中国从日本引进该技术。1980 年该技术首次在上海宝钢应用于设备基础工程。1995 年在山东沂沭河拦河坝基础防渗中该技术首次应用于水利工程。深层搅拌技术在近 20 多年发展十分迅速,施工设备已由单头发展到一机五头;应用领域涉及水利水电工程、工业与民用建筑工程、铁路工程、公路工程、市政工程和环境工程等。该技术应用工程量十分巨大,如山东滨州黄河大桥路基加固工程深层搅拌桩应用工程量就达 70 万延米;又如1998 年长江大洪水后,用于长江大堤加固的多头小直径深层搅拌防渗墙面积就高达 320 万 m^2;再如山东东平湖水库加固工程,仅一个工程就使用多头小直径深层搅拌防渗墙面积 120 万 m^2。据不完全统计,截至 2010 年年底,使用该技术在大堤大坝(土坝)上建造的防渗墙面积已超过 2000 万 m^2。

深层搅拌技术被广泛应用,其缘故在于:①随着改革开放的不断深入,大规模的城市建设和水利水电等基础设施建设中的地基处理需求大大增加,该技术是一种较廉价的施工方法,适合大规模应用;②施工所需要的加固材料主要是普通水泥,便于就地取材;③施工设备具有施工工效高、振动小、无噪音、无污染等特点,而且设备投资不大;④施工工艺简单,机械化程度高,便于操作,质量易于控制。虽然深层搅拌技术已较为成熟,但仍有一些需要进一步研究的问题。如桩土的受力机理、力的传播关系；复合地基、复合模量及下卧层的沉降计算；水泥土渗透特性和水泥土的抗冻性研究等。

本书是作者依据工程实践中大量工程实例的经验教训、大量试验研究成果和国内外成熟的技术资料编写而成，在编写过程中尽可能吸收国内外的最先进的深层搅拌技术。截至目前，在国内水利水电行业，本书是最系统全面地介绍深层搅拌技术的专著。

本书由刘保平负责主编，具体编写综述、技术原理、工程设计及工程施工章节，并对全书进行统稿编写。本书在写作过程中得到了陈武的大力帮助，他帮助收集了大量资料，参与编写了工程设计的部分内容和材料浆液的内容，并负责全书插图的绘制工作；赵建强负责编写了质量控制和安全环保与节能减排方面的内容；刘中华参与编写了施工设备、质量检查与验收等章节内容，并提供了部分工程案例；张广玉参与了施工设备和工程案例章节的编写工作。编写过程中得到刘勇多次指导，并提供了一些资料。安徽水利科学研究院接受了本册主编人所在单位——堤坝安全（北京）科技有限公司委托，为本书做了大量实验研究，在此深表由衷的感谢。本书在编写过程中，还参考了大量国内外的文献资料和研究报告，特向提供资料的个人和单位表示衷心的感谢！

鉴于编者水平和经验有限，书中难免有不足和疏漏之处，恳请读者批评指正。

作　者

2018 年 4 月

目　录

1 综 述

1.1 概论

人类的建筑工程活动离不开场地和地基，而地基是指承托建（构）筑物基础的这一部分地质体。根据建（构）筑物性质不同，地基存在强度及稳定性、压缩及不均匀沉降、渗漏水、液化、特殊土的特殊指标等五类工程指标和相应的地质问题。这种地基土的工程特性不能或者部分不能满足工程需求所产生的地质问题，需要提高地基承载力、改善其变形性质、降低地基土渗透性质或改善地基土的其他不良工程性质，可采取人工方法对地基土进行处理，来满足工程需要，这一系列的工程活动就是地基处理。地基处理的机理就是利用换填、夯实、挤密、排水、胶结、加筋和热学等方法对地基土进行加固，改良地基土的工程特性，以解决上述这五类问题。根据地基土的加固机理，地基处理主要方法基本可分为置换、排水固结、灌入固化物、振密和挤密、加筋、冷热处理、托换、纠倾与迁移。深层搅拌法是通过向地基土中灌入固化物，并原地搅拌，使地基土固结，从而改善地基土的结构特性和工程性质，起到承压、减沉和防渗的作用，是一种重要的地基处理方式。

1.1.1 定义及分类

（1）定义。深层搅拌技术俗称深层搅拌法（Deep Mixing Method，简称 DMM）。它是利用深层搅拌桩机在较软弱的地层中，在钻进或提升过程中，向土层中喷射浆液的同时钻头旋转搅拌，使喷入土层中的浆液与原土充分拌和在一起，形成抗压强度比天然土强度高得多，并具有整体性、水稳定性的桩柱体。搅拌桩柱体和桩周土构成复合地基，可以提高原地基承载力1～2倍，达到地基加固的目的；也可将这类桩柱体相割搭接排成一列，形成连续墙体，作为水利工程堤坝防渗墙；还可以把这种桩柱体相割搭接成多排墙体、箱体，或在墙体中插入钢筋（或型钢）构成地下连续墙，作为挡土防渗墙，起到基坑支护的作用。

深层搅拌是相对浅层搅拌而言。我国古代使用石灰、黏土和砂子形成三合土修筑驿道；20世纪20年代，美国及欧洲一些国家在软土上修建公路时，经常采用"水泥稳定土"作为路基。这种石灰土或水泥土是按地基加固范围，从地表挖取1.0～3.0m的软土，在机械或人工掺入石灰或水泥，经混合搅拌后，回填到原处压实，此种加固软土的方法即浅层搅拌法。浅层搅拌处理深度多在1.0～2.0m，一般不超过4.0m。深层搅拌法加固深度一般大于5.0m。国内陆地最大加固深度已达30m，国外陆地最大加固深度已达48m。国外及我国海上最大加固深度均已达60m。本书仅介绍使用特制机械在陆地把水泥浆喷入地基深处就地加固原土,而无需将被加固土取出的施工方法,即深层搅拌法。

(2) 分类。深层搅拌技术包括机械搅拌式和高压喷射式。机械搅拌式深层搅拌法是通过主动力带动钻头在地下强制搅拌天然土体和固化剂,使固化剂与土体充分搅拌混合,形成桩柱体;高压喷射式深层搅拌法是用高压水、压缩空气以及注浆材料将地基土原地破碎、切削,使固化剂和被加固土体充分混合形成桩柱体。高压喷射式深层搅拌法形成的实质上就是高压喷射灌浆中的旋喷桩,高压喷射式深层搅拌桩(旋喷桩)工法见本全书第一卷其他分册。本书只涉及机械搅拌式深层搅拌法,在无特别注明时,深层搅拌桩就是指机械搅拌式深层搅拌桩。

工程特性不同,土体上工程建造类型不一,土体加固目的各异,因而,深层搅拌桩种类很多。根据施工材料、机具等不同,深层搅拌桩有多种分类方法。

1) 深层搅拌桩按照施工添加材料的种类分为石灰搅拌桩、水泥搅拌桩和其他固化材料的搅拌桩。

采用生石灰对土体进行加固处理的历史悠久,我国早在春秋战国前就使用石灰、黏土和砂子三合土修筑驿道,秦朝时代万里长城和千里堤防都是采用石灰加固的土料建造而成,古埃及也曾使用石灰、烧石膏和砂子来加固金字塔地基和尼罗河河堤。石灰是$CaCO_3$经过高温煅烧为生石灰(也称消石灰,化学分子式 CaO),生石灰浸水后熟化为熟石灰[化学分子式 $Ca(OH)_2$],石灰体积发生膨胀,同时释放大量的热能,熟石灰进一步与土体中的相应的离子交换和胶凝反应,上述三种作用共同发挥,使被加固区的土体强度得以大幅度提高,达到加固的目的。石灰搅拌法于 1967 年由瑞典人提出,同时日本开始了石灰搅拌机械的研制,于 1974 年开始在软土地基加固工程中应用。石灰通常以粉体与土搅拌,在北欧及东南亚各国均有应用,我国应用尚不多。

水泥深层搅拌桩是以水泥作为主要固化剂,通过机械把固化剂掺入地下,在机械强制搅拌下,固化剂与土体反应,达到加固地基的效果。水泥深层搅拌桩应用最为广泛,在无特别注明时,本书深层搅拌桩就特指水泥深层搅拌桩。

水泥中也可掺入一定比例的粉煤灰或其他具有化学活性的工业废料,如磨细的高炉矿渣等。我国上海市建筑科学研究院等单位,已成功完成利用地方性工业废料生产的胶结料取代水泥,用于止水帷幕搅拌桩的研究,包括胶结料的小批量生产及其材料性能试验、拌和料的物理力学性能试验及工程应用试验等一系列工作,已获得成功,并通过了上海市市级鉴定。此类桩被命名为"工业废料土搅拌桩"。

随着人类工程活动对地基更高的要求和科技水平的进步,其他更为高效的固化剂也将研制出来并付诸工程实践。

2) 深层搅拌桩按其所使用水泥的物理状态不同,分为浆体搅拌桩和粉体搅拌桩两类。

浆体搅拌桩是以水为载体,按照一定的水灰比,将水泥融入符合要求的水中,搅拌制成水泥浆,用浆泵通过搅拌轴、钻头等机械部件把水泥浆注入深层土体,进行机械搅拌,形成桩柱体。

粉体搅拌桩是以压缩空气为载体,利用空压机产生的气流,将水泥粉体输送到土体中,进行机械搅拌,使水泥粉与土体搅拌混合,土体中的水分、矿物质与水泥发生系列的反应,形成桩柱体。

目前的工程实践表明，我国水泥浆体搅拌桩应用较广。粉体搅拌桩宜用于土中含水量大于 30％的情况。遇含水量在 30％以下的土，若进行粉喷加固，必须注水搅拌。

3）深层搅拌桩由于其施工机械所具有的搅拌头数目的不同可分为单头、双头和多头（目前国内常用机械最多有五头）深层搅拌桩。

根据施工机械的施工动力条件，由主机同时驱动单个、两个或多个钻杆，带动单个、两个或多个钻头进行深层搅拌施工。以桩机同时施工钻头的数量形成的桩数分为单头、双头、多头深层搅拌桩，目前较常用机械有单头、双头、三头、四头和五多头深层搅拌设备。在国外已有一机采用八个钻头的深层搅拌设备。

在地基处理中常用单头和双头深层搅拌桩；在防渗墙和基坑支护中常用多头深层搅拌桩。单头深层搅拌设备钻头直径一般为 500～700mm；双头深层搅拌设备钻头直径一般为 700～800mm；多头深层搅拌设备钻头有小直径和大直径之分，小直径钻头直径一般为 300～450mm，大直径钻头直径一般为 550～850mm。

4）深层搅拌桩根据其桩体内是否配有加筋材料分为加筋搅拌桩与非加筋搅拌桩。

上海、北京等地曾在 20 世纪 80 年代后期在搅拌桩中插毛竹、钢筋笼或轻型角钢组合骨架等，以增强其韧性。自 90 年代中期开始进一步研究并直接引进了日本的 SMW 工法及其施工机械，在搅拌桩中插入 H 形钢，并将该法命名为"加筋水泥土搅拌桩"。上海已有环球世界大厦、申海大厦、东方明珠二期工程等基坑围护结构采用加筋水泥土搅拌桩。上海、南京、武汉等地地铁建设中也已广泛应用。SMW 工法在日本于 1976 年问世，至今已成为日本建造地下连续墙的主要工法之一。它在我国台湾地区、香港特区以及泰国、新加坡和美国、英国、法国等国家已被广泛应用。

本书主要讨论以水泥浆为固化剂的非加筋深层搅拌桩和防渗墙的施工，在施工中使用单头、双头和多头搅拌桩机。

1.1.2 特点及应用

（1）特点。

1）深层搅拌桩是具有少量挤土的非置换桩，它的挤土不同于打入式挤土桩，主要是施工时水泥浆有一定压力，水泥浆压入地基后，在黏性土层中超孔隙水压力来不及消散，以致造成少量挤土现象。

2）桩体形状不一定呈独立的柱状，可以进行多个乃至无数个圆柱形的搭接组合。

3）深层搅拌桩桩身水泥土渗透性小，多个桩搭接成防渗墙能防渗止水。

4）深层搅拌桩作为柱状桩时，布桩间距可稀可密，几乎不受限制。

5）深层搅拌桩可以与其他桩型配合使用，从而共同形成复合地基或高强复合地基，或分别发挥防渗止水和支挡抗弯作用。

6）桩身配有加筋材料时，它可以独立具有一定的竖向和横向承载力，这意味着它并非只是柔性桩，也可设计成为刚性桩。

7）深层搅拌技术施工速度快，造价较低。

8）深层搅拌技术施工噪声低、无污染。

9）深层搅拌技术充分利用原地基土土体，形成的桩体与原土体充分结合，共同构成复合地基或防渗墙，节约建筑材料。

10）深层搅拌技术施工对原有建筑物的影响较小，尤其在堤防和大坝防渗墙施工时，不开槽，不破坏堤坝稳定。

（2）应用。深层搅拌技术由于对地基具有加固、支挡、止水等多种功能，用途十分广泛，常用于以下方面的加固工程。

1）形成复合地基。深层搅拌桩的抗压强度和变形模量比天然土提高几十倍，甚至数百倍。深层搅拌桩和桩周围天然土层组成的复合地基的承载力较原土有较大提高，沉降量也显著减少，可用于水工建筑物、办公楼、工业厂房等构筑物地基加固；高速公路、铁路、堤防、土坝、大面积堆场等高填方地基加固。

2）形成防渗墙。深层搅拌桩相割搭接形成的防渗墙，连续、密实，渗透系数可小于1×10^{-6} cm/s，可用于堤防、土坝、水工建筑物基础防渗，还可用于泵站、水闸等水工建筑物的深基坑防渗帷幕。

3）形成水泥土支挡结构物。采用多排深层搅拌桩相割搭接形成格栅状水泥土墙用于河道、基坑开挖时边坡支护及地下管道沟槽开挖的围护结构，起稳定边坡的作用。同时，还可作为止水帷幕；当在搅拌桩中插入型钢作为围护结构时，开挖深度可加大。

1.1.3 适用范围

（1）适用土层。

1）深层搅拌技术适于加固各种成因的土层。按《建筑地基处理技术规范》（JGJ 79—2012）的规定：深层搅拌法适用于处理正常固结的淤泥与淤泥质土、粉土、饱和黄土、素填土、黏性土以及无流动地下水的饱和松散砂土等地基。在以前的实践中多认为深层搅拌法只适用于加固软土，随着施工机械的改进，钻进和搅拌能力的提高，适用土质范围在扩大。如在堤坝上建造防渗墙，就需要穿透碾压施工过的较硬的填土，加固下层透水性强的砂性土。《深层搅拌法技术规范》（DL/T 5425—2009）增加了含砾直径小于50mm的砂砾石土层的适用性规定。需要注意的是，在砂层厚度较大（一般大于5m），砂土密实度达中密以上的土层中施工时，施工中会出现钻进和提升困难现象，需要较大动力施工机械进行施工，较小动力设备（小于50kW）不适用该土层。

加固粗粒土时，应注意有无明显的流动地下水和承压水，尤其在江河堤防、土坝及其他水工建筑物地基施工水泥土防渗墙，应采取措施，防止固化剂尚未固结而遭冲损。遇有流动地下水和承压水的土层，施工前应经现场试验确定其适用性。

实践证明，土中含高岭石、多水高岭石、蒙脱石等矿物时，可取得最佳加固效果；土中含伊利石、氯化物和水铝英石等矿物时，加固效果较差；土的原始抗剪强度小于20～30kPa时，加固效果也较差。

2）当深层搅拌技术用于欠固结的淤泥和淤泥质土、泥炭土或土中有机质含量较高，土质呈酸性（pH<7）及地下水有侵蚀性时，宜通过试验确定其适用性。作为垂直承载桩时，深层搅拌桩处理欠固结的淤泥和淤泥质土时要通过试验论证，主要是为了避免加固后土体沉降对桩体产生负摩擦力。对于地下水中含有大量硫酸盐（海水渗入地区），因硫酸盐与水泥发生反应，对水泥土具有结晶性侵蚀，从而导致水泥土出现分裂、崩解而丧失强度，固化剂材料应选用抗硫酸盐水泥，使水泥土中产生的结晶膨胀物质控制在一定的数量范围内，以提高水泥土的抗侵蚀性能。

3）对于塑性指数 $I_p>25$ 的黏土、含砾直径小于 50mm 的砂砾层和无工程经验的地区，应通过现场试验确定本工法的适用性。当黏性土的塑性指数 $I_p>25$ 时，土的黏性很强，容易在搅拌头叶片上形成泥团，无法完成水泥土的拌和，难以提高土的强度。而对含砾直径小于 50mm 的砂砾层，其砂砾粒径 20～50mm 的含量一般应不大于 15％，以免影响搅拌效果。另外，值得注意的是机械设备的能力对适用性也有较大影响，如设备功率、钻头结构、提升力和下压力大小等因素。

4）当地表杂填土厚度大，且含直径大于 100mm 的石块或其他障碍物时，应先将其清除，而后采用深层搅拌技术施工。

（2）加固深度。目前国内的深层搅拌施工机械的施工深度一般为 25m 以内。对于以提高复合地基承载力为主要目的的地基处理工程，施工深度通常控制在 20m 以内，在有较高地基变形要求时，可通过论证确定施工深度；对于防渗工程，处理深度一般为 25m 以内，处理深度超过 25m 时，可进行现场试验确定。实践证明，施工深度主要取决于施工机械的能力和施工水平。

（3）适用环境。由于深层搅拌技术施工时无振动、无噪声、无废水污染、无大量弃土外运，一般不引起土体隆起或侧移，故对环境的适应性强，尤其适合于旧城改造或在建筑物和人口密集的场地中应用。在水电工程中，一般应考虑进场道路能通行 10t 以上大卡车，12t 以上的吊车、起重机等。施工场地要有不小于 5m 宽的工作面。由于施工机架的限制，需要有一定的净空高度，净空高度一般要大于施工深度尺寸的 3～5m，若有高压线路，还需要考虑安全距离。

（4）适应温度。一般情况下，温度大于 0℃的自然环境中均可施工。在负温条件下，原则上，若有必要的保温措施，只要输浆管路不被冻塞均可施工。但会增加施工成本，降低施工效率。

冰冻不会对施工质量造成实质性影响。研究表明，冰冻对水泥土的结构损害极小。在负温时，由于水泥与黏土矿物的各种反应减弱，水泥土的强度增长缓慢、甚至停止，但到正温后，随着水泥水化等反应的继续深入，水泥土强度可接近标准强度。

1.2 现状与发展

1.2.1 发展历史

水泥深层搅拌技术始于美国，美国在第二次世界大战后曾研制开发成功一种就地搅拌桩——MIP 工法，即从不断回转的、中空轴的端部向周围已被搅松的土中喷出水泥浆，经翼片的搅拌而形成水泥土桩，桩径 300～400mm，长度 10～12m。1953 年日本清水建设株式会社从美国引进了这种施工方法。1967 年日本港湾技术研究所参照 MIP 工法的特点，开始研制石灰搅拌施工机械。1974 年由于大型软土地基加固工程的需要，由日本港湾技术研究所、川崎钢铁厂和不动建设株式会社等厂家对石灰搅拌机械进行改造，合作开发研制成功水泥搅拌固化法（CMC 法），用于加固钢铁厂矿石堆场软土地基，加固深度达 32m。接着日本各大施工企业接连开发研制加固原理、固化剂相近，但施工机械规格、施工效率各异的深层搅拌机械，形成了多种工法。这些深层搅拌机械一般具有偶数个搅拌轴

（二根、四根或八根），单个搅拌翼片的直径最大可达 1.25m，一次加固的最大面积达到 9.6m²，多在港工建筑中的防波堤、码头岸壁及高速公路高填方下的深厚软土地基加固工程中应用。苏联在 1970 年也研究成功一种淤泥水泥土桩（类似于美国 MIP 工法），用于港湾建设工程中。在淤泥土含水量高达 100%～120% 时，掺入 10%～15% 的水泥后，所制成的水泥土半年龄期强度达到 300kPa。

国内于 1977 年 10 月开始进行深层搅拌法的室内试验和机械研制工作，于 1978 年末制造出国内第一台深层搅拌桩机及其配套设备，1980 年首次在上海宝钢三座卷管设备基础的软土地基加固中应用并获得成功。1984 年开始，国内已能批量生产成套深层搅拌机械设备。

深层搅拌技术在水利水电工程中的应用始于 20 世纪 90 年代初，主要用于闸基、泵站及电厂复合地基加固，1995 年用于山东省沂沭河拦河坝坝基防渗，效果较好，当时所用设备为单头深层搅拌桩。为了降低造价，提高工效，1997 年水利部淮委基础工程有限公司发明了多头小直径深层搅拌截渗技术，并在北京成立了北京振冲江河截渗技术开发有限公司，专门从事深层搅拌设备的研制开发及应用。1999 年多头小直径深层搅拌截渗技术和设备获全国第十二届发明展金奖，2001 年多头小直径深层搅拌机械的研制获得国家科技创新基金资助，2003 年列入"十五"国家重大技术攻关项目。目前，已开发出 BJS、ZCJ 系列多种机型，最多已达一机五头，施工深度已达 25m，已达国内领先水平，获得大禹水利科学技术奖。这一技术进步推动了深层搅拌技术在水利水电工程中的应用，已广泛用于水利水电工程的地基加固、边坡支护、堤坝防渗等工程。仅 2000 年上半年，该技术应用在长江堤防建造的防渗墙面积就达 98 万 m²。2003—2005 年山东省东平湖治理工程中使用深层搅拌技术建造水泥土防渗墙达 120 万 m²，最深达 25m。2007—2009 年的病险水库加固中仅淮河流域使用该技术的病险水库就多达 100 余座。据不完全统计，到 2010 年年底，在全国七大江河流域及新疆等地堤坝上建造的防渗墙面积已超过 2000 万 m²。

1.2.2　技术研究及现状

深层搅拌技术的广泛应用，取得了可观的经济和社会效益，但是，也出现了一些不容忽视的问题，其原因有两个方面：①理论研究落后于实践，对深层搅拌桩的认识不足，设计和施工质量控制技术标准不完善；②施工队伍迅速膨胀，良莠不齐，过度的市场竞争，过低的工程报价，降低了工程质量，乃至出现工程事故。为此，1998 年上海市建设委员会出台《关于加强水泥土搅拌桩质量管理通知》，限制了水泥土搅拌桩的适用范围。随后，天津等城市也出台了类似通知。该问题引起了许多学者的关注，对水泥土搅拌桩的强度、变形情况、渗透性等方面进行了大量的研究。

（1）水泥土强度性质研究。

1）水泥掺量和龄期。周丽萍、申向东根据单轴抗压试验成果研究，认为粉质黏土中随着水泥掺入比的增加，水泥土的抗压强度亦增加，随着龄期的增加，抗压强度也随之增加，认为水泥土抗压强度和龄期近似呈线性关系。徐至钧、曹名葆等人也得出同样的研究结果。

王珊珊、卢成原、孟凡丽根据水泥土不固结不排水剪切试验（UU 剪切试验）结果，认为当水泥土掺入比小于 33% 时，水泥土抗剪强度随着水泥土掺入比增加而增大。90d 比

28d 龄期的抗压强度增长 26％～38％。

杨克斌、季根蔡通过室内试验，认为当水泥掺入比为 15％～18％时，强度值增加明显，掺入比大于 18％～28％时，强度增长幅度缓慢。

廖志萍、刘汉龙在堤身水泥土加固试验中，发现水泥土 28d 无侧限抗压强度，当水泥掺入比为 3％～5％时，小于 200kPa，当水泥掺入比为 8％～10％时，为 200～400kPa，认为堤身加固时，水泥掺入量应大于 8％。

杨滨、顾小安、黄寅春、董毅等人认为，影响水泥土强度的主要因素是水泥与土体之间的水化反应产物的凝结反应，水泥土中水泥含量直接决定了水泥土的强度，水泥掺入比是表示水泥土强度最有效参数。同时，指出水泥掺入比与水泥土前期固结压力有较好相关关系。

胡昕、洪宝宇、闵紫超等进行了温度变化对水泥土强度影响的试验研究，结果表明，1～4d 龄期水泥土无侧限抗压强度对温度不敏感，在 7～40d 龄期内，水泥土无侧限抗压强度随温度升高显著增大。选用黏土和粉土作为试验土料，设置试验温度 20℃、10℃ 和 −10℃。试验结果表明，低温时，黏性土抗压强度小于粉土，高温时，黏性土抗压强度大于粉土。较低温度下养护的水泥土表现出明显的脆性破坏。

Hayashi、Hirochika 等研究了水泥土桩长期强度衰减问题，结果表明，水泥土中钙质的流失程度很小，水泥土强度减少较小，说明水泥土材料属稳定材料。

2）外加剂及外掺料。曹宝飞给出了水泥土不同的掺入比、龄期、含水率、三乙醇胺（外加剂）的变形模量经验公式，外加剂掺量在 0～0.15％之间，随着掺量增加，50d 龄期水泥土变形模量 E_{50} 增大。

Rolling R.S 针对水泥土中添加硫酸盐进行试验，由于碳酸化作用，短期内可以使水泥土强度增加，但远期强度下降，在高浓度下将会破坏。

D. T. Eritius 等人对水泥土掺入粉煤灰进行试验研究，认为掺入粉煤灰可减小水泥土的变形模量 E_{50}。

王辉、肖祯雁对软土地基中添加粉煤灰水泥土进行试验，认为添加粉煤灰的水泥土改变了原有的颗粒级配，使水泥土固化程度提高，但过量掺入粉煤灰会影响水泥的水化反应，影响水泥凝胶体的形成。

邵玉芳、徐日庆、李增永、龚晓南认为，增加添加剂显著提高水泥土的强度。掺入新型液态添加剂（主要成分为胺类化合物、金属络合物和催化裂化剂等）能显著提高水泥土的强度，当水泥掺量不变时，能使水泥土强度提高 60％左右，在水泥用量减少 4％后，还能使水泥土强度提高约 40％。

王立峰通过对添加纳米硅的水泥土试验研究，认为纳米硅掺入水泥土中有利于水泥土硬化反应，水泥土强度随着纳米硅掺量增加而增加，纳米硅最佳掺入比为 15％～22.5％之间。

黄严在大量的试验基础上，认为加入水玻璃的水泥土比不加的强度大。

欧阳克莲、宁宝宽对不同溶液环境中水泥土强度的影响进行研究，结果表明：酸性和高浓度化学溶液环境对水泥土力学性质有腐蚀作用；碱性溶液环境对水泥土有增强作用，并认为碱性溶液可以提高无侧限抗压强度 30％。

Mohammad·L·N 等人对美国路易斯安那州路基水泥土中掺加纤维进行试验，结果表明水泥土中添加纤维可以提高水泥土韧性指标。

Osman·A·A 等人通过在水泥土中添加沸石试验研究，结果表明添加沸石可以减少 1/2 水泥掺入量。

Segetin，Michael 等人对水泥土中添加亚麻纤维进行试验研究，认为当水泥土中添加 0.6% 以上亚麻纤维，可以改善水泥土的脆性破坏状态。

Modoltin·C 等人讨论水泥土加入 $NaCl$、$CaCl_2$ 对水泥土的影响，结果表明加入后有利于离子之间交换，提高水泥土强度。

3）不同土质、不同含水率。朱龙芬采用干法和湿法配合比试验，研究了含水率变化对水泥土强度的影响，并对两种试验结果进行了对比分析，得到了含水率变化对水泥土强度影响的数值。同时，指出含水率是影响水泥强度的一个重要因素。

周承刚、高俊良通过室内试验表明，土体的含水率对水泥土强度具有负面作用，同时指出水泥土强度并不是随着水泥掺入比增加而增大关系，特别是对淤泥、淤泥质土、有机质土的水泥土抗压强度小于黏土。不同性质土料配制出的水泥土无侧限抗压强度不同。通过三轴剪切试验（CD），得到砂质土料的水泥土剪切强度为 $c=250kPa$，$\varphi=41.5°$。

马军庆、王有熙、李红梅、王广建根据水泥土直剪试验结果，认为土中粗颗粒含量越多，水泥土的内摩擦角 φ 越大，淤泥水泥土 $\varphi=25°\sim30°$；黏土水泥土 $\varphi=27°\sim32°$；粉土水泥土 $\varphi=30°\sim35°$；含砂质水泥土 $\varphi=34°\sim40°$。

宁建国、黄新、许晟研究结果表明，不同土样黏土颗粒含量、矿物成分、易溶盐含量和 pH 值不同，在相同的水泥掺量下，固化土孔隙液中 $Ca(OH)_2$ 和 OH^- 浓度不同，固化土中胶凝性物质生成量也不同，致使固化土抗压强度相差较大。

杨克斌、季根蔡研究后提出土样中砂粒含量多少对水泥土强度影响很大，一些地基淤泥及淤泥质土因砂粒含量较低，通过在水泥粉中掺入一定比例粉细砂可取得较满意的强度。通过降低地下水位，减少地基土的含水率，有利于水泥土强度的较早较快发挥。

汤怡新、刘汉龙、朱伟通过大量试验，认为水泥掺入量是抗压强度的首要决定因素，其次为土的天然含水率，并且得到抗压强度与土的含水率的平方成反比。

（2）水泥土变形特性研究。宁宝宽、王占国、冯慧慧对不同水泥掺量的水泥土进行了三轴不排水剪试验，探讨了围压、水泥掺入比等因素对水泥土强度、变形等力学性质的影响。

曹宝飞通过大量的不同条件下水泥土室内试验，得到不同水泥土掺入比、龄期、含水率、外加剂（三乙醇胺）条件下的 E_{50} 的经验公式。

曾芳金、沈翀、王军认为，水泥土的应力—应变关系曲线与混凝土的应力—应变关系曲线比较类似。水泥掺入比对应力—应变关系影响较大。随着水泥掺入比的增加，水泥土破坏峰值强度增大，呈脆性破坏；随着水泥掺入比增加，抗压强度增加，但轴向破坏应变减少。混凝土轴向破坏应变在 0.18%～0.23% 之间，而水泥土轴向破坏应变在 0.8%～2.0% 之间。但汤怡新通过试验认为水泥土单轴抗压试验破坏应变在 1%～2% 之间。

范晓秋经过大量水泥土试验，结果表明增加水泥掺入比、增加掺砂量、龄期延长、降低含水率使水泥土弹性模量增大，峰值应力强度提高、塑性变形减少。同时认为，水泥掺

入比和变形系数 E_{50} 呈线性关系。

王立峰通过对纳米硅水泥土试验，结果表明纳米硅水泥土破坏应变随着围压增加而增大，$\sigma_3 = 0$ 时，纳米硅水泥土破坏应变介于 $1.2\% \sim 2.0\%$。

郝巨涛对水泥土进行 CD、等 P 和等向压缩试验，给出了水泥土等向固结试验静水压力与体积变形关系曲线，从中分析认为水泥土与超固结土相似；小围压水泥土呈软化剪胀现象，随着围压升高，软化和剪胀现象减弱，当围压达到 0.6MPa，接近理想塑性材料。水泥土的弹性体变形经验方程为：

$$\varepsilon_v^e = 0.0032\ln\left(\frac{P}{P_u} + 0.5\right) \tag{1-1}$$

陈甦、彭建忠等认为，试件端部表面的平整度对水泥土应力—应变关系曲线的形状影响较大，特别是因端部不平整，使 ε_1 增加。因此，试验时试件表面必须磨平或用砂浆找平。

（3）水泥土防渗墙渗透特性研究。汤怡新、刘汉龙、朱伟通过对水泥土渗透试验，得到三种不同土质，随着水泥掺量增加渗透系数随之降低的特性。同时，给出了渗透系数随着养护期增长而降低的结论。

侯永锋认为，相同龄期的水泥土渗透系数随水泥土掺入比的增加而减小，水泥土掺入量大于 10% 以后，渗透系数下降变缓；相同掺入比的水泥土渗透系数亦随龄期的增大而减小；龄期大于 28d，渗透系数降低幅度趋于平缓；同时，当掺入比大于 15%，不同掺入比水泥土龄期达到 90d 后渗透系数差别较少，大小基本相等。

廖志萍认为，堤防水泥固化土随着水泥掺入比增加和龄期的增长，水泥土的渗透系数曲线开始阶段减小显著，后期趋于平缓；同时，指出水泥掺入量为 3%、5%、8%、10%，水灰比为 0.0、0.5、1.0，龄期 7d、14d、28d 时，水泥土渗透系数在 $1 \times 10^{-5} \sim 1 \times 10^{-6}$ cm/s 之间，均满足堤防加固所需的抗渗性要求。

柯臣尼（J. Kozeny）提出抛物线法计算土坝浸润线方程，利用复变函数保角变换求解不透水地基上均质土坝渗流浸润线方程，即设一个变换平面的函数，把需要求解的域变换成一个已解答的域。

王妍、陶军亮通过室内测定不同土层处桩体的渗透系数及其强度，并对试验结果进行分析，提出超深水泥土搅拌桩在不同土层的渗透系数和强度特性，并指出对砂性土层加固效果更为明显的原因。

吴杰、刘福天、陶军亮等根据工程实例，介绍了不同深度处桩体芯样的渗透系数，指出超深水泥土搅拌桩能够显著降低砂性土层的渗透系数，可起到很好防渗效果。

朱乔生、方子帆、姜平等提出一种水泥土的加工方式和水泥土渗透及渗透变形试验的方法，并在堤防工程水泥土截渗墙渗透变形试验中进行应用，获得了较好效果。

陈骏峰、冯美果针对地下水位较高的基坑开挖时，地下水渗入基坑，土体的渗透破坏使基坑整体失稳，提出各种防渗处理措施，应用饱和—非饱和渗流理论，对某工程基坑进行了渗流计算，评价了基坑的渗透稳定性，并确定了基坑的最佳防渗措施及相应的参数。

吴世余、李宏利用缩放渗流场比尺的方法，解决均质各向异性土层中的轴对称渗流问题，并提出抽水、压水和注水试验等的轴对称渗流问题的渗透系数的正确计算式。

丁留谦、张金接根据渗流理论和严格的数学计算方法，针对薄截渗墙渗透系数公式进行推导，提出理论的计算方法。

杨晓东、丁留谦介绍了现有的几种地基防渗技术，并对各种防渗技术进行了比较。水利水电工程注水试验规程中现场试坑注水试验适用于渗透系数 $K>A\times10^{-4}$ cm/s（A 是小于 10 的正整数）；提出钻孔注（抽）水试验，前提是井四周均为均质，且为无穷远边界条件，给出了不同形状井的测试方法和计算公式。

罗胜平、许光祥、钟亮基用有限元数值计算结果，分别讨论了均质土坝和各向异性土坝多个位置坝基防渗帷幕对浸润线和渗流量的影响，阐述了浸润线和渗流量变化的一般趋势，得出了均质土坝最有利的坝基防渗体位置位于坝轴线或坝轴线上游附近坝基中的结论，但随着 K_x/K_y 的增大，坝基防渗体的防渗作用将逐渐减小。

谢兴华、王国庆研究截渗墙的合理深度，能够在一定程度上减少工程量，优化施工工期。基于改进阻力系数法求得截渗墙底部坡降随截渗墙深度变化的解析解，并且通过数值模拟方法详细研究了深厚覆盖层内截渗墙深度变化时截渗墙底部水头、坡降的变化规律。认为深厚覆盖层内设置截渗墙的深度并非越深越好，而是存在一个最优深度。

罗谷怀、罗玉龙、彭华根据洞庭湖区堤防工程地质、地形特性，建立了多元结构堤基垂直防渗概化模型，并按照优化思想，采用渗流有限元法，对垂直截渗墙在砂卵石、相对不透水堤基中的贯入深度和堤内最大渗透坡降的位置、大小的关系进行系统分析研究。根据有限元计算结果，全面评价了两种型式截渗墙的防渗效果，提出了临界最优贯入深度的概念。

毛海涛、侍克斌、魏东认为，垂直截渗墙的位置直接影响截渗墙深度和防渗效果，以往的公式和经验不能明确其对坝基渗流量和渗透坡降的影响，采用保角变换的方法，推导出无限深透水地基上土石坝坝基渗流量和下游出逸坡降公式，分析垂直截渗墙位置变化与坝基渗流的关系。

杨秀竹、陈福全、雷金山、王星华建立了二维渗流方程的有限元表达式，比较了某工程实例防渗帷幕建造前后渗流速度和出溢处水力坡降的变化情况。计算表明，除帷幕底部小范围内渗流速度有所上升外，其他地区的渗流速度及下游出溢处的水力梯度均显著降低。同时，提出在运用悬挂式防渗帷幕时，要注意提高帷幕底部的抗冲刷能力。

刘川顺、刘祖德等分析了冲积层地基的结构类型和渗流特点，在渗流计算分析的基础上，研究了堤防垂直截渗墙的适用条件、优化布置方案和合理设计标准。

（4）水泥土本构模型研究现状。

1）基于广义胡克定律的各种增量非线性弹性模型研究。方志峰根据复合桩基水泥土应力应变曲线的特点，采用分段连续函数表示水泥土的本构模型。周敏锋、张克旭建立了一种用分段连续函数表示水泥土应力—应变关系的本构模型，并进行验证。范晓秋对不同条件下水泥土进行应力应变关系进行分析，在 Logistic 函数的基础上建立单轴抗压下非线性三参数水泥固化土本构模型，该模型与 Duncan - Chang 模型相似，只能反映硬化，不能反映软化。

2）弹塑性静力模型。郝巨涛通过不同路径下的水泥土试验，提出了水泥土塑性功方程，并建立了水泥土弹塑性本构模型，该模型可以反映水泥土的软化特性。王立峰通过对纳米硅水泥土试验，给出了纳米硅水泥土在子午面上的图形，认为在子午面上低强度水泥土拉压曲线为直线形，高强度水泥土拉压为抛物线形，假定破坏线在 π 平面上与椭圆线相连，建立纳米硅水泥土屈服准则，在水泥土屈服准则的基础上，采用相关联流动法则和塑性功硬化规则，推导出纳米硅水泥土材料弹塑性本构模型。姬凤玲以双屈服面模型为基础，建立考虑轻质混合土结构的改进双屈服面模型。陈辉利用双剪统一强度理论推导了水泥土的强度准则计算公式。在屈服准则研究方面，Wong. P. K. K 提出了水泥土的屈服准则。

3）损伤模型。1992 年张士乔在连续性损伤力学框架下建立水泥土的损伤本构关系和损伤演变方程，并进行室内试验验证。1998—2002 年，童小东依据不可逆热力学与连续介质损伤力学的基本理论，根据水泥土的硬化规律和损伤硬化规律得到水泥土的塑性损伤本构关系和损伤演化规律，建立了水泥土单轴抗压情况下的弹塑性损伤模型。赵永强依据 Lemaitre 的应变等效原理，在单轴受力状态下，提出水泥土损伤本构模型，并进行试验验证。王立峰、朱向荣假定损伤应力主轴与材料主轴重合，建立水泥土损伤本构模型。骊建俊提出了水泥土胶结杆弹性完全损伤模型。陈四利、宁宝宽、鲍文博、金吉生建立了水泥土细观孔隙损伤变量和相应的损伤本构模型。

4）有待探讨的水泥土本构问题。水泥土是土和水泥的混合体，水泥的水化反应生成的水化物对土体产生胶结和填充作用，土体因水化物硬凝强度增加，因胶结和填充使渗透系数降低。因此，水泥土是软土地基加固处理及堤坝和基坑截渗工程常用的加固材料。研究结果表明，水泥土的力学特性与其他材料不同，具体体现如下：①从水泥土单轴抗压应力应变关系分析，水泥土具有非线性弹性，曲线形状介于混凝土和岩土之间。②水泥的胶结和填充作用，水泥土内部形成封闭或半封闭孔隙，将水泥土充分饱和后，孔隙水压力系数 B 总是小于 1。③CU 剪切时，虽然固结排水后孔隙水压力消散为零，但在剪切过程中仍有孔隙水压力产生，并且随 σ_1 变化而变化。④由于水泥的胶结作用，使土体收缩，试验中发现水泥土存在很大的先期固结压力的特性。⑤水泥土在压力作用下引起塑性体积变形，剪切也会引起水泥土塑性体积变形。⑥试验结果表明，不同应力路径对水泥土变形产生一定影响。⑦郝巨涛通过水泥土试验，发现水泥土应力—应变性质更类似于超固结土。围压 0.6MPa $<\sigma_3$ 应力—应变关系曲线为软化型，剪切过程中试样出现剪胀，且随着围压的升高，软化和剪胀现象减弱；当围压 0.6MPa$>\sigma_3$ 时，水泥土近似为理想弹塑性材料，且具有相对稳定的残余强度。

综上所述，建立水泥土本构模型不仅要考虑应力路径的影响，更要考虑围压 σ_3 值对应力—应变关系曲线的影响。

根据水泥土单轴抗压强度试验建立的本构模型，不能完全反映水泥土变形规律。工程中水泥土受力状态复杂，采用单轴抗压和三轴试验不能全面反映水泥土的变形各向异性特征，应开展平面应变试验或真三轴试验研究，解决复杂应力状态下水泥土变形各向异性问题。

1.2.3 技术标准发展及现状

我国深层搅拌技术的技术标准最早于 1991 年 4 月由冶金工业部建筑研究总院周国均、胡同安等人主编的《软土地基深层搅拌加固法技术规程》（YBJ 225—91），该规程于 1991

年 10 月开始施行，直到现在，在地基处理设计施工中仍在使用。1991 年建设部在组织编写《建筑地基处理技术规范》（JGJ 79—91）时，把"深层搅拌法"作为第 9 章编入规范，该规范于 1992 年 9 月施行，于 2002 年 12 月 31 日废止。同时于 2003 年 1 月 1 日开始施行《建筑地基处理技术规范》（JGJ 79—2012），深层搅拌法更名为水泥土搅拌法，作为新规范的第 11 章。2012 年 8 月 23 日住房和城乡建设部发布新的《建筑地基处理技术规范》（JGJ 79—2012），自 2013 年 6 月 1 日起实施。在新规范中把"水泥土搅拌桩复合地基"仅作为该规范第 7.3 节。该规范被工业民用建筑、市政、交通等领域广泛使用。由于水利水电行业工程的特殊性，使用上述规范出现了许多问题，为了满足水利水电工程应用"深层搅拌法"的需要，2006 年国家发展和改革委员会把水利水电行业《深层搅拌法技术规范》（DL/T 5425—2009）的编制列入行业标准项目计划，由北京振冲工程股份有限公司和长江水利委员会工程建设局刘勇、熊进、刘保平等人主编。《深层搅拌法技术规范》（DL/T 5425—2009）于 2009 年 7 月，由国家发展和改革委员会、能源局发布，自 2009 年 12 月起实施。

1.2.4　发展趋势

随着人类社会的发展，人们对工程的需求必将进一步的深化，工程技术装备水平也将与时俱进，整个工程界也会发生深层次的变革。工程界的需求，是深层搅拌法发展的动力，而工程界业内技术的大力发展又为深层搅拌法发展注入活力。因而，工程界的这种变革也将促进深层搅拌技术的进一步的发展。根据深层搅拌法的工艺特征，其在止水和地基处理、挡土方面具有较大发展空间，也有较多的技术课题值得探索。因此，这将导致深层搅拌技术在这两个方向上大力发展。

对于止水工程而言，深层搅拌是建造一道地下连续墙，其止水的效果在于连续墙的均匀性、连续性、地质结构的适应性和水泥等固化剂材料的耐久性等。一方面，要求对材料进行深入的研发，确保固化剂材料的经济性、可得性、可靠性，防渗墙结构体强度可快速成长，且质量具有稳定性和长效性；另一方面，要求机械设备的施工能力、搅拌装置刚度、深层搅拌方式（如横向、纵向或水平旋转等）仍需要进一步探索，以适应对深厚渗漏地质体的止水工程。目前，国内外已经研发出 TRD 深层搅拌设备（等厚水泥土搅拌地下连续墙工法机）、CSM 深层搅拌为双轮铣深搅设备等，为深层搅拌设备的发展奠定了一些基础，但仍然有进一步发展的空间。

对于地基处理工程和挡土工程而言，深层搅拌结构体的均匀性、变形能力、强度大小及强度成长过程往往是工程界关注的重点。总体上，地基处理工程浅部附加竖向荷载较大，挡土工程浅部变形严重而深部水平附加荷载较大，这就要求结构体在不同的工程、不同的部位，具有相适应的强度和变形能力，可考虑调整水泥等固化剂的掺入量和加大其搅拌均匀程度，进行调整设计，以改善不同部位的结构体强度，也可以考虑在结构体中插入筋材，改变其传力途径，强化其工程能力。

2 技 术 原 理

2.1 水泥加固土的原理

2.1.1 水泥浆和原土的混合作用

深层搅拌法加固土体的技术原理是利用深层搅拌桩机在需要加固的地层中，边钻边往土层中喷射固化剂。同时，钻头旋转搅拌，使喷入土层中的固化剂与原土充分拌和在一起，形成增强体。增强体可单独成为桩柱体，和桩间土构成复合地基，也可相割搭接排成一列，形成连续墙体作为水利工程堤坝防渗墙。

在实践中，深层搅拌法施工所用固化剂通常只是水泥，特殊情况下可根据被加固土体性质及地下水侵蚀性情况选用不同种类的外掺剂，工程有特殊要求时也会掺入如黏土、膨润土等掺合料。本书主要讨论使用通用硅酸盐水泥的情况。

（1）在砂层中，由于砂层透水性强、水泥浆液比重大于水的比重、喷入的水泥浆液将砂层中的部分水挤出，砂粒间部分孔隙被水泥浆填满。因此，砂层中需要用的水泥浆量较大，施工结束一段时间后孔口往往有一定陷落。由于砂层透水性强的原因，砂土中水泥土强度增长较快，强度较高。

（2）在黏性土中，由于黏土透水性差，水泥浆喷入后，原土中水体不易被挤出或挤出甚少，被搅拌的水泥土体积大于原土体积，施工时，往往出现浆液溢出现象。由于黏土透水性差的原因，黏土中水泥土强度增长较慢，强度较低。

（3）当原土层中存在孔洞、裂隙（如1980年以前人工填筑而成的江河湖堤）时，在搅拌施工中会出现土体耗用水泥浆量较多的现象。尤其是在水泥和土被搅拌达到流态时，水泥土浆会填充被搅拌土体周围空隙。经现场开挖及地质雷达检测，发现其影响范围最大可达被搅拌土体外约1.0m。水泥土浆在自重作用下渗透可填充被加固土体和被加固土体周围一定范围土层中的裂隙，在土层中形成大于搅拌桩径的影响区。这种现象随着深度的增加，更加明显。上述物理变化过程表明：在水泥土被搅拌达到流态的情况下，若保持孔口微微翻浆，则可形成密实的水泥土桩。

（4）水泥浆和原土经搅拌拌和形成的水泥土体的性能取决于混合的均匀程度和土体性质（土体性质的影响在以后章节中讨论）。由于深层搅拌机械的搅拌作用，天然土体被切削粉碎，并与水泥浆混合，水泥土被搅拌混合的越均匀，形成的增强体性能就越好（强度离散性小、平均强度高、抗渗性好）。但是，由于机械的搅拌作用有限，以及施工成本的限制，不可能达到理想的均匀程度，实际上会不可避免地留下一些大小泥团，尤其是黏性土，会出现水泥包裹土团的现象，而土团间被水泥填满。因此，加固后的增强体是一种不均匀的水泥土体，所谓均匀只不过是相对而言。增强体中存在水泥多、强度高、水稳定性好的水泥结石区和强度低的土团区，两者在空间上相互交替，形成一种独特的水泥土结构，这一结构物形成的增强体可成为桩柱体和桩周土构成复合地基，也可形成连续墙体。

2.1.2 水泥土的固化机理

水泥土和混凝土的固化机理有所不同。混凝土的固化是水泥在粗颗粒填充料中进行的水解水化反应，由于填充料的比表面积不大，凝结速度较快。水泥土则是在较细颗粒土体中，掺入少量（7%～20%）水泥，由于土颗粒粒径很小，水泥的水解和水化是在具有一定活性的土粒包围下进行的。因此，水泥土固化的速度较缓慢，而且作用复杂。

土体中喷入水泥浆，再经搅拌拌和后，水泥和土充分接触并固化，其固化过程有以下物理化学反应。

（1）水泥的水解和水化反应。通用硅酸盐水泥含有水硬性胶结材料，最主要的基础物质为氧化钙（CaO）、二氧化硅（SiO_2）、三氧化二铝（Al_2O_3）、三氧化二铁（Fe_2O_3）、及三氧化硫（SO_3）等。它们分别组成不同的水泥矿物。当用水泥浆掺入被加固土体并搅拌混合时，水泥颗粒表面的矿物立即与水发生水解和水化反应，生成氢氧化钙[$Ca(OH)_2$]、水化硅酸钙（$Ca \cdot 2SiO_2$）、水化铝酸钙（$Ca \cdot Al_2O_3$）和水化铁酸钙（$CaO \cdot Fe_2O_3 \cdot 6H_2O$）等一系列水化物。反应过程如下：

1）$2(3CaO \cdot SiO_2) + 6H_2O \longrightarrow 3CaO \cdot 2SiO_2 \cdot 3H_2O + 3Ca(OH)_2$

硅酸三钙（$3CaO \cdot SiO_2$）在水泥中含量最高（约占全重的50%），是决定强度的主要因素。

2）$2(2CaO \cdot SiO_2) + 4H_2O \longrightarrow 3CaO \cdot 2SiO_2 \cdot 3H_2O + Ca(OH)_2$

硅酸二钙（$2CaO \cdot SiO_2$）在水泥中含量较高（约占全重的25%），它主要产生后期强度。

3）$3CaO \cdot Al_2O_3 + 6H_2O \longrightarrow 3CaO \cdot Al_2O_3 \cdot 6H_2O$

铝酸三钙（$3CaO \cdot Al_2O_3$）占水泥重量的10%，水化速度最快，促进早凝。

4）$4CaO \cdot Al_2O_3 \cdot Fe_2O_3 + 2Ca(OH)_2 + 10H_2O \longrightarrow 3CaO \cdot Al_2O_3 \cdot 6H_2O + 3CaO \cdot Fe_2O_3 \cdot 6H_2O$

铁铝酸四钙（$4CaO \cdot Al_2O_3 \cdot Fe_2O_3$）占水泥重量的10%，能促进早期强度。

5）$3CaSO_4 + 3CaO \cdot Al_2O_3 + 32H_2O \longrightarrow 3CaO \cdot Al_2O_3 \cdot 3CaSO_4 \cdot 32H_2O$

硫酸钙（$CaSO_4$）虽然在水泥中的含量仅占3%，但它与铝酸三钙一起与水发生反应，生成一种被称为"水泥杆菌"的化合物。

据上述反应式计算，水作为一个重要的成分，参与水泥的水解水化反应，所需水量为水泥用量的18%～25%。

在水泥土水解水化作用过程中，所形成的水化物迅速溶于水，水泥颗粒表面继续暴露，继续与水反应，生成水化物溶于水。这样，直至溶液达到饱和，生成物不能再溶解，成为凝胶微粒悬浮于溶液。此后，这种凝胶微粒的一部分与其周围具有一定活性的土颗粒发生反应；另一部分逐渐通过自身凝结硬化，形成水泥石骨架。水泥矿物中的硫酸钙又和铝酸钙一起与水反应，生成一种化合物叫"水泥杆菌"（$3CaO \cdot Al_2O_3 \cdot 3CaSO_4 \cdot 32H_2O$），以针状结晶形式很快析出。这一反应使土中大量自由水以结晶的形式固定下来，对于土的固结有重要意义，自由水的减少量大约为"水泥杆菌"生成重量的 46%。

（2）离子交换和团粒化作用。由于土为多相散布体，它与水结合时一般具有胶体的特征。土中的二氧化硅（SiO_2）遇水即形成硅酸胶体微粒。经化学反应，较小的土颗粒逐渐形成较大的土团粒。而且由于水泥水化生成的氢氧化钙［$Ca(OH)_2$］等凝胶粒子，其比表面积约比原水泥颗粒的比表面积大 1000 倍，其表面能较大，吸附活性十分强烈，于是土团粒进一步互相结合，并且封闭了团粒之间的孔隙，从而形成较坚固的水泥土的大团粒结构，使土的强度提高。

膨润土浸泡于氢氧化钙溶液中浸泡前后土样颗粒分析结果见表 2-1。膨润土的表面附有钠离子，将它浸泡在氢氧化钙溶液中时，钙离子便置换钠离子。从表 2-1 可以看出较大粒组的含量明显增加。

表 2-1　　　　膨润土浸泡于氢氧化钙溶液中浸泡前后土样颗粒分析结果表

土 的 状 态	颗 粒 组			
	>0.01mm	0.01~0.005mm	0.005~0.001mm	<0.001mm
天然膨润土样/%	2.6	11.7	38.1	47.6
浸泡于氢氧化钙溶液后/%	44.9	7.9	23.4	23.8

（3）凝硬反应。随着水泥水化反应的深入，当溶液中析出的钙离子的数量超过离子交换所需数量时，其多余部分便与黏土矿物中的一部分或大部分胶态二氧化硅（SiO_2）或三氧化二铝（Al_2O_3）进行反应，生成不溶于水的、稳定的硅或铝酸钙结晶化合物，即微晶凝胶。反应过程如下：

$$SiO_2(Al_2O_3) + Ca(OH)_2 + nH_2O \longrightarrow$$
$$CaO \cdot SiO_2 \cdot (n+1)H_2O[CaO \cdot Al_2O_3 \cdot (n+1)H_2O]$$

上述新生成的化合物在水中和空气中逐渐硬化，强度增长。由于其结构较致密，水不易侵入，它赋予水泥土一定的水稳定性。

从扫描电子显微镜的观察可见，天然软土的各种原生矿物颗粒间无任何有机的联系，且具有很多孔隙。拌入水泥 7d 后，土粒周围充满了水泥凝胶体，并有少量水泥水化物结晶的萌芽。1 个月后，水泥土中生成大量纤维状晶体，并不断延伸填充到颗粒间的孔隙中，形成网状结构。到 5 个月时，纤维状结晶辐射向外伸展，产生分叉，并互相连接形成空间网状结构，水泥的形状和土颗粒的形状已不能分辨出来。

日本学者森野奎二氏通过 20000 倍显微镜得出的不同龄期水泥土微观结构变化见图 2-1，龄期 1d 的土颗粒之间的水化物较少，之后随着时间的增加，水泥水化物逐渐填充于土颗粒之间；7d 时土颗粒之间充满水泥凝胶体，并出现少量水化物结晶萌芽，1 个月后，生成大量结晶物质，土样内部呈网状结构，使得颗粒之间连接更加紧密，提高水泥土强度。

（4）碳酸化作用。水泥水化物中游离的氢氧化钙［$Ca(OH)_2$］能吸收水和空气中的二氧化碳（CO_2），发生碳酸化反应生成不溶于水的碳酸钙（石灰石）。其他水化物继续与

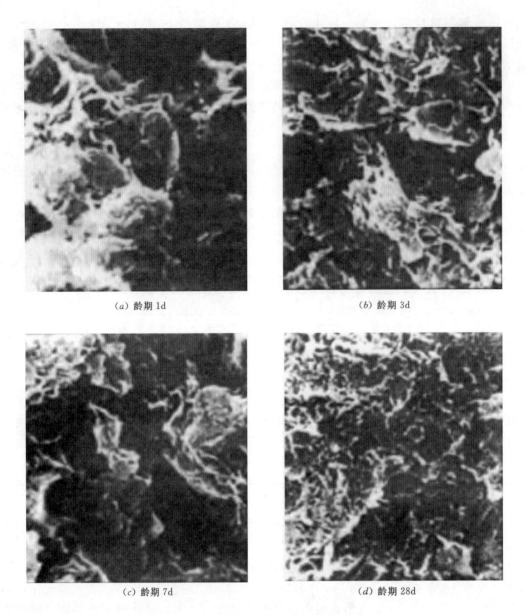

(a) 龄期 1d   (b) 龄期 3d

(c) 龄期 7d   (d) 龄期 28d

图 2-1　不同龄期水泥土微观结构变化图
(横滨港黏性土，森野奎二氏)

CO_2 发生碳酸化反应，使碳酸钙成分继续增加。反应过程如下：

$$Ca(OH)_2 + CO_2 \longrightarrow CaCO_3 \downarrow + H_2O$$

$$3CaO \cdot 2SiO_2 \cdot 3H_2O + CO_2 = CaCO_3 \downarrow + 2(CaO \cdot SiO_2 \cdot H_2O) + H_2O$$

$$CaO \cdot SiO_2 \cdot H_2O + CO_2 = CaCO_3 \downarrow + SiO_2 + H_2O$$

上述反应也能增加水泥土的强度，但其反应速度较慢，故有助于增加后期强度。

在饱水的软土中，其水化反应可减少软土中的含水量，增加颗粒之间的黏结力；离子交换与团粒化作用可以形成坚固的联合体；硬凝反应能增加水泥土的强度和足够的水稳定性；碳酸化反应还能进一步提高水泥土的强度和防渗性能。水泥和土经搅拌后，正是通过上述一系列化学反应而成为具有整体性、水稳定性和一定强度的水泥土增强体。

一般地，为让水泥的水解水化反应充分，使得水泥土具备和易性，以让水泥土搅拌充分，并形成有效的固结体，水泥浆水灰比宜根据土层特性，在0.5～1.8范围选用，其中一部分水参与水解水化反应，剩余的水分作为溶剂或分散剂，使水泥土充分液化，搅拌均匀、固结成型后，多余的水分通过孔隙流失或挥发。

2.2　水泥土的物理性质

2.2.1　密度

天然土的密度根据颗粒大小和密实程度，有一定的变化幅度，一般地，颗粒越小，风化作用越彻底，所形成的矿物成分越稳定，其颗粒比重也越大，因其颗粒细小，比表面积较大，对水吸附能力较强，因而含水量较大，天然密度也较大。相反，则天然密度较小。另外，土体的密实度对天然密度也有很大的影响，那些沉积时代久远、上覆荷重较大、渗透性能良好的土体，固结度较高，天然密度较大，相反，则密度较小。所以，天然土体密度变化幅度较大，从泥炭土的 1.0g/cm^3 左右，到黏土的 2.0g/cm^3 左右。

土体中加入不同量的水和水泥，所形成的水泥土密度也有一定的变化幅度，由于水泥浆中水的参与，对于细粒组的粉土，搅拌所形成的水泥土密度有所减小，而对于孔隙度较大的砂土，水泥浆起充填作用，其密度有所增加。

试验用土均取自淮河岸边的粉质黏土（1号）、粉土（2号）和砂土（3号），土的性质试验结果见表2-2，水泥土的拌和物试验结果见表2-3。

表2-2　　　　　　　　　　　土的性质试验结果表

编号	土粒组成			土的分类（按土粒组成）	天然含水率/%	干密度/(g/cm³)	比重	饱和度/%	天然密度/(g/cm³)
	砂粒/%	粉粒/%	黏粒/%						
	0.1～0.05mm	0.05～0.005mm	<0.005mm						
1	18.0	65.5	16.5	粉质黏土	35.0	1.40	2.71	1.01	1.89
2	34.0	56.0	10.0	粉土	31.9	1.41	2.70	0.94	1.86
3	49.0	42.0	9.0	砂土	25.0	1.44	2.69	0.77	1.80

表2-3　　　　　　　　　　水泥土的拌和物性能试验结果表

土质	水泥品种	编号	水泥掺入比/%	水灰比	含水率/%	密度/(g/cm³)
粉质黏土	P.S 32.5	RS5	7.0	1.5	44.0	1.76
		RS6	9.5	1.2	43.9	1.76
		RS7	12.5	1.0	43.8	1.75
		RS8	15.0	0.9	43.1	1.75

土质	水泥品种	编号	水泥掺入比/%	水灰比	含水率/%	密度/(g/cm³)
粉质黏土	P.O 32.5	RO9	7.0	1.5	44.6	1.76
		RO10	9.5	1.2	44.1	1.75
		RO11	12.5	1.0	43.7	1.76
		RO12	15.0	0.9	43.0	1.76
	P.C 32.5	RC25	7.0	1.5	41.9	1.76
		RC26	9.5	1.2	40.8	1.76
		RC27	12.5	1.0	41.4	1.76
		RC28	15.0	0.9	40.6	1.77
粉土	P.S 32.5	FS13	7.0	1.5	40.7	1.80
		FS14	9.5	1.2	39.9	1.81
		FS15	12.5	1.0	38.8	1.81
		FS16	15.0	0.9	38.4	1.82
	P.O 32.5	FO17	7.0	1.5	36.8	1.82
		FO18	9.5	1.2	38.4	1.82
		FO19	12.5	1.0	36.4	1.82
		FO20	15.0	0.9	37.2	1.83
	P.C 32.5	FC21	7.0	1.5	40.3	1.81
		FC22	9.5	1.2	37.4	1.82
		FC23	12.5	1.0	38.4	1.82
		FC24	15.0	0.9	38.8	1.82
砂土	P.S 32.5	SS37	7.0	1.5	32.8	1.88
		SS38	9.5	1.2	32.3	1.88
		SS39	12.5	1.0	32.2	1.88
		SS40	15.0	0.9	31.5	1.89
	P.O 32.5	SO33	7.0	1.5	33.1	1.88
		SO34	9.5	1.2	33.0	1.89
		SO35	12.5	1.0	32.0	1.89
		SO36	15.0	0.9	32.2	1.89
	P.C 32.5	SC29	7.0	1.5	32.8	1.88
		SC30	9.5	1.2	33.0	1.88
		SC31	12.5	1.0	32.5	1.90
		SC32	15.0	0.9	31.9	1.90

从表 2-3 试验结果来看：①水泥土密度的变化与土质（级配、天然含水率、比重、密度等）有密切的关系，而水泥品种、水泥掺入比和水灰比对水泥土的密度基本上没有影响。采用粉质黏土所拌制的水泥土密度最小，粉土次之，砂土最大；以采用粉质黏土拌制

的水泥土密度为100％计算，采用粉土的水泥土密度约为102.3％～104.0％，采用砂土的水泥土密度约为106.8％～108.0％。②粉土和粉质黏土所形成的水泥土，其密度比天然密度降低，砂土所形成的水泥土正好相反，因水泥浆及其固结体的充填作用，其密度有较大幅度的增加。

2.2.2 含水量与孔隙比

对于粗粒组的砂土来说，与天然土体相比，水泥土的含水量和孔隙比有较大程度的降低。而对于细粒组的黏土、粉质黏土，形成的水泥土的孔隙比有所增加，含水量有所减少。

对几种土质搅拌形成的水泥土做相关试验，水泥土基本物理性质指标变化见表2－4。

表2－4　　　　　　　　　　水泥土基本物理性质指标变化表

土质	水泥品种	编号	水泥掺入比/％	水灰比	水泥土含水率/％	水泥土干密度/(g/cm³)	水泥土比重/设定值	水泥土孔隙比	天然土孔隙比	孔隙比变化
粉质黏土	P.S 32.5	RS5	7.0	1.5	29.48	1.36	2.71	0.99	0.94	1.06
		RS6	9.5	1.2	29.09	1.36	2.71	0.99	0.94	1.06
		RS7	12.5	1.0	28.65	1.36	2.71	0.99	0.94	1.06
		RS8	15.0	0.9	28.00	1.37	2.71	0.98	0.94	1.05
	P.O 32.5	RO9	7.0	1.5	29.77	1.36	2.71	1.00	0.94	1.07
		RO10	9.5	1.2	29.18	1.35	2.71	1.00	0.94	1.07
		RO11	12.5	1.0	28.60	1.37	2.71	0.98	0.94	1.05
		RO12	15.0	0.9	27.95	1.38	2.71	0.97	0.94	1.04
	P.C 32.5	RC25	7.0	1.5	28.43	1.37	2.71	0.98	0.94	1.04
		RC26	9.5	1.2	27.52	1.38	2.71	0.96	0.94	1.03
		RC27	12.5	1.0	27.44	1.38	2.71	0.96	0.94	1.03
		RC28	15.0	0.9	26.72	1.40	2.71	0.94	0.94	1.00
粉土	P.S 32.5	FS13	7.0	1.5	27.85	1.41	2.7	0.92	0.91	1.00
		FS14	9.5	1.2	27.09	1.42	2.7	0.90	0.91	0.98
		FS15	12.5	1.0	26.12	1.44	2.7	0.88	0.91	0.96
		FS16	15.0	0.9	25.60	1.45	2.7	0.86	0.91	0.94
	P.O 32.5	FO17	7.0	1.5	25.79	1.45	2.7	0.87	0.91	0.95
		FO18	9.5	1.2	26.30	1.44	2.7	0.87	0.91	0.95
		FO19	12.5	1.0	24.82	1.46	2.7	0.85	0.91	0.93
		FO20	15.0	0.9	24.95	1.46	2.7	0.84	0.91	0.92
	P.C 32.5	FC21	7.0	1.5	27.64	1.42	2.7	0.90	0.91	0.99
		FC22	9.5	1.2	25.76	1.45	2.7	0.87	0.91	0.95
		FC23	12.5	1.0	25.90	1.45	2.7	0.87	0.91	0.95
		FC24	15.0	0.9	25.81	1.45	2.7	0.87	0.91	0.95

土质	水泥品种	编号	水泥掺入比/%	水灰比	水泥土含水率/%	水泥土干密度/(g/cm³)	水泥土比重/设定值	水泥土孔隙比	天然土孔隙比	孔隙比变化
砂土	P.S 32.5	SS37	7.0	1.5	23.61	1.52	2.69	0.77	0.87	0.89
		SS38	9.5	1.2	22.97	1.53	2.69	0.76	0.87	0.87
		SS39	12.5	1.0	22.52	1.53	2.69	0.75	0.87	0.87
		SS40	15.0	0.9	21.79	1.55	2.69	0.73	0.87	0.84
	P.O 32.5	SO33	7.0	1.5	23.78	1.52	2.69	0.77	0.87	0.89
		SO34	9.5	1.2	23.38	1.53	2.69	0.76	0.87	0.87
		SO35	12.5	1.0	22.40	1.54	2.69	0.74	0.87	0.85
		SO36	15.0	0.9	22.21	1.55	2.69	0.74	0.87	0.85
	P.C 32.5	SC29	7.0	1.5	23.61	1.52	2.69	0.77	0.87	0.89
		SC30	9.5	1.2	23.38	1.52	2.69	0.77	0.87	0.88
		SC31	12.5	1.0	22.69	1.55	2.69	0.74	0.87	0.85
		SC32	15.0	0.9	22.03	1.56	2.69	0.73	0.87	0.84

从表 2-4 看出，水泥土含水率普遍大幅度降低，而孔隙比的变化，因土质不同而向着不同方向变化。对于粉质黏土，孔隙比有所增加，而对于砂土而言，孔隙比有较大幅度的减少，这与深层搅拌施工中对原土搅拌作用有关，对于密实的土具有剪胀现象，对于松散的砂土则可以使其密实。

就淤泥质土而言，因有机物的存在，天然土体较为松散，孔隙比较大，水泥及水泥浆在土体中主要起到充填和胶结作用，水泥土的搅拌作用破坏原有土体的结构，水泥浆的掺入改变原有土体的组分。因此，形成的水泥土，其孔隙比和含水量都有减小的趋势。水泥土桩体芯样试验结果见表 2-5，与其邻近且深度相同处的天然土（淤泥质）试样，作室内对比试验的结果。天然含水量越大或水泥掺入比越大，则含水量降低幅度越大。

表 2-5　　　　　　　　　　水泥土桩体芯样试验结果表

试样类别	密度/(g/cm³)	含水量/%	孔隙比	压缩系数/kPa	压缩模量/kPa	抗压强度/kPa
天然土样	1.63	68.85	1.835	0.00159	1614.0	27.0
芯样试块	1.64	52.43	1.668	0.00024	11017.0	727.0

注　水泥掺入比15%，龄期30d。

2.2.3　液限与塑限

不同界限含水率的软土用不同水泥掺入比的水泥加固后，其液限将稍有降低，而其塑限则有较大提高，水泥土的液限与塑限见图2-2。

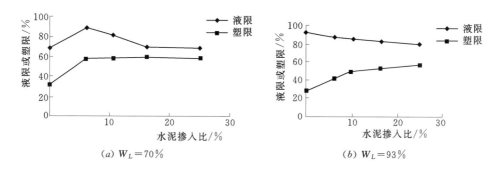

(a) $W_L = 70\%$ (b) $W_L = 93\%$

图2-2　水泥土的液限与塑限图

2.3　水泥土的力学性质

2.3.1　无侧限抗压强度

水泥土的90d龄期无侧限抗压强度一般在0.3～4.0MPa之间❶，其强度主要取决于水泥掺入比，且与土层条件、施工工艺和设备的装备水平有关。

（1）土质。土质条件对于搅拌桩桩身质量的影响主要有两个方面：一是对搅拌桩水泥土均匀性的影响，砂性土易搅拌、均匀性好，强度离散性小，黏性土不易搅拌，均匀性差，强度离散性大；二是对桩身水泥土强度的影响，砂性土强度高，黏性土强度低，土颗粒粒径越小，所形成的水泥土强度越低。

土体的物理化学性质（如颗粒级配、含水量、黏土矿物成分、离子交换能力、可溶硅和铝含量、孔隙水的pH值以及有机质种类和含量）和沉积环境等都会影响水泥土的加固效果，其不同土质加固结果分别见图2-3和表2-6～表2-9。

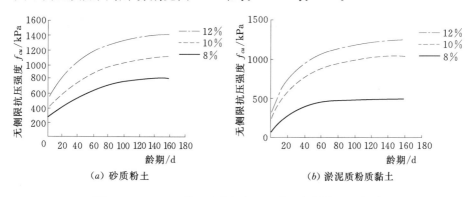

(a) 砂质粉土   (b) 淤泥质粉质黏土

图2-3（一）　三种土用水泥加固后的无侧限抗压强度图

---

❶　在砂层中可高达5.0MPa以上。

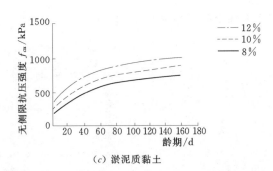

（c）淤泥质黏土

图 2-3（二）　三种土用水泥加固后的无侧限抗压强度图

表 2-6　　　　　　　　　　不同成因软土的水泥加固试验结果表

土层成因	土名	土 的 性 质							水泥土试验			
		含水量/%	天然密度/(g/cm³)	孔隙比	溶液指数/%	塑性指数/%	压缩系数/MPa⁻¹	无侧限抗压强度/kPa	水泥强度等级	水泥掺量/%	龄期/d	水泥土无侧限抗压强度/kPa
滨海相沉积	淤泥质粉质黏土	36.4	1.83	1.03	1.26	10.4	0.64	26	32.5	8	90	1415
	淤泥质黏土	68.4	1.56	1.80	1.71	21.8	2.05	19	32.5	14	90	1097
三角洲相沉积	淤泥质粉质黏土	47.4	1.74	1.29	1.63	16.0	1.03	28	32.5	10	120	998
河漫滩相沉积	淤泥质黏土	56.0	1.67	1.31	1.18	21.0	1.47	20	42.5	10	30	880
湖沼相沉积	泥炭	448.0	1.04	8.06	0.85	341.0		≈0	32.5	25	90	155
	泥炭化土	58.0	1.63	1.48	0.65	26.0	1.78	15	32.5	15	90	714

注　引自《软土地基深层搅拌加固法技术规程》（YBJ 225—91）。

表 2-7　　　　　　　　　　水泥土的抗压强度及其增长率试验结果表

土质	水泥品种	编号	水泥掺入比 λ/%	水灰比	抗压强度 $R_\pm$/MPa			强度增长率/%		
					7d	28d	90d	7d	28d	90d
粉质黏土	P.S 32.5	RS5	7.0	1.5	0.17	0.28	0.38	44.7	73.7	100
		RS6	9.5	1.2	0.22	0.46	0.61	36.1	75.4	100
		RS7	12.5	1.0	0.35	0.84	1.10	31.8	76.4	100
		RS8	15.0	0.9	0.53	1.16	1.47	36.1	78.9	100

土质	水泥品种	编号	水泥掺入比 λ/%	水灰比	抗压强度 $R_\pm$/MPa			强度增长率/%		
					7d	28d	90d	7d	28d	90d
粉质黏土	P.O 32.5	RO9	7.0	1.5	0.43	0.65	0.78	55.1	83.3	100
		RO10	9.5	1.2	0.58	0.86	0.98	59.2	87.8	100
		RO11	12.5	1.0	0.87	1.26	1.42	61.3	88.7	100
		RO12	15.0	0.9	1.17	1.83	2.12	55.2	86.3	100
	P.C 32.5	RC25	7.0	1.5	0.41	0.49	0.66	62.1	74.2	100
		RC26	9.5	1.2	0.61	0.90	1.11	55.0	81.1	100
		RC27	12.5	1.0	0.86	1.23	1.46	58.9	84.2	100
		RC28	15.0	0.9	1.06	1.68	2.01	52.7	83.6	100
粉土	P.S 32.5	FS13	7.0	1.5	0.18	0.31	0.49	36.7	63.3	100
		FS14	9.5	1.2	0.30	0.50	0.68	44.1	73.5	100
		FS15	12.5	1.0	0.45	0.88	1.12	40.2	78.6	100
		FS16	15.0	0.9	0.56	1.00	1.34	41.8	74.6	100
	P.O 32.5	FO17	7.0	1.5	0.51	0.73	0.82	62.2	89.0	100
		FO18	9.5	1.2	0.64	0.88	1.00	64.0	88.0	100
		FO19	12.5	1.0	1.06	1.34	1.59	66.7	84.3	100
		FO20	15.0	0.9	1.35	1.88	2.13	63.4	88.3	100
	P.C 32.5	FC21	7.0	1.5	0.39	0.52	0.62	62.9	83.9	100
		FC22	9.5	1.2	0.54	0.74	0.93	58.1	79.6	100
		FC23	12.5	1.0	0.79	1.14	1.37	57.7	83.2	100
		FC24	15.0	0.9	0.98	1.44	1.82	53.8	79.1	100
砂土	P.S 32.5	SS37	7.0	1.5	0.28	0.48	0.68	41.2	70.6	100
		SS38	9.5	1.2	0.46	0.78	1.10	41.8	70.9	100
		SS39	12.5	1.0	0.60	1.09	1.55	38.7	70.3	100
		SS40	15.0	0.9	0.81	1.52	2.16	37.5	70.4	100
	P.O 32.5	SO33	7.0	1.5	0.40	0.64	0.76	52.6	84.2	100
		SO34	9.5	1.2	0.46	0.84	1.14	40.4	73.7	100
		SO35	12.5	1.0	0.71	1.43	1.75	40.6	81.7	100
		SO36	15.0	0.9	1.06	1.74	2.44	43.4	71.3	100
	P.C 32.5	SC29	7.0	1.5	0.28	0.48	0.68	41.2	70.6	100
		SC30	9.5	1.2	0.46	0.78	1.10	41.8	70.9	100
		SC31	12.5	1.0	0.60	1.09	1.55	38.7	70.3	100
		SC32	15.0	0.9	0.81	1.52	2.16	37.5	70.4	100

注　λ—水泥掺入比；$R_\pm$—水泥土强度。

表 2-8　　　　　水泥土抗压强度与水泥强度、掺入比的关系表

土质	水泥品种	编号	水泥掺入比 λ/%	水灰比	单位水泥掺入比的强度 $R_土/\lambda$/(MPa/1%)			不同水泥掺入比水泥土抗压强度比值/%			$R_土/R_C$
					7d	28d	90d	7d	28d	90d	28d
粉质黏土	P.S 32.5	RS5	7.0	1.5	0.024	0.040	0.054	100	100	100	0.0084
		RS6	9.5	1.2	0.023	0.048	0.064	129	164	161	0.0138
		RS7	12.5	1.0	0.028	0.067	0.088	206	300	289	0.0251
		RS8	15.0	0.9	0.035	0.077	0.098	312	414	387	0.0347
	P.O 32.5	RO9	7.0	1.5	0.061	0.093	0.111	100	100	100	0.0144
		RO10	9.5	1.2	0.061	0.091	0.103	135	132	126	0.0191
		RO11	12.5	1.0	0.070	0.101	0.114	202	194	182	0.0280
		RO12	15.0	0.9	0.078	0.122	0.141	272	282	272	0.0407
	P.C 32.5	RC25	7.0	1.5	0.059	0.070	0.094	100	100	100	0.0125
		RC26	9.5	1.2	0.064	0.095	0.117	149	184	168	0.0229
		RC27	12.5	1.0	0.069	0.098	0.117	210	251	221	0.0313
		RC28	15.0	0.9	0.071	0.112	0.134	259	343	305	0.0427
粉土	P.S 32.5	FS13	7.0	1.5	0.026	0.044	0.070	100	100	100	0.0093
		FS14	9.5	1.2	0.032	0.053	0.072	167	161	139	0.0150
		FS15	12.5	1.0	0.036	0.070	0.090	250	284	229	0.0263
		FS16	15.0	0.9	0.037	0.067	0.089	311	323	273	0.0299
	P.O 32.5	FO17	7.0	1.5	0.073	0.104	0.117	100	100	100	0.0162
		FO18	9.5	1.2	0.067	0.093	0.105	125	121	122	0.0196
		FO19	12.5	1.0	0.085	0.107	0.127	208	184	194	0.0298
		FO20	15.0	0.9	0.090	0.125	0.142	265	258	260	0.0418
	P.C 32.5	FC21	7.0	1.5	0.056	0.074	0.089	100	100	100	0.0132
		FC22	9.5	1.2	0.057	0.078	0.098	138	142	150	0.0188
		FC23	12.5	1.0	0.063	0.091	0.110	203	219	221	0.0290
		FC24	15.0	0.9	0.065	0.096	0.121	251	277	294	0.0366
砂土	P.S 32.5	SS37	7.0	1.5	0.040	0.069	0.097	100	100	100	0.0144
		SS38	9.5	1.2	0.048	0.082	0.116	164	163	162	0.0234
		SS39	12.5	1.0	0.048	0.087	0.124	214	227	228	0.0326
		SS40	15.0	0.9	0.054	0.101	0.144	289	317	318	0.0455
	P.O 32.5	SO33	7.0	1.5	0.057	0.091	0.109	100	100	100	0.0142
		SO34	9.5	1.2	0.048	0.088	0.120	115	131	150	0.0187
		SO35	12.5	1.0	0.057	0.114	0.140	178	223	230	0.0318
		SO36	15.0	0.9	0.071	0.116	0.163	265	272	321	0.0387
	P.C 32.5	SC29	7.0	1.5	0.061	0.079	0.106	100	100	100	0.0140
		SC30	9.5	1.2	0.062	0.092	0.123	137	158	158	0.0221
		SC31	12.5	1.0	0.072	0.105	0.144	209	238	243	0.0333
		SC32	15.0	0.9	0.076	0.118	0.163	265	322	330	0.0450

注　λ—水泥掺入比；$R_土$—水泥土强度；R_C—水泥强度。

表 2 - 9 水泥土的抗压强度与土质的关系表

土质	水泥品种	不同掺入比水泥土抗压强度平均增长率/%			$R_\pm/R_C$
		7d	28d	90d	28d
粉质黏土	P. S 32.5	37.2	76.1	100	0.082
	P. O 32.5	57.7	86.5	100	0.102
	P. C 32.5	57.2	80.8	100	0.109
粉土	P. S 32.5	40.7	72.5	100	0.081
	P. O 32.5	64.1	87.4	100	0.107
	P. C 32.5	58.1	81.4	100	0.098
砂土	P. S 32.5	39.8	70.5	100	0.116
	P. O 32.5	44.2	77.7	100	0.103
	P. C 32.5	51.3	73.5	100	0.115

水泥品种	土质	不同掺入比水泥土抗压强度平均增长率/%			$R_\pm/R_C$
		7d	28d	90d	28d
P. S 32.5	粉质黏土	37.2	76.1	100	0.082
	粉土	40.7	72.5	100	0.081
	砂土	39.8	70.5	100	0.116
P. O 32.5	粉质黏土	57.7	86.5	100	0.102
	粉土	64.1	87.4	100	0.107
	砂土	44.2	77.7	100	0.103
P. C 32.5	粉质黏土	57.2	80.8	100	0.109
	粉土	58.1	81.4	100	0.098
	砂土	51.3	73.5	100	0.114

注　$R_\pm$—水泥土强度；R_C—水泥强度。

从图 2-3 中可以看出，三种加固土的强度均随水泥掺入比和龄期增加而增长，但它们各有不同的增长幅度。初始性质较好的土，加固后强度增量较大，初始性质较差的土，加固后强度增量较小。研究还表明，水泥土的强度与土的含砂量有关。当含砂量为 40%～60%时，加固土强度达最大值。在加固软黏土时，若在固化剂中掺加适量的细砂，既可提高加固土的强度，又可节约水泥用量。但应注意砂必须过筛，以免堵塞喷浆孔。

从表 2-7～表 2-9 反映的试验结果来看：

1）在 3 种土中掺入品种、强度等级不同的 3 种水泥后，在水泥掺入比为 7%～15%的掺量下，其构成的水泥土的强度能满足通常条件下设计对强度的要求。

2）从试验的 3 种土中掺入 3 种水泥所组成的水泥土强度总体上看，水泥土强度随龄期增加而增长，28d 龄期前增长速度快，后期增长速度则要慢一些。以 90d 强度作为基准（100%），7d 抗压强度在 31.8%～66.7%，28d 抗压强度在 70.3%～89.0%。28d 龄期后，水泥土的强度增长率差别不大，尤其是普通硅酸盐水泥（P. O 32.5）和复合硅酸盐水泥（P. C 32.5）。

3）从水泥土强度发展过程来看，水泥的品种和强度对水泥土强度发展有较大影响。由于矿渣硅酸盐水泥（P.S 32.5）实测强度最低，复合硅酸盐水泥（P.C 32.5）次之，普通硅酸盐水泥（P.O 32.5）实测强度最高，故在前、中期（7d、28d 龄期），掺矿渣硅酸盐水泥（P.S 32.5）的水泥土强度最低，掺复合硅酸盐水泥（P.C 32.5）的水泥土强度次之，掺普通硅酸盐水泥（P.O 32.5）的水泥土强度最高。而到了后期（90d 龄期），由于复合硅酸盐水泥掺加了较多混合材料，其后期强度增长高于普通硅酸盐水泥，故掺复合硅酸盐水泥（P.C 32.5）的水泥土强度与掺普通硅酸盐水泥（P.O 32.5）的水泥土强度相接近。矿渣硅酸盐水泥（P.S 32.5）、普通硅酸盐水泥（P.O 32.5）、复合硅酸盐水泥（P.C 32.5）三种水泥单位强度对水泥土的 28d 龄期强度贡献（三种土的平均值）分别为：0.093MPa、0.104MPa、0.107MPa；对水泥土的 90d 龄期强度贡献分别为 0.126MPa、0.125MPa、0.131MPa。从水泥土的强度与水泥强度的比值来分析，不同品种水泥单位强度对水泥土强度的贡献有略微差异，复合硅酸盐水泥单位强度对水泥土强度贡献略高，其次为普通硅酸盐水泥，矿渣硅酸盐水泥略低。

4）从水泥土强度发展过程来看，土质对水泥土强度发展有一定影响。从表 2-7 的分析结果来看，在前期（7d 龄期），使用砂土、粉土配制的水泥土强度基本相同，而使用粉质黏土配制的水泥土强度略低一些；而到了中、后期（28d、90d 龄期），使用粉质黏土、粉土配制的水泥土强度基本相同，而使用砂土配制的水泥土强度明显高于粉质黏土、粉土配制。

5）水泥土强度随着水泥掺入比增加而增加，且从单位水泥掺入比的水泥土强度来看，随着水泥掺入比的增加，单位水泥掺入比的水泥土强度也有逐步增加的趋势，即水泥土强度增长的幅度高于水泥掺入比增加的幅度。以水泥掺入比 7.0% 为基准（100%），水泥掺入比分别为 9.5%、12.5%、15.0% 时，水泥掺入比的比值分别为 136%、179%、214%，但水泥土强度的比值分别为 115%～184%、182%～300%、258%～414%，这也与水泥土龄期、不同土质、掺加的水泥品种等综合因素密切相关。

综上所述，三种水泥以适当的比例掺入三种土中，所组成的水泥土强度（尤其是后龄期强度），在强度增长率、单位水泥强度对水泥土强度的贡献和单位水泥掺入比对水泥土强度的贡献等几个方面无明显差异。条件许可的情况下，可做不同土质宜选用的不同水泥的品种试验。一般来说，粉质黏土宜优先选用复合硅酸盐水泥，其次选用普通硅酸盐水泥，选用矿渣硅酸盐水泥效果略差；粉土宜优先选用普通硅酸盐水泥，其次选用复合硅酸盐水泥，用矿渣硅酸盐水泥效果略差；砂土宜优先选用矿渣硅酸盐水泥，其次选用复合硅酸盐水泥，选用普通硅酸盐水泥效果稍差一些。

（2）龄期。从图 2-2 和表 2-7、表 2-8、表 2-9 表明，水泥土的抗压强度随其加固龄期而增长。这一增长规律具有两个特点：

1）水泥土早期（例如 7～14d）强度增长率较低，对于初始性质差的土尤其如此。

2）水泥土强度在龄期 28d 后仍有明显增长，并且持续增长至 120d，其趋势才减缓，这同混凝土的情况不一样。图 2-3 表明，某种淤泥质黏土，水泥土 90d 龄期强度与 28d 龄期强度之比大约从 1.7 变化至 3.2，因此应合理利用水泥土的后期强度。一般情况下，砂性土早期强度高，黏性土早期强度低，28d 强度在室内标准养护下，仅能达到 90d 强度的 55%～85%，若在地下水位以下的黏性土层中水泥土强度会更低。因此，为充分利用水泥强度，降低工程造价，对复合地基搅拌桩和防渗墙搅拌桩的水泥土试块，国内外都取90d 龄期为标准龄期。按《建筑地基处理技术规范》（JGJ 79—2012）和《深层搅拌法技术规范》（DL/T 5425—2009）的规定，取 90d 龄期试块的无侧限抗压强度为加固土强度标准值。90d 龄期强度是指水泥土试块在室内标准养护条件下所达到的强度。对起支挡作用承受水平荷载的搅拌桩，水泥土强度标准取 28d 龄期为标准龄期。从抗压强度试验得知，在其他条件相同时，不同龄期的水泥土抗压强度间关系大致呈线性关系，其经验关系式如下：

$$f_{cu7} = (0.47 \sim 0.63) f_{cu28}$$

$$f_{cu14} = (0.62 \sim 0.80) f_{cu28}$$

$$f_{cu60} = (1.15 \sim 1.46) f_{cu28}$$

$$f_{cu90} = (1.43 \sim 1.80) f_{cu28}$$

$$f_{cu90} = (2.37 \sim 3.73) f_{cu7}$$

$$f_{cu90} = (1.73 \sim 2.82) f_{cu14}$$

其中 f_{cu7}、f_{cu14}、f_{cu28}、f_{cu60}、f_{cu90} 分别为 7d、14d、28d、60d、90d 龄期的水泥土抗压强度。

当龄期超过 3 个月后，水泥土强度仍缓慢增长。180d 的水泥土强度为 90d 的 1.25倍，而 180d 后的水泥土强度增长仍未终止。

（3）水泥掺入比。水泥掺入比通常指水泥掺入重量与被加固土天然湿容重的比。表 2-7～表 2-9表明了水泥土的强度随水泥掺入比增加而增长。其特点是随着掺入比增大，水泥土后期强度增长幅度加大。这从图 2-4 可以看得更清楚。

周丽萍、申向东等人根据单轴抗压试验，认为粉质黏土中随着水泥掺入比增加，水泥土强度增加，图 2-4 为 7～90d 龄期水泥土强度与水泥掺入比的关系曲线。黄新、宁建国、郭晔、朱宝林研究了水泥土抗压强度与水泥含量之间的关系，研究结果表明当水泥掺入量较少时，水泥水化物只能胶结土颗粒，因而水泥土抗压强度与水泥含量呈线性相

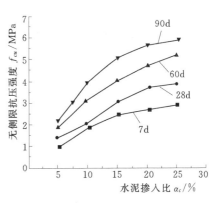

图 2-4　水泥土无侧限抗压强度与水泥掺入比的关系图

关；当水泥掺入量大于胶结含量后，如进一步增加水泥掺入量生成水化物填充固化土孔隙，抗压强度与掺入量呈指数相关；并且认为水化物填充对水泥土抗剪强度提高起着重要作用。Consoli·N·C 则认为水泥掺入量与无侧限抗压强度呈幂函数关系。

Consolinilo 和 Nilo Cesar 等人对水泥掺入量、孔隙比和含水量对水泥土抗压强度影响进行试验研究，结果表明，无侧限抗压强度随水泥掺入量增加而增大，水泥土孔隙比与抗

压强度呈线性减少，水泥土中含水率变化对抗压强度有明显影响。

缪志萍、刘汉龙在堤身水泥土加固试验研究中，发现当水泥掺入量为 3％～5％时，在不同水灰比和不同龄期条件下，水泥土 28d 无侧限抗压强度小于 200kPa；当水泥掺入量为 8％～10％时，无侧限抗压强度为 200～400kPa，认为水泥土作为堤身加固土时，水泥掺入量应大于 8％。

（4）土的含水量。天然土的含水量越小，水泥土的抗压强度越高。图 2-5 是用不同含水量的淤泥质黏土掺入 12％的水泥制成试块，分别在两个龄期测得的试块强度曲线。含水量对强度的影响与水泥掺入比有关，水泥掺入比越大，则含水量对强度的影响越大。反之，水泥掺入比较小时，含水量对强度的影响不甚明显。

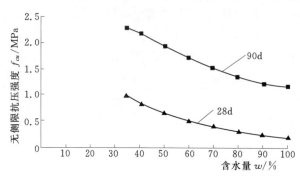

图 2-5　水量对水泥土无侧限抗压强度的影响图

采用水泥分别固化不同初始含水量的海相软土，试验结果表明，水泥土的无侧限抗压强度随待加固土样的初始含水量的增加近似线性降低。当被加固土样的初始含水量在 70％～130％范围内变化时，含水量每降低 10％，强度可提高 10％～30％。

（5）土的化学性质。土的化学性质，如酸碱度（pH 值）、有机质含量、硫酸盐含量等对加固土强度的影响甚大。酸性土（pH＜7）加固后的强度较碱性土差，且 pH 值越低，强度越低。土的有机质或腐殖会使土具有酸性，并会增加土的水溶性和膨胀性，降低其透水性，影响水泥水化反应的进行，从而会降低加固土的强度，因此 pH 值小于 4 时不适用。

在实际工程中，当土层局部范围遇 pH 值偏低的情况时，可在水泥中掺入少量石膏 $CaSO_4$，即可使土的 pH 值明显提高。

（6）外掺剂。固化剂中可选用某些工业废料或化学品作为外掺剂，因它分别具有改善土性、提高强度、节约水泥、促进早强、缓凝或减水等作用，所以加外掺剂是改善水泥土凝固体的性能和提高早期强度的有效措施。常用的外掺剂有碳酸钙、氧化钙、三乙醇胺、木质素磺酸钙等。但相同的外掺剂以不同的掺入量加入于不同的土类或不同的水泥掺入比，会产生不同的效果。

掺入 0.05％三乙醇胺，28d 龄期强度可增加 45％左右，60d 龄期强度可增加 18％左右，90d 龄期可增加强度 14％。三乙醇胺是一种早强剂，一般掺入量取水泥重量的 0.05％。三乙醇胺不仅能大大提高早期强度，而且对后期强度也有一定的增强作用，弥补了单掺无机盐降低后期强度的缺陷。

一般早强剂可选用三乙醇胺、氯化钙、碳酸钠或水玻璃等材料，其掺入量宜分别取水泥重量的 0.05％、0.2％、0.5％和 2％。

粉煤灰是具有较高的活性和明显的水硬性的工业废料，可作为搅拌桩的外掺剂。室内试验表明，用 10％的水泥加固淤泥质黏土，当掺入占土重 5％～10％的粉煤灰时，其 90d 龄期强度比不掺入粉煤灰时提高 20％以上，而且其早期强度增长十分明显。但当粉煤灰掺入量超过一定量（12%～15%）后，对水泥土的强度提高是不利的，因此存在最佳掺入量。

用几种化学外掺剂，按照不同配方掺入水泥，研究其对加固土的抗压强度的影响，结果表明，水泥土强度以三乙醇胺 0.05%加木质素磺酸钙 0.2%时最高，其次是三乙醇胺 0.05%加氯化钠 0.5%。

粉煤灰加入水泥土中使水泥土的强度稍有增加，主要原因可能是由于粉煤灰的粒径尺寸相对试样土而言比较大，在加入初期具有填充孔隙的作用，后期由于其活性被激发后其发挥的作用越来越大。粉煤灰的活性成分（主要是 SiO_2）与 $Ca(OH)_2$ 发生化学反应生成硅酸钙，相当于增加了水泥的水化产物或增加了水泥的掺入比。但在水泥掺入比小于 5%时，由于水泥水化产生的 $Ca(OH)_2$ 数量较少，难以激发粉煤灰的活性；当水泥掺入比为 10%时，掺入 2%石膏，28d 龄期强度可增加 20%左右，60d 龄期强度可增加 10%左右，90d 龄期强度反而减少 7%，石膏具有早强作用，但是石膏掺量不能过大，否则会使水泥土变成脆性。

经过掺加磷石膏的试验和工程实践，认为水泥磷石膏固化剂之所以比水泥固化剂效果好，是因为水泥磷石膏除了有与水泥相同的胶凝作用外，还能与水泥水化物反应产生大量钙矾石，这些钙矾石，一方面，因固相体积膨胀填充水泥土部分孔隙，降低了混合体的孔隙量；另一方面，由于其针状或棒状晶体在孔隙中相互交叉，与水泥硅酸钙等一起形成空间结构，因而提高了加固土的强度。

（7）养护环境。养护条件对水泥土的强度影响主要表现在养护环境的温度和湿度方面。国内外试验资料都表明，养护方法对早期水泥土强度的影响很大，随着时间的增长，不同养护方法对水泥土后期强度的影响较小。

日本的试验研究表明，温度对于水泥土强度的影响随着时间的增长而减小，不同养护温度下的无侧限抗压强度与 20℃（标准养护温度）的无侧限抗压强度之比值随着时间的增长而逐渐趋近于 1，说明温度对水泥土后期强度的影响较小。

研究混凝土时，采用熟化度 M[（养护温度＋10）×养护龄期]表示混凝土强度与养护温度和养护龄期的关系。类似的，水泥土强度与温度的关系也可以采用"熟化度"来表示。水泥土强度可以表示为：

$$f_{cu} = a_1 \log M + a_2 \qquad (2-1)$$

系数 a_1 和 a_2 随土性不同而不同。水泥土强度和熟化度的对数成比例，这表示水泥土的长期强度受养护温度的影响较小，养护温度主要影响水泥土的早期强度。

$$M = \int_0^{T_c} 2\exp \frac{t+10}{t} d_{T_c} \qquad (2-2)$$

式中　M——熟化度，d·℃；

　　　T_c——养护龄期，d；

　　　t——养护温度，℃。

实际工程中，水泥土的养护温度受地温的影响，但是应该注意的是，水泥土水化过程是放热反应，将会产生一定的热量。由水泥水化反应引起的地温改变值受水泥掺入量、加固体大小、土体热传导性以及边界条件等影响。

现场的养护条件和试验室的标准养护条件相差较大，因此，现场水泥土强度随养护龄期的发展过程将会明显不同于室内水泥土强度增长情况。深层搅拌形成的水泥土桩，周围被土壤包围着，周围土壤的透水性、温度都直接影响水泥土的强度的增长。试验表明，周围土壤的透水性好、温度高，水泥土的强度增长就快。天津某电厂在淤泥质黏土层中深层搅拌桩试桩，施工后 15d 取芯进行室内养护至 28d，水泥土无侧限抗压强度达 1.2MPa 以上，而 28d 现场取芯却发现 5m 以下水泥土强度仅 0.2MPa，但取出后在室内养护 7d 后强度可达 1.0MPa，60d 后现场再取芯 5m 以下水泥土试验结果已达 0.8MPa。上述情况在长江大堤加固中也多次出现。在地下水环境下，在粉细砂层、粉质黏土层中的固结速度快，早期强度高；在淤泥质黏土层中固结慢，早期强度低。因此，导致了桩体取芯室内养护与地下养护试验结果的不同，但最终强度仍会不断增大，甚至达到标准龄期强度。

另外，在淤泥、淤泥质黏土层中，由于经过机械的强制搅拌，加上高压水泥浆的注入，孔隙水压力升高，孔隙水压力消散需要较长时间，也是影响早期强度的因素。

（8）混合方法。被加固土、固化剂的混合处理由深层搅拌机械来完成。被加固土和固化剂的拌和效率和均匀程度受搅拌翼形状、翼数、转数、搅拌时间等各种条件制约，所以混合方法应予注意。

2.3.2 抗剪和抗拉强度

（1）抗剪强度。水泥土的抗剪强度随抗压强度提高而增大。一般地说，当无侧限抗压强度 $f_{cu}=0.5\sim4.0$MPa 时，其黏聚力 $c=0.1\sim1.1$MPa，内摩擦角 φ 在 $20°\sim30°$ 之间，抗剪强度相当于 $(0.2\sim0.3)f_{cu}$。

水泥土三轴剪切试验破坏时，试件剪切面与最大主应力面夹角约为 $60°$。

当水泥土的 $f_{cu}=0.3\sim1.0$MPa 时，采用直剪快剪，三轴不排水剪和三轴固结不排水剪三种试验方法，得到的抗剪强度相差不大，一般不超过 20%。

Saitou 等（1980 年）比较了 21 组 28d 龄期的水泥土在无竖向压力时直剪强度和无侧限抗压强度的关系。

当 $f_{cu}<1$MPa 时，$\tau=0.475f_{cu}$。

当 $f_{cu}>1$MPa 时，$\tau=29.8+0.39f_{cu}-0.000016f_{cu}^2$。

（2）抗拉强度。水泥土的抗拉强度 σ_t 与无侧限抗压强度 f_{cu} 的关系，试验表明，当 $f_{cu}=0.5\sim4.0$MPa 时，$\sigma_t\approx(0.15\sim0.25)f_{cu}$。表 2-10 为水泥土抗拉强度 σ_t 随无侧限抗压强度 f_{cu} 的统计经验关系式汇总。

2.3.3 变形特性

水泥土的变形模量与无侧限抗压强度 f_{cu} 有关，但其关系尚无定论。国内的研究认为：

当 $f_{cu}=0.5\sim4.0$MPa 时，$E=(100\sim150)f_{cu}$；

日本末松（1983）的试验结果是：

当 $f_{cu}<1.5$MPa 时，$E_{50}=(75\sim200)f_{cu}$；

当 $f_{cu}>1.5$MPa 时，$E_{50}=(200\sim1000)f_{cu}$。

上述式中 E_{50} 指水泥土加固 50d 后的变形模量。

表 2-11 为水泥土无侧限抗压强度 f_{cu} 与变形模量的统计经验关系式汇总。

大量工程实践表明，变形模量与无侧限抗压强度的关系和土质关系密切，黏性土可取 $E=(100\sim120)f_{cu}$，砂性土可取 $E=(200\sim1000)f_{cu}$。

表 2-10　　　　　　　抗拉强度与无侧限抗压强度的关系表

序　号	回归方程	f_{cu} 取值范围	备　注
1	$\sigma_t/f_{cu}=0.23\sim0.30$	$f_{cu}=0.3\sim1.2\text{MPa}$	曹正康（1992）
2	$\sigma_t/f_{cu}=0.07\sim0.09$		刘建军（1992）
3	$\sigma_t/f_{cu}=0.06\sim0.3$	$f_{cu}=0.5\sim4.0\text{MPa}$	叶书麟等（1994）
4	$\sigma_t=0.0787f_{cu}^{0.8111}$	$f_{cu}=0.5\sim3.5\text{MPa}$	刘松玉（2001）
5	$\sigma_t/f_{cu}=0.2\sim0.3$		Koseki 等（2005）
6	$\sigma_t/f_{cu}=0.08\sim0.1$		徐至钧（2004）
7	$\sigma_t/f_{cu}=0.06$		《建筑基坑支护技术规程》（JGJ 120—2012）
8	$\sigma_t/f_{cu}=0.10\sim0.15$	$f_{cu}\leqslant6.0\text{MPa}$	Ali Porbaba（2000）
9	$\sigma_t/f_{cu}=0.15$		CDIT（2012）

表 2-11　　　　　　水泥土无侧限抗压强度与变形模量的关系表

关系式	适用条件	备　注
$E_{50}=(350\sim1000)f_{cu}$	水泥掺入比 $a_w=5\%\sim15\%$	Saitoh（1980）
$E_{50}=(750\sim1000)f_{cu}$		Tatsuoka（1991）
$E_{50}=(100\sim250)f_{cu}$		Futaki 等（1996）
$E_{50}=(140\sim500)f_{cu}$		Asano（1996）
$E_{50}=(50\sim150)f_{cu}$	Boston 黏土	Geo Testing Express（1996）
$E_{50}=(150\sim400)f_{cu}$		Goh 等（1999）
$E_{50}=(150\sim1000)f_{cu}$	日本黏土	Prbaba 等（1998）
$E_{50}=(115\sim150)f_{cu}$	Bangkok 黏土，室内试验	Lorenzo 等（2006）
$E_{50}=(170\sim200)f_{cu}$	Bangkok 黏土，现场芯样	Lorenzo 等（2006）
$E_{50}=(50\sim80)f_{cu}$	$f_{cu}=0.1\sim3.5\text{MPa}$	叶书麟等（1994）
$E_{50}=126f_{cu}$		刘松玉（2001）
$E_{50}=(50\sim200)f_{cu}$	取 $E_{50}=150f_{cu}$ 合适	徐至钧（2004）
$E_{50}=(100\sim120)f_{cu}$		《建筑地基处理技术规范》（JGJ 79—2012）
$E_{50}=(60\sim90)f_{cu}$	$d=90$	曹永晾（2002）
$E_{50}=120f_{cu}$		刘建军（1992）

2.4　水泥土的长期稳定性和抗冻性

2.4.1　水泥土的长期稳定性

我国应用搅拌桩已 30 余年，美国、日本等国家应用已达半个世纪，并未发生任何因水泥土性质发生变异而引发的工程事故。日本 S. Saitoh（1988）进行了普通硅酸盐水泥和高炉炉渣水泥加固日本海相黏土的室内强度试验，试验结果表明：无论加固土样和水泥种类如何，水泥土试样的无侧限抗压强度随龄期增长而增长，5 年龄期的水泥土无侧限抗压强度约为 28d 龄期时的 2～5 倍。N. Yoshida 等研究了海底疏浚淤泥，含水量 $w=140\%～150\%$，用普通硅酸盐水泥和添加剂（木质素等）加固，水泥掺入量仅为土体湿重度的 5%，15 年无侧限抗压强度为 21d 时的 2～3 倍；M. Ikegami（2002）进行了普通硅酸盐水泥加固日本海相黏土的现场强度试验，试验结果表明：软土分上、中、下三层，含水量 w 分别为 80%～100%、50%～60%、60% 左右，普通硅酸盐水泥用量为 180kg/m³，20 年无侧限抗压强度为 93d 时的 1.6～2.6 倍。

我国对某一现场的水泥搅拌桩于施工 4 年后取样，测定桩体内各点及桩周未加固土的含钙量，其结果显示桩体界面处的含钙量并未减少。由于桩体强度主要是借硅酸钙水化物胶体的强度来提供，故可推知桩体在 4 年后的强度并未衰减。此外，还比较了 90d 龄期与 4 年龄期的桩体强度，其结果也很接近。因此，可以认为水泥搅拌桩强度的长期稳定性甚为可靠。

2.4.2　水泥土的抗冻性

试验表明，负温一般不影响水泥搅拌桩施工，但它会使水泥土化学反应停滞，推迟搅拌桩强度的发展。将水泥土试件放置于自然负温下进行抗冻试验表明，其外观无显著变化，仅少数试块表面出现裂缝，有局部微膨胀或出现片状剥落及边角脱落，但深度及面积均不大，可见自然冰冻没有造成水泥土深部的结构破坏，但强度会有所损失。

水泥土试块经长期冰冻后的强度与冰冻前的强度相比几乎没有增长。但恢复正温后其强度能继续提高，冰冻后正常养护 90d 的强度与标准强度非常接近，抗冻系数达 0.9 以上。水泥土抗冻试验结果见表 2-12。

表 2-12　　　　　　　　　　　　水泥土抗冻试验结果表

土样编号	土样含水量 w /%	水泥掺入比 α_c /%	水泥土强度/MPa		90d 龄期抗冻系数 $\overline{f_{cu}}/f_{cu}$
			标准养护 f_{cu}	负温养护 50d 后，再标准养护 $\overline{f_{cu}}$	
			90d	90d	
1	52	10	0.91	0.88	0.97
2	58	12	1.25	1.15	0.92
3	73	15	1.57	1.43	0.91

在自然温度不低于 −15℃ 的条件下，冻胀对水泥土结构损害甚微。在负温时，由于水泥与黏土之间的反应减弱，水泥土强度增长缓慢；正温后随着水泥水化等反应的继续深入，水泥土的强度可接近标准强度。

在水泥土固结具有一定强度后，冰冻对水泥土强度有较大的影响。将标准养护 28d 的水泥土进行分组试验，一组直接进行无侧限抗压强度测试；另一组循环冻融 25 次以后再进行无侧限抗压强度测试，试验中水泥土冻融循环采用快冻法冻融，28d 龄期不同水泥掺入量冻融前后强度对比见表 2-13，水泥土冻融前后抗压强度对比见图 2-6。

表2-13			28d龄期不同水泥掺入量冻融前后强度对比表				单位：MPa
水泥掺入比/%	28d（冻融前）	28d（冻融后）	强度损失率/d	水泥掺入比/%	28d（冻融前）	28d（冻融后）	强度损失率/d
5	1.721	0.295	82.86	20	3.982	2.013	49.45
10	2.273	0.952	58.12	25	4.205	2.185	48.04
15	3.268	1.517	53.58				

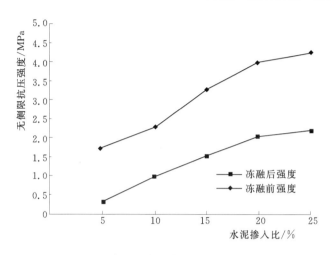

图2-6　水泥土冻融前后抗压强度对比图

从表2-13可见，未经冻融循环的水泥土试件强度和经过冻融循环的水泥土试件强度增长趋势基本相同，都呈现上升趋势。但是从强度损失的角度分析，水泥掺入比为5%的水泥土冻融循环后的强度损失了82.86%，而水泥掺入比为25%的水泥土冻融循环后的强度损失仅仅为48.04%。从图2-6中可知，随着水泥土冻融前无侧限强度的增长，水泥土冻融后的强度也在持续的增长，说明水泥土冻融前后的无侧限抗压强度存在良好的正相关关系。

因此，水泥土经过负温冰冻后，应待正温条件下，强度恢复增长到设计强度后，方可投入使用。而在高寒地区冻土层中，水泥土使用时，会经历反复的冻融作用，其设计强度应当考虑循环冻融所造成的强度损失。

2.5　水泥土的耐腐蚀性

2.5.1　水泥土的耐酸腐蚀试验

将水泥土试件置于浓度为1.5%的盐酸溶液（pH值为5.32）中浸泡3d、7d、28d，分别观察其外观、称其质量，计算质量损失（见表2-14～表2-16）。

从表2-14～表2-16中数据来看：①浓度为1.5%的盐酸溶液对水泥土有较强的腐蚀作用，不管是何种水泥、何种土质，所成型的水泥土试件在盐酸溶液中浸泡后都产生了一定程度的质量损失且试件外观均有不同程度的粉化、起砂现象。②水泥土的耐盐酸腐蚀性受龄期和水泥土掺入比的影响特别大。表2-14、表2-16的结果显示盐酸溶液浸泡的试件中掺入比在12.5%以上的少量试件浸泡28d后有轻微粉化的现象，此时试件的质量

表 2–14　　　　　　　　　　水泥土的耐酸耐盐腐蚀性试验结果表

土质	水泥品种	编号	水泥掺入比 C/%	水灰比	盐酸侵蚀后质量损失 /%			Na₂SO₄ 侵蚀后质量损失 /%		
					3d	7d	28d	3d	7d	28d
粉质黏土	P. S 32.5	RS5	7.0	1.5	1.4	2.2	2.6	0	−0.2	−0.4
		RS6	9.5	1.2	0.9	1.6	2.0	−0.1	−0.2	−0.3
		RS7	12.5	1.0	0.2	0.3	0.4	−0.1	−0.2	−0.3
		RS8	15.0	0.9	0.1	0.2	0.2	−0.1	−0.3	−0.4
	P. O 32.5	RO9	7.0	1.5	0.6	0.9	1.1	0	−0.1	−0.2
		RO10	9.5	1.2	0.4	0.8	1.0	0	−0.1	−0.1
		RO11	12.5	1.0	0.2	0.3	0.4	−0.1	−0.2	−0.3
		RO12	15.0	0.9	0.1	0.1	0.2	−0.1	−0.2	−0.3
	P. C 32.5	RC25	7.0	1.5	0.9	1.5	1.8	0	−0.2	−0.3
		RC26	9.5	1.2	0.6	1.1	1.2	−0.1	−0.3	−0.4
		RC27	12.5	1.0	0.1	0.2	0.4	−0.1	−0.3	−0.6
		RC28	15.0	0.9	0.1	0.2	0.3	−0.1	−0.3	−0.5
粉土	P. S 32.5	FS13	7.0	1.5	0.9	1.4	1.9	−0.1	−0.2	−0.3
		FS14	9.5	1.2	0.7	1.4	1.7	0	−0.1	−0.1
		FS15	12.5	1.0	0.1	0.2	0.6	−0.1	−0.1	−0.1
		FS16	15.0	0.9	0.1	0.2	0.2	−0.2	−0.3	−0.4
	P. O 32.5	FO17	7.0	1.5	0.5	0.9	1.1	−0.1	−0.2	−0.4
		FO18	9.5	1.2	0.3	0.7	0.8	−0.1	−0.2	−0.3
		FO19	12.5	1.0	0.2	0.3	0.4	−0.1	−0.2	−0.5
		FO20	15.0	0.9	0.1	0.2	0.3	−0.2	−0.3	−0.5
	P. C 32.5	FC21	7.0	1.5	0.6	1.2	1.6	0	0	−0.1
		FC22	9.5	1.2	0.3	0.7	0.8	−0.1	−0.2	−0.4
		FC23	12.5	1.0	0.1	0.2	0.3	−0.1	−0.2	−0.4
		FC24	15.0	0.9	0.0	0.1	0.2	−0.1	−0.3	−0.5
砂土	P. S 32.5	SS37	7.0	1.5	0.9	1.8	2.1	0	−0.1	−0.4
		SS38	9.5	1.2	0.6	1.0	1.1	−0.2	−0.4	−0.9
		SS39	12.5	1.0	0.1	0.3	0.4	−0.4	−0.7	−1.2
		SS40	15.0	0.9	0.1	0.2	0.3	−0.3	−0.7	−1.0
	P. O 32.5	SO33	7.0	1.5	0.6	1.5	1.9	0	0	0
		SO34	9.5	1.2	0.3	0.8	1.0	0	−0.1	−0.3
		SO35	12.5	1.0	0.3	0.6	0.6	0	−0.1	−0.3
		SO36	15.0	0.9	0.2	0.4	0.4	−0.1	−0.2	−0.3
	P. C 32.5	SC29	7.0	1.5	0.5	1.1	1.5	0	−0.1	−0.2
		SC30	9.5	1.2	0.4	1.0	1.3	0	−0.2	−0.4
		SC31	12.5	1.0	0.1	0.3	0.3	−0.1	−0.3	−0.5
		SC32	15.0	0.9	0.1	0.2	0.3	−0.1	−0.2	−0.4

注　1. 盐酸溶液浸泡的试件中掺入比在12.5%以上的部分试件浸泡28d后有轻微粉化现象，水泥掺入比在9.5%以下的试件浸泡3d后均有粉化起砂现象。

　　2. Na₂SO₄ 溶液浸泡后的试件外观无变化。

表 2－15 　　　　　　　水泥土的耐腐蚀性与土质、水泥品种的关系表

土质	水泥品种	盐酸侵蚀后质量损失和/%			Na₂SO₄侵蚀后质量损失和/%		
		3d	7d	28d	3d	7d	28d
粉质黏土	P.S 32.5	2.5	4.2	5.2	—	—	—
	P.O 32.5	1.3	2.1	2.6	—	—	—
	P.C 32.5	1.7	3.0	3.6	—	—	—
粉土	P.S 32.5	2.0	3.4	4.4	—	—	—
	P.O 32.5	1.1	2.1	2.5	—	—	—
	P.C 32.5	1.0	2.2	2.9	—	—	—
砂土	P.S 32.5	1.8	3.3	3.8	—	—	—
	P.O 32.5	1.4	3.3	3.8	—	—	—
	P.C 32.5	1.1	2.6	3.3	—	—	—

水泥品种	土质	盐酸侵蚀后质量损失和/%			Na₂SO₄侵蚀后质量损失和/%		
		3d	7d	28d	3d	7d	28d
P.S 32.5	粉质黏土	2.5	4.2	5.2	—	—	—
	粉土	2.0	3.4	4.4	—	—	—
	砂土	1.8	3.3	3.8	—	—	—
P.O 32.5	粉质黏土	1.3	2.1	2.6	—	—	—
	粉土	1.1	2.1	2.5	—	—	—
	砂土	1.4	3.3	3.8	—	—	—
P.C 32.5	粉质黏土	1.7	3.0	3.6	—	—	—
	粉土	1.0	2.2	2.9	—	—	—
	砂土	1.1	2.6	3.3	—	—	—

表 2－16 　　　　　　　水泥土的耐盐酸侵蚀性与水泥掺入比的关系表

水泥掺入比 /%	盐酸侵蚀后质量损失范围/%			质量损失平均值/%		
	3d	7d	28d	3d	7d	28d
7.0	0.5～1.4	0.9～2.2	0.9～2.6	0.8	1.4	1.7
9.5	0.3～0.9	0.7～1.6	0.8～2.4	0.5	1.0	1.2
12.5	0.1～0.3	0.2～0.4	0.3～0.6	0.2	0.3	0.4
15.0	0～0.2	0.1～0.4	0.2～0.4	0.1	0.2	0.3

损失多在 0.5％以下；而水泥掺入比在 9.5％以下的试件浸泡 3d 后即有粉化起砂现象，此时试件的质量损失多在 0.5％以上。这一方面表明了水泥掺入比在 10％以下的水泥土易受到盐酸侵蚀，而在 12％以上则不易受到盐酸侵蚀；另一方面也为水泥土耐盐酸腐蚀的评定提供了依据，即水泥土在盐酸溶液中浸泡后可以以质量损失不超过 0.5％、外观无明显变化或有轻微粉化现象时为耐蚀；质量损失大于 0.5％但小于 3％、外观有粉化、起砂等

现象为尚耐蚀；试件质量损失大于3%、外观有开裂、掉角等宏观缺损现象的则可判为不耐蚀。③水泥土的耐盐酸腐蚀性亦受土质和水泥品种的影响。表2-15的结果显示：粉质黏土和粉土选用普通硅酸盐水泥拌制的水泥土在盐酸溶液浸泡后质量损失最小，用复合硅酸盐水泥次之，选用矿渣硅酸盐水泥时质量损失最大；砂土选用复合硅酸盐水泥拌制水泥土时质量损失略小一些，采用普通硅酸盐水泥和矿渣硅酸盐水泥时质量损失接近。

综上所述，盐酸对水泥土有一定的腐蚀性。水泥土的耐盐酸腐蚀性受水泥掺入比、龄期、土质和水泥品种的影响。从提高水泥土耐盐酸腐蚀性角度出发，根据本次试验结果，粉质黏土和粉土宜优先选用普通硅酸盐水泥，其次选用复合硅酸盐水泥，选用矿渣硅酸盐水泥时耐盐酸腐蚀效果最差；砂土选用复合硅酸盐水泥时效果较好，采用矿渣硅酸盐水泥和普通硅酸盐水泥时耐盐酸腐蚀性略差一些。此外，不管采用何种土质、何种水泥来拌制水泥土，其中水泥掺入比不宜小于12%。

2.5.2　水泥土的耐盐腐蚀试验

用硫酸钠做耐盐试验，将水泥土试件置于浓度为1.5%的硫酸钠溶液（pH值为8.37）中浸泡3d、7d、28d，分别观察其外观、称其质量，计算质量损失。从表2-14的试验结果来看，水泥土在浓度为1.5%的硫酸钠溶液中浸泡28d后试件无明显变化、质量略有增加0~1.2%，大多在0.5%以下，这表明水泥土在硫酸钠溶液中只是受纯粹的浸泡作用，其受硫酸钠的侵蚀作用几乎无影响。

大量试验结果表明：当腐蚀物和腐蚀介质留在试件中时，试件的质量可能会增加，当腐蚀物溶到试件外时，试件的质量可能会减少。因此，不能仅以试件质量的增加或减少这一指标来评价试件耐腐与否。

2.6　水泥土的渗透性

水泥土的渗透系数 K 随着加固龄期的增加和水泥掺入比的增加而减小，对于 $K > 10^{-5}$ cm/s 的软土用10%的水泥加固1个月之后，K 值可减小到 10^{-6} cm/s 以下，当水泥掺入比由10%增加至20%时，K 值可进一步减小至 10^{-7} cm/s 以下。水利部淮委水利科学研究院宋新江等人研究的结果是，水泥土防渗墙水泥的最佳掺入比为12%。

选择不同水泥品种、不同种类的土的各水泥掺入比、水灰比的水泥土进行90d龄期抗渗试验，其结果见表2-17。

从表2-17来看，不论何种水泥加入何种土中，在一定掺入量情况下（水泥掺入比大于7%）所组成的水泥土结构均具有较好的抗渗性能（渗透系数小于 5×10^{-7} cm/s），水泥掺入比在7%~15%之间时，水泥土的渗透系数在 4.38×10^{-7}~0.10×10^{-7} cm/s 之间。

水泥土的抗渗性能受较多因素影响，从试验结果来看：

（1）水泥土的抗渗性能受土质和水泥品种的影响。粉土和砂土选用复合硅酸盐水泥和普通硅酸盐水泥拌制水泥土时渗透系数接近（复合硅酸盐水泥略小一些），采用矿渣硅酸盐水泥时渗透系数则大一些，约为采用其他两种水泥的2倍。而粉质黏土选用复合硅酸盐

表 2－17　　　　　　　　　　　　　　　　　　水泥土的抗渗性能试验结果表

土质	水泥品种	编号	水泥掺入比 $C/\%$	水灰比	渗透系数 K /($\times 10^{-7}$cm/s)	破坏比降 λ	$K \cdot C$
粉质黏土	P.S 32.5	RS5	7.0	1.5	4.38	500	30.66
		RS6	9.5	1.2	2.35	667	22.33
		RS7	12.5	1.0	1.46	833	18.25
		RS8	15.0	0.9	0.96	833	14.40
	P.O 32.5	RO9	7.0	1.5	1.22	1000	8.54
		RO10	9.5	1.2	1.10	1333	10.45
		RO11	12.5	1.0	0.88	1667	11.00
		RO12	15.0	0.9	0.79	1833	11.85
	P.C 32.5	RC25	7.0	1.5	0.63	1333	4.41
		RC26	9.5	1.2	0.44	1667	4.18
		RC27	12.5	1.0	0.19	2000	2.38
		RC28	15.0	0.9	0.10	2000	1.35
粉土	P.S 32.5	FS13	7.0	1.5	3.67	667	25.69
		FS14	9.5	1.2	2.34	667	22.23
		FS15	12.5	1.0	1.75	1000	21.88
		FS16	15.0	0.9	1.44	1000	21.60
	P.O 32.5	FO17	7.0	1.5	2.38	1333	16.66
		FO18	9.5	1.2	1.35	1333	12.83
		FO19	12.5	1.0	0.73	1333	9.13
		FO20	15.0	0.9	0.38	1500	5.70
	P.C 32.5	FC21	7.0	1.5	2.35	1000	16.45
		FC22	9.5	1.2	1.28	1333	12.16
		FC23	12.5	1.0	0.65	1333	8.13
		FC24	15.0	0.9	0.30	1333	4.50
砂土	P.S 32.5	SS37	7.0	1.5	4.34	667	30.38
		SS38	9.5	1.2	3.09	667	29.36
		SS39	12.5	1.0	2.22	833	27.75
		SS40	15.0	0.9	1.72	1000	25.80
	P.O 32.5	SO33	7.0	1.5	2.88	1000	20.16
		SO34	9.5	1.2	1.69	1000	16.06
		SO35	12.5	1.0	0.97	1167	12.13
		SO36	15.0	0.9	0.72	1167	10.80
	P.C 32.5	SC29	7.0	1.5	2.10	1000	14.70
		SC30	9.5	1.2	1.35	1000	12.83
		SC31	12.5	1.0	0.65	1333	8.13
		SC32	15.0	0.9	0.48	1333	7.20

水泥拌制水泥土时渗透系数最小，用普通硅酸盐水泥时次之，选用矿渣硅酸盐水泥时渗透系数最大，达到采用其他水泥的 3～10 倍。

（2）水泥土渗透系数随水泥掺入比增加而降低。从渗透系数与水泥掺入比的乘积来看，它随着掺入比增加而逐渐降低，这表明渗透系数降低的幅度高于水泥掺入比增加的幅度。其中两种乘积变化幅度较大的表明水泥掺入比的变化对水泥土渗透系数影响较大。表2-16数据显示，水泥品种和土质的不同，在水泥掺入比变化时，对渗透系数的影响大小也有所差异。对于粉土和砂土，采用复合硅酸盐水泥和普通硅酸盐水泥拌制水泥土时，掺入比的变化对其渗透系数影响较大，而矿渣硅酸盐水泥掺入比的变化对水泥土渗透系数影响略小一些。对于粉质黏土，采用复合硅酸盐水泥和矿渣硅酸盐水泥拌制水泥土时，掺入比的变化对其渗透系数影响较大，而普通硅酸盐水泥掺入比的变化对水泥土渗透系数影响略小一些。

（3）水泥土破坏比降受水泥掺入比的影响。随着水泥掺入比的增加，水泥土破坏比降有逐渐增加的趋势。

（4）水泥土破坏比降受土质和水泥品种的影响。采用同一种水泥、相同掺入比时，三种土质的水泥土破坏比降规律为：$\lambda_{粉质黏土} \geqslant \lambda_{粉土} \geqslant \lambda_{砂土}$。

而对于不同土质采用不同水泥时，水泥土破坏比降规律略有差异，具体表现为：

粉质黏土：$\lambda_{PC} \geqslant \lambda_{PO} \geqslant \lambda_{PS}$；

粉土：$\lambda_{PO} \geqslant \lambda_{PC} \geqslant \lambda_{PS}$；

砂土：$\lambda_{PC} \geqslant \lambda_{PO} \geqslant \lambda_{PS}$。

总之，水泥土的抗渗性能受土质、水泥品种、水泥掺入比和水泥强度等多因素影响。从提高水泥土抗渗性能角度出发，根据试验结果，粉质黏土宜首先选用复合硅酸盐水泥，其次选用普通硅酸盐水泥，选用矿渣硅酸盐水泥时抗渗效果稍差一些；粉土和砂土选用复合硅酸盐水泥和普通硅酸盐水泥时效果接近，采用矿渣硅酸盐水泥时抗渗效果略差一些。总体来看：不管是何种土质，复合硅酸盐水泥是首选，普通硅酸盐水泥是备用，但采用矿渣硅酸盐水泥亦能够满足正常要求。

在满足渗透性要求情况下，8%～10%水泥土掺入比是最经济的，再提高水泥土掺入比不能显著地减少水泥土渗透系数。同时，指出龄期对渗透系数有明显影响，即龄期越长渗透系数越低。

汤怡新、刘汉龙、朱伟通过对水泥土渗透试验，得到三种不同土质，随着水泥掺量增加渗透系数随之降低的特性。同时，给出了渗透系数随着养护期增长而降低，其关系见图2-7、图2-8。

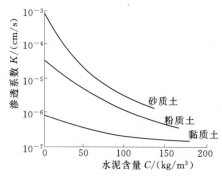

图2-7　渗透系数与水泥含量的关系图
注：引自汤怡新、刘汉龙、朱伟。

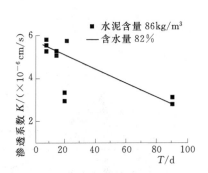

图2-8　渗透系数与养护时间的关系图
注：引自汤怡新、刘汉龙、朱伟。

侯永峰认为，相同龄期的水泥土渗透系数随水泥土掺入比的增加而减小，水泥土掺入量大于10%以后，渗透系数下降变缓；相同掺入比的水泥土渗透系数亦随龄期的增大而减小；龄期大于28d，渗透系数降低幅度趋于平缓；同时，当掺入比大于15%，不同掺入比水泥土龄期达到90d渗透系数差别较少，大小基本相等，其关系见图2-9、图2-10。

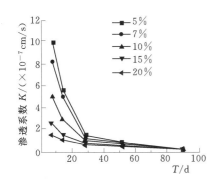

图2-9　水泥土渗透系数与时间关系图
注：引自侯永峰。

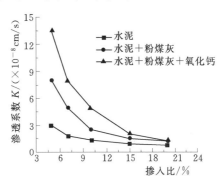

图2-10　水泥土渗透系数与水泥掺入比关系图
注：引自侯永峰。

廖志萍认为堤防水泥固化土随着水泥掺入比增加和龄期的增长，水泥土的渗透系数曲线开始阶段减小显著，后期趋于平缓；同时，指出水泥掺入量为3%、5%、8%、10%，水灰比为0、0.5、1.0，龄期7d、14d、28d时，水泥土渗透系数在$1 \times 10^{-5} \sim 1 \times 10^{-6}$ cm/s之间，均满足堤防加固所需的抗渗性要求。

3 工 程 设 计

3.1 工程设计前的工作

3.1.1 工程勘测资料

对于拟采用深层搅拌桩的场地，应获得以下资料：

（1）土层的构成（软弱土层或透水土层的厚度、埋深，地层的连续性等），特别要查明大块障碍物（石块、树根等）的尺寸和含量。

（2）深层搅拌桩加固深度范围内土层的天然含水量、地下水的侵蚀性。

（3）有机质土层、有机质性质及含量。

（4）原地基土的物理力学指标，如天然土重度、土的无侧限抗压强度、侧摩阻力特征值，如果是防渗工程还需取得土层的渗透系数，了解渗流条件。

勘测应符合规范，满足工程要求，工程的目的不同勘探要求不同，勘测孔间距一般为 50～200m，勘测深度应达到拟加固土层以下 2～5m。

3.1.2 施工材料选择

（1）水泥等级及品种选择。深层搅拌法常用的加固材料主要为水泥。宜选用强度等级为 32.5 及以上强度等级的通用硅酸盐水泥，特殊情况下可根据加固土体性质及地下水侵蚀性情况选用不同种类的水泥。水泥强度等级直接影响水泥土的强度，水泥强度等级提高 10 级，水泥土强度 f_{cu} 约增大 20%～30%。如要求达到相同强度，水泥强度等级提高 10 级可降低水泥掺入比 2%～3%。

实际应用中，通常使用的水泥有普通硅酸盐水泥（P.O）、矿渣硅酸盐水泥（P.S.A）、复合硅酸盐水泥（P.C）。当使用矿渣硅酸盐水泥时应注意，矿渣硅酸盐水泥早期强度明显低于普通硅酸盐水泥，但后期明显高于普通硅酸盐水泥。

（2）水泥掺入比确定。水泥掺入比是指加固土体内掺入的水泥与原状土体的质量比值。水泥掺入比可为 7%～20%，特殊情况可通过试验提高掺入比。在实际应用中，当水泥掺入比小于 7% 时，加固效果往往不能满足工程要求，而当掺入比大于 15% 时，加固费用偏高，因此，《深层搅拌法技术规范》（DL/T 5425—2009）的规定，水泥掺入比以 7%～15% 为宜。

采用水泥作为固化剂材料，在其他条件相同时，在同一土层中水泥掺入比不同时，水泥土强度将不同。就 32.5 级水泥来说，地基处理时，一般水泥掺入比采用 10%～15%。对于有特殊要求的地基，如需要较高的抗压、抗剪强度的地基工程可提高水泥掺入比至

20%～25%；对于地基土层较软弱、含水量大、孔隙比高的土层也可视工程设计要求使用较大水泥掺入比。由于块状加固属于大体积处理，对于水泥土的强度要求不高。因此，为了节约水泥，降低成本，可选用7%～12%的水泥掺入比。水泥土的抗压强度随其相应的水泥掺入比的增加而增大，但因场地土质与施工条件的差异，掺入比的提高与水泥土强度增加的百分比是不完全一致的。水泥掺入比大于10%时，水泥土抗压强度可达0.3～2MPa以上。

一般情况下，使用32.5级水泥，防渗墙工程水泥掺入比宜为10%～15%；基坑支护和防冲蚀的挡墙工程水泥掺入比宜为15%～18%；对含水量大于100%的土，常用较高的水泥掺入比，否则难以达到加固目的。

在设计前可取被加固土作为室内水泥土配比试验，获得抗压强度、渗透系数、破坏比降等指标要求的水泥掺入量。试验龄期为90d，但在设计施工前，由于时间的限制可做7d、28d试验，由7d、28d龄期推算到90d龄期。根据室内试验初步确定合适的水泥掺入量，室内试验必须考虑施工现场条件同室内搅拌配制水泥试样时条件的差别，进行适当修正。

（3）水泥浆水灰比的选择。水泥浆水灰比的选择取决于被加固土的含水量、土质性质、机械搅拌能力及输浆情况。试验表明现场施工的水泥土性能取决于水泥的可掺入性及可搅拌性。掺入的水泥量大，但未搅拌均匀，水泥土性能指标并不理想，水灰比的大小对水泥土的均匀性起着至关重要的作用。

实践证明，同样的施工机械，在同一土层中使用不同水灰比，水泥土被搅拌的均匀性差别较大。相对来说，水灰比越大水泥土被搅拌得越均匀。在堤防加固中，常常遇到堤防土体含水量低的情况，这时就需要较大水灰比，有工程实例表明水灰比可高达2.5。但在地基处理中，由于软土地基土的含水量较高，原土层往往已处于饱和状态，若取较大水灰比，则对提高地基强度不利，因此水灰比宜取较低值，甚至可低到0.5。根据《建筑地基处理技术规范》（JGJ 79—2012）的规定水泥浆水灰比可选用0.5～0.6，而在水利水电工程中，该技术不仅仅用于软土加固复合地基，还用于防渗墙工程。因此，根据《深层搅拌法技术规范》（DL/T 5425—2009）的规定水灰比宜为0.5～2.0。黏性土当含水量小于30%时，水灰比应不小于1.5，当含水量大于50%时，水灰比应不大于1.0；砂性土中视土层含水量而定，应满足能充分搅拌拌和，而且不漏浆。以提高强度为目的的地基处理应取较小水灰比，以降低渗透系数为目的的防渗止水应取较大水灰比。实际应用中，应以现场施工试验来确定水灰比。

3.1.3 室内拌和试验

设计前应取拟加固土进行室内掺入比试验，根据被加固土中最软弱土层或透水土层的性质选择合适的固化剂与外掺剂，为设计确定配比参数。

（1）目的。由于软弱土的物理特性和化学特性、固化剂的种类和量、养护条件等要素对水泥土的性能影响很大，且水泥土的形成机制非常复杂。因此，在施工前需进行拌和试验，目的是决定固化剂的种类和掺入量。

（2）试验步骤。拌和试验主要包括材料选择、混合拌制、试样制作、养护和试验。拌和试验步骤见图3-1。

（3）试验材料。按黏性土、砂质土、富含有机质土等土质区确定代表土层，在拟加固

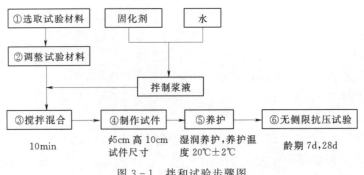

土层范围内，从有代表性的各土层中取试样。

试样的重量按试验的固化剂的种类、掺入量、养护时间（龄期）等来决定。一般地，对于一种固化剂，三种掺入量，两个龄期，约需要 10kg 试样，相当于两个薄壁取（土）样器的取土量。

土试样质量等级：Ⅱ级土样。

土样的封存与运输：宜按照《岩土工程勘察规范》（GB 50021—2001）的有关技术要求执行。

（4）试验一般要求。室内混合试验的一般要求见表 3-1。

表 3-1　　　　　　　　　　室内混合试验的一般要求表

项　　目		一　般　要　求	
		复合地基桩	防渗墙
水泥浆材料	固化剂	水泥材料	
	外加剂	有或无	
	拌和用水	自来水、河水、地下水、海水	
配合条件	水灰比（W/C）	0.5～0.8	1.0～2.0
	固化剂掺入比	黏性土、砂质土 7%～15%	
龄期		7d、28d	
试样的试件数		2件或3件	

1）固化剂的种类。就近取材，宜选择当地出产的水泥等材料。外加剂一般采用缓凝剂，根据工程的实际需要进行掺加。

2）拌和用水。拌和用水应符合《混凝土用水标准》（JGJ 63—2006）。

3）水灰比。固化剂的水灰比因施工条件而异。一般来说，水灰比 0.5～2.0，要根据拟加固地基的强度、含水量以及施工机械的输浆量来决定。通常，配合比试验采用一种水灰比，根据需要有时也可采用 2～3 种水灰比进行比较。

4）固化剂的掺入量。固化剂的掺入量应参考拟加固土及其以前的混合物设计强度的试验结果和固化剂资料来决定，一般用掺入比来表示。室内拌和试验的掺入比，黏性土一般为 7%～12%，砂质土为 7%～15%，有机物含量高的特殊土为 10%～25%。

5）试样调整和试件制作。因为试验需要在自然含水率的状态下进行，在试验过程中要注意保持含水率不变。试验调整和试件制作遵照《深层搅拌法技术规范》（DL/T 5425—2009）的规定实施。

6）养护。试样养护需要保持湿润状态，保持 20℃±2℃ 的温度，养护到试验为止。

7）试验。水泥土试样强度应做无侧限抗压强度试验，另根据需要再进行渗透系数、渗透破坏比降、抗弯、劈裂抗拉强度等试验。

（5）固化剂掺入量。地基处理固化剂掺入量的初步确定程序（见图 3-2），而最终宜按实际现场试验结果决定。

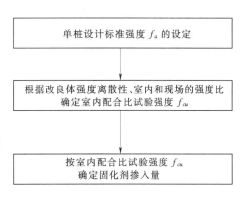

图 3-2 固化剂配合比试验程序图

单桩设计标准强度 f_a 和室内水泥土强度 f_{cu} 的关系按式（3-1）计算：

$$f_a = \eta \overline{f}_{cu} \tag{3-1}$$

式中　f_a——单桩设计标准强度，kPa；

　　　$\overline{f}_{cu}$——室内混合试验加固土无侧限抗压强度平均值，kPa；

　　　η——强度折减系数，以单桩作为复合地基的情况时，$\eta = 0.25 \sim 0.33$；块状、壁状、格子状时，$\eta = 0.33 \sim 0.50$。

在现场最好对上述各种数值进行验证。计算出的水泥掺入比若小于规范规定范围，应取不低于规范规定的数值。

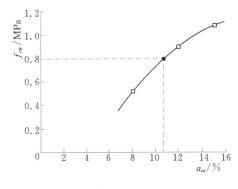

图 3-3 固化剂配合比试验回归分析图

【例 3-1】　某搅拌桩工程，土质为粉质黏土，设计要求 90d 水泥土无侧向抗压强度不小于 0.8MPa，要求通过配合比试验确定固化剂掺入量。

解： 采用钻机现场钻取代表性土样 3 组，密封后送实验室，采用当地 32.5 级复合硅酸盐水泥作为固化剂，按照 8%、12% 和 15% 的掺入比进行水泥土试配。对所配制的水泥土按照相同的条件进行标准养护，90d 龄期强度分别为 0.52MPa、0.90MPa、1.08MPa。

根据试验成果，采用图 3-3 进行回归分析，当水泥土掺入比大于 11% 时，水泥土强度满足要求。为保证其可靠度，最终选用水泥土掺入比为 12%。

3.2　复合地基设计

3.2.1　设计原理

（1）搅拌桩形成复合地基的原理。复合地基是指天然地基在地基处理过程中，部分土体得到增强，或被置换，增强体和原天然土体共同形成的地基。在荷载作用下，增强体和地基土体共同承担上部结构传来的荷载是复合地基的本质。然而如何设置增强体，以保证增强体与天然地基土体能够共同承担上部结构荷载，是有条件的，这也是在地基中设置增强体能否形成复合地基的条件。

下面以建筑结构—搅拌桩—持力层土—下卧层土为体系，进行桩土复合地基作用原理的简述。$E_p > E_{s1}$，$E_p > E_{s2}$，$E_p > E_{s3}$（见图 3-4），其中 E_p 为桩体模量；E_{s1} 为桩间土体模量；E_{s2} 为加固区下卧层土体模量；E_{s3} 为加固区褥垫层模量。当增强体为散体材料桩时，图 3-4 中各种情况均可以满足增强体和土体共同承担上部荷载，因为散体材料桩在荷载作用下产生侧向膨胀变形，当增强体为黏结材料桩时情况就不同了。

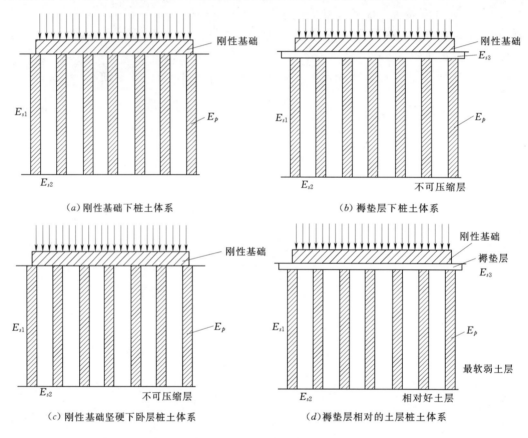

（a）刚性基础下桩土体系　　　　　　　（b）褥垫层下桩土体系

（c）刚性基础坚硬下卧层桩土体系　　　　（d）褥垫层相对的土层桩土体系

图 3-4　复合地基形成条件示意图

E_{s1}—桩间土模量；E_{s2}—下卧层土体模量；E_{s3}—褥垫层模量；E_p—桩体模量

在图 3-4（a）中，在荷载作用下，桩和桩间土体沉降量相同，可保证桩和土共同承担荷载。在图 3-4（b）中，在荷载作用下，通过具有一定厚度的柔性垫层的协调，也可保证桩和桩间土体共同承担荷载。因此，在图 3-4（a）、（b）中，在承台传递的荷载作用下，通过增强土体和桩间土体变形协调可以达到增强体和桩间土体共同承担荷载的作用，形成复合地基。在图 3-4（c）中，$E_p > E_{s1}$。在承台荷载作用下，在较低水平的上部荷载作用下，增强体和桩间土体中竖向应力大小大致上按两者的模量比分配，随着荷载水平的升高，土体达到强度极限，土中应力不再增加，而在土体产生蠕变作用下，土中应力还不断减小，导致荷载向增强体上转移，增强体中应力逐渐增大。若 E_p 远远大于 E_{s1}，桩间土体承担的荷载极小，特别是若遇到地下水位下降等因素，桩间土体在自重条件下发生压缩和沉降，桩间土体可能不再承担荷载。在这种情况下增强体与桩间土体难以形成复合地基以共同承担上部荷载。在工程应用中，为了有效减小沉降，复合地基中增强体设置一般都穿透最薄弱土层，落在相对好的土层上 [见图 3-4（d）]。如何保证增强体与桩间土体形成复合地基共同承担上部荷载是设计工程师应该注意的。图 3-4（d）中，$E_p >$ E_{s1}，$E_{s2} > E_{s1}$，设计工程师应重视 E_p、E_{s1} 和 E_{s2} 三者之间的关系，以保证在荷载作用下通过桩体和桩间土变形协调来保证桩和桩间土共同承担荷载。若 E_{s2} 远远大于 E_{s1} 则必须在刚性基础下和加固土之间设置一层垫层。

所以，采用黏结材料桩和刚性桩形成复合地基时，需要重视复合地基的形成条件。在实际工程中不能满足形成复合地基的条件，而以复合地基进行设计是不安全的。这种情况高估了桩间土的承载能力，降低了复合地基的安全度，可能造成工程事故，应引起设计人员高度重视。因此，为了安全起见，现行规范已经规定："竖向承载搅拌桩复合地基应在基础和桩之间设置褥垫层。褥垫层厚度可取 200～300mm，其材料可选用中砂、粗砂、级配石等，最大粒径不宜大于 20mm，褥垫层的夯填度不应大于 0.9。"

路堤、河堤等加固工程中一般不存在刚性基础，为了防止桩体向上刺入填土路堤、河堤，一般在复合地基加固区上设置一层垫层，如灰土垫层、土工格栅垫层等，以保证桩体和土体共同承担荷载。

复合地基桩间土与桩体形成一个整体，共同向下沉降，类似于厚大的墩基础，因此，对复合地基，除了考虑单桩承载力、复合地基承载力及变形外，还应按照实体基础进行下卧层土体强度验算。下卧层土体受力见图 3-5。

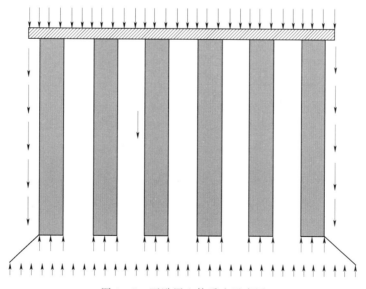

图 3-5 下卧层土体受力示意图

（2）设计程序。复合地基设计主要是根据建（构）筑物对地基承载力、变形和稳定性的要求，确定搅拌桩的置换率、长度、桩径及水泥掺入量，并进行桩的布置。

搅拌桩的布桩形式比较灵活，可以根据上部结构要求及地质条件，采用柱状、壁状、格栅状及块状加固形式。设计时应根据不同的要求分别采用强度控制、稳定控制或沉降控制的设计原则。一般建筑物都是以地基承载力（强度）控制设计，对于基坑地下开挖支挡结构等工程，须以边坡稳定性进行控制设计，对于像堤坝等建筑基础等情况，往往应以沉降量进行控制设计。

复合地基的设计程序见图3-6。

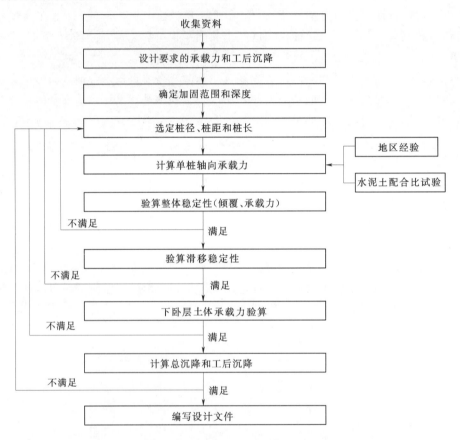

图3-6 复合地基的设计程序图

3.2.2 单桩设计

单桩竖向承载力 R_a 取决于水泥土（桩身）强度和地基土两个条件。一般应使土对桩的支撑力与桩身强度所确定的承载力相近，并使后者略大于前者最为经济。因此，搅拌桩单桩设计主要是确定桩长、桩径和选择水泥渗入量。

（1）当土质条件、施工机械等因素限制搅拌加固深度时，先确定桩长、桩径，根据桩长、桩径计算单桩承载力特征值 R_a，可按式（3-2）和式（3-3）计算，并取其较小值。

$$R_a = u_p \sum_{i=1}^{n} q_{si} l_i + \alpha q_p A_p \tag{3-2}$$

$$R_a = \eta f_{cu} A_p \tag{3-3}$$

式中　R_a——单桩竖向承载力特征值，kN，在工程规模较大，有条件的工程，单桩承载力应通过现场载荷试验确定，初步设计时，可参照类似地层条件进行估算；

u_p——桩的周长，m；

n——桩长范围内所划分的土层数；

q_{si}——桩周第 i 层土的侧阻力特征值，kPa，淤泥可取 5～8kPa；淤泥质土可取 8～12kPa；软塑状的黏性土可取 12～18kPa；可塑状态的黏性土可取 18～24kPa；

l_i——桩长范围内第 i 层土的厚度，m；

α——桩端天然地基土的承载力折减系数，可取 0.4～0.6，桩端天然土承载力高时取高值；

q_p——桩端地基土未经修正的承载力特征值，kPa，可按《建筑地基基础设计规范》（GB 50007—2011）的有关规定确定；

A_p——搅拌桩的截面积，m²；

η——桩身强度折减系数，0.25～0.33；

f_{cu}——与搅拌桩桩身水泥土配比相同的室内加固土试块（边长为 70.7mm），在标准养护条件下 90d 龄期的立方体强度，kPa。

然后根据计算的水泥土的无侧限抗压强度 f_{cu}，参照室内配合比试验资料（水泥土试块边长为 70.7mm 的立方体），选择所需的水泥掺入量。

【例 3-2】 某库区取水口泵房地基主要涉及两种土层，上部土层深度为 12.8m 范围内地基土为淤泥质粉土，承载力特征值为 88.0kPa。根据静力触探试验，地基土桩周侧摩阻力特征值取值 10.5kPa，桩端土体承载力特征值为 88.0kPa；下卧层土为粉细砂土，桩周侧摩阻力特征值取值 35.0kPa，地基承载力特征值为 160kPa。泵房基础埋置深度为 1.0m，采用水泥土深层搅拌桩进行地基处理，设计需要复合地基承载力特征值为 120kPa，水泥土深层搅拌桩进入粉细砂层 1.0m，桩长 12.8m，桩径 600mm；水泥土搅拌桩水泥掺入量 18%，水泥土 28d 标准强度 1.5MPa，根据上述条件，计算水泥土搅拌桩单桩承载力特征值。

解：①计算水泥土搅拌桩周长和面积。

$$u_p = \pi D = 3.14 \times 0.6 = 1.88 \text{m}$$
$$A_p = \pi D^2 / 4 = 3.14 \times 0.6^2 / 4 = 0.28 \text{m}^2$$

②根据式（3-2）计算水泥土搅拌桩单桩承载力。桩端天然地基土的承载力折减系数取 0.5，则：

$$R_a = u_p \sum_{i=1}^{n} q_{si} l_i + \alpha q_p A_p$$
$$= 1.88 \times (10.5 \times 11.8 + 35 \times 1.0) + 0.5 \times 160 \times 0.28$$
$$= 321.13 \text{kN}$$

③根据式（3-3）计算水泥土搅拌桩单桩承载力。桩身强度折减系数取值 0.3，则：

$$R_a = \eta f_{cu} A_p$$
$$= 0.3 \times 1500 \times 0.28$$
$$= 126.00 \text{kN}$$

④确定水泥土深层搅拌桩单桩承载力特征值。比较两式计算结果，取小值，则水泥土深层搅拌桩单桩承载力特征值为 126.00kN。

（2）当搅拌加固深度不受限制时，可先根据室内配合比试验资料选定水泥掺入量，再确定桩身无侧限抗压强度，根据桩身无侧限抗压强度计算单桩竖向承载力特征值 R_a，然后由单桩竖向承载力计算桩身长度 L：

$$L = \frac{R_a - \alpha A_p q_p}{q_s u_p} \tag{3-4}$$

式中 q_s——桩周土的平均摩阻力特征值，kPa；

其余符号意义同前。

（3）直接根据上部结构对基础的要求，选定单桩承载力，然后应用式（3-3）、式（3-4）两式计算桩长度、强度，并选择水泥掺入量。

3.2.3 复合地基承载力

在复合地基中，水泥土搅拌桩与刚性桩相似，其作用的发挥首先是从桩体顶部开始，相对于周围地基，桩体发生向下沉降的趋势，在搅拌桩四周桩土摩擦作用下，逐渐传递到周围地基中，水泥土搅拌桩桩身轴力逐渐减小，直至达到平衡点或达到桩体底部，由桩底地基提供平衡反力。在轴力作用下，水泥土搅拌桩发生压缩变形，桩顶实际也向下位移。此时，通过垫层的协调作用，基础传来的应力部分转移到地基土顶部，使地基土发生压缩变形，同时，通过桩身传来的作用力也在地基土中起到压缩土体效应。这种桩的变形和土的作用与变形是在垫层的调节下完成的。这样，水泥土搅拌桩复合地基可以由桩和土体两部分协同发挥作用，其特征值可表示为：

$$f_{spk} = m \frac{R_a}{A_p} + \beta(1-m) f_{sk} \tag{3-5}$$

式中 f_{spk}——复合地基承载力特征值，kPa；

R_a——单桩竖向承载力特征值，kN；

A_p——搅拌桩的截面积，m^2；

m——复合地基面积置换率，%；

f_{sk}——处理后桩间土承载力特征值，kPa，可取天然地基承载力特征值；

β——桩间土承载力折减系数：当桩端土为软土时，取 0.5~1.0；当桩端土为硬土时，取 0.1~0.5；当不考虑桩间土的作用时，可取零。

【例 3-3】 在［例 3-2］中，设定复合地基置换率为 18%，计算复合地基承载力特征值。

解：由于桩端土为粉细砂，天然地基承载力特征值为 160kPa，按照软土考虑，桩间土承载力折减系数取值为 0.6，则复合地基承载力特征值为：

$$f_{spk} = m \frac{R_a}{A_p} + \beta(1-m) f_{sk}$$

$$= 0.18 \times \frac{126.00}{0.28} + 0.6 \times (1-0.18) \times 88$$

$$= 124.30 \text{kPa}$$

3.2.4　置换率和桩数计算

根据设计要求的复合地基承载力 f_{spk} 和按式（3-2）、式（3-3）求得的单桩承载力特征值 R_a，即可按式（3-6）计算搅拌桩的置换率 m，按式（3-7）计算总桩数 n：

$$m = \frac{f_{spk} - \beta f_{sk}}{\dfrac{R_a}{A_p} - \beta f_{sk}} \tag{3-6}$$

$$n = \frac{mA}{A_p} \tag{3-7}$$

式中　n——桩总数，根；

　　　A——地基加固的面积，m^2；

其余符号意义同式（3-5）。

大面积新填土，重新固结将产生负摩阻力，对刚性桩来说不可忽视，而水泥土桩与桩间土能同时下沉，回填土的固结不致在搅拌桩侧壁产生较大负摩阻力。因此，设计时一般既不考虑负摩阻力，也不考虑桩周回填土层所提供的侧壁摩阻力。

【例3-4】　在［例3-2］中，设定地基处理范围为 18m×12m，复合地基承载力特征值120kPa，计算复合地基置换率和搅拌桩总数。

解：由［例3-2］可知，水泥土深层搅拌桩单桩承载力特征值为126kN，由［例3-3］可知，桩间土承载力折减系数取值为0.6，则复合地基置换率计算如下：

$$m = \frac{f_{spk} - \beta f_{sk}}{\dfrac{R_a}{A_p} - \beta f_{sk}} = \frac{120 - 0.6 \times 88}{\dfrac{126}{0.28} - 0.6 \times 88} = 17\%$$

搅拌桩总数为：

$$n = \frac{mA}{A_p} = \frac{0.17 \times 18 \times 12}{0.28} = 131.14$$

搅拌桩总数取132根。

3.2.5　桩位平面布置

根据计算所得的总桩数 n_p 进行搅拌桩的平面布置。经研究，搅拌桩受竖向荷载时桩周土侧向变形很小。因此，一般不在基础平面范围外设护桩，而只在基础平面范围布置，桩的平面布置要以桩距最大（以利充分发挥桩侧摩阻力）并便于施工为原则。

水泥土桩的布置形式对加固效果有很大影响，一般根据工程地质特点和上部结构要求可采用柱状、壁状、格栅状、块状以及长短桩相结合等不同加固形式。水泥土桩的布置形式见图3-7。

（1）柱状。每隔一定距离打设一根水泥土

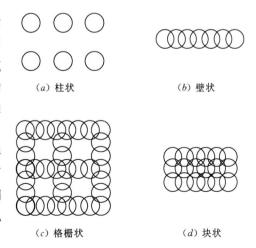

（a）柱状　　　　　　　（b）壁状

（c）格栅状　　　　　　（d）块状

图3-7　水泥土桩的布置形式图

桩，形成柱状加固形式，适用于单层工业厂房独立基础和多层房屋条形基础下的地基加固，它可充分发挥桩身强度与桩周侧阻力。独立基础下的桩数不宜少于 3 根，柱状加固可采用正方形、等边三角形等布桩形式。

（2）壁状。将相邻桩体部分重叠搭接成为壁状加固形式，适用于坑开挖时的边坡加固、建筑物长高比大刚度小和对不均匀沉降比较敏感的多层房屋条形基础下的地基加固。

（3）格栅状或块状。它是纵横两个方向的相邻桩体搭接而形成的加固形式。适用于对上部结构单位面积荷载大和对不均匀沉降要求控制严格的建（构）筑物的地基加固。

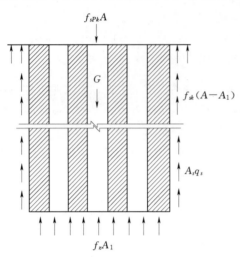

图 3-8　假想实体基础受力分布图

（4）长短桩相结合。当地质条件复杂，同一建筑物坐落在两类不同性质的地基土上时，可用 3～5m 的短桩将相邻长桩连成壁状或格栅状，以调整和减小不均匀沉降量。

3.2.6　下卧层地基验算

当桩端下地基土受力范围内有软弱下卧土层时，应将基础底面至桩端范围内的搅拌桩体与桩间土视为一复合土层，其压缩系数、压缩模量取桩与桩间土复合指标。

当所设计搅拌桩的置换率较大（一般 $m>20\%$），而且不是单行竖向排列时，由于每根搅拌桩不能充分发挥单桩承载力的作用，故按群桩作用原理，进行下卧层地基验算，即将搅拌桩和桩间土视为一个假想的实体基础（见图 3-8），考虑假想实体基础侧面与土的摩擦力，按照式（3-8）验算假想基础底面的承载力。

$$\frac{f_{spk}A+G-A_sq_s-f_{sk}(A-A_1)}{A_1}<f_z \qquad (3-8)$$

式中　f_{spk}——复合地基承载力特征值，kPa；

　　　A——加固地基的面积，m^2；

　　　A_1——假想实体基础的底面积，m^2；

　　　G——假想基础的自重，kN；

　　　A_s——假想实体基础的侧表面积，m^2；

　　　q_s——作用在假想实体基础侧壁上的平均摩阻力特征值，kPa；

　　　f_{sk}——假想实体基础边缘软土的平均摩阻力特征值，kPa；

　　　f_z——假想实体基础底面修正后地基承载力特征值，kPa。

当验算不满足要求时，须重新设计单桩，直至满足要求。

3.2.7　沉降计算

对沉降有特殊要求的建筑物，除强度验算外还应进行沉降验算。验算方法与一般群桩基础相同。复合地基沉降包括加固区土层压缩量 S_1 和下卧层土层压缩量 S_2 两部分。复合地基加固区土层压缩量根据具体工程情况可选用复合模量法（E_{sp}法）或应力修正法（E_s法），下卧层土压缩量采用分层总和法计算。

（1）加固区压缩量计算。

1）复合模量法。采用复合模量法计算加固区的压缩量，需要正确估计复合土体的压缩模量 E_{sp}，该值可通过复合土体压缩试验直接测定，也可由式（3-9）计算求得：

$$E_{sp} = mE_p + (1-m)E_s \qquad (3-9)$$

式中　E_p——桩体压缩模量，MPa，根据经验，黏性土可取（$100\sim120$）f_{cu}，砂性土可取（$200\sim1000$）f_{cu}；对于桩较短或桩身强度较低者，可取低值，反之取高值；

　　　E_s——桩间土压缩模量，MPa，可取桩长范围内土层的压缩模量的加权平均值；

　　　m——复合地基面积置换率。

实际工程中，采用式（3-9）中估算复合模量是偏于安全的。据《深层搅拌法技术规范》（DL/T 5425—2009）条文说明第5.2.7条中，根据大量水泥土单桩复合地基载荷试验资料，得到了在工作荷载下水泥土桩复合地基的复合模量，一般为 $15\sim25$MPa，其大小受面积置换率、桩间土质和桩身质量等因素的影响。且根据理论分析和实测结果，复合地基的复合模量总是大于由桩的模量和桩间土的模量的面积加权之和。

复合地基加固区沉降量 s_1 为：

$$s_1 = \sum_{i=1}^{n_1} \frac{\Delta p_i}{E_{sp\,i}} H_i \qquad (3-10)$$

式中　n_1——分层总和法中加固土层分层数；

　　　$E_{sp\,i}$——加固区第 i 层土层复合压缩模量，MPa；

　　　Δp_i——第 i 层土层上的附加应力增量，MPa，加固区由复合地基上总荷载计算。

工程应用时，为了简化计算，有时将加固区视为一层，式（3-10）可简化为：

$$s_1 = \frac{(\Delta p_1 + \Delta p_2)h}{2E_{sp}} \qquad (3-11)$$

式中　h——分层总和法中加固土层总厚度；m；

　　　E_{sp}——加固区土层复合压缩模量；MPa；

　　　Δp_1——复合地基顶部附加应力；kPa；

　　　Δp_2——复合地基加固区底部附加应力；kPa。

2）应力修正法（E_s法）。当复合地基置换率较低时，可采用应力修正法（E_s法）计算加固层压缩量。当复合地基置换率较高时，采用应力修正法计算误差较大。计算误差还与桩的相对刚度有关，相对刚度越小，误差越大。通常认为，荷载作用下桩端能发生较大刺入沉降时，采用该法可取得较好的效果。

搅拌桩的存在使作用在桩间土上的荷载密度比作用在复合地基上的平均荷载密度要小。应力修正法计算压缩量就是根据桩间土分担的荷载，按照桩间土的压缩模量，忽略桩体的存在，采用分层总合法计算加固土层的压缩量。

复合地基中桩间土分担的荷载力：

$$p_s = \frac{p}{1+m(n+1)} = \mu_s p \tag{3-12}$$

式中　p——复合地基平均系数荷载密度，Pa；

　　　μ_s——应力减小系数或称应力修正系数，kPa；

　n、m——复合地基桩土应力比和复合地基置换率。

复合地基加固区土层压缩量采用分层总和法计算，其表达式为：

$$s_1 = \sum_{i=1}^{n_1} \frac{\Delta p_{si}}{E_{si}} H_i = \mu_s \sum_{i=1}^{n_1} \frac{\Delta p_i}{E_{si}} H_i = \mu_s s_{1s} \tag{3-13}$$

$$\mu_s = \frac{1}{1+m(n+1)}$$

式中　Δp_i——未加固地基（天然地基）在荷载 P 作用下第 i 层土上的附加应力增量，kPa；

　　　Δp_{si}——复合地基中第 i 层桩间土中的附加应力增量，kPa；

　　　E_{si}——未加固区第 i 层土压缩模量，MPa；

　　　s_{1s}——未加固地基（天然地基）在荷载 p 作用下相应厚度内的压缩量，mm；

　　　μ_s——应力修正系数；

　　　n_1——加固区土层分层数。

（2）下卧层沉降量计算。下卧层压缩量采用分层总和法计算。计算式（3-14）为：

$$s_2 = \sum_{i=1}^{n_2} \frac{\Delta p_i}{E_i} H_i \tag{3-14}$$

式中　Δp_i——下卧土层第 i 层平均附加应力，下卧层中附加应力增量可采用压力扩散法、等效实体法等方法计算；

　　　H_i——分层总和法中第 i 层土厚度，m；

　　　E_i——下卧土层第 i 层土压缩模量，MPa；

　　　n_2——下卧层土层分层数。

（3）复合地基沉降量。复合地基沉降量 s 为加固区和下卧土层的压缩量之和。

$$s = s_1 + s_2 \tag{3-15}$$

3.2.8　稳定分析

对于堤坝、路堤等复合地基，除验算地基承载力和沉降量等参数外，还需进行地基稳定性的验算，一般可采用圆弧法进行堤坝、路堤下复合地基稳定性分析。

在圆弧分析法中，假定地基土的破坏滑动面为圆弧形，上部构筑物随地基土沿圆弧滑动面滑出破坏。其破坏条件是圆弧滑动面总剪切力大于总抗剪切力，假定圆弧滑动面总剪切力为 Q，总抗剪切力为 S，滑动安全系数 K 取值可用式（3-16）计算：

$$K = \frac{S}{Q} \tag{3-16}$$

通过对不同滑动面进行试算，取最小安全系数 K 为其稳定性安全系数。

在圆弧分析计算法中，假设的滑动面分为加固区和未加固区。地基土的强度分区计算，加固区和未加固区分别采用不同的强度指标。其中未加固区采用天然的强度指标，加固区土体采用复合地基综合强度指标，也可分别按照桩体和桩间土的强度指标换算，抗剪强度加固区（τ_c）指标计算式（3-17）为：

$$\tau_c = (1-m)\tau_s + \tau_p$$
$$= (1-m)[c + (\mu_s p_c + \gamma_s z)\cos^2\theta\tan\varphi_s] + m[c_p + (\mu_p p_c + \gamma_p z)\cos^2\theta\tan\varphi_p] \quad (3-17)$$
$$\mu_s = 1/[1 + (n-1)m]$$
$$\mu_p = n/[1 + (n-1)m]$$

式中　τ_s——桩间土抗剪强度，kPa；

　　　τ_p——加固区桩的抗剪强度，kPa；

　　　m——复合地基置换率；

　　　c——桩间土黏聚力，kPa；

　　　c_p——桩的黏聚力，kPa；

　　　p_c——复合地基上作用荷载，kPa；

　　　μ_s——应力降低系数；

　　　μ_p——应力集中系数；

　　　n——桩土应力比；

　　γ_s、γ_p——桩间土、桩体的重度，kN/m³；

　　φ_s、φ_p——桩间土、桩体的内摩擦角，(°)；

　　　θ——滑动圆弧在地基某深度处剪切面与水平角的夹角，(°)；

　　　z——分析中所取单元圆弧段的深度，m。

若 $\varphi_s = 0$，则式（3-17）可改写为式（3-18）。

$$\tau_c = (1-m)c + m(\mu_p p_c + \gamma_p z)\cos^2\theta\tan\varphi_p + mc_p \quad (3-18)$$

复合土体综合强度指标可采用面积比法计算。复合土体黏聚力 c_c 和内摩擦角 φ_c 表达式可用式（3-19）、式（3-20）表示：

$$c_c = c_s(1-m) + mc_p \quad (3-19)$$
$$\tan\varphi_c = \tan\varphi_s(1-m) + m\tan\varphi_p \quad (3-20)$$

式中符号意义同式（3-17）。

3.2.9　构造要求

（1）桩长。竖向承载搅拌桩的长度应根据上部结构对承载力和变形的要求确定，应穿透软弱土层达到承载力相对较高的土层；为提高抗滑稳定性而设置的搅拌桩，桩长应穿过危险滑弧以下 2m，地基处理工程深层搅拌桩桩长一般不超过 20m。

（2）桩径。地基处理工程深层搅拌桩桩径一般为 0.5~0.8m。

（3）桩数。搅拌桩为半刚性桩，可只在基础平面内布置，独立基础下桩数不应少于 3 根。

（4）竖向承载搅拌桩复合地基中的桩长超过 10m 时，在全桩水泥总掺量不变的前提下，桩身上部 1/3 桩长范围内可适当增加水泥掺量及搅拌次数；桩身下部 1/3 桩长范围内可适当减少水泥掺量。

（5）竖向承载搅拌桩复合地基应在基础和桩之间设置垫层。垫层厚度可取 200～300mm。其材料可选用中砂、粗砂、级配砂石等，最大粒径不宜大于 20mm，但对基础有防渗要求的建筑物应采用低强度等级的素混凝土垫层或有一定强度的水泥土垫层。采用水泥土垫层时土料宜使用黏性土，水泥掺量不应小于 20%，并保证水泥土搅拌的均匀性及铺垫的施工质量。

3.2.10 计算实例

某水库 5 层办公楼，设计砖混结构。楼、地、屋面均采用预应力多孔板。厚 240mm砖墙采用普通砖实砌。钢筋混凝土条形基础，基础下采用直径 500mm 水泥搅拌桩复合地基。基础剖面见图 3-9，上部结构线荷载平面（算至室外地坪）见图 3-10。

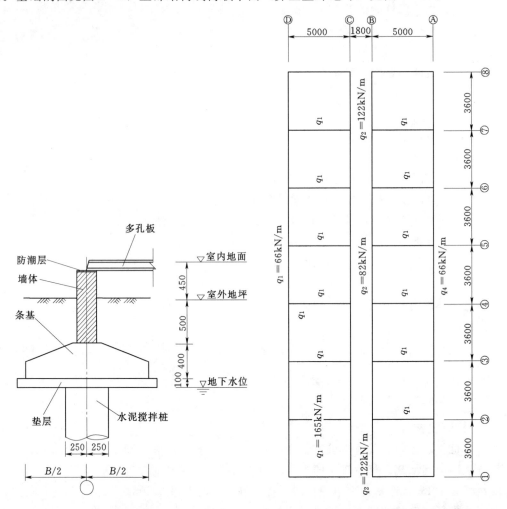

图 3-9　基础剖面图（单位：mm）　　图 3-10　上部结构线荷载平面图（单位：mm）

本工程地处软弱地基场地。地基自然地坪（如室外地坪）下 50cm 范围为耕植土，其下粉质黏土层厚 1m，再往下"深不见底"的流塑状淤泥质黏土层。各土层主要物理学性质指标见表3-2。常年平均地下水位在地表下1m深处，地下水无侵蚀性。

表3-2　　　　　　　　各土层主要物理学性质指标表

土层名称	含水量 /%	重度 /(kN/m³)	比重 d_s /(g/cm²)	塑性指数 I_p	压缩模量 E_s /MPa	地基标准承载力特征值 f_k /kPa	桩侧摩阻力特征值 f_k /kPa
耕植土		18					
粉质黏土	35.3	18.5	2.73	15.9	3.37	80	12
淤质黏土	51.5	18	2.74	19.7	1.68	55	7

根据上述情况进行基础地基设计，计算如下。

（1）确定基础平面尺寸及复合地基承载力。

1）复合地基承载力估算。假定桩长 $L=10m$，置换率 $m=15\%$，则单桩承载力标准值（不考虑桩端土承载力）为：

$$R_a=3.14\times0.5\times(0.5\times12.0+9.5\times7.0)+0=113.8kN$$

复合地基承载力特征值（桩间土地基承载力折减系数 $\beta=0.8$）为：

$$f_{spk}=0.15\times\frac{113.8}{0.2}+0.8\times(1-0.15)\times80=139.8kPa$$

取复合地基承载力特征值为140kPa。

2）按 $f_{spk}=140kPa$ 计算条基宽度 B。基础自重按 20kPa 计算。根据图3-9、图3-10，条基宽度 B 计算如下：

Ⓐ～Ⓓ轴条基宽度：Ⓐ～Ⓓ轴的最大线荷载为82kN/m，若取 $B=1m$ 则基底压力为 $82+20=102kPa<f_{spk}=140kPa$。由于搅拌桩直径为500mm，根据构造要求，条基的最小宽度为1m。所以，取Ⓐ～Ⓓ轴条基宽度为1m。

②～⑦轴条基宽度：取一个开间宽度作为计算单元（图3-12）。

条基总面积：

$$1.0\times3.6\times4+2\times B\times4.0=8B+14.4m^2$$

上部总荷载（图3-10）：

$$165\times5.0\times2+82\times3.6\times2+66\times3.6\times2=2715.6kN$$

基础自重：$(8B+14.4)\times20kN$

根据力的平衡条件，得：

$$(8B+14.4)\times140=2715.6+(8B+14.4)\times20$$

解方程得 $B=1.03m$，取 $B=1.1m$

①、⑧轴线宽度：

条基总面积：

$$1.0\times1.8\times4+8.8\times B/2+12.8\times B/2=10.8B+7.2m^2$$

基础自重：

$$(10.8B+7.2)\times20kN$$

上部总荷载：

$$122\times11.8+(82+66)\times2\times1.8=1972.4kN$$

根据力的平衡条件，得：

$$(10.8B+7.2)\times140=1972.4+(10.8B+7.2)\times20$$

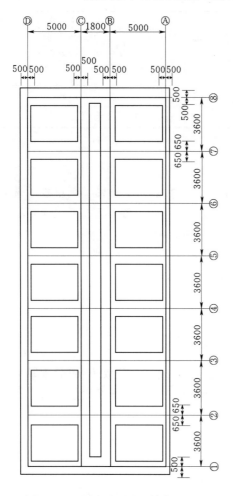

图 3-11 基础平面图（单位：mm）
①~⑧—轴；Ⓐ~Ⓓ—轴

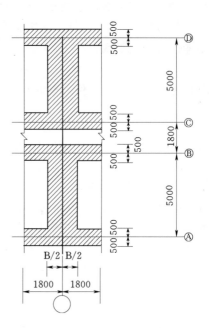

图 3-12 横墙宽度计算单元图（单位：mm）
Ⓐ~Ⓓ—轴

解方程得：$B=0.86\text{m}$

根据构造要求，取 $B=1\text{m}$。

3）根据上述计算结果分析复合地基承载力 $f_{spk}=140\text{kPa}$ 取值偏高。若改取 $f_{spk}=130\text{kPa}$ 重复上述计算，得：

Ⓐ~Ⓓ轴条基宽度为 1m。

②~⑦轴条基宽度为 1.29m，取 1.3。

①轴条、⑧轴条基宽度为 0.99m，取 1.0m。

基础平面见图 3-11。要求复合地基承载力 $f_{spk}=130\text{kPa}$。基础总面积为：

$$A=12.8\times26.2-0.8\times24.2-2.3\times4\times10-2.45\times4\times4=184.8\text{m}^2$$

（2）计算不同置换率对应的总工程量（桩长总延米数）。基础总面积 $A=184.8\text{m}^2$；

复合地基承载力 $f_{spk}=130\mathrm{kPa}$；桩径 $D=500\mathrm{mm}$；桩间土承载力标准值 $f_{sk}=80\mathrm{kPa}$；桩间土承载力折减系数 $\beta=0.8$；桩间强度折减系数 $\eta=0.333$；桩端土承载力折减系数 $\alpha=0$；桩顶施工凿除桩高度 $\Delta L=0.5\mathrm{m}$。

对应不同置换率（$m=10\%$、$m=12.5\%$、$m=15\%$、$m=17.5\%$、$m=20\%$）情况下单桩竖向承载力 R_a、桩数 n_p、桩身水泥强度 f_{cu}，桩长 L 及桩长总延米数 M，分别由式（3-4）、式（3-3）、式（3-5）、式（3-7）不同置换率情况下工程量计算见表3-3。

表 3-3   不同置换率情况下工程量计算表

$m/\%$	R_a/kN	$n_p/$根	f_{cu}/kPa	L/m	M/m
10	144.8	94	2172	12.3	1203.2
12.5	118.4	116	1776	9.9	1206.4
15	100.8	140	1512	8.3	1232.0
17.5	88.2	162	1323	7.2	1247.4
20	78.8	186	1182	6.3	1264.8

注 考虑到工程的对称性，桩数均为偶数。

（3）桩位布置。桩位平面布置应以适当的面积置换率 m 和较小的总延米数 M 为原则。面积置换率 m 也不能太小，否则，单桩承载力要求过高，水泥土强度或施工机械不能满足设计要求；面积置换率 m 也不能太大，否则桩数太多、桩距太密，影响单桩承载力的发挥，不经济。

本例选择两种面积置换率（$m=12.5\%$、$m=15\%$）进行试排桩，如图3-13所示。当 $m=12.5\%$ 时，实际总桩数 $n_p=132$，总延米数 $M=132\times(9.9+0.5)=1372.8\mathrm{m}$；当 $m=15\%$ 时，实际桩数 $n_p=148$，总延米数 $M=148\times(8.3+0.5)=1302.4\mathrm{m}$。两者相比，$m=15\%$ 时的工程量较省，因而本工程实际采用面积置换率 $m=15\%$ 排桩。

（4）下卧层强度验算。将加固后的桩群（见图3-13）视为一个格子状假想实体基础（平均重度取 $18.5\mathrm{kN/m^3}$）（见图3-14）。Ⓑⓒ轴由于桩距较近，视为假想实体基础的一部分。假想实体基础的底面积：

$$A_1=25.7\times12.3-3.1\times4.5\times14=120.81\mathrm{m^2}$$

假想实体基础的侧表面积：

$$A_s=(25.7\times2+12.3\times2+3.1\times2\times14+4.5\times2\times14)\times8.3=2397.04\mathrm{m^2}$$

Ⓑⓒ轴间无基础空地面积：

$$A_k=0.8\times24.2=19.36\mathrm{m^2}$$

实体基础底面积：

$$A=184.8\mathrm{m^2}$$

上部线荷载总重：

$$p_1=(66+82)\times25.2\times2+122\times11.8\times2+165\times5\times6\times2=20238.4\mathrm{kN}$$

实体基础自重：

$$p_2=20\times184.8=3696\mathrm{kN}$$

Ⓑⓒ轴间空地自重：

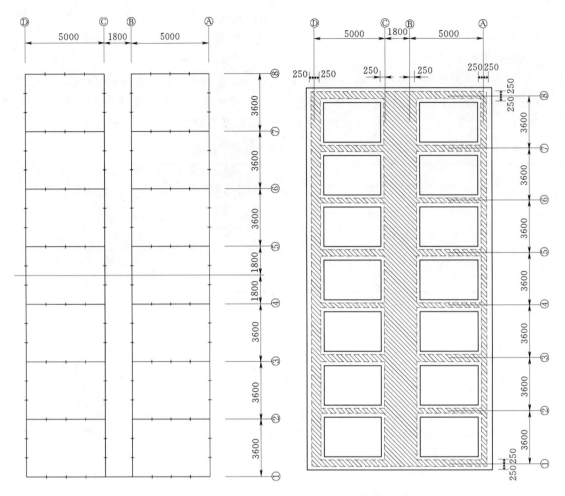

图 3-13　桩位平面布置图（单位：mm）　　　　图 3-14　假想实体基础平面图（单位：mm）

$$p_3 = (18 \times 0.5 + 18.5 \times 0.5) \times 19.360 = 353.3 \text{kN}$$

假想实体基础自重：

$$G = (18.5 - 10) \times 120.81 \times 8.3 = 8523.1 \text{kN}$$

假想实体基础侧摩阻力：

$$A_s f_{sp} = 2397.04 \times 7 = 16779.3 \text{kN}$$

桩间土反力总和：

$$f_{sk} A' = f_{sk}(A + A_k - A_1) = 80 \times (184.8 + 19.36 - 120.81) = 6668 \text{kN}$$

桩端下层平均应力：

$$P_a = \frac{\sum_{i=1}^{3} p_i + G - A_s f_{sk} - f_s k A'}{A_1}$$

$$= \frac{20238.4 + 3696 + 353.3 + 8523.1 - 16779.3 - 6668}{120.81}$$

$$= 77.5 \text{kPa}$$

桩端下卧层承载力特征值：

$$f_z = f_k + m_d \gamma_p (D - 1.5)$$

$$f_k = 55 \text{kPa}, D = 8.3 + 1.0 = 9.3 \text{m}, m_d = 1.0$$

$$\gamma_p = [18 \times 0.5 + 18.5 \times 0.5 + (18.5 - 10) \times 0.5 + (18 - 10) \times 7.8] / 9.3 = 9.13 \text{kN/m}^3$$

$$f_z = 55 + 1.0 \times 9.13 \times (9.3 - 1.5) = 126.2 \text{kPa}$$

$$p_a < f_z$$

上述计算结果满足要求。

3.3 防渗墙设计

目前水泥土防渗墙的设计理论和计算方法在不断完善中，计算成果与实测数值有一些差距。

3.3.1 设计原理

由于土石坝、堤防等水工构筑物以及其地基，都是由各种不同的土体材料所构成，这种材料结构松散，孔隙较大，且相互贯通，在水头作用下，往往水体易形成地下渗透通道。

根据地下水动力学原理，水体地下渗透流量 Q（m³/d）：

$$Q = KIF = K \frac{\Delta H}{L} F \tag{3-21}$$

式中　K——渗透系数，m/d；

I——渗透途径上地下水的水力梯度；

F——渗透途径上的过水断面，m²；

ΔH——地下水的渗透途径两端水头差值，m；

L——地下水的渗透途径长度，m。

要减少构筑物和地层地下水体的渗流量，可以通过降低构筑物的渗透系数、减少作用在构筑物两侧的水头，延长地下水渗漏途径，控制渗漏通道的断面面积。

水泥土深层搅拌桩在水泥胶接和充填作用下，结构性强，密实度高，其渗透系数在 $A \times 10^{-7} \sim A \times 10^{-6}$ cm/s（$1 \leqslant A < 10$）之间是一种比较理想的防渗结构。由多个水泥土搅拌桩相互切割镶嵌而成为壁状，可用于阻断地下水在大坝、堤防及其地基等的渗透途径，起到大坝、堤防等水工构筑物的防渗作用。

由于大坝、堤防天然地基结构复杂，地层在水平方向和垂直方向延伸情况不同，地层土体的渗透性是相对性的。防渗墙根据实际情况，可直接设置到基岩或黏土层不透水层，完全阻断水体地下渗流途径［见图 3-15（a）］；也可以设置在粉土等相对隔水层中，以减少本工程的综合渗透系数［见图 3-15（b）］；如果粉砂、细砂或砂质粉土等透水层深厚，可以把防渗墙墙底深度控制在透水地基的合理深度内，形成悬挂式的防渗墙［见图 3-15（c）］，起到延长地下水渗流途径，减小渗流梯度。同时，减少地下水渗流断面的面积，从而减少水的地下渗透流量，起到防渗的效果。为增强防渗效果，悬挂式防渗常常与水平防渗措施相结合。

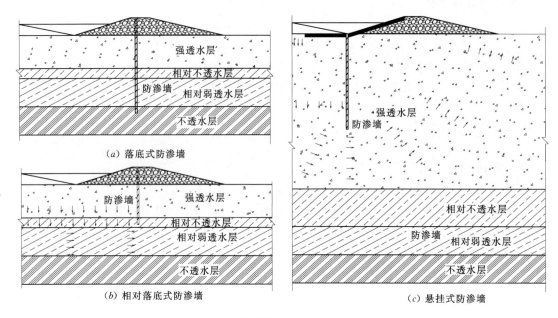

图 3-15　深层搅拌桩（墙）防渗原理图

截断全部透水层进入不透水层的防渗体谓之全封闭防渗墙；在多层透水地层中，截断上部透水层进入相对不透水层的防渗体谓之半封闭防渗墙；防渗墙未能截断透水层谓之悬挂式防渗墙。在堤防工程中，由于地层层面多是呈水平向，悬挂式防渗墙可防止堤基浅层渗透变形的产生。

3.3.2　防渗墙的总体布置

水泥土墙用于防渗的工程项目主要有：堤坝的堤身、堤基，水闸的基础以及基坑支护等工程，这里重点介绍在水利工程中的应用情况。

（1）防渗墙体布置于堤顶。防渗墙体布置于堤顶时，应尽量考虑靠近上游堤肩，以降低浸润线，有利于堤坝稳定，但应考虑机械设备要求的最小施工距离，一般来说最小距离为 2.5m［见图 3-16（a）］。

（2）防渗墙体布置于堤脚。当防渗墙布置于上游滩地上时，应尽量靠近堤脚，以减少堤坡铺盖的水平距离，一般来说距堤脚的距离应不少于 2.5m［见图 3-16（b）］。

（3）对于新筑的堤坝，可把防渗墙布置于堤基中轴线，在筑堤前先施工水泥土防渗墙，墙顶以上用黏土心墙连接［见图 3-16（c）］。

（4）水闸或泵站基础防渗［见图 3-16（d）］。

3.3.3　防渗墙的厚度

就工程效果来说，防渗墙的厚度越厚越好，但就经济性来说，应有一个合适的厚度。通过渗透稳定及变形验算计算出的厚度往往较小，但实际施工时由于机械设备的限制，成墙施工方法的不同，在确定墙厚度时应充分考虑施工精度对防渗墙厚度的影响。

影响防渗墙厚度的因素主要有：渗透稳定条件、强度和变形条件、施工条件等。

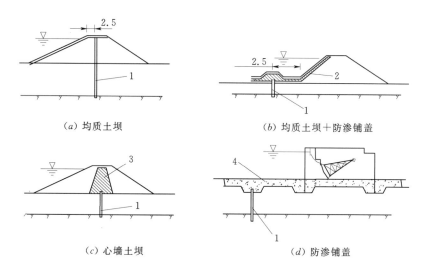

(a) 均质土坝　　　　　　　　　(b) 均质土坝＋防渗铺盖

(c) 心墙土坝　　　　　　　　　(d) 防渗铺盖

图 3-16　防渗墙布置示意图（单位：m）

1—水泥土防渗墙；2—黏土或铺塑防渗层；3—黏土心墙；4—混凝土铺盖

（1）渗透稳定条件。目前主要用允许水力梯度（坡降）法和抗化学溶蚀法这两种方法来计算。由于水泥土防渗墙主要用于堤防、中低水头土坝及基坑临时性防渗，其防渗水头差相对较小。因此，设计时只用坡降法计算防渗墙厚度，一般来说多用式（3-22）计算：

$$S = \eta_j \frac{\Delta H}{[J]} \qquad (3-22)$$

式中　S——最小防渗墙厚度，m；

ΔH——防渗墙两侧的水头差，m；

[J]——设计允许比降，一般取破坏比降的 1/3～1/2。水泥土试验得到的破坏比降一般为 100～400，若水泥土较均匀（比如进行了复搅），可取大值，反之则取小值；

η_j——施工偏差系数，可取 1.1～1.4。主要取决于施工深度、施工设备状况和施工队伍操作水平。施工深度小，施工设备为专用设备，有较完善垂直度控制措施，操作人员熟练，取低值，反之取高值。

（2）强度和变形条件。水泥土防渗墙置于土体中，其强度和变形模量相对于混凝土墙来说较接近于原土体，属于柔性防渗墙。重点应验算其变形是否满足要求。

（3）施工条件。施工机械的型号不同，成墙施工方法有一序、二序，具体见第 7.2.2 条防渗墙施工工艺，可根据具体情况选择。对连续墙而言，两桩搭接处墙体厚度最薄，将搭接处墙体厚度称为墙体有效厚度，并将其作为墙体厚度是否满足设计要求的评价指标。在施工时，若采用一序成墙的方式，由于单元内钻头间采取了连锁措施，单元内最小成墙厚度 S 可按式（3-23）计算。

$$S = \sqrt{4R^2 - l_0^2} \qquad (3-23)$$

式中　S——最小成墙厚度，mm；

R——搅拌桩半径，mm；

l_0——桩间距，mm。

采用二序成墙的方式计算最小成墙厚度时，或一序成墙计算单元间最小成墙厚度时，根据几何计算可知，桩位偏差和垂直度误差最可能发生在两桩连线两端（见图3-17、图3-18桩位立视图和桩位平面图），桩间搭接宽度最小，单元间最小成墙厚度可按式（3-24）计算：

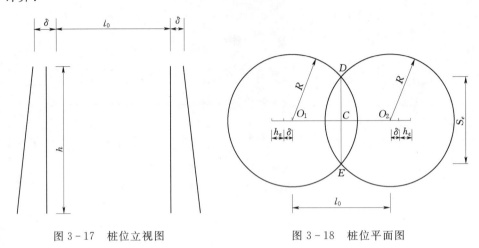

图3-17　桩位立视图　　　　　　图3-18　桩位平面图

$$S_e \geqslant 2\sqrt{R^2 - \left(\frac{1}{2}l_0 + \delta + h\varepsilon\right)^2} \qquad (3-24)$$

式中　S_e——有效墙厚，mm；

　　　δ——桩位偏差，mm；

　　　h——桩深度，mm；

　　　ε——垂直度，%；

其余符号意义同式（3-23）。

3.3.4　防渗墙的深度

对于不透水层埋深较浅，施工设备能达到不透水层的情况，设计一般要求防渗墙深入基底不透水层不小于0.5m。对于基岩，目前水泥土防渗墙设备尚无嵌入基岩的有效办法，可采取在基岩面增加喷浆量的办法，使水泥土墙尽量同基岩胶结。

对于不透水层埋深较深，施工设备无法达到不透水层时，可考虑采取悬挂式。这种方式应进行渗流验算。长江、松花江等堤防加固的实践证明，悬挂式虽不能（对堤防来说也没有必要）截断渗水，但可有效地防止渗透破坏。

3.3.5　渗流计算

在分析防渗墙的防渗效果前，首先应分析均质土坝的渗透流量，再分别计算防渗墙和土坝的渗透流量，并进行对比分析。在对渗透流量的解析计算中，往往有较为严格的边界条件，工程应用时，为简化计算，实际上都做了一定的假定条件，但这种假定是满足精度要求的。根据河海大学钱家欢、殷宗泽等人研究成果分别按照坝基、土坝特性进行分析。

（1）常用计算方法。

1）不透水地基上均质土坝。

A. 分段法。巴普洛夫斯基最早提出用分段法计算堤坝渗流，在使用过程中，又经过其他人补充完善。分段法是将坝体截面分 3 段，即上游楔体段（Ⅰ）、中间渗流段（Ⅱ）和下游楔体段（Ⅲ），分别建立各段渗流方程式，联立求解（见图 3-19）。

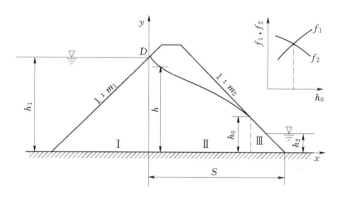

图 3-19 分段法计算图

对上游楔体段（Ⅰ），采用达赫勒经验式（3-25）为：

$$q=K(h_1-h)\left(1.12+\frac{1.93}{m_1}\right) \tag{3-25}$$

式中 q——单宽流量，m^3/d；

K——坝体渗透系数，m/d；

h_1——大坝上游水深度，m；

h——坝体内浸润线到坝基的垂直距离，m；

m_1——坝体上游坡比。

对中间渗流段（Ⅱ），采用杜布依经验公式（3-26）：

$$q=K\frac{h^2-h_0^2}{2(S-m_2h_0)} \tag{3-26}$$

式中 m_2——坝体下游坡比；

h_0——大坝下游水流溢出点至坝基的垂直距离，m；

S——坝体上游水线到下游坡趾的距离，m；

其余符号意义同式（3-25）。

对下游楔体段（Ⅲ），根据下游水位情况，将下游楔形体分为水面上和水面下两部分考虑，上部水头为常数 h_0-y，呈直线变化，下部水头为常数 h_0-h_2，通过上下两部分的渗透流量为：

$$q=K\int_{h_2}^{h_0}\frac{h_0-y}{m_2(h_0-y)}\mathrm{d}y+K\int_0^{h_2}\frac{h_0-h_2}{m_2(h_0-y)}\mathrm{d}y \tag{3-27}$$

式中 y——坝体内水位变量，m；

h_2——大坝下游水深度，m；

其余符号意义同式（3-25）及式（3-26）。

对式（3-27）积分得：

$$q = K\frac{h_0 - h_2}{m_2}\left(1 + \ln\frac{h_0}{h_0 - h_2}\right) \qquad (3-28)$$

式中符号意义同前。

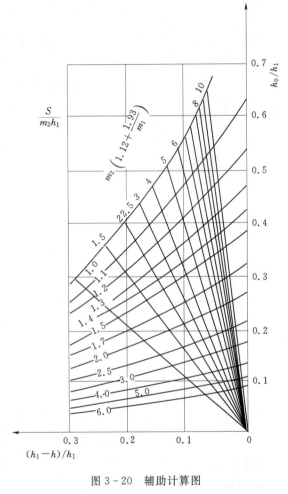

图 3-20　辅助计算图

求解方程组式（3-25）、式（3-26）、式（3-28），即可求得未知量 h、h_0 及 q。

求解上述方程，可以用辅助计算（图 3-20），先算出 $\dfrac{S}{m_2 h_1}$ 与 $1.12 + \dfrac{1.93}{m_1}$，查图得 $\dfrac{h_1 - h}{h_1}$ 和 $\dfrac{h_0}{h_1}$。

坝身浸润线为抛物线，抛物线方程式（3-29）为：

$$y^2 = h^2 - 2x\frac{q}{K} \qquad (3-29)$$

式中符号意义同前。

求得浸润线在上游水线处需作修正，从该点作垂直坝坡的曲线并光滑地与计算曲线连接。

B. 基本抛物线法。柯臣尼（J. Kozeny）曾就不透水地基上设置垫层排水的均质土坝，用保角变换求解，形成均质土坝浸润线方程式（3-30）为：

$$x = -\frac{K_0 y^2}{2q} + \frac{q}{2K_0} \qquad (3-30)$$

式中符号意义同前。

基本抛物线法计算见图 3-21，在图 3-21 中 C 点处，设定 $x=0$，$y=h_0$，则式（3-30）中 $q=K_0 h_0$，则式（3-29）则变换为式（3-31）：

$$y^2 = h_0^2 - 2h_0 x \qquad (3-31)$$

式中符号意义同前。

该方程即是以 A 为焦点的抛物线方程。设顶点 D 的 x 坐标值为 a_0，长度 a_0 表示浸润线深入排水体的长度，或称为排水体的工作长度。数值为 $a_0 = h_0/2$。若将 F 点（$x=-S$，$y=h_1$）代入式（3-31），求出 h_0 即可解出土坝渗流量。

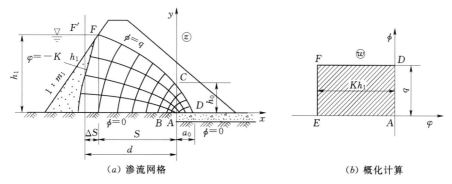

图 3-21 基本抛物线法计算图

但考虑到坝体上游楔形体的存在，在上游坝坡较缓时，这种计算误差是很大的，采用将 F 点向上游推移 ΔS，及用宽 ΔS 的矩形体代替上游楔形体进行补偿修正。根据来哈伊洛夫的建议，计算式（3-32）为：

$$\Delta S=\frac{m_1}{2m_1+1}h_1 \qquad (3-32)$$

这样，长度 S 应以 $d=S+\Delta S$ 来代替，而式（3-31）变换为：

$$h_0=\sqrt{d^2+h_1^2}-d \qquad (3-33)$$

渗流量计算式（3-34）为：

$$q=K_0h_0=K_0(\sqrt{d^2+h_1^2}-d) \qquad (3-34)$$

上述方法对有菱体排水及无排水的均质土坝都适用。但对于无排水的均质土坝，在下游坡脚 $\alpha \geqslant 30°$ 即 $m \leqslant 1.73$ 情况时，这时 h_0 表示浸润线在下游坝坡渗出点的高度，并按照式（3-35）进行修正。

$$h_0=\xi \frac{\sin\alpha}{1-\cos\alpha}(\sqrt{d^2+h_1^2}-d) \qquad (3-35)$$

式中　ξ——修正系数。

根据卡萨格兰地的研究，修正系数 ξ 见表 3-4。

表 3-4　　　　　　　　　　　　修 正 系 数 ξ 表

α	90°	75°	60°	45°	30°
ξ	0.74	0.72	0.69	0.67	0.64

当 $\alpha < 30°$ 时，根据薛弗纳克建议，计算式（3-36）为：

$$q=K_0y\frac{\mathrm{d}y}{\mathrm{d}x}=K_0\frac{h_0}{m_2} \qquad (3-36)$$

$$h_0=\frac{d}{m_2}-\sqrt{\left(\frac{d}{m_2}\right)^2-h_1^2} \qquad (3-37)$$

$$y^2=h_0^2-2x\frac{q}{K_0} \qquad (3-38)$$

【例 3-5】　图 3-22 为不透水地基上无排水均质土坝，下游无水，做渗流计算。

解1： 采用巴普洛夫斯基—达赫勒分段法。

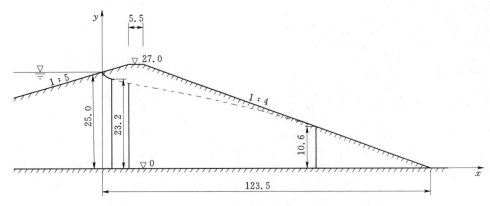

图 3-22 均质土坝的计算断面图（单位：m）

对照图 3-19 可知：$h_1 = 25$，$h_2 = 0$，$m_1 = 5$，$m_2 = 4$，$S = 123.5$。由于 $h_2 = 0$，故直接使用图 3-20 进行图解。

首先算出：

$$\frac{S}{m_2 h_1} = \frac{123.5}{4 \times 25} = 1.24$$

$$m_2 \left(1.12 + \frac{1.93}{m_1} \right) = 4 \times \left(1.12 + \frac{1.93}{5} \right) = 6.02$$

由图 3-20 查得：

$$\frac{h_1 - h}{h_1} = 0.071 \rightarrow h = 23.2$$

$$\frac{h_0}{h_1} = 0.425 \rightarrow h_0 = 10.6$$

在下游无水时，由式（3-27）可推导：

$$\frac{q}{k} = \frac{h_0}{m_2} = \frac{10.6}{4} = 2.65$$

浸润线方程计算：

$$y = \sqrt{23.2^2 - 2 \times 2.65 x}$$

浸润线计算表 3-5 中，并用虚线表示于图 3-22 上，靠近上游坝坡处修正为光滑曲线。

表 3-5   浸 润 线 计 算 表

x	10	20	30	40	50	60	70	80.4
y	22.0	20.8	19.5	18.1	16.5	14.8	12.9	10.6

解 2：采用抛物线法进行计算。

对照图 3-19 可知：$h_1 = 25$，$h_2 = 0$，$m_1 = 5$，$m_2 = 4$，$\alpha = 14°$。由于 $\alpha < 30°$，故用薛弗纳克公式。考虑上游楔体：

$$\Delta S = \frac{m_1}{2m_1 + 1} h_1 = \frac{5}{2 \times 5 + 1} \times 25 = 11.40$$

$$d = 123.5 + 11.4 = 134.9$$

$$h_0 = \frac{134.9}{4} - \sqrt{\left(\frac{134.9}{4} \right)^2 - 25^2} = 11.10$$

因而：
$$\frac{q}{k}=\frac{11.1}{4}=2.77$$

计算结果基本同分段法。

2）不透水地基设置截渗墙土坝。计算时，将防渗墙厚度按照渗透系数比值 K/K_0 放大（K、K_0 分别表示坝体和搅拌桩防渗墙的渗透系数），得宽 $L=L_1+L_2+\dfrac{K}{K_0}t$、渗透系数为 K 的均质土坝模型（t 为防渗墙的厚度），采用上述分段法或基本抛物线法进行计算。

求取浸润线后，将放大的断面再转化为原断面，使两个断面上的 E 点和 F 点相重合，E 点和 F 点两点的水头差即为通过防渗墙的水头损失，不透水地基心墙（截渗墙）土坝计算见图 3-23。

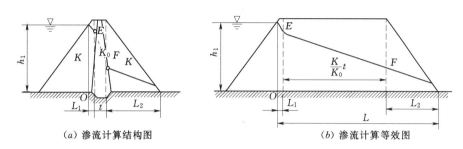

（a）渗流计算结构图 　　　　　　　　　（b）渗流计算等效图

图 3-23　心墙（截渗墙）土坝计算图

【例 3-6】　某水库土坝，坝体尺寸见图 3-24（a），坝身为粉土，渗透系数为 3.8×10^{-3} cm/s，坝基为黄黏土，渗透系数为 4.3×10^{-7} cm/s，为加固坝身，减少库水渗透流量，在靠近上游位置建造防渗墙，渗透系数为 5.2×10^{-6} cm/s，防渗墙厚度 0.20m，防渗墙深入黄黏土 1.0m，试计算坝体渗流量，并标出坝体浸润曲线。

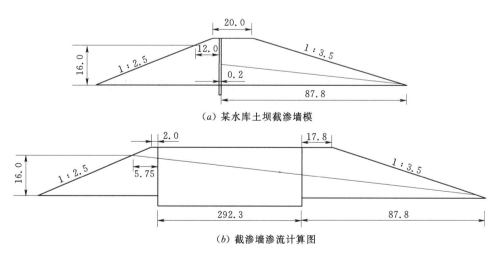

（a）某水库土坝截渗墙模

（b）截渗墙渗流计算图

图 3-24　某水库土坝截渗效果计算图（单位：m）

解： 参照图 3-19 可知：$h_1=16$，$h_2=0$，$m_1=2.5$，$m_2=3.5$。
$$S=L$$

$$=L_1+L_2+t\frac{K}{K_0}$$

$$=5.75+87.8+0.2\times\frac{3.8\times10^{-3}}{5.2\times10^{-6}}$$

$$=239.70\text{m}$$

由于 $h_2=0$，按照前面计算方法，使用图 3-20 进行图解。

算出：

$$\frac{S}{m_2h_1}=4.28, m_2\left(1.12+\frac{1.93}{m_1}\right)=6.62$$

由图 3-20 查得：

$$\frac{h_1-h}{h_1}=0.012\rightarrow h=15.81$$

$$\frac{h_0}{h_1}=0.12\rightarrow h_0=1.92$$

由式（3-29）推导：

$$q=k\frac{h_0}{m_2}=3.8\times10^{-3}\times984\times\frac{1.92}{3.5}=2.05\text{m}^3/\text{d}$$

某水库土坝截渗效果计算见图 3-24（a）。

3）透水地基有截渗墙土坝。透水地基有截渗墙土坝，根据透水层厚度，防渗墙设置成落底式和悬挂式两种类型，渗流计算方法也有所不同。

A. 落底式防渗墙计算。进行计算时，坝体和坝基分开计算，采用不透水地基截渗墙土坝计算方法分别建立坝体部分的渗流量（q_1）和浸润线方程式，对于坝基渗流量的计算可采用式（3-39）。然后将上述方程式组联立求解，可求取统一的浸润曲线，计算总的渗透流量为：

$$q=q_1+q_2$$
$$q_2=\frac{K(H_1-h_1)T_0}{B} \tag{3-39}$$

式中　q_2——坝基截渗墙渗流量；

H_1——土坝上游水位；

h_1——土坝截渗墙下游侧水位；

B——土坝截渗墙厚度；

T_0——坝基透水层厚度。

B. 悬挂式防渗墙的计算。沿用前面的思路，将渗漏通道分为坝体和坝基两部分，再将坝基部分按照防渗墙是否达到而分为建造有防渗墙段和未建造防渗墙段，然后分别在各部分建立渗流量和浸润线方程式，联立求解方程组。其中有截渗墙土坝、有截渗墙坝基的计算前已述及，不再赘述，在此仅就悬挂防渗墙下部的未建造截渗墙坝基段进行探讨。

根据南京水利科学研究院推出的计算方法，该部分可按照平板地下一道无缝板桩近似求解。

$$q_3=\frac{K_1H}{\dfrac{L_1+L_2}{T}+\dfrac{D}{T-S}-\dfrac{4}{\pi}\ln\cos\left(\dfrac{\pi S}{2T}\right)} \tag{3-40}$$

$$h = \frac{\mp q}{KT}\left[L_i - \left(\pm x - \frac{D}{2}\right) + \frac{2T}{\pi}\ln\frac{e^{\frac{\pi}{T}\left(\pm x - \frac{D}{2}\right)} + 1}{e^{\frac{\pi}{T}L_i} + 1}\right] + H_i \qquad (3-41)$$

式中　q_3——无截渗墙部分的坝基渗流量，m^3/d；

　　　h——沿底板的分布水头，m；

　　　S——土坝截渗墙深入透水地基深度，m；

　　　T——土坝透水地基厚度，m；

L_1、L_2——进、出口水段离截渗墙的距离，m；

　　　D——土坝截渗墙厚度，m；

　　　H——截渗墙上下游水头差，m；

　　　K_1——透水地基渗透系数，m/d。

式（3-41）中，$|x| \geqslant \dfrac{D}{2}$，$x$ 为正值时，正负号取上面，$i = 2$；x 为负值时，正负号取下面，$i = 1$。

（2）有限单元计算方法。采用上述方法所进行的计算，设定条件比较复杂。因此，计算结果相对误差较大。为精确计算渗流量及浸润线，应当采用非稳定渗流场模型，使用有限单元法进行计算。这种计算方法对边界的适应性好，精度高，能够使计算法则和程序实现标准化，但是计算复杂、计算量大，这些特点决定了其适应于大型数字电子计算机计算。

有限单元法计算的基本原理：有限单元法是把连续体或研究区域离散化为有限个单元的集合体进行研究，引用变分原理和加勒金法，对所研究的问题建立模型，推导近似解产生一组方程，最后归结于求解大量联立方程式的计算。可以把有限单元法划分为单元体来模拟实物进行物理量分布上的近似，以电子计算机为工具，在矩阵分析和近似计算的基础上，进行所需要精度的数值计算。有限单元法计算，所划分的有限单元越小，单元数量越多，所计算结果精度也就越高。

1）渗流基本方程和定解条件。设水和土不可压缩，其二维稳定渗流基本方程式（3-42）为：

$$\frac{\partial}{\partial x}\left(k_x \frac{\partial h}{\partial x}\right) + \frac{\partial}{\partial z}\left(k_z \frac{\partial h}{\partial z}\right) = 0 \qquad (3-42)$$

式中　h——水头函数；

　x、z——空间坐标；

k_x、k_z——以 x、z 轴为主轴方向的渗透系数。

二维稳定渗流的定解条件为：

初始条件：$\qquad h|_{t=0} = h_0(x, z, t)$

式中　t——时间坐标。

边界条件：

A. 水头边界 $\qquad h|_{\Gamma_1} = f_1(x, z, t)$

B. 流量边界 $\qquad k_n \dfrac{\partial h}{\partial n}\Big|_{\Gamma_2} = f_2(x, z, t)$

式中　n——边界 Γ_2 的外法向。

2）有限元方程的建立。以形函数 N_i 为权函数，采用加权余量法建立方程式（3-43）为：

$$\int_{a^e} N_i \left[\frac{\partial}{\partial x} \left(k_x \frac{\partial h}{\partial x} \right) + \frac{\partial}{\partial z} \left(k_x \frac{\partial h}{\partial z} \right) \right] dx dz = 0 \qquad (3-43)$$

设单元共有 n 个结点，第 i 结点处的水头为 h_i，则单元内任一点的水头 h 可以用式（3-44）计算：

$$h = \sum_{i=1}^{n} N_i h_i \qquad (3-44)$$

上述水头公式和边界条件代入权函数，建立单元支配方程式（3-45）为：

$$\sum_{i=1}^{n} k_{ij} h_j = F_i \qquad (3-45)$$

$$k_{ij} = \int_{\Omega^e} \left(k_x \frac{\partial N_i}{\partial x} \frac{\partial N_j}{\partial x} + k_y \frac{\partial N_i}{\partial z} \frac{\partial N_j}{\partial z} \right) dx dz \qquad (3-46)$$

$$F_i = - \int_{-e} N_i q_n d\Gamma^e \qquad (3-47)$$

式中　Γ^e——单元边界；

　　　Ω^e——单元区域。

【例 3-7】 以安徽某堤段为例，对水泥土截渗墙渗流进行简要分析计算。

解：该堤段属淮河冲积平原的中下游平原区，本区基岩埋藏较深，地层主要以近代河湖相冲、洪积层为主。

1）渗流计算断面、计算指标与计算工况。本次根据该堤段加固工程施工设计图和施工图设计阶段的地质勘察报告，选择具有典型性地质条件的剖面作为计算断面（见图 3-25）。

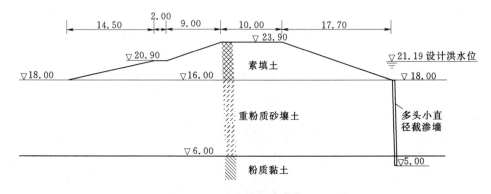

图 3-25　渗流计算断面图（单位：m）

渗流计算中各土层计算参数来源于堤段《勘察报告》，渗流稳定分析计算参数见表 3-6。

按照《堤防工程设计规范》（GB 50286—2013）的要求，针对该段堤防运行中的设计洪水位和最不利的两种工况进行渗流计算。

A. 上游设计水位 21.19m 与下游相应的水位。

B. 上游漫墙水位 18.00m 与下游相应的水位。

表 3 - 6　　　　　　　　　　　　**渗流稳定分析计算参数表**

参数、地层	湿重度/(kN/m³)	渗透系数/(cm/s)
①层堤身—素填土	19.5	6.5×10^{-6}
②坝基—重粉质砂壤土	20.0	4.2×10^{-4}
③坝基—粉质黏土	20.0	7.3×10^{-6}
④多头小直径截渗墙	18.0	2.3×10^{-7}

下游水位设定：淮河河底高程在 6.00m 左右，考虑补给条件及最不利工况，堤防下游地下水位取 6.00m。

2）各工况计算成果。有限元单元剖分采用河海大学研制的"水工结构分析系统AutoBANK"软件，避免单元剖分过程中出现奇异点或各层材料结点不能相连情况，单元剖分步长根据地质分层情况和墙体厚度综合确定。截渗墙角点处单元步长为 0.2m，其他各层角点处步长为 2.0m。为便于加固前后计算成果比较，水泥土截渗墙加固前后计算断面单元剖分保持一致。

3）各工况计算成果。通过有限元分析，各工况组合的渗流计算成果见表 3 - 7。

表 3 - 7　　　　　　　　　　　　**各工况组合的渗流计算成果表**

水位组合情况		单宽流量/[m³/(s·m)]	出逸点高程/m	出逸点出逸比降（堤坡）	备 注
无截渗墙	21.19	4.00×10^{-6}	18.19	0.197	堤坡
	18.00	7.25×10^{-7}	—	—	堤基内部
有截渗墙	21.19	3.24×10^{-6}	18.09	0.187	堤坡
	18.00	3.66×10^{-7}	—	—	堤基内部

根据渗流计算结果可知，水位为 18.00m 时，设置截渗墙后，堤身单宽渗流量比无截渗墙单宽渗流量减少 50% 左右，出逸点位于堤基内；水位为 21.19m 时，有截渗墙堤身单宽渗流量比无截渗墙单宽渗流量减少 25% 左右，堤背水坡出逸点下降 0.10m，说明水泥土截渗墙对堤基防渗效果显著。

3.3.6　构造要求

（1）固化剂材料。宜选用强度等级为 32.5 级及以上的通用硅酸盐水泥，特殊情况下可根据加固土体性质及地下水侵蚀性情况选用不同种类的水泥。水泥掺入比可为 7%～20%，特殊情况可通过试验提高水泥掺入比。可选择早强、缓凝、减水以及适合当地土质的外掺剂。

（2）防渗墙水泥土无侧限抗压强度 $f_{cu} \geqslant 500kPa$，变形模量 $E_s \leqslant 1000MPa$。

（3）防渗墙墙体渗透系数宜小于 $1 \times 10^{-5}cm/s$，允许比降不宜小于 50。

（4）水泥土防渗墙最小厚度不宜小于 150mm，搅拌桩桩径宜大于 250mm。

（5）封闭式、半封闭式防渗墙，墙体应进入不透水或相对不透水层 0.5～1.0m。悬挂式防渗墙在堤防中可用于堤身、堤身与堤基接触面以及为延长渗径的处理。

（6）施工多采用一次成墙搭接方式，在施工深度较浅时，为了降低造价也可采用二次成墙搭接方式。不管采取哪种搭接方式，单元墙桩间搭接长度δ满足以下要求：在施工深度小于15m时，δ不应小于100mm；在施工深度15～20m时，δ不应小于150mm；在施工深度大于20m时，δ不应小于200mm。

（7）防渗墙的墙顶宜根据上部结构要求，采取黏土回填或浇筑混凝土方式与上部结构连接。

3.4 挡土墙设计

3.4.1 设计原理

（1）土工原理。土工原理见图3-26，当土体中最大主应力σ_1和最小主应力σ_3所形成的应力莫尔圆在强度包络线下方时，土体不受破坏，一旦随着最大主应力σ_1增大或最小主应力σ_3减小，所形成的莫尔圆达到强度包络线时，土体达到强度极限，即土应力条件满足强度破坏准则$\tau = f(\sigma)$，工程将出现失稳状况。

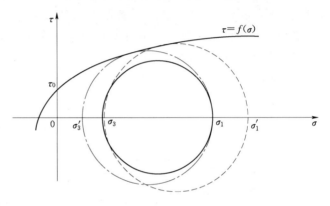

图3-26 土工原理图

在半无限体自然地面下，处于静力平衡条件下的土体，其天然应力场中，竖向自重应力为最大主应力，其计算见图3-27，图3-28。$\sigma_1 = \sigma_z = \gamma h$，最小主应力$\sigma_3$为水平方向应力$P_0$，应力存在式（3-48）相关关系：

$$P_0 = k_0\sigma_0 = k_0\gamma h \tag{3-48}$$

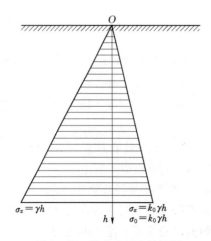

图3-27 静止土压力计算图

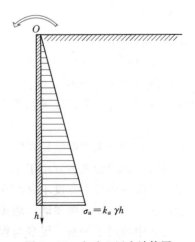

图3-28 主动土压力计算图

式中　P_0——静止土压力，kPa；

　　　k_0——静止土压力系数，一般地 $k_0=1-\sin\varphi$，其数值介于 0.5～1 之间；

　　　γ——土体重度，kN/m³；

　　　h——计算点的深度，m。

【例 3-8】　某河道的改道工程需要穿过一冲积平原场地，地基土正常固结，地基土均匀、密实，地下水位埋置深度 8.5m，测得天然土体重度为 1.86g/cm³，土体抗剪强度指标 $c=21$kPa，$\varphi=11°$。根据以上条件，计算 6.0m 深度位置的最大主应力和最小主应力。

解：正常固结的最大主应力为竖向应力，应力值为上覆土体自重：

$$\sigma_1=\sigma_2=\gamma h=6\times1.86\times10=111.60\text{kPa}$$

静止土压力系数为：

$$k_0=1-\sin\varphi=1-\sin11=0.81$$

根据式（3-48），最小主应力为：

$$P_0=k_0\sigma_0=k_0\gamma h=0.81\times111.60=90.40\text{kPa}$$

在边坡工程、深基坑工程中，由于土体临空，水平应力（最小主应力）大幅降低，甚至降低到 0 应力水平，此时，土体破裂下滑，边坡失稳。实际上，只要水平应力（最小主应力）满足式（3-49）时，边坡工程即失稳。为确保工程安全，需要进行工程支护，土体水平应力作用于支护工程上，形成主动土压力 p_a。

$$p_a=\gamma h\tan^2\left(45°-\frac{\varphi}{2}\right)-2c\tan\left(45°-\frac{\varphi}{2}\right)=k_a\gamma h-2c\sqrt{k_a} \qquad (3-49)$$

式中　φ——土体内摩擦角，(°)；

　　　c——土体黏聚力，kPa；

　　　γ——土体重度，kN/m³；

　　　p_a——作用在支护工程上的主动土压力，kPa；

　　　k_a——库伦主动土压力系数；

　　　h——计算点的深度，m。

作为支护边坡土体的挡土结构，工程上常见设计有重力式挡土墙、排桩支护结构、桩锚支护结构和土钉支护结构及由上述几种结构组合的其他支护结构。随着施工技术的发展，深层搅拌技术在边坡支挡工程中的应用，受到广大工程界的普遍欢迎。

【例 3-9】　在［例 3-8］工程中，假如某段需要开挖成 6m 深的河道，在河岸采用水泥土搅拌桩与土钉支护结构作为复合式挡土墙。试计算 5.0m 深度位置作用在挡土墙上主动土压力。

解：根据式（3-49），主动土压力系数为：

$$k_a=\tan^2\left(45°-\frac{\varphi}{2}\right)=\tan^2\left(45°-\frac{11°}{2}\right)=0.68$$

作用在挡土墙上主动土压力：

$$p_a = k_a \gamma h - 2c \sqrt{k_a} = 0.68 \times 18.6 \times 5 - 2 \times 21 \times \sqrt{0.68} = 28.610 \text{kPa}$$

（2）工程支挡作用。由前述土工原理可见，通过改变土体强度条件，改变土体应力状态，能显著影响边坡土体的平衡状况和安全状态。

在边坡工程中设置各种排桩、锚杆、土钉以及土工筋材，其理论意义在于增加水平向的应力水平，即增加最小主应力 σ_3 值从而减小应力莫尔圆半径，使应力莫尔圆处于强度包络线下方，使土体满足安全状态下的应力条件。

在边坡原状土中掺入水泥，经搅拌所形成水泥土，改善了原状土结构，其强度显著增

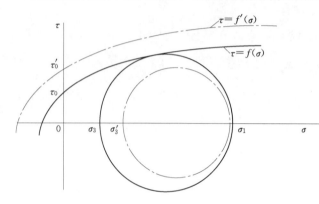

图 3-29　工程支挡设计原理图

强，将土工原理中强度曲线 $\tau = f(\sigma)$ 在 $\tau - \sigma$ 坐标平面上沿 τ 轴线正向移动到 $\tau = f(0)$ 线，工程支挡设计原理见图 3-29，使最大、最小主应力所形成的莫尔圆处于强度线的下方。同时，由于掺入水泥后，原状土结构性增强，重度增加，深层搅拌水泥土结构在地基中形成摩擦，对边坡提供了水平向反力，提高了最小主应力，使得应力莫尔圆半径变小。因此，使得边坡处于安全状态。

（3）止水效果。在边坡内存在地下水，或在地下水位较高的地段开挖深基坑工程形成人工边坡时，根据有效应力原理，土体中地下水分担部分土压力后，土颗粒所分担的最大主应力和最小主应力都同等降低，即有效应力莫尔圆在 $\tau - \sigma$ 坐标平面上沿 σ 轴线负方向移动，其移动距离为 $u_f = \lambda_w h_w$，当应力莫尔圆逐渐达到强度包络线 $\tau = f(\sigma)$，土体达到极限应力状态，土体出现破坏，边坡处于失稳状态，止水情况下土工原理见图 3-30。

一般情况下，由边坡内地下水产生的安全不利因素还表现在以下几个方面。

1）增加土坡土体的重量。

2）增加孔隙水压力，增加支护结构的侧向土压力。

3）动水作用下，带走土体内小颗粒，破坏土体结构。

4）软化边坡土体，尤其是黏性土，饱水后，其黏聚力和内摩擦角都显著降低。

5）在膨胀性岩土地区，膨胀性岩土吸水后侧向膨胀，侧压力增加。

鉴于此，边坡支护工程采取止水措施，其工程效果显著。

1）可以增加土体的有效应力，使应力莫尔圆在向右移动，

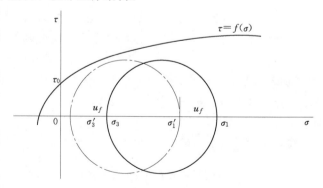

图 3-30　止水情况下土工原理图

使土体处于安全状态。

2）由于地下水位降低，其物理力学性能好转，强度也会增加，土体的强度包络线向上移动，土体更加安全。进行土钉墙护坡时，土钉与土体黏结强度增大，土坡的安全性能提高。

3）由于止水帷幕的有效截流，进一步减少了地下水向坡内渗流，减少了流土、管涌等渗透破坏，这种破坏是一种递延破坏。

（4）水泥土挡土墙支护形式。在软土质边坡中，开挖深度不大的情况下，可采用水泥土搅拌重力式挡土墙、复合式挡土墙和型钢水泥土搅拌墙等方案，可以起到支挡边坡作用。同时，还可以提高工程施工效率，适当降低工程造价。

1）重力式挡土墙。水泥土桩相割搭接而形成的连续壁状加固体，物理学性能比原状土大为改善，同时渗透系数较小。因此，还可作挡土止水墙用于抵抗水压力。这种结构一般适用于开挖深度小于 7m 的基坑，最大可达 8m，在挖深 4～6m 的基坑中更经济合理。用水泥土墙作为支护结构时，其加固深度为基坑开挖深度的 1.8～2.0 倍，有时考虑防渗要求，采用局部加长形式。

2）复合式挡土墙。以深层搅拌水泥土墙作为帷幕止水，以钢筋混凝土灌注桩、土钉墙、锚杆、锚索等机构受力挡土的一种边坡支护形式，可适应于深基坑工程和地下水位较高的基坑工程的支护。

3）型钢水泥土搅拌墙。在深层搅拌水泥土中，插入型钢，主要由型钢承受边坡土压力，水泥土搅拌桩护住边坡坡面，防止土体松动脱落，防止地下水渗入基坑，根据工程大小和边坡受力条件，在平面上，型钢水泥土搅拌墙可采用密插、插二跳一和插一跳一三种形式。

3.4.2　重力式挡土墙

（1）墙体布置。

1）布置原则。水泥土墙的平面布置主要是确定支护结构的平面形状、格栅形式及局部构造等。布置原则如下。

A. 支护结构沿地下结构底板外围布置，并与地下结构底板外围保持一定净距，保证底板、墙板侧模、地下防水层的施工作业空间。

B. 水泥土墙应尽可能避免内折角，而采用外拱折线形，以减少支护结构位移，避免墙内折角处裂缝。

C. 水泥土挡水墙平面布置形式见图 3-31。通常采用桩体搭接、格栅布置等形式，最常用格栅布置。

D. 水泥土挡墙的组合宽度：根据图 3-32，可按式（3-50）计算：

$$B = D + (n-1)(D - l_d) \qquad (3-50)$$

式中　B——水泥土挡墙组合宽度，m；

　　　D——搅拌桩直径，m；

　　　l_d——搅拌桩之间的搭接长度，m；

　　　n——搅拌桩搭接布置的排数。

E. 沿水泥土墙纵向的格栅间距：

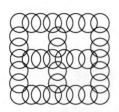

(a) 桩体格栅布置　　　(b) 桩体搭接布置

图 3-31　水泥土挡土墙平面布置图

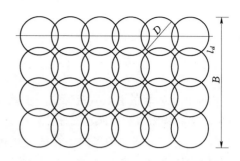

图 3-32　水泥土挡土墙组合宽度计算图

当格栅为单排桩时，间距取 $1.5\sim2.5$m；

当格栅为双排桩时，间距取 $2.0\sim3.0$m；

当格栅为多排桩时，间距还可相应放大。

格栅间距应与搅拌桩纵向桩距相协调，一般为桩距的 $3\sim6$ 倍。

2）基本布置。水泥土墙的基本布置主要是确定挡墙的宽度 B、桩长 h 及插入深度 h_d，根据基坑开挖深度，可按下式初步确定挡土墙宽度及插入深度：

$$B=(0.5-0.8)h \tag{3-51}$$

$$h_d=(0.8-1.2)h \tag{3-52}$$

式中　B——水泥土墙的宽度，m；

　　　h_d——水泥土墙插入基坑底以下的深度，m；

　　　h——基坑开挖深度，m。

当土质较好，基坑较浅时，B、h_d 取小值，反之取大值。根据初选的 B、h_d 进行支护结构计算，若出入较大，不能满足要求，则重新假设 B、h_d 后再行验算，直到满足要求，又经济合理、便于施工为止。

（2）重力式挡土墙计算。水泥土搅拌桩用作支挡结构，类似于地下连续墙，但其抗弯（拉）强度较低，一般按重力式挡土墙设计计算。挡土墙验算主要包括滑动稳定性、倾覆稳定性、整体稳定性、墙身应力计算及抗渗计算，水泥挡土墙支护结构见图 3-33。

1）土压力计算。水泥挡土墙用于基坑开挖的临时挡土结构，由于基本符合墙背直力、光滑和墙后土层水平的假定条件，可按朗金（Rankine）理论计算作用于挡土墙主动土压力值 E_a 和被动力 E_p，地表附加荷载应折算成相当厚度土层加以考虑。

$$E_a=\frac{1}{2}(H-Z_0)(\gamma HK_a-2c\sqrt{K_a}) \tag{3-53}$$

$$E_p=\frac{1}{2}\gamma h^2K_p+2ch\sqrt{K_p} \tag{3-54}$$

$$Z_0=\frac{2c}{\gamma\sqrt{K_a}}$$

$$K_a=\tan^2\left(45°-\frac{\varphi}{2}\right)$$

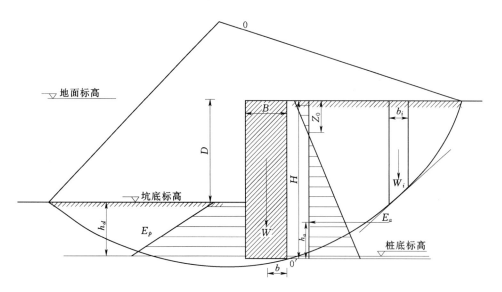

图 3-33 水泥挡土墙支护结构示意图

$$K_p = \tan^2\left(45° + \frac{\varphi}{2}\right)$$

上各式中　E_a——主动土压力，kN/m；

H——水泥挡土墙深度，m；

Z_0——主动土压力等于零处距地表距离，m；

γ——计算深度范围内土层天然重度加权平均值，kN/m³；

c——计算深度范围内土层黏聚力加权平均值，kPa；

K_a——主动压力系数；

E_p——被动土压力，kN/m；

K_p——被动土压力系数。

地表附加荷载等效土层厚度 $h_0 = \dfrac{q_1}{\gamma}$。

2) 挡土墙倾覆安全系数 K_p。按式（3-55）计算：

$$K_p = \frac{Wb + E_p a h_p}{E_a h_a} \geqslant 1.5 \tag{3-55}$$

式中　W——挡土墙自重，kN/m；

b——挡土墙自重作用线至倾覆验算点（一般墙底面）距离，m；

α——被动土压力折减系数，可取 0.5~1.0；

h_a、h_p——主被动力臂即主、被动土压力合力作用线至墙底距离，m，一般 $h_a = (H - z_0)/3$。

3) 滑动稳定性。按式（3-56）验算：

$$K_a = \frac{E_p + W\mu}{E_a} \geqslant 1.3 \tag{3-56}$$

式中 μ——基底摩擦系数，可取 0.25。

4）整体稳定性验算。水泥土挡土墙常常设置在软土地基上，墙体整体稳定性计算是设计的一项重要内容。计算采用圆弧滑动面总应力法验算其整体稳定性，满足式（3-57）。

$$K=\frac{\sum c_i l_i+\sum(q_i b_i+W_i)\cos\alpha_i\tan\varphi_i}{\sum(q_i b_i+W_i)\sin\alpha_i}\geqslant 1.25 \qquad (3-57)$$

式中 K——稳定安全系数，K 值选取应考虑附近各类建筑物的允许位移量、施工质量可靠性和开挖期长短等因素，可参考同类工程实例；当无经验时可取 K $\geqslant$1.25；

c_i——第 i 条土条滑动面上土的黏聚力标准值，kPa；

l_i——第 i 条土条的弧长，m；

q_i——第 i 条土条顶面的作用荷载，kPa；

b_i——第 i 条土条的宽度，m；

W_i——第 i 条土条自重，kN/m^3；

α_i——第 i 条土条滑弧中点的切线和水平线夹角，(°)。

此外，还需进行水泥挡土墙墙身应力验算，验算内容包括法向应力、剪切应力和抗拉强度，根据验算结果，对水泥挡土墙厚度及水泥掺入比进行修正和调整，使设计更趋可靠合理。

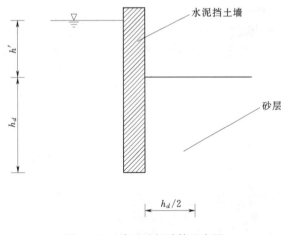

图 3-34   渗透破坏计算示意图

5）抗渗计算。基坑开挖后，地下水形成一定的水头差，有地下水由高处向低处渗流的趋势。在渗流的作用下，基坑底部将会产生流沙，产生管涌现象。管涌会危及支护结构的安全。太沙基在进行模型试验后得出结论：渗流引起的基坑底部不稳定现象一般发生在宽度为支护墙插入深度 h_d 的 1/2 范围内，渗透破坏计算见图 3-34。

当地下水的向上渗流力（动水压力），j 大于土的浮容重时，土粒处于浮动状态，产生坑底管涌现象，要避免管涌则应满足：

$$k=\frac{\gamma'}{j} \qquad (3-58)$$

式中 k——抗管涌安全系数，取 1.5～2.0；

γ'——土的浮容重，kN/m^3；

j——地下水向上渗流力，按式（3-59）计算。

$$j=i\gamma_w=\frac{h'\gamma_w}{h'+2h_d} \qquad (3-59)$$

式中 i——平均水力坡度；

　　γ_w——地下水的容重，kN/m³。

　　当坑底以上的土层为黏性土时，为满足抗管涌稳定，水泥土墙的最小插入深度为：

$$h_d = \frac{k\gamma_w - \gamma}{2} \times \frac{h}{\gamma} \qquad (3-60)$$

　　当坑底以上的土层为黏性土、粉土、松散填土或多裂隙土时，由于透水性好，水头损失小，插入深度为：

$$h_d = \frac{k\gamma_w h}{2\gamma} \qquad (3-61)$$

　　（3）构造要求。

　　1）水泥挡土墙宜采用水泥土搅拌桩相互搭接形成的格栅状结构型式，也可采用水泥土搅拌桩相互搭接成实体的结构型式，搅拌桩的施工工艺宜采用喷浆搅拌法。

　　2）重力式水泥挡土墙的嵌固深度，对淤泥质土，不宜小于 $1.2h$，对淤泥，不宜小于 $1.3h$；重力式水泥挡土墙的宽度（B），对淤泥质土，不宜小于 $0.7h$，对淤泥，不宜小于 $0.8h$；此处 h 为基坑深度。

　　3）重力式水泥挡土墙采用格栅形式时，每个格栅的土体面积应符合式（3-62）要求：

$$A \leqslant \delta \frac{cu}{\gamma_m} \qquad (3-62)$$

式中 A——格栅内土体的截面面积，m²；

　　δ——计算系数；黏性土，取 $\delta = 0.5$；对砂土、粉土，取 $\delta = 0.7$；

　　c——格栅内土的黏聚力，kPa，按《建筑基坑支护技术规程》（JGJ 120—2012）的有关规定执行；

　　u——计算周长，m，按图3-35计算；

　　γ_m——格栅内土的天然重度，kN/m³；对成层土，取水泥土墙深度范围内各层土按厚度加权的平均天然重度。

　　水泥土格栅的面积置换率，对淤泥质土，不宜小于0.7；对淤泥，不宜小于0.8；对一般黏性土、砂土，不宜小于0.6；格栅内侧的长宽比不宜大于2。

　　4）水泥土搅拌桩的搭接宽度不宜小于150mm；在土质较差时不宜小于200mm。

　　5）水泥挡土墙体28d无侧限抗压强度不宜小于0.8MPa。当需要增强墙身的抗拉性能时，可在水泥土桩内插入杆筋。杆筋可采用钢筋、钢管或毛竹。杆筋的插入深度宜大于基坑深度。杆筋应锚入面板内。

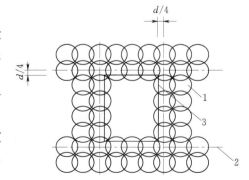

图3-35 格栅水泥挡土墙图
1—水泥土桩；2—水泥土桩中心线；3—计算周长

6）水泥挡土墙顶面宜设置混凝土连接面板，面板厚度不宜小于150mm，混凝土强度等级不宜低于C15。

（4）计算实例。河南某水利项目穿堤建筑工程，基坑开挖深度6m，开挖时无地下水，采用水泥挡土墙支护形式，考虑地面超载20kPa。墙截面宽度为3.5m，嵌固深度为4.5m，墙体重度为22kN/m³，涉及地下土层为2层。

第一层：填土，重度为18kN/m³，黏聚力为10kPa，内摩擦角为15°，厚度为1.2m。

第二层：黏土，厚度为10m，重度为19.2kN/m³，黏聚力为12kPa，内摩擦角为22°。

根据上述条件，分别核算水泥土墙的设计参数及稳定性条件。

1）计算水泥挡土墙土压力。按照表3-8计算水泥挡土墙主动土压力和被动土压力。计算表明，主动土压力合力小于被动土压力合力，满足要求。

表3-8　　　　　　　　　　　水泥挡土墙土压力计算表

土层	主动土压力系数 $K_a = \tan^2\left(45° - \dfrac{\varphi}{2}\right)$	被动土压力系数 $K_p = \tan^2\left(45° + \dfrac{\varphi}{2}\right)$	土重度 /(kN /m³)	黏聚力 kPa/ (kN/m²)	土　压　力				备注
					层顶	层底	合力	力背	
填土	0.59		18	10	0	9.15	3.95	9.59	$Z_0 = 0.337$
黏土	0.45		19.2	12	2.74	83.98	403.23	3.20	主动区
黏土		2.20	19.2	12	35.58	225.49	587.40	1.70	被动区

2）按式（3-55）计算挡土墙倾覆安全系数 K_p。

挡土墙自重作用线至倾覆点距离 $b = \dfrac{3.5}{2}$。

$$K_p = \frac{Wb + E_p a h_p}{E_a h_a} = \frac{22 \times (6+4.5) \times 3.5 \times 1.75 + 58740 \times 0.8 \times 1.70}{40323 \times 3.20 + 3.95 \times 9.59} = 1.67 \geqslant 1.5$$

挡土墙倾覆安全系数符合要求。

3）按式（3-56）验算滑动稳定性：

$$K = \frac{E_p + W\mu}{E_a} = \frac{587.40 + 22 \times 10.5 \times 3.50 \times 0.25}{403.23 + 3.95} = 1.94 \geqslant 1.3$$

滑动稳定性符合要求。

4）采用圆弧动面总应力法计算整体滑动安全系数，通过多次试算，取最小值为1.32，大于规范要求的1.25，符合要求。

3.4.3　复合式挡土墙

深层搅拌桩止水效果好，但抗折强度不高，且具有脆性，作为挡土墙往往是需要设计成重力式挡土墙，而重力式挡土墙适用于基坑开挖较浅时或施工场地开阔的工程中应用。使用其他构件受力挡土，采用水泥土搅拌桩连续墙止水，由多种结构协调作用，形成有效的挡土墙，可适用于较深的基坑工程。

（1）复合式挡土墙结构体系。深层搅拌复合式挡土墙，主要是指用深层搅拌桩所形成的地下连续墙作为止水帷幕，用土钉、锚杆、锚索、钻孔灌注桩作为主要受力构件，以钢筋网片及混凝土面层作为挡土支护墙体，其结构体系见图3-36。

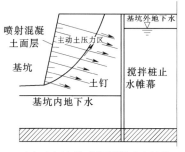

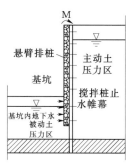
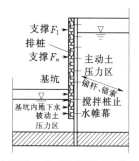

（a）土钉支护-深层搅拌止水结构　　（b）悬背桩支护-深层搅拌止水结构　　（c）桩锚支护-深层搅拌止水结构

图 3-36　复合式挡土墙结构体系图

在图 3-36（a）中，土钉穿过滑动弧，土钉在滑动弧以内与土体摩擦力通过混凝土面层，作用在边坡上，提供支撑力，确保基坑边坡稳定性。搅拌桩止水帷幕将地下水隔离后，地下水位下降，方便了基坑施工，同时也改善边坡土体物理性能，强度大为提高，边坡稳定性得到增强。图 3-36（b）中，在基坑不深，边坡不高的情况下和土质较好的情况下，可采用排桩支护时，可选用悬背式，由被动土压力区提供支撑反力，保证基坑稳定，深层搅拌桩止水帷幕与悬背桩紧密接触，起到隔水作用。为提高被动土压力区土体强度，可在坡脚位置，采用深层搅拌法进行地基处理，强化被动土压力区土体性能。在图 3-36（c）中，进一步采用内支撑、锚杆或锚索等机构提供支撑力，改善排桩支护受力条件。在这种支护体系中，搅拌桩止水帷幕就起到止水的作用。

由于土钉墙发展迅速、技术安全可靠、施工简便易行、工程造价较低，深层搅拌与土钉墙的结合所形成的挡土墙是复合式挡土墙的一种重要形式。本章主要介绍土钉支护-搅拌桩止水体系的复合式挡土墙。

（2）挡土墙的平面布置。

1）搅拌桩挡土墙远离基坑边沿。当坡内地下水位较高，地下水水力坡度较大，采用土钉墙与搅拌桩地连墙作为挡土墙时，搅拌桩地连墙主要作为截渗墙，减少地下水对坡体的破坏，宜远离坡面，防止土钉施工时，破坏地连墙，造成截渗失效。

2）搅拌桩作为坡面护坡。由于工程的需要，需要基坑开挖后形成人工直立边坡时，如查明场地内无地下水或地下水位低于基坑底，可将水泥土搅拌桩地连墙布置于坡面，根据主动土压力条件布置土钉。当基坑深度较大，可适当布置腰梁和锚杆，承受土体主动土压力。

3）土钉及面板材料。土钉及面板钢筋网之间采用焊接连接；采用水泥土搅拌桩作为面板护坡时，土钉端部与水泥土搅拌桩之间应当采取有效固定措施。

4）腰梁和锚杆。当搅拌桩墙体设计为支护面层，为改变受力条件，必要时可设置腰梁和锚杆，打深层锚杆联合支护，共同作用，形成经济合理、技术可靠、施工可行的挡土墙。

5）坡脚。基坑等人工边坡内部被动区内，可设置水泥土搅拌桩土体加固体，提高坡脚被动土压力反力。

（3）设计计算。在复合挡土墙中，搅拌桩由于强度低，一般不作为支护受力结构，所谓的计算主要是针对土钉、腰梁及锚杆的设计计算，可采用固结排水剪切试验指标和土层干重度指标，按照《建筑基坑支护技术规程》（JGJ 120—2012）的相关条款计算，对于搅拌桩主要是进行强度校核计算和水力条件计算。

作用在支护结构上的土压力可按下列方法确定：

1）土压力计算。作用在支护结构外侧、内侧的主动土压力强度标准值、被动土压力强度标准值宜按下列公式计算：

$$p_{ak} = \sigma_{ak} K_{a,i} - 2c_i \sqrt{K_{a,i}} \qquad (3-63)$$

$$K_{a,i} = \tan^2 \left(45° - \frac{\varphi_i}{2} \right) \qquad (3-64)$$

$$p_{pk} = \sigma_{pk} K_{p,i} + 2c_i \sqrt{K_{p,i}} \qquad (3-65)$$

$$K_{p,j} = \tan^2 \left(45° + \frac{\varphi_i}{2} \right) \qquad (3-66)$$

以上各式中　p_{ak}——支护结构外侧，第 i 层土中计算点的主动土压力强度标准值，kPa；当 $p_{ak} < 0$ 时，应取 $p_{ak} = 0$；

σ_{ak}、σ_{pk}——支护结构外侧、内侧计算点的土中竖向应力标准值，kPa；

$K_{a,i}$、$K_{p,i}$——第 i 层土的主动土压力系数、被动土压力系数；

c_i——第 i 层土的黏聚力，kPa；

φ_i——内摩擦角，（°）；

p_{pk}——支护结构内侧，第 i 层土中计算点的被动土压力强度标准值，kPa。

土中竖向应力标准值（σ_{ak}、σ_{pk}）应按式（3-67）、式（3-68）计算：

$$\sigma_{ak} = \sigma_{ac} + \sum \Delta\sigma_{k,j} \qquad (3-67)$$

$$\sigma_{pk} = \sigma_{pc} \qquad (3-68)$$

上两式中　σ_{ac}——支护结构外侧计算点，由土的自重产生的竖向总应力，kPa；

σ_{pc}——支护结构内侧计算点，由土的自重产生的竖向总应力，kPa；

$\Delta\sigma_{k,j}$——支护结构外侧第 j 个附加荷载作用下，计算点附加竖向应力标准值，kPa。

当墙后填土为均质土黏性土时，在无附加荷载情况下，墙后顶部主动土压力为负值，到一定深度后，主动土压力值为 0，该深度计算式（3-69）为：

$$h_c = \frac{2c}{\gamma \sqrt{K_a}} \qquad (3-69)$$

式中　h_c——考虑墙后填土的黏聚力作用时，主动土压力为零处的深度，m；

其余符号意义同前。

当墙顶水平面以上有填土及超荷载作用时，应按式（3-70）计算等代填土高度：

$$h_0 = \frac{q_1}{\gamma} \qquad (3-70)$$

式中　h_0——墙顶水平面以上等代填土高度，m；

其余符号意义同前。

2）土钉承载力。

A. 土钉承受拉力标准值。土钉承受的拉力标准值按照式（3-71）计算。

$$N_{kj} = \frac{\xi \eta_j p_{akj} S_{xj} S_{zj}}{\cos\alpha_j} \tag{3-71}$$

$$\xi = \frac{\tan\dfrac{\beta - \varphi_k}{2}\left(\dfrac{1}{\tan\dfrac{\beta + \varphi_k}{2}} - \dfrac{1}{\tan\beta}\right)}{\tan^2\left(45° - \dfrac{\varphi_k}{2}\right)} \tag{3-72}$$

上两式中　N_{kj}——第 j 根土钉承受的轴向拉力标准值，kN；

　　　　　ξ——主动土压力折减系数；

　　　　　p_{akj}——第 j 根土钉位置处的基坑水平荷载标准值，kPa，按式（3-64）计算；

　　　　　S_{xj}、S_{zj}——第 j 根土钉与相邻土钉的平均水平、垂直间距，m；

　　　　　α_j——第 j 根土钉与水平面的夹角，（°）；

　　　　　β——土钉墙坡面与水平面的夹角，（°）；

　　　　　φ_k——基坑底面以上各土层按土层厚度加权的内摩擦角平均值，（°）；

　　　　　η_j——土钉轴向拉力调整系数。

η_j 可按式（3-73）计算：

$$\eta_j = \eta_a - (\eta_a - \eta_b)\frac{z_j}{h} \tag{3-73}$$

$$\eta_a = \frac{\sum\limits_{i=1}^{n}(h - \eta_b z_j)\Delta E_{aj}}{\sum\limits_{i=1}^{n}(h - \eta_b z_j)\Delta E_{aj}} \tag{3-74}$$

上两式中　z_j——第 j 层土钉至基坑顶面的垂直距离，m；

　　　　　h——基坑深度，m；

　　　　　E_{aj}——作用在以 S_{xj}、S_{zj} 为边长的面积内的主动土压力标准值，kN；

　　　　　η_a——计算系数；

　　　　　η_b——经验系数，可取 0.6～1.0；

　　　　　n——土钉层数。

B. 土钉抗拉承载力。单根土钉的极限抗拔承载力应通过抗拔试验确定。

单根土钉的极限抗拔承载力标准值可按式（3-75）估算：

$$R_{kj} = \pi d_j \sum q_{sik} l_{ji} \tag{3-75}$$

式中　R_{kj}——第 j 层土钉的极限抗拔承载力标准值，kN；

　　　d_j——第 j 层土钉的锚固体直径，m；对成孔注浆土钉，按成孔直径计算，对打入钢管土钉，按钢管直径计算；

　　　q_{sik}——第 j 层土钉在第 i 层土的极限黏结强度标准值，kPa，应由现场试验确定，如无资料，可按照表 3-9 取值；

　　　l_{ji}——第 j 层土钉在滑动面外第 i 土层中的长度，m。

表 3-9   土钉锚固体与土体极限黏结强度标准值

土的名称	土的状态	q_{sik}/kPa	
		成孔注浆土钉	打入钢管土钉
素填土		15~30	20~35
淤泥质土		10~20	15~25
黏性土	$0.75 < I_L \leqslant 1$	20~30	20~40
	$0.25 < I_L \leqslant 0.75$	30~45	40~55
	$0 < I_L \leqslant 0.25$	45~60	55~70
	$I_L \leqslant 0$	60~70	70~80
粉土		40~80	50~90
砂土	松散	35~50	50~65
	稍密	50~65	65~80
	中密	65~80	80~100
	密实	80~100	100~120

土钉杆体的受拉承载力应符合下列规定：

$$N_j \leqslant f_y A_s \tag{3-76}$$

式中　N_j——第 j 层土钉的轴向拉力设计值，kN；

　　　f_y——土钉杆体的抗拉强度设计值，kPa；

　　　A_s——土钉杆体的截面面积，m^2。

C. 土钉抗拉承载力设计值 N_{uj}：

$$N_{uj} = \min(N_{uj1}, N_{uj2}, N_{uj3}) \tag{3-77}$$

式中　N_{uj}——第 j 根土钉承受的轴向拉力设计值，kN；

　　　N_{uj1}——第 j 根土钉在破裂面处锚固体与土体摩擦强度确定的抗拉承载力设计值，kN；

　　　N_{uj2}——第 j 根土钉钢筋在破裂面外与锚固体砂浆黏结强度确定的抗拉承载力设计值，kN；

　　　N_{uj3}——第 j 根土钉钢筋抗拉强度确定的抗拉承载力设计值，kN。

N_{uj1}、N_{uj2}、N_{uj3} 可按式（3-78）～式（3-80）计算：

$$N_{uj1} = \frac{1}{\gamma_s} \pi d_{nj} \sum q_{sik} l_{ji} \tag{3-78}$$

$$N_{uj2} = \frac{1}{\gamma_s} \pi d_j q_{sj} l_c \tag{3-79}$$

$$N_{uj3} = 1000 \pi d_j^2 f_y / 4 \tag{3-80}$$

上三式中　γ_s——土钉抗拉力分项系数，取 1.3；

　　　d_{nj}——第 j 根土钉锚固体直径，m；

　　　d_j——第 j 根土钉中钢筋直径，m；

　　　q_{sik}——第 j 根土钉穿越第 i 层土体与锚固体极限黏结强度标准值，kPa，应由现场试验确定，如无资料，可按照表 3-9 取值；

l_{ji}——第 j 根土钉在直线破裂面外稳定土体内的长度，m，破裂面与水平面的

夹角为 $\dfrac{\beta+\varphi_k}{2}$；

l_c——第 j 根土钉中钢筋在直线破裂面外稳定土体内锚固砂浆中的长度，m；

β——土钉墙坡面与水平面的夹角，(°)；

φ_k——土体固结快剪内摩擦角标准值，(°)；

f_y——土钉中钢筋抗拉强度设计值，N/mm²。

3）腰梁和锚杆承载力。腰梁承受水泥土搅拌桩传来的土压力均匀连续，由锚杆传来的反力为不连续点荷载。因此，腰梁的计算可参照梁柱法进行计算。

锚杆承载力计算与土钉计算方法相似。

4）搅拌桩挡土墙受力。对于搅拌桩挡土墙布置在坡内时，一般所起的作用只是挡水，改善土层工程地质特性，改变边坡受力条件，此时，搅拌桩挡土墙基本不承受土压力。

而在搅拌桩挡土墙作为面层护坡时，将与锚杆、腰梁或土钉共同作用，其内力随坡高的增加而增大。设计时，应验算水泥土搅拌桩最大土压力、验算坡脚位置抗剪作用、验算土钉、腰梁等作用下水泥土搅拌桩挡土墙的弯矩及内力分布、验算土钉、锚杆或腰梁对搅拌桩的冲切作用等。

土钉对水泥土搅拌桩挡土墙的冲切验算可参照《建筑地基基础设计规范》（GB 50007—2011）中平板式筏基的计算方法进行计算。同时，需要计算面板最小的配筋量。

水泥土搅拌桩挡土墙不应承受弯矩，在开挖下一层土方时（图 3-37），本层锚杆和坑底之间的搅拌桩临空，承受弯矩，应分工况进行剪力（V_c）和弯矩（M_c）验算，按式（3-83）及式（3-84）计算。

实际上，基坑开挖深度越大，墙体受力也就越大，一般地，在基坑底部位置，复合挡土墙受力最为不利，故这个位置应作为重点核算。

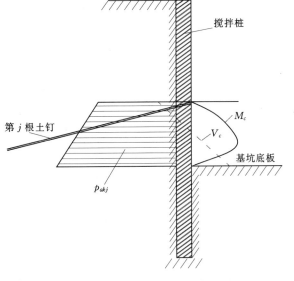

锚杆（土钉）位置支座反力：

$$F_{uf1}=\frac{1}{6}p_{akj2}l_0S_{xj}+\frac{1}{3}p_{akj1}l_0S_{xj}$$

（3-81）

基坑底板位置支座反力：

$$F_{uf2}=\frac{1}{3}p_{akj2}l_0S_{xj}+\frac{1}{6}p_{akj1}l_0S_{xj}$$

（3-82）

剪力计算式（3-83）为：

$$V_c=\frac{1}{2}p_{akj}h_tS_{xj}-\sum_{j=1}^{n}t_{uj}$$

（3-83）

弯矩计算式（3-84）为：

图 3-37 搅拌桩支护面层计算示意图

$$M_c = F_{uf1}l - p_{akj1}S_{xj}\frac{l^2}{2} - K_{aj}rS_{xj}\frac{l^2}{3} \qquad (3-84)$$

以上各式中　V_c——搅拌桩承受的剪力，kN；

h_t——计算点深度，m；

M_c——搅拌桩承受的弯矩，kN·m；

l_0——搅拌桩临空长度，m；

l——计算点至土钉或锚杆距离，m；

p_{akj1}——土钉或锚杆位置土压力分布值，kN；

p_{akj2}——基坑底部位置土压力分布值，kN。

对式（3-84）求导，可求得最大弯矩。

在上面的计算中，将土钉、搅拌桩和基坑底板土体都认为是刚性材料，所计算的数值没有考虑协调变形而偏大，但由于实际情况复杂，对偏大的计算结果作为一定的安全预留储备，是十分必要的。

5) 整体稳定性验算。按照土钉墙整体稳定性验算方法，在施工期的不同开挖深度和基坑地面以下的可能的滑动面，采用圆弧简单条分法按式（3-85）计算：

$$\min\{K_{s,1}, K_{s,2}, \cdots, K_{s,i}\cdots\} \geqslant K_s \qquad (3-85)$$

采用圆弧滑动条分法时，其稳定性应符合式（3-85）规定：

$$K_{s,j} = \frac{\sum[c_jl_j + (q_jb_j + \Delta G_j)\cos\theta_j\tan\varphi_j] + \sum R'_{k,k}[\cos(\theta_k + \alpha_k) + \psi_v]/s_{s,k}}{\sum(q_jl_j + \Delta G_j)\sin\theta_j} \qquad (3-86)$$

式中　K_s——圆弧滑动整体稳定安全系数；安全等级为二级、三级的土钉墙，K_s 分别不应小于 1.3、1.25；

$K_{s,j}$——第 j 个滑动圆弧的抗滑力矩与滑动力矩的比值；抗滑力矩与滑动力矩之比的最小值，宜通过搜索不同圆心及半径的所有潜在滑动圆弧确定；

c_j、φ_j——第 j 土条滑弧面处土的黏聚力，kPa；内摩擦角，（°）；

b_j——第 j 土条的宽度，m；

q_j——作用在第 j 土条上的附加分布荷载标准值，kPa；

ΔG_j——第 j 土条的自重，kN，按天然重度计算；

θ_j——第 j 土条滑弧面中点处的法线与垂直面的夹角，（°）；

$R'_{k,k}$——第 k 层土钉或锚杆对圆弧滑动体的极限拉力值，kN，应取土钉或锚杆在滑动面以外的锚固体极限抗拔承载力标准值与杆体受拉承载力标准值（$f_{yk}A_s$ 或 $f_{ptk}A_p$）的较小值；

α_k——第 k 层土钉或锚杆的倾角，（°）；

θ_k——滑弧面在第 k 层土钉或锚杆处的法线与垂直面的夹角，（°）；

$s_{x,k}$——第 k 层土钉或锚杆的水平间距，m；

ψ_v——计算系数，可取 $\psi_v = 0.5\sin(\theta_k + \alpha_k)\tan\varphi$，此处，$\varphi$ 为第 k 层土钉或锚杆与滑弧交点处土的内摩擦角。

6) 抗倾覆验算。挡土墙抗倾覆稳定安全系数 K_{ov} 按式（3-87）验算：

$$\frac{E_{pk}a_p+(G-u_mB)a_G}{E_{ak}a_a}\geqslant K_{ov} \tag{3-87}$$

式中 K_{ov}——抗倾覆稳定安全系数,其值不应小于1.3;

   a_a——水泥挡土墙外侧主动土压力合力作用点至墙趾的竖向距离,m;一般 $a_a=(H-z_0)/3$;

   a_p——水泥挡土墙内侧被动土压力合力作用点至墙趾的竖向距离,m;

   G——水泥挡土墙自重与墙底水压力合力作用点至墙趾的水平距离,m。

   7)滑动验算。挡土墙抗滑稳定安全系数按式(3-88)验算:

$$\frac{E_{pk}+(G-u_mB)\tan\varphi+cB}{E_{ak}}\geqslant K_{sl} \tag{3-88}$$

式中 K_{sl}——抗滑移稳定安全系数,其值不应小于1.2;

 E_{ak}、E_{pk}——作用在水泥土墙上的主动土压力、被动土压力标准值,kN/m,按《建筑基坑支护技术规程》(JGJ 120—2012)第3.4.2条的规定确定;

   G——水泥挡土墙的自重,kN/m;

   u_m——水泥挡土墙底面上的水压力,kPa;水泥挡土墙底面在地下水位以下时,可取 $u_m=\gamma_w(h_{wa}+h_{wp})/2$,在地下水位以上时,取 $u_m=0$,此处 h_{wa} 为基坑外侧水泥挡土墙底处的水头高度,m;

   h_{wp}——基坑内侧水泥挡土墙底处的水头高度,m;

   c——水泥挡土墙底面下土层的黏聚力,kPa;

   φ——内摩擦角,(°);

   B——水泥挡土墙的底面宽度,m。

   实际计算时,在土钉影响范围内设定垂直面,分别试算,取最小值为土钉挡土墙的滑动安全系数。

   8)抗隆起验算。锚拉式支挡结构和支撑式支挡结构,其嵌固深度应满足坑底隆起稳定性要求,抗隆起稳定性可按下列公式验算:

$$\frac{\gamma_{m2}DN_q+cN_c}{\gamma_{m1}(h+D)q_0}\geqslant K_{he} \tag{3-89}$$

$$N_q=\tan^2\left(45°+\frac{\varphi}{2}\right)e^{\pi\tan\varphi} \tag{3-90}$$

$$N_c=(N_q-1)/\tan\varphi \tag{3-91}$$

上各式中 K_{he}——抗隆起安全系数;安全等级为一级、二级、三级的支护结构,K_{he} 分别不应小于1.8、1.6、1.4;

   γ_{m1}——基坑外挡土构件底面以上土的重度,kN/m³;对地下水位以下的砂土、碎石土、粉土取浮重度;对多层土取各层土按厚度加权的平均重度;

   γ_{m2}——基坑内挡土构件底面以上土的重度,kN/m³,对地下水位以下的砂土、碎石土、粉土取浮重度;对多层土取各层土按厚度加权的平均重度;

   D——基坑底面至挡土构件底面的土层厚度,m;

   h——基坑深度,m;

   q_0——地面均布荷载,kPa;

N_q、N_c——承载力系数；

c——挡土构件底面以下土的黏聚力，kPa；

φ——内摩擦角，(°)。

9）深层搅拌桩止水帷幕渗透计算。深层搅拌桩相互切割所形成的地下连续墙形成止水帷幕，在基坑开挖边坡支护中，可起到止水，改变土体物理力学特性的作用。对于帷幕自身，主要核算其破坏比降；对于隔水层，分别计算其渗透流量和渗流破坏条件。

A. 破坏比降验算。深层搅拌桩止水帷幕内外水头高差 ΔH 和帷幕厚度 B 比值即为帷幕内实际水力坡度 λ_c，对比试验和设计破坏比降，进行核算。

$$\lambda_c = \Delta H / B \tag{3-92}$$

一般地，水泥土的破坏比降值为 $100 \sim 400$，基坑深度按照 15.0m 考虑，水位降深 16.0m 即可，假设止水帷幕厚度为 300mm，则可计算 $\lambda_c = 16 / 0.3 = 54$，深层搅拌止水帷幕可以满足设计要求，可以阻隔坑外地下水进入坑内，改善土钉墙及基坑边坡受力条件。

B. 渗流量计算。渗流量计算按照本章第 3.3.5 条渗流计算进行。

C. 渗流破坏验算。复合挡土墙坡脚位置水力梯度较大，该部位容易发生渗流破坏。根据土粒粒级分布和孔隙率大小，将渗流破坏分为管涌型破坏和流土型破坏，在一般水泥土防渗墙工程中可按式（3-93）判别：

$$p_{c0} \geqslant \frac{1}{4(1-n)} \times 100\% \tag{3-93}$$

当 $p_c < p_{c0}$ 时，为管涌型破坏，渗流破坏按式（3-94）验算：

$$J_c = \frac{42 d_3}{\sqrt{k/n^3}} \tag{3-94}$$

当 $p_c \geqslant p_{c0}$ 时，为流土型破坏，渗流破坏按式（3-95）验算：

$$J_c = (G_s - 1) \times (1 - n) \tag{3-95}$$

以上式中　p_{c0}——临界值；

p_c——土的细颗粒含量，以质量百分率计，%；

J_c——渗流破坏水力坡度标准值；

d_3——相应于颗分曲线上含量为 3% 的粒径，mm；

k——土的渗透系数，cm/s；

n——土的孔隙度，%；

G_s——土粒比重。

（4）构造要求。

1）土钉及土钉墙符合下列规定。

A. 土钉墙、预应力锚杆复合土钉墙的坡度不宜大于 1:0.2；当基坑较深、土的抗剪强度较低时，宜取较小坡度。对砂土、碎石土、松散填土，确定土钉墙坡度时尚应考虑开挖时坡面的局部自稳能力。微型桩、水泥土桩复合土钉墙，应采用微型桩、水泥土桩与土钉墙面层贴合的垂直墙面。

B. 土钉墙宜采用洛阳铲成孔的钢筋土钉。对易塌孔的松散或稍密的砂土、稍密的粉土、填土，或易缩径的软土宜采用打入式钢管土钉。对洛阳铲成孔或钢管土钉打入困难的土层，宜采用机械成孔的钢筋土钉。

C. 土钉水平间距和竖向间距宜为 1～2m；当基坑较深、土的抗剪强度较低时，土钉间距应取小值。土钉倾角宜为 5°～20°，其夹角应根据土性和施工条件确定。土钉长度应按各层土钉受力均匀、各土钉拉力与相应土钉极限承载力的比值近于相等的原则确定。

D. 成孔注浆型钢筋土钉的构造应符合下列要求：

a. 成孔直径宜取 70～120mm。

b. 土钉钢筋宜采用 HRB400 级、HRB335 级钢筋，钢筋直径应根据土钉抗拔承载力设计要求确定，且宜取 16～32mm。

c. 应沿土钉全长设置对中定位支架，其间距宜取 1.5～2.5m，土钉钢筋保护层厚度不宜小于 20mm。

d. 土钉孔注浆材料可采用水泥浆或水泥砂浆，其强度不宜低于 20MPa。

E. 钢管土钉的构造应符合下列要求：

a. 注浆材料可选用水泥浆或水泥砂浆；水泥浆的水灰比宜取 0.5～0.55；水泥砂浆的水灰比宜取 0.40～0.45。同时，灰砂比宜取 0.5～1.0，拌和用砂宜选用中粗砂，按重量计的含泥量不得大于 3%。

b. 水泥浆或水泥砂浆应拌和均匀，一次拌和的水泥浆或水泥砂浆应在初凝前使用。

c. 注浆前应将孔内残留的虚土清除干净。

d. 注浆时，宜采用将注浆管与土钉杆体绑扎，同时插入孔内并由孔底注浆的方式；注浆管端部至孔底的距离不宜大于 200mm；注浆及拔管时，注浆管口应始终埋入注浆液面内，应在新鲜浆液从孔口溢出后停止注浆；注浆后，当浆液液面下降时，应进行补浆。

F. 打入式钢管土钉施工时应符合下列规定：

a. 钢管端部应制成尖锥状；顶部宜设置防止钢管顶部施打变形的加强构造。

b. 注浆材料应采用水泥浆；水泥浆的水灰比宜取 0.5～0.6。

c. 注浆压力不宜小于 0.6MPa；应在注浆至管顶周围出现返浆后停止注浆；当不出现返浆时，可采用间歇注浆的方法。

G. 土钉墙的施工偏差应符合下列要求：

a. 钢筋土钉的成孔深度应大于设计深度 0.1m。

b. 土钉位置的允许偏差应为 100mm。

c. 土钉倾角的允许偏差应为 3°。

d. 土钉杆体长度应大于设计长度。

e. 钢筋网间距的允许偏差应为 ±30mm。

H. 喷射混凝土面层施工应符合下列规定：

a. 细骨料宜选用中粗砂，含泥量应小于 3%。

b. 粗骨料宜选用粒径不大于 20mm 的级配砾石。

c. 水泥与砂石的重量比宜取 1：4～1：4.5，砂率宜取 45%～55%，水灰比宜取 0.4～0.45。

d. 使用速凝剂等外掺剂时，应做外加剂与水泥的相容性试验及水泥净浆凝结试验，并应通过试验确定外掺剂掺量及掺入方法。

e. 喷射作业应分段依次进行，同一分段内喷射顺序应自下而上均匀喷射，一次喷射厚度宜为 30~80mm。

f. 喷射混凝土时，喷头与土钉墙墙面应保持垂直，其距离宜为 0.6~1.0m。

g. 喷射混凝土终凝 2h 后应及时喷水养护。

h. 钢筋与坡面的间隙应大于 20mm。

i. 钢筋网可采用绑扎固定；钢筋连接宜采用搭接焊，焊缝长度不应小于钢筋直径的 10 倍。

j. 采用双层钢筋网时，第二层钢筋网应在第一层钢筋网被喷射混凝土覆盖后铺设。

2）水泥土深层搅拌桩。

A. 水泥土桩深入坑底的长度宜大于桩径的两倍，且不应小于 1.0m。

B. 水泥土搅拌桩桩身 28d 无侧限抗压强度不小于 1MPa。

C. 水泥掺入量不小于 15％。

D. 搅拌桩截渗墙进入相对隔水层深度为不小于 1.0m。

E. 采用单排桩止水时，单元墙桩间搭接长度 δ 满足《建筑基坑支护技术规程》（JGJ 120—2012）的相关要求。

F. 桩位的允许偏差应为 50mm；垂直度的允许偏差应为 1％。

3）腰梁和锚杆。当搅拌桩墙体设计为支护面层，为改变受力条件，应设置腰梁和锚杆。

A. 腰梁采用槽钢或工字钢，锚杆锚固段长度由计算确定，锚杆大小不小于 7φ5 锚索。

B. 锚定板采用厚度 15mm 钢板，尺寸不小于 300mm×300mm。

（5）设计计算实例。

1）已知条件。开挖基坑的平面尺寸为 80m×150m、深度为 10.6m。河床地貌，自然地形平坦—微倾斜，河水采取导流措施，导流渠距基坑 20m。

建筑物影响深度范围内的地层，主要为第四系沉积砂质粉土、粉质黏土及夹层。岩土工程地质情况见表 3-10。

拟建场区地下水类型为潜水，地下水位接近自然地面。地下水主要赋存于砂质粉土，土层综合渗透系数见表 3-10。粉质黏土为相对隔水层，开挖基坑场地空旷，附近无附加荷载影响。

表 3-10　　　　　　　　　　　岩土工程地质情况表

土层名称	底板埋深 /m	土层厚度 /m	天然密度 /(t/m³)	颗粒密度 /(g/cm³)	孔隙比 e_0	指数 塑性 I_P	指数 液性 I_L	渗透系数 K/(cm/s)	快剪强度 黏聚力 c/kPa	快剪强度 内摩擦角 φ/(°)
砂质粉土	14.5	14.5	1.82	2.69	0.78	6.5	0.33	3.8×10^{-3}	12	21
粉质黏土	19.7	5.2	1.85	2.71	0.96	10.1	0.85	1.2×10^{-5}	32	12

2）设计计算。基坑工程根据建筑特征和场地岩土条件及周边环境要求，设计采用水泥土深层搅拌和土钉墙相结合的支护方案：水泥土深层搅拌地下连续墙止水，土钉墙支护基坑边坡，水泥土搅拌帷幕距基坑边缘10m。

A. 土钉墙支护设计。土钉墙支护工程基坑开挖深度为10.6m，基坑坡角为76°，土钉墙作围护结构共设7道土钉。

土钉墙初步设计中土钉布置情况见表3-11。

表3-11　　　　　　　　　　　土钉布置情况表

土钉编号	深度/m	长度/m	倾角/(°)	直径/mm	钢筋直径/mm	水平间距/m
1	1.3	7	10	100	16	1.5
2	2.6	10	10	100	16	1.5
3	4.0	10	10	100	16	1.5
4	5.5	9	10	100	16	1.5
5	7.0	8	10	100	16	1.5
6	8.5	8	10	100	16	1.5
7	10.0	7	10	100	16	1.5

B. 土钉墙土压力标准值计算：计算时考虑地面施工机械行走及其他临时荷载，按照均布荷载5kPa考虑。按式（3-64）计算主动土压力系数为0.47；按式（3-63）计算基坑上边沿主动土压力。

$$p_{ak} = \sigma_{ak}K_{ai} - 2c_i\sqrt{K_{ai}}$$
$$= 5 \times 0.47 - 2 \times 12 \times \sqrt{0.47}$$
$$= -14.10\text{kPa}$$

计算土压力零点深度，按式（3-63）计算，在深度1.34m位置为土压力零点。

松散土体不承受拉应力，从地表到深度1.34m段均按照零土压力来处理。

计算坑底位置主动土压力为76.99kPa。

土压力计算见图3-38。

所以　$E_a = 76.99 \times (10.6 - 1.64) \div 2 = 344.91\text{kN}$

C. 土钉的极限抗拔承载力验算：根据式（3-75）计算R_{kj}，汇入表3-12中。

再根据式（3-71）计算：

$$N_{K,J} = \frac{1}{\cos\alpha_j}\zeta\eta_j p_{ak,j}s_{xj}, s_{zj}$$

汇入表3-12中。

验算土钉抗拉安全系数$K_s = R_{kj}/N_{kj}$汇入表3-12中。

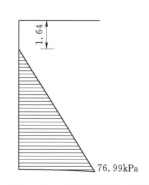

图3-38　土压力计算示意图
（单位：m）

表 3-12 土钉的极限抗拔承载力验算表

土钉编号	1	2	3	4	5	6	7
N_{kj}	0	12.34	32.41	51.87	70.04	85.85	87.05
R_{kj}	28.54	118.29	138.82	137.26	135.70	157.70	156.13
K_{sj}	—	9.59	4.28	2.65	1.94	1.84	1.79

由计算结果可知，土钉抗拔承载力满足要求。

D. 土钉的整体稳定性验算。采用瑞典圆弧滑动法，以基坑坡脚为原点（0m，0m），以（-4.84m，16.88m）为圆心，以15.66m为半径画圆弧，交于基坑坡脚和地表。取土条宽度为1m，验算土钉墙的整体稳定性（见图3-39）。

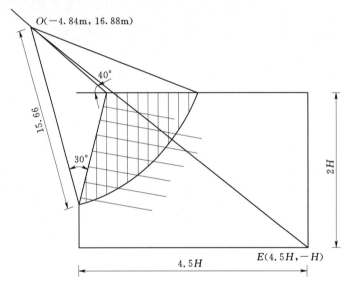

图 3-39 整体稳定验算示意图

采用式（3-85）、式（3-86）计算可得：

$$K_s = 1.26$$

整体稳定性验算需要多个滑动面对比计算、取最小值作为整体稳定性安全系数。计算结果表明，土钉墙的整体稳定性满足要求，表明土钉墙设置合理。如计算不能满足要求，则重新布置土钉。

E. 深层搅拌桩止水帷幕设计。深层搅拌桩形成的止水帷幕（见图3-40），在基坑开挖边坡支护中，可起到止水和改变土体物理力学特性的作用。设计搅拌桩深度16m，采用双排并列形式成墙，连续墙墙厚350mm。深层搅拌桩设计掺入水泥标号为 P.S. A32.5，水泥掺入比15%，水泥土抗压强度大于1.0MPa，变形模量1000MPa，渗透系数小于1×10^{-6}cm/s，墙体破坏比降大于300。

F. 深层搅拌桩止水帷幕的破坏比降验算：止水帷幕厚度为350mm，止水帷幕内外水头高差10.3m，水力坡度为：

$$10.3/0.35 = 29.43$$

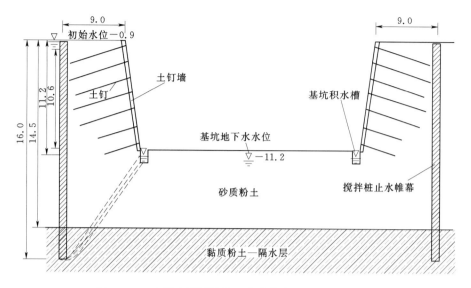

图 3-40 水泥土深层搅拌止水帷幕布置图（单位：m）

实际水力坡降远远小于水泥土的允许比降 100 的要求（破坏比降值 300），通过计算，深层搅拌止水帷幕完全可以满足设计要求，可以阻隔坑外地下水进入坑内，改善土钉墙及基坑边坡受力条件。

G. 深层搅拌桩止水帷幕的渗流破坏验算：根据室内土工试验，坡脚土体渗流破坏类型为流土型破坏。其破坏判别标准为：

$$J_c = (G_s - 1) \times (1 - n) = (2.71 - 1) \times \left(1 - \frac{0.96}{1 + 0.96}\right) = 0.87$$

允许水力比降取值为 0.42。

坡脚处水头值为 11.2－0.9＝10.3m，地下水渗流途径约 30m，计算得知坡脚处水力比降为 0.34，渗流变形满足要求，见图 3-40。

3.4.4 型钢水泥土搅拌墙

（1）一般规定。

1）型钢水泥土搅拌墙是在连续套接的三轴水泥土搅拌桩内插入型钢形成的复合挡土止水结构。常用的三轴搅拌桩有 650mm、850mm、1000mm 三种桩径；内插型钢采用 H 型钢，型钢的选型、布置和长度应遵照有关规定并满足设计计算要求。

2）型钢水泥土搅拌墙的设计计算应结合支撑体系的设置按板式支护体系进行，并必须满足变形控制要求。墙体的计算变形应控制在由周边环境条件并结合基坑开挖深度所确定的允许变形值范围之内。

3）型钢水泥土搅拌墙施工用的水泥等级不低于 32.5 级，水泥掺入比不小于 20%，在特别软弱的淤泥和淤泥质土中应提高水泥掺量。被搅拌土体的体积按搅拌桩体截面面积与深度的乘积计算，水泥浆的水灰比可为 1.5～2.0，且在不妨碍型钢插入到位的前提下尽量用低值。水泥土 28d 无侧限抗压强度标准值不小于 1.0MPa。

4）内插型钢应采用 Q235B 规格、型号及有关要求宜按《热轧 H 型钢和部分 T 型钢》（GB/T 11263—2010）和《焊接 H 型钢》（YB3301—2005）选用。

5）型钢水泥土搅拌墙中的水泥土搅拌桩可作为防渗帷幕，其抗渗性能应满足墙体自身防渗要求，渗透系数不宜小于 1×10^{-6} cm/s。

6）型钢水泥土搅拌墙中型钢的间距和平面布置形式根据计算确定，常用的形式有密插、插二跳一和插一跳一三种，搅拌桩和内插型钢的平面布置见图 3-41。

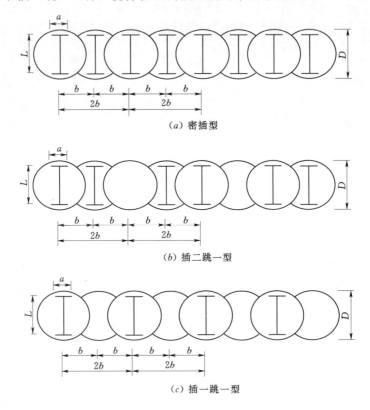

（a）密插型

（b）插二跳一型

（c）插一跳一型

图 3-41　搅拌桩和内插型钢的平面布置图

7）采用型钢水泥土搅拌墙的基坑，其坑外地面超载不宜大于 20kPa。

8）除环境条件有特别要求外，内插型钢应拔除回收，并预先对型钢采取减阻措施。型钢拔除前水泥土搅拌桩墙与地下主体结构之间必须回填密实，型钢拔除时须考虑对周边环境的影响，应对型钢拔除后形成的空隙采用注浆填充等措施。

（2）设计计算。

1）型钢水泥土搅拌墙的墙体需计算抗弯刚度，一般只计内插型钢的截面刚度。

2）型钢水泥土搅拌桩墙中的内插型钢入土深度应满足基坑抗隆起、抗倾覆、整体稳定性和围护墙的内力、变形的计算要求，也应满足基坑抗渗流和抗管涌稳定性的要求。在进行围护墙内力和变形计算以及基坑上述各项稳定性分析时，墙深以内插型钢底端为准，不计算型钢底端以下水泥土搅拌桩的作用。

3）对于型钢水泥土搅拌墙应验算型钢的抗弯强度：

$$f \geqslant \frac{1.25\gamma_0 M_k}{W} \qquad (3-96)$$

式中　f——型钢的抗弯强度设计值，N/mm²；

　　γ_0——支护结构重要性系数，按照《建筑基坑支护技术规程》（JGJ 120—2012）取值；

　　M_k——挡墙的弯矩设计值，N·mm，可取计算得到的弯矩标准值再乘 1.25；

　　W——型钢沿弯矩作用方向的截面模量，mm³。

4）型钢水泥土搅拌墙的剪力也应全部由型钢承担，并按式（3-97）验算型钢的抗剪强度：

$$f_V \geqslant \frac{1.25\gamma_0 QS}{Ih} \qquad (3-97)$$

式中　f_V——型钢的抗剪强度设计值，N/mm²；

　　Q——挡墙的剪力设计值，N；

　　S——计算剪应力处的面积矩，mm³；

　　I——型钢沿弯矩作用方向的截面惯性矩，mm⁴；

　　h——型钢腹板厚度，mm。

5）型钢水泥土搅拌桩墙应验算水泥土搅拌桩桩身局部抗剪承载力，包括型钢与水泥土之间的错动剪切和水泥土最薄弱截面处的局部剪切。搅拌桩局部抗剪计算见图 3-42。

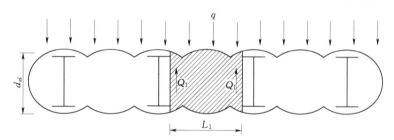

（a）型钢与水泥土间错动剪切破坏验算

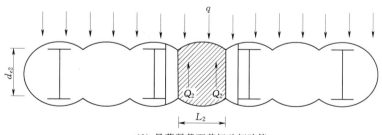

（b）最薄弱截面剪切破坏验算

图 3-42　搅拌桩局部抗剪计算示意图

A. 型钢水泥土之间的错动剪切承载力按式（3-98）、式（3-99）验算：

$$\tau_1 = \frac{Q_1}{d_{e1}} \leqslant \frac{\tau_C}{\eta_2} \qquad (3-98)$$

$$Q_1 = \eta_1 q L_1 / 2 \qquad\qquad (3-99)$$

上两式中　τ_1——型钢与水泥土之间的错动剪应力标准值，N/mm^2；

$\qquad\qquad Q_1$——型钢与水泥土之间单位深度范围内的错动剪力标准值，N/mm；

$\qquad\qquad q$——计算截面处作用的侧压力标准值，N/mm^2；

$\qquad\qquad L_1$——型钢翼缘之间的净距，mm；

$\qquad\qquad d_{e1}$——型钢翼缘处水泥土墙体的有效厚度，mm；

$\qquad\qquad \tau_C$——水泥土抗剪强度标准值，N/mm^2，可取水泥土无侧限抗压强度标准值的 $\dfrac{1}{15} \sim \dfrac{1}{10}$，对于淤泥或淤泥质土层，宜取低值；

$\qquad\qquad \eta_1$——剪力计算经验系数，可取 0.6；

$\qquad\qquad \eta_2$——水泥土抗剪强度调整系数，可取 1.6。

B. 在型钢间隔设置时，应对水泥土搅拌桩按式（3-100）、式（3-101）进行最薄弱断面的局部抗剪验算：

$$\tau_2 = \frac{Q_2}{d_{e2}} \leqslant \frac{\tau_C}{\eta_2} \qquad\qquad (3-100)$$

$$Q_2 = \eta_1 q L_2 / 2 \qquad\qquad (3-101)$$

上两式中　τ_2——水泥土最薄弱截面处的局部剪应力标准值，N/mm^2；

$\qquad\qquad Q_2$——水泥土最薄弱截面处的单位深度范围内的剪力标准值，N/mm；

$\qquad\qquad L_2$——水泥土最薄弱截面处的净距，mm；

$\qquad\qquad d_{e2}$——水泥土最薄弱截面处的有效厚度，mm；

其余符号意义同前。

（3）构造要求。

1）型钢水泥土搅拌桩墙中的搅拌桩应满足如下要求：

A. 搅拌桩达到设计强度后方可进行基坑开挖。

B. 搅拌桩养护凝固期不应小于 28d。

C. 搅拌桩的深度应比型钢底端加长 0.5~1.0m，以保护型钢不被锈蚀。

2）型钢水泥土搅拌墙中的型钢宜按如下尺寸取用：

A. 搅拌桩直径为 650mm 时，内插型钢常用截面有 H500×300、H500×200。

B. 搅拌桩直径为 850mm 时，内插型钢常用截面有 H700×300。

C. 搅拌桩直径为 1000mm 时，内插型钢常用截面有 H850×300 等。

3）型钢水泥土搅拌桩挡墙中的内插型钢应满足如下要求：

A. 内插型钢材料强度应满足设计要求。

B. 内插型钢一般按《热轧 H 型钢和部分 T 型钢》（GB/T 11263—2010）的有关要求焊接或成型。

C. 型钢宜采用整材，当采用分段焊接时，应采用坡口焊接。对接焊缝的坡口形式和要求应遵照《建筑钢结构焊接技术规程》（JGJ 81—2002）的有关规定，焊缝质量等级不应低于二级。单根型钢中焊接接头不宜超过 2 个，焊接接头的位置应避免在型钢受力较大处（如支撑位置或开挖面附近），相邻型钢的接头竖向位置宜相互错开，错开距离不宜小于1m。

D. 型钢的平面布置，对于环境条件要求较高，或当桩身范围内多为砂（粉）性土等透水性较强土层，对搅拌桩抗裂和抗渗要求较高时，宜增加型钢插入密度。环境条件复杂的重要工程，型钢的平面布置应采用密插形式。

4）型钢水泥土搅拌墙的顶部应设置封闭的钢筋混凝土顶圈梁。顶圈梁宜与第一道支撑的围檩合二为一。顶圈梁的高度和宽度由设计计算确定，计算时应考虑由于型钢穿越对顶圈梁截面的削弱影响，并满足如下要求：

A. 顶圈梁截面高度不应小于600mm。当搅拌桩直径为650mm时，顶圈梁截面宽度不应小于900mm；当搅拌桩直径为850mm时，顶圈梁截面宽度不应小于1100mm，当搅拌桩直径为1000mm时，顶圈梁截面宽度不应小于1200mm。

B. 内插型钢应锚入顶圈梁，顶圈梁主筋应避开型钢设置。为便于型钢拔除，型钢顶部应高出顶圈梁顶面一定高度，不宜小于500mm，型钢与围檩间的隔离材料在基坑内一侧应采用不易压缩的硬质板材。

C. 顶圈梁的箍筋宜采用四肢箍筋，直径不应小于8mm，间距不应大于200mm；在支撑节点位置，箍筋宜适当加密；由于内插型钢而未能设置的箍筋应在相邻区域内补足面积。

5）型钢水泥土搅拌墙围护体系的围檩可采用型钢（或组合型钢）围檩或混凝土围檩，支撑可采用钢管支撑、型钢（或组合型钢）支撑或混凝土支撑。

6）型钢水泥土搅拌墙围护体系围檩应完整、封闭，并与支撑体系连成整体。混凝土围檩在转角处应按刚节点进行处理。钢围檩拼接方式应由设计计算确定，现场拼接点宜设在围檩计算跨度的三分点处，钢围檩在转角处连接应通过构造措施确保围檩体系的整体性。

7）钢围檩或混凝土围檩应采用托架（或牛腿）和吊筋与内插型钢连接。水泥土搅拌墙与钢围檩之间的空隙应用高标号细石混凝土填实。

8）当钢支撑与钢围檩斜交时，应在围檩上设置钢牛腿确保传力可靠。

9）对于土方开挖的围檩体系尚不能形成整体、封闭的情况，应对水平斜撑沿围檩纵向传递的水平力进行验算，并在围檩和型钢间设置由计算确定的剪力传递构件。

10）当采用竖向斜坡撑并需支撑在搅拌墙顶圈梁时，为防止顶圈梁在竖向分力作用下向上产生滑动，应在内插型钢与顶圈梁之间设置抗滑构件。

11）在型钢水泥土搅拌墙中，搅拌桩桩径变化处或型钢插入密度变化处，搅拌桩桩径较大区段或型钢插入密度较大区段宜作适当延伸过渡。

（4）计算实例。

1）工程概况。某地下过街通道基坑围护拟采用型钢水泥土搅拌墙施工工艺，水泥土搅拌桩内插700×300H型钢挡土止水合为一体，桩长21～23m不等，基坑共设三道支撑，第一道为钢筋混凝土支撑，第二、第三道为钢管支撑。基坑侧壁安全等级为一级，重要性系数为1.1。

工程基坑由南侧始发井、北侧接收井以及出入口辅道几部分组成，南侧始发井基坑为13.5m×12.5m，出入口基坑长度为51.7m，宽度为6.8m，北侧接收井基坑为11.5m×

8.3m，出入口基坑长度 62.3m，宽度 5.9m，始发井基坑开挖深度为 10.85m，接收井基坑开挖深度为 10.68m，属深基坑工程。

工程地质条件。勘察报告揭示范围内土体划分为 2 个工程地质层，5 个亚层，自上而下分别为：①-1 层杂填土；①-2 层素填土；②-1 层粉质黏土夹粉土；②-2 层淤泥质粉质黏土；②-3 层粉砂夹粉土。土体埋深及工程地质物理力学特性见表 3-13。

水文地质条件。工程区地下水主要为第四系松散孔隙潜水，水位 2.6m，水质无侵蚀性。抽水试验资料显示，渗透性较好，渗透系数见表 3-13。

表 3-13 地层主要物理力学性质指标值

土层名称	底板埋深/m	土层厚度/m	天然密度/(t/m³)	颗粒密度/(g/cm³)	孔隙比 e_0	指数		渗透系数 K/(cm/s)	快剪强度	
						塑性 I_P	液性 I_L		黏聚力 c/kPa	内摩擦角 φ/(°)
杂填土	0.9	0.9	1.63						0	12
素填土	2.1	1.2	1.72	2.71	1.02	8	0.45		8	22
粉质黏土	15.7	13.6	1.82	2.69	0.95	12	0.62	3.8×10^{-3}	15	26
淤泥质粉质黏土	25.5	9.8	1.88	2.72	1.06	16	0.86	5.1×10^{-7}	20	25
粉砂夹粉土	未穿	3.2	1.85	2.66	0.82	6	0.33	2.6×10^{-5}	12	33

2）工程设计。工程采用型钢水泥土搅拌墙施工工艺，水泥土搅拌桩桩径 1000mm，桩间距 700mm，设计水泥土无侧限抗压强度 1.0MPa，变形模量 1000MPa，渗透系数不大于 1×10^{-6}cm/s，水泥土搅拌桩内插 $700 \times 300H$ 型钢，形成挡土止水的联合体，桩长 21～23m，进入②-2 层淤泥质粉质黏土。

基坑共设三道支撑，第一道为钢筋混凝土支撑，第二、第三道为钢管支撑。

3）结构计算。

A. 结构力学计算。采用水土分算原则，基坑内最大分布土压力（侧压力标准值）为 57.22kPa，土压力合力为 92.24kN，最大剪力为 35.64kN/m²，最大弯矩为 105.85 kN·m。

B. 材料力学计算。型钢水泥土搅拌墙中型钢的抗弯强度：

查型钢材料表：$700 \times 300H$ 型钢截面模量 W 为 5540cm³，则按式（3-96）：

$$f \geqslant \frac{1.25 \times 105.85 \times 1000 \times 1000}{5540 \times 1000} = 23.9 \text{N/mm}^2$$

型钢水泥土搅拌墙的剪力全部由型钢承担，验算型钢抗剪强度。

查型钢材料表：$700 \times 300H$ 型钢面积矩为 3060cm³ 截面惯性矩 22320mm⁴，按式（3-97）：

$$f_v = \frac{35640 \times 10^{-6} \times 1.25 \times 3060 \times 1000}{223200 \times 650} = 9.4 \times 10^{-4} \text{N/mm}^2$$

水泥土搅拌桩桩身局部抗剪承载力，包括型钢与水泥土之间的错动剪切和水泥土最薄弱截面处的局部剪切（见图 3-43）。

型钢水泥土之间的错动剪切承载力应按式（3-98）、式（3-99）验算：

$$Q_1 = 0.6 \times 35.640 \times 10^{-3} \times \frac{1100}{2} = 11.76 \text{N/mm}$$

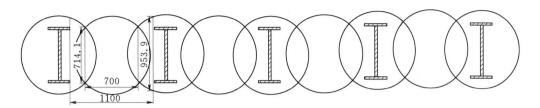

图 3-43 型钢搅拌桩局部抗剪计算图（单位：mm）

所以

$$\tau_1 = \frac{Q_1}{d_{e1}} = \frac{11.76}{953.9} = 1.23 \times 10^{-2} \mathrm{N/mm^2}$$

$$\frac{\tau_C}{\eta_2} = \frac{1}{12} \times \frac{1}{1.6} = 5.2 \times 10^{-2} \mathrm{N/mm^2}$$

满足 $\tau_1 = \dfrac{Q_1}{d_{e1}} \leqslant \dfrac{\tau_C}{\eta_2}$ 要求。

水泥土搅拌桩最薄弱断面的局部抗剪验算：

$$Q_2 = \eta_1 q' \frac{L_2}{2} = 0.6 \times 35.64 \times 10^{-3} \times \frac{700}{2} = 7.48 \mathrm{N/mm}$$

所以

$$\tau_2 = \frac{Q_2}{d_{e2}} = \frac{7.48}{714.1} = 1.05 \times 10^{-2} \mathrm{N/mm^2}$$

$$\frac{\tau_C}{\eta_2} = \frac{1}{12} \times \frac{1}{1.6} = 5.2 \times 10^{-2} \mathrm{N/mm^2}$$

满足 $\tau_1 = \dfrac{Q_1}{d_{e1}} \leqslant \dfrac{\tau_C}{\eta_2}$ 要求。

4 材料与浆液

深层搅拌法是充分利用原土，按照设计要求掺入一定的固化材料，把原土固化，形成水泥土桩或墙。本章所谈到的材料主要包括：固化剂、掺合料、外掺剂以及拌和用水等。

水泥和石灰是深层搅拌施工常用固化剂。一般情况下，深层搅拌工程的固化剂材料仅用水泥，有特殊设计要求时，可掺入一定量的黏土、膨润土等掺合料，以达到增强水泥土防渗墙抗渗性能和降低防渗墙刚度的目的。在特殊施工条件下，可添加缓凝剂、速凝剂、防冻剂、抗酸碱等外加剂。

4.1 固化剂

在深层搅拌施工工艺中固化剂主要是水泥，本节所涉及的固化剂也主要是水泥。水泥加水后可拌和成流动的塑性浆体，能胶结砂、石料等材料，是既能在空气中硬化又能在水中硬化的粉末状水硬性胶凝材料。水泥的历史较为久远，应用十分广泛。随着人民生活水平的提高，建筑工程的要求日益提高，水泥的特性也在不断改变，适用于特殊建筑工程的特种水泥，如高铝水泥等已经大量研发。目前，水泥的品种已发展到 100 多种。

4.1.1 常用水泥及性能

（1）水泥分类。

1）按用途及性能分类。

A. 通用水泥。这是一般土木建筑工程通常采用的水泥。通用水泥主要是指《通用硅酸盐水泥》（GB 175—2007）规定的六大类水泥，即硅酸盐水泥、普通硅酸盐水泥、矿渣硅酸盐水泥、火山灰质硅酸盐水泥、粉煤灰硅酸盐水泥和复合硅酸盐水泥。

硅酸盐水泥：代号 P.Ⅰ和 P.Ⅱ，是由硅酸盐熟料石灰石或高炉矿渣及适量石膏磨细制成，其中 P.Ⅰ不掺混合料，P.Ⅱ在硅酸盐水泥粉磨时掺加不超过水泥质量 5% 的石灰或粒化高炉矿渣混合材料。

普通硅酸盐水泥（简称普通水泥）：代号 P.O，是由硅酸盐水泥熟料、6%～15% 的混合材料及适量石膏磨细制成，其活性混合材料最大掺量不得超过 15%，其中允许使用不超过水泥质量 5% 的窑灰或不超过水泥质量 10% 的非活性材料来代替。

矿渣硅酸盐水泥（简称矿渣水泥）：代号 P.S，是由硅酸盐水泥熟料和粒状高炉矿渣及适量石膏磨制而成，其中粒化高炉矿渣掺加量按质量百分比范围为 20%～70%，允许用石灰石、窑灰、粉煤灰和火山灰质混合材料中的一种材料代替矿渣，代替量不得超过水泥质量的 8％，代替后水泥中的粒化高炉矿渣量不得少于 20％。

火山灰质硅酸盐水泥（简称火山灰水泥）：代号 P.P，是由硅酸盐水泥熟料和火山灰及适量石膏磨制而成，其中火山灰质混合材料掺量为质量百分比 20％～50％。

粉煤灰硅酸盐水泥（简称粉煤灰水泥）：代号 P.F，是由硅酸盐水泥熟料和粉煤灰及适量石膏磨制而成，水泥中粉煤灰的掺量按照质量百分比计为 20％～40％。

复合硅酸盐水泥（简称复合水泥）：代号 P.C，是由硅酸盐水泥熟料、两种或两种以上规定的混合材料、适量石膏磨细制成的水硬性胶凝材料，称为复合硅酸盐水泥（简称复合水泥）。水泥中混合材料总掺加量按质量百分比应大于 20％，不超过 50％。水泥中允许用不超过 8％的窑灰代替部分混合材料；掺矿渣时混合材料掺量不得与矿渣硅酸盐水泥重复。

B. 专用水泥。专门用途的水泥，如 G 级油井水泥，道路硅酸盐水泥。

C. 特性水泥。某种性能比较突出的水泥，如快硬硅酸盐水泥、低热矿渣硅酸盐水泥、膨胀硫铝酸盐水泥。

2）按其主要水硬性物质名称分类。

A. 硅酸盐水泥，即国外通称的波特兰水泥，是目前工程所使用的主要水泥。

B. 铝酸盐水泥。凡以铝酸钙为主，含铝量在 50％～60％的熟料磨制的水硬性材料，称为铝酸盐水泥。铝酸盐水泥具有一定的耐高温性能，在高温下仍能保持较高的强度，它适合用作配制各种耐火混凝土的结合剂。

C. 硫（铁）铝酸盐水泥。硫（铁）铝酸盐水泥系列主要是以硫（铁）铝酸钙和硅酸二钙为主要矿物组成新型水泥。硫（铁）铝酸盐水泥系列单独使用或配合 ZB 型硫（铁）铝酸盐水泥专用外加剂使用，广泛应用于抢修抢建工程、预制构件、GRC 制品、低温施工工程、抗海水腐蚀工程等。

D. 氟铝酸盐水泥。这是用适当成分的生料烧成以氟铝酸钙为主要成分，硅酸二钙为次要成分的熟料，加适量石膏、粒化高炉矿渣和激发剂等，共同磨细制得的水硬性胶凝材料。具有凝结快、早期强度高等特点。常温凝结时间只有几分钟，可加缓凝剂按需要调节。主要用于抢修工程及堵水工程。也可用作型砂黏结剂。

3）按主要技术特性分类。

A. 快硬性。分为快硬水泥和特快硬水泥两类。

快硬水泥是"快硬硅酸盐水泥"的简称。初期强度增加速率较快的水硬性胶凝材料。硅酸三钙和铝酸三钙含量高于普通水泥。比表面积大、硬化快、初期强度高。主要用于抢修工程、军事工程、预应力钢筋混凝土制件、配制干硬性混凝土等。

特快硬水泥由硫铝酸钙和硅酸二钙等主要矿物组成。其特点是早期强度高、微膨胀、干缩小。适应于负温度施工、地质矿井、抢修、堵漏等工程。品质指标：0.08mm 筛余不超过 10.0％，比表面积大于 380m²/kg；初凝大于 5min，终凝小于 40min；早期强度高，强度超前发挥于早期，1d 达 70％以上，3d 达到设计指标；负温度性能优越，该水泥不仅水化热高，且放热集中，在 −10℃环境中其强度仍能正常发挥；耐久性能好，不同水灰比的混凝土后期强度继续增长，长期强度可靠；抗渗性能好，抗渗标号不小于 S30；微膨胀，干缩小；水泥静浆试体自由膨胀率 1d 龄期时约 0.01％，28d 龄期时约 0.05％，干缩率约为普通硅酸盐水泥的 1/2；抗硫酸盐侵蚀性能强，耐蚀系数明显高于抗硫酸盐水泥，比普通硅酸盐水泥高 1 倍以上；宽水灰比，耐稀释。在水灰比成倍增加时，仍能很好凝固并增加强度。

B. 水化热。分为中热水泥和低热水泥两类。

水泥主要成分为各种无机氧化物，这些物质一旦与水接触就会溶于水，与水发生化学反应，即水泥水化。这些化学反应都是放热反应。因此，在水化过程中不断有热量放出，称为水化热。有两种表示方法：水化放热速率和水化累积放热量，常用单位分别为 kJ/(kg·h)、kJ/kg。实际中的水化热指的是在一定龄期内单位质量的水泥完全水化放出的热量。根据水化热的大小，可以将水泥分为中热水泥和低热水泥。

C. 抗硫酸盐性。分中抗硫酸盐腐蚀和高抗硫酸盐腐蚀两类。

抗硫水泥是硅酸盐水泥的一个品种。由于限制了水泥中某些矿物组成的含量，从而提高了对硫酸根离子的耐腐蚀性。

中抗硫酸盐硅酸盐水泥是以特定矿物组成的硅酸盐水泥熟料，加入适量石膏，磨细制成的具有抵抗中等浓度硫酸根离子侵蚀的水硬性胶凝材料，中抗硫酸盐硅酸盐水泥简称中抗硫酸盐水泥，代号 $P''MSR$。

高抗硫酸盐硅酸盐水泥是以特定矿物组成的硅酸盐水泥熟料，加入更多的石膏，磨细制成的具有抵抗较高浓度硫酸根离子侵蚀的水硬性胶凝材料，高抗硫酸盐硅酸盐水泥简称高抗硫酸盐水泥，代号 $H''MSR$。

D. 膨胀性。根据膨胀水泥的膨胀强度等特性，将其分为膨胀水泥和自应力水泥两类。

水泥的膨胀是以线膨胀为主要指标，根据《膨胀水泥膨胀率检验方法》（JC 313—2009）进行测试，测试要求试体经 24h 湿气养护，脱模测初长，然后在水中养护至 1d、7d、28d，分别测定试体长度。

水泥净浆试体水中养护时各龄期线膨胀率应符合以下要求：1d 不得小于 0.05%；7d 不得小于 0.10%；28d 不得小于 0.50%。

当膨胀水泥中膨胀组分含量较多，膨胀值较大，在膨胀过程中又受到限制时（如钢筋限制），则水泥本身会受到压应力。该压力是依靠水泥自身水化而产生的，称为自应力，用自应力值（MPa）表示应力大小。其中自应力值大于 2MPa 的称为自应力水泥。

（2）性能指标。深层搅拌施工常用水泥有普通硅酸盐水泥、矿渣硅酸盐水泥、复合硅酸盐水泥。

1）强度等级。

A. 普通硅酸盐水泥。强度等级分为 42.5 级、42.5R 级、52.5 级、52.5R 级四个等级。

B. 矿渣硅酸盐水泥、复合硅酸盐水泥。强度等级分为 32.5 级、32.5R 级、42.5 级、42.5R 级、52.5 级、52.5R 级六个等级。

上述 R 表示早强型（主要是 3d 强度较同等级水泥强度高）。

通用硅酸盐水泥强度性能指标见表 4-1。

2）物理力学指标。

A. 密度。水泥密度包括颗粒密度和堆积密度，其颗粒密度一般在 $2.8 \sim 3.2 g/cm^3$ 之间，堆积密度根据水泥的密实状态（自然堆结 \ 罐内密实）在 $1.3 \sim 1.8 t/m^3$ 之间。

表 4-1   通用硅酸盐水泥强度性能指标表   单位：MPa

品　种	强度等级	抗压强度		抗折强度	
		3d	28d	3d	28d
普通硅酸盐水泥	42.5	≥16.0	≥42.5	≥3.5	≥6.5
	42.5R	≥21.0	≥42.5	≥4.0	≥6.5
	52.5	≥22.0	≥52.5	≥4.0	≥7.0
	52.5R	≥26.0	≥52.5	≥5.0	≥7.0
矿渣硅酸盐水泥	32.5	≥10	≥32.5	≥2.5	≥5.5
	32.5R	≥15	≥32.5	≥3.5	≥5.5
	42.5	≥15	≥42.5	≥3.5	≥6.5
	42.5R	≥19	≥42.5	≥4.0	≥6.5
	52.5	≥21	≥52.5	≥4.0	≥7.0
	52.5R	≥23	≥52.5	≥4.5	≥7.0
复合硅酸盐水泥	32.5	≥10.0	≥32.5	≥2.5	≥5.5
	32.5R	≥15.0	≥32.5	≥3.5	≥5.5
	42.5	≥15.0	≥42.5	≥3.5	≥6.5
	42.5R	≥19.0	≥42.5	≥4.0	≥6.5
	52.5	≥21.0	≥52.5	≥4.0	≥7.0
	52.5R	≥23.0	≥52.5	≥4.5	≥7.0

B. 细度。细度是指水泥颗粒总体的粗细程度，水泥细度是表示水泥被磨细的程度或水泥分散度的指标。通常，水泥是由诸多级配的水泥颗粒组成的。水泥颗粒级配的结构对水泥的水化硬化速度、需水量、和易性、放热速度、特别是对强度有很大的影响。在一般条件下，水泥颗粒在 $0 \sim 10 \mu m$ 时，水化最快，在 $3 \sim 30 \mu m$ 时，水泥的活性最大，大于 $60 \mu m$ 时，活性较小，水化缓慢，大于 $90 \mu m$ 时，只能进行表面水化，只起到微集料的作用，大于 $100 \mu m$（0.1mm）活性就很小了。所以，在一般条件下，为了较好地发挥水泥的胶凝性能，提高水泥的早期强度，就必须提高水泥细度，增加 $3 \sim 30 \mu m$ 的级配比例。但必须注意，水泥细度过细，比表面积过大，小于 $3 \mu m$ 的颗粒太多，水泥的需水量就偏大，将使硬化水泥浆体因水分过多引起孔隙率增加而降低强度。同时，水泥细度过细，亦将影响水泥的其他性能，如储存期水泥活性下降较快，水泥的需水性较大，水泥制品的收缩增大，抗冻性降低等。另外，水泥过细将显著影响水泥磨的性能发挥，使产量降低，电耗增高。所以，生产中必须合理控制水泥细度，使水泥具有合理的颗粒级配。

C. 比表面积。水泥比表面积是水泥单位质量的总表面积（m^2/kg），表示硅酸盐水泥细度。水泥的比表面积与磨水泥的工艺条件有很大的关系。一般来说，水泥细度越细，比表面积越大，同时水泥的强度越好。所以现在有的厂家利用设备的优势，把水泥的比表面积提高到 $500 m^2/kg$ 以上。根据《通用硅酸盐水泥》（GB 175—2007）的规定，硅酸盐水泥比表面积应大于 $300 m^2/kg$。普通水泥的比表面积通常在 $350 \sim 400 m^2/kg$ 之间。

D. 凝结时间。硅酸盐水泥初凝不小于 45min，终凝不大于 390min；普通硅酸盐水泥、矿渣硅酸盐水泥、粉煤灰硅酸盐水泥和复合硅酸盐水泥初凝不小于 45min，终凝不大于 600min。

E. 安定性。水泥体积安定性是水泥在凝结硬化过程中体积变化的均匀性，是判定水泥质量是否合格的主要指标之一。如果水泥硬化后产生不均匀的体积变化，即为体积安定性不良，安定性不良会使水泥制品或混凝土构件产生膨胀性裂缝，降低建筑物质量。水泥安定性其对工程质量的影响最大，出厂检验必须合格。测定方法为沸煮法。

F. 强度。不同品种相同强度等级的通用硅酸盐水泥，其 28d 强度等级是相对应的，如 42.5 级强度等级硅酸盐水泥，其对应的 28d 龄期抗压强度和抗折强度分别为 42.5MPa 和 6.5MPa；而 52.5 级强度等级硅酸盐水泥，其对应的 28d 龄期抗压强度和抗折强度分别为 52.5MPa 和 7.0MPa；62.5 级强度等级硅酸盐水泥，其对应的 28d 龄期抗压强度和抗折强度分别为 62.5MPa 和 7.5MPa。

水泥的早期强度因水泥品种不同，所添加的混合材料也不相同，因而即使水泥的强度等级相同，其相应的早期强度也有较大的差异。强度等级为 42.5 级的硅酸盐水泥，其 3d 龄期的抗压强度为 17.0MPa，3d 龄期的抗折强度为 3.5MPa，强度等级为 42.5R 级的早强硅酸盐水泥，其 3d 龄期的抗压强度可达 22.0MPa，3d 龄期的抗折强度为 4.0MPa 以上，而强度等级同样为 42.5 级的普通硅酸盐水泥，其 3d 龄期的水泥试块抗压强度只是大于 16.0MPa，同样强度等级的矿渣硅酸盐水泥，其 3d 龄期的水泥试块抗压强度只是大于 15.0MPa。不同品种不同强度等级的水泥强度（见表 4-1）。

G. 有害物质。一般水泥中的有害物质是氧化镁和三氧化硫，按种类不同其要求也不同。

氧化镁：P.Ⅰ、P.Ⅱ、P.O 水泥中氧化镁含量不宜超过 5%，如经压蒸安定性合格，则水泥中氧化镁含量允许放宽到 6%；对于 P.S、P.P、P.C 水泥，只控制热熟料中的氧化镁含量。

三氧化硫：P.S 水泥中的三氧化硫含量不得超过 4%；其他五种水泥中的三氧化硫含量均不得超过 3.5%。

H. 不溶物。不溶物是指经盐酸处理后的残渣，再以氢氧化钠溶液处理，经盐酸中和过滤后所得的残渣经高温灼烧所剩的物质。不溶物含量高对水泥质量有不良影响。P.Ⅰ 硅酸盐水泥中不溶物不得超过 0.75%；P.Ⅱ 硅酸盐水泥中不溶物不得超过 1.50%。

I. 烧失量。烧失量是指水泥在灼烧过程中所排出的结晶水，碳酸盐分解出的 CO_2，硫酸盐分解出的 SO_2，以及有机杂质被排除后物量的损失。烧失量是用来限制石膏和混合材中杂质的，以保证水泥质量。

J. 总碱量。水泥中的碱可分为三种：总碱量、可溶性碱和有效碱。总碱量是由酸溶法测定的，是水泥中各种碱的总量。可溶性碱是将水泥放入水中搅拌一定的时间所能溶出的碱量。因此，也称为水溶性碱，有效碱是指当水泥硬化后存在于硬化水泥浆体孔溶液中的碱。

4.1.2　水泥的选用

深层搅拌法根据所施工工程目的不同，土体改良对象的差异，不同的工程使用的水泥略有不同。一般来说，可根据当地水泥厂的生产情况选择水泥品种，水泥标号以 32.5 级为宜。试验表明，水泥达到一定标号后，增加水泥标号，工程效果增强效应并不十分明显，但施工成本增加很多。

（1）根据被加固的土体选择水泥。

1）形成拌和物施工特性的要求。对于不同土质的地基进行加固处理施工时，土体密度、级配、天然含水率孔隙度和水泥土浆稠度等均为控制加固体指标。水泥土的密度是上述指标的综合反映，而水泥土的稠度反映了其施工性能，对深层搅拌的搅拌均匀程度、施工操纵性能都会有很大影响，也最终影响工程质量。

从第2章技术原理中表2-3试验结果来看：水泥土密度与土质（级配、天然含水率、比重、密度等）有密切的关系，而水泥品种对水泥土的密度基本上没有影响。采用粉质黏土所拌制的水泥土密度最小，粉土次之，砂土最大。

2）加固体的强度的要求。水泥与土体搅拌混合所形成的加固体，其强度是水泥和土体特征的共同体现。

水泥细度越细，其比表面积就越大，水化作用反应速度也就越快，水化作用就越充分，其胶结能力也就越强。实际上水泥是多种成分、多种组分的集合体，水泥中的有些矿物组分所特有的性质所决定，即是粒度较大，但当其自身强度大，最终所形成的水泥固结体强度也会比较高，当其自身活性大，水泥水化反应更快，其早期强度可能也就越高。

土体的级配、粒度、颗粒排列方式及密实度，决定了土颗粒的比表面积、孔隙度、孔隙直径，土颗粒的比表面积确定了其与水泥作用的能力，土体的孔隙度决定了水泥及水泥浆的所需充填量，孔隙直径又确定了水泥浆的可灌入性。在一定程度上，相同的土体所形成的加固体，强度随水泥的掺入量增加而增强。

从第2章技术原理中表2-6～表2-8反映的试验结果来看：水泥土在强度（尤其是后龄期强度）增长率、单位水泥强度对水泥土强度的贡献和单位水泥掺入比对水泥土强度的贡献等几个方面无明显差异。条件许可情况下，不同土质宜选用的不同水泥品种进行处理。一般而言，粉质黏土宜首先选用复合硅酸盐水泥；其次选用普通硅酸盐水泥，选用矿渣硅酸盐水泥效果略差；粉土宜优先选用普通硅酸盐水泥，其次选用复合硅酸盐水泥，用矿渣硅酸盐水泥效果略差；砂土宜优先选用矿渣硅酸盐水泥，其次选用复合硅酸盐水泥，选用普通硅酸盐水泥效果稍差一些。

3）抗渗性能的要求。水泥土的抗渗性能受土质和水泥品种的影响。粉土和砂土选用复合硅酸盐水泥和普通硅酸盐水泥拌制水泥土时渗透系数接近（复合硅酸盐水泥略小一些），采用矿渣硅酸盐水泥时渗透系数则大一些，约是采用其他两种水泥的2倍。而粉质黏土选用复合硅酸盐水泥拌制水泥土时渗透系数最小，用普通硅酸盐水泥时次之，选用矿渣硅酸盐水泥时渗透系数最大，达到采用其他水泥的3～10倍。

从提高水泥土抗渗性能角度出发，根据试验结果，壤土宜优先选用复合硅酸盐水泥，其次选用普通硅酸盐水泥，选用矿渣硅酸盐水泥时抗渗效果稍差一些；粉土和砂土选用复合硅酸盐水泥和普通硅酸盐水泥时效果接近，采用矿渣硅酸盐水泥时抗渗效果略差一些。总体来看，按照抗渗条件考虑，不管是何种土质，复合硅酸盐水泥是首选，普通硅酸盐水泥是备用，但采用矿渣硅酸盐水泥亦能够满足正常要求。

（2）根据工程环境选用水泥。水泥土的耐盐酸腐蚀性能受水泥品种的影响。从提高水泥土耐盐酸腐蚀性角度出发,粉质黏土和粉土宜优先选用普通硅酸盐水泥,其次选用复合硅酸盐水泥,选用矿渣硅酸盐水泥时耐盐酸腐蚀效果最差;砂土选用复合硅酸盐水泥时效果较好,采用矿渣硅酸盐水泥和普通硅酸盐水泥时耐盐酸腐蚀性略差一些。

在需要采用水泥土进行处理的环境,不管为何种土质,三种水泥均可以使用,宜根据使用环境和要求经济合理的选用水泥品种。建议在外界无酸腐蚀条件下粉质黏土优先选用复合硅酸盐水泥,其次选用普通硅酸盐水泥;在外界酸腐蚀条件恶劣的情况下粉质黏土优先选用普通硅酸盐水泥,其次选用复合硅酸盐水泥;而无论何种情况,粉土均可优先选用普通硅酸盐水泥,其次选用复合硅酸盐水泥;对于砂土,则需要根据工程目的和环境条件来选择,如水泥土的目的是为了提高强度则优先选用矿渣硅酸盐水泥,其次选用复合硅酸盐水泥;如强度只是其中一个目标,则优先选用复合硅酸盐水泥,其次选用普通硅酸盐水泥。

(3)根据工程性质选用水泥。

1)深层搅拌桩复合地基工程。深层搅拌桩复合地基工程,即地基加固工程,是在地基中形成竖向增强体,并与土形成复合地基,共同承担上部传来的荷载,以强化地基强度,提高地基承载力为目的。此类工程项目应当考虑强度指标、变形指标、活性指标和耐久性指标等,可以选用32.5级及以上硅酸盐水泥、普通硅酸盐水泥、复合硅酸盐水泥、粉煤灰硅酸盐水泥或矿渣硅酸盐水泥。

2)深基坑挡土支护工程。在深基坑开挖工程中,深层搅拌水泥土进行挡土支护,此类工程对水泥的选择应当考虑水泥的强度指标、水化热指标,可以选用32.5级及以上硅酸盐水泥、普通硅酸盐水泥、复合硅酸盐水泥或矿渣硅酸盐水泥。以早强水泥为优选,不宜选用水化热较大的和安定性较差的水泥。

3)防渗墙工程。深层搅拌防渗墙(止水帷幕)工程要求水泥有较好的耐久性,较好的充填性,并有一定强度,能够抵抗水头作用下的渗透变形,要求水泥土变形模量适中,与周围堤身、土体能协调变形。通过大量工程实践证明,可以选用32.5级及以上普通硅酸盐水泥、复合硅酸盐水泥或矿渣硅酸盐水泥。由于有长期地下水作用,若地下水有侵蚀作用,选用水泥需要考虑防止酸碱盐的侵蚀性。

(4)工程实例。某水库1969年建成,库区集水面积19.0km^2,总库容1850.0万 m^3,水质呈中性,是一座以防洪、治涝、灌溉为主的中型水库。水库长期运行年久失修,坝脚多处出现渗漏,经有关部门鉴定为三类坝,水库属病险水库,需进行除险加固。该水库的除险加固方案中坝体防渗采用水泥土搅拌桩防渗墙方案,防渗墙体无侧限抗压强度不小于0.5MPa,渗透系数小于 $A \times 10^{-6}$ cm/s $(1 \leqslant A < 10)$。

经勘察查明,水库大坝防渗墙施工部位,土层结构依次为坝身粉质黏土人工压实回填土、坝基黄泛区冲积层粉土、粉砂、黏质粉土及黏土。通过取样检测,大坝及坝基粉土、粉砂渗透性较大,结构较松散,土质较松软,防渗抗冲性能较差,对大坝、水工建筑物渗流、稳定不利。粉质黏土及黏土为库区相对隔水层,隔水层顶板埋深16.5m,防渗墙墙底进入隔水层1.0m。大坝迎水侧水位高出背水侧水位11.0m,水质化验结果显示,本区地下水呈中性,无腐蚀性。

水泥材料选取考虑以下几方面。

1）根据被加固的土体选择水泥。工程土层主要为粉土、粉质黏土，从工程技术角度上看，可选用普通硅酸盐水泥、复合硅酸盐水泥作为固化剂。

2）根据工程环境选用水泥。工程水质呈中性，施工周边环境无腐蚀性介质，选择材料可不需考虑水泥的耐酸碱盐情况，可选用普通硅酸盐水泥或复合硅酸盐水泥。

3）经济技术比较。在保证工程质量的前提条件下，比较选用的材料经济价值，成本投入最低的，其经济价值最高。为此，对工程所在地水泥生产厂家进行调查。经了解，当地水泥生产厂家有甲、乙、丙三家。甲厂距离施工现场30km，旋窑生产，产品有42.5级普通硅酸盐水泥、32.5级复合硅酸盐水泥和42.5级复合硅酸盐水泥；厂家乙为某矿山附属企业，立窑生产，水泥产品为32.5级复合硅酸盐水泥和32.5级矿渣硅酸盐水泥，所生产水泥主要供矿上使用，剩余的产品可对外发售，厂家到现场25km；厂家丙据工地最近，仅为15km，生产的水泥产品主要为复合硅酸盐水泥，产品质量不太稳定。首先排除了产品质量不稳定的丙生产商，对甲、乙两家的水泥品种及价格进行比价，其比选结果见表4-2，最终选取货源稳定，且性价比高的甲生产厂家所生产的32.5级复合硅酸盐水泥。

表4-2　　　　　　　　　　　　水泥材料比选结果表

生产厂商	运距 /km	水泥品种	出厂价 /（元/t）	运输费 /（元/t）	材料到场价格 /（元/t）
甲	30	P.O 42.5	465	20	485
		P.C 32.5	324		344
		P.C 42.5	380		400
乙	20	P.O 42.5	480	18	498
		P.C 32.5	335		353
		P.C 42.5	375		393

4.2　掺合料

在深层搅拌防渗墙和止水帷幕工程中，一般仅使用水泥即可达到工程效果，在对墙体弹性模量有要求时，使用黏土和膨润土，可以降低墙体弹性模量，增强墙体变形能力、抗渗透能力。

4.2.1　黏土

黏土主要由粒度细小的黏土矿物组成，具有一定的黏聚力和可塑性，作为一般工程而言，密实的黏土渗透性能较差，具有很好的隔水功能。

（1）黏土矿物。黏土矿物（clay minerals）是组成黏土岩和土壤的主要矿物。黏土矿物主要包括高岭石族、伊利石族、蒙脱石族等矿物。它们是一些含铝、镁为主的含水硅酸盐矿物。黏土矿物是原生矿物经过化学风化作用后所形成的新生矿物，颗粒细小，呈片状、针状，具有很大的比表面积，可达800m²/g，使得黏土矿物性质突变、活性增强，与水作用能力很强，在水中发生一系列的复杂的物理化学变化。黏土矿物具层状结构，黏土的宏观性能是通过黏土矿物特殊性质集合展示出来的。

（2）黏土矿物性质。黏土颗粒的晶体结构与晶体化学的表面带电现象特点决定了它们的双电层与扩散层特殊结构具有如下一些性质。

1）离子交换性。具有吸着某些阳离子和阴离子并保持于交换状态的特性。一般交换性阳离子是 Ca^{2+}、Mg^{2+}、H^+、K^+、NH_4^+、Na^+，常见的交换性阴离子是 SO_4^{2-}、Cl^-、PO_4^{3-}、NO_3^-。高岭石的阳离子交换容量最低，为 $5\sim15mEq/100g$；蒙脱石、蛭石的阳离子交换容量最高，达 $100\sim150mEq/100g$。产生阳离子交换性的原因是破裂键和晶格内类质同象置换引起的不饱和电荷需要，通过吸附阳离子而取得平衡。阴离子交换则是晶格外露羟基离子的交代作用。

2）黏土遇水特点。黏土矿物中的水以吸附水、层间水和结构水的形式存在。结构水只有在高温下结构破坏时才失去，但是吸附水、层间水以及海泡石结构孔洞中的沸石水都是低温水，经低温（$100\sim150℃$）加热后就可脱出。同时，像蒙脱石族矿物失水后还可以复水，这是一个重要的特点。黏土矿物与水的作用所产生的膨胀性、分散和凝聚性、黏性、触变性和可塑性等特点得到广泛应用。

3）黏土矿物与有机质的反应特点。有些黏土矿物与有机质反应形成有机复合体，改善了它的性能，扩大了应用范围，还可作为分析鉴定矿物的依据。如蒙脱石中可交换的钙或钠被有机离子取代后形成有机复合体，使层间距离增大，从原有亲水疏油转变为亲油疏水，利用这种复合体可以制备润滑脂、油漆防沉剂和石油化工产品的添加剂。其他如蛭石、高岭石、埃洛石等也能与有机质形成复合体。此外，黏土矿物晶格内离子置换和层间水变化常影响光学性质的变化。蒙皂石族矿物中的铁、镁离子置换八面体中的铝，或者层间水分子的失去，都使折光率与双折射率增大。

（3）用途。由于黏土有表面带电现象，其特点决定了它们的双电层与扩散层特殊结构特性，其用途广泛，主要使用在以下几个方面。

1）止水。黏土矿物颗粒细小，保水性和吸水性很好，密实黏土渗透性极差，可以作为防渗材料，广泛应用于水库大坝和市政环保工程中。

2）制浆。细小的黏土颗粒分散于水中后，能长时间稳定悬浮于水中，可作为泥浆应用于钻孔和槽孔中，起到支护作用、悬浮沉渣、清理沉渣的作用，也可灌入岩石土体中起充填作用。

3）改性。黏土有较强的可塑性，掺加于混凝土后，可减少混凝土的刚度，增强混凝土的塑性变形能力，强化混凝土与周围结构的协调变形能力，延长混凝土结构的使用期限。

（4）黏土在水泥土搅拌工程中的应用。近年来，随着工程技术的发展，在防渗墙施工中，将黏土掺加到水泥土中，降低防渗墙的变形模量，增加墙体和堤坝协调变形能力，改善防渗墙墙体的应力状态。同时，细小的黏土颗粒充填作用，使得水泥土密实度增加，加上黏土的电性作用，通过吸附水分子或其他离子，使得水泥土实际的过水孔隙变得更小，渗透性更弱，隔水性能得到增强。在水泥浆中掺加黏土技术已被在工程中广泛应用。

工程实践表明，在砂性土中掺入一定比例的黏土后，水泥土的抗渗性能明显增强，其渗透系数可达到 $A\times10^{-7}cm/s$，变形模量显著降低，范围在 $200\sim1000MPa$ 之间，其单轴

抗压强度在 $1.5 \sim 3.5 MPa$。

4.2.2 膨润土

膨润土是一种特定的黏土，其黏粒含量比普通黏土中黏粒含量高很多，是以蒙脱石为主的含水黏土矿。蒙脱石的化学成分为：$(Al_2，Mg_3)[Si_4O_{10}][OH]_2 \cdot nH_2O$，由于它具有特殊的性质，如膨润性、黏结性、吸附性、催化性、触变性、悬浮性以及阳离子交换性，所以广泛用于各个工程领域。

（1）分类。膨润土的层间阳离子种类决定膨润土的类型，层间阳离子为 Na^+ 时称钠基膨润土，层间阳离子为 Ca^{2+} 时称钙基膨润土，层间阳离子为 H^+ 时称氢基膨润土（活性白土），层间阳离子为有机阳离子时称有机膨润土。

（2）性质。膨润土具有很强的吸湿性，能吸附相当于自身体积 $8 \sim 20$ 倍的水而膨胀至 30 倍，因而在深层搅拌中，掺加了膨润土，水泥就具有较强的孔隙充填性，使得被加固的土体孔隙减小，土体变得更加密实。在水介质中能分散呈胶体悬浮液，并具有一定的黏滞性、触变性和润滑性，它和泥沙等的掺和物具有可塑性和黏结性，有较强的阳离子交换能力和吸附能力。深层搅拌水泥加入膨润土后，水泥浆液流动性增强，其触变性延长了水泥浆液的存放时间，在与土体反应时，由于有更多的阳离子参与作用，及交换能力和吸附能力都可以得到较大的提高。就水泥土搅拌工程而言，钠质蒙脱石（或钠膨润土）的性质比钙质的好。

（3）膨润土的应用。膨润土（蒙脱石）有吸附性和阳离子交换性能，可用于物质的净化、废水处理和材料的改性；由于有很好的吸水膨胀性能以及分散和悬浮及造浆性，用于钻井泥浆和灌浆充填。利用良好的物理化学性能，膨润土（蒙脱石）可做黏结剂、悬浮剂、触变剂、稳定剂、净化脱色剂、充填料、饲料、催化剂等，广泛用于农业、轻工业及化妆品、药品等领域，所以蒙脱石是一种用途广泛的天然矿物材料。国外已在工农业生产 24 个领域 100 多个部门中应用，有 300 多个产品，因而人们称之为"万能土"。

（4）膨润土在深层搅拌工程中的应用。在水泥浆液中掺加膨润土后，其与土体经过搅拌、混合，凝结硬化后，由于膨润土颗粒小、电性强，对土体影响较大，造成搅拌凝结体强度降低，塑性增强，变形模量减小，防渗性能得到加强。在深层搅拌防渗墙、深层搅拌止水帷幕施工中，适当掺加膨润土，可以改善墙体和帷幕的受力状态，保证止水效果。

膨润土作为一种特定的黏土，其黏粒含量较普通黏土高很多，主要成分是蒙脱石。相比普通黏土而言，膨润土的特性更为突出，在水泥土中的改性作用更强，对水泥土的防渗止水和受力状态的改善效果显著。

4.2.3 粉煤灰

粉煤灰中含有约 $70\% \sim 90\%$ 的活性氧化物（SiO_2 和 Al_2O_3 等），它们可与水泥水化析出部分氢氧化钙发生二次反应，生成稳定的水化硅酸钙和水化铝酸钙等低钙水化物，从而使浆液结石的后期强度增长，抗侵蚀性和耐久性提高。

按照《水工混凝土掺用粉煤灰技术规范》（DL/T 5055—2007）规定粉煤灰的工程特性，将其分为三个品级，粉煤灰品级分类质量标准见表 4-3。

表 4 - 3　　　　　　　　　粉煤灰品级分类质量标准表　　　　　　　　　　%

序号	质 量 指 标	质 量 品 级		
		Ⅰ级	Ⅱ级	Ⅲ级
1	细度（45μm 方孔筛筛余量）	≤12	≤20	≤45
2	烧失量	≤5	≤8	≤15
3	三氧化硫含量	≤3	≤3	≤3
4	需水量比例	≤95	≤105	≤115

在水泥浆中掺入粉煤灰还能起到节约水泥，降低成本的作用。

对于堤坝深层搅拌水泥土防渗墙和地基处理的水泥土搅拌桩等永久性工程，宜选用Ⅰ级粉煤灰、Ⅱ级粉煤灰，对小型工程和其他临时支挡和临时止水的临时工程，经过试验论证后也可采用Ⅲ级粉煤灰，其标准要符合上述《水工混凝土掺用粉煤灰技术规范》（DL/5055—2007）的品级要求。粉煤灰的掺入量通常为水泥重量的 30%～40%，实施施工中，宜通过实验确定。

4.3　外掺剂

为适应工程的需要，改变水泥的部分特性，在进行水泥浆液拌和时，可适当掺加外掺剂。通常情况下，外掺剂不大于水泥使用量的 5%。

外掺剂可按照其主要功能分为 4 类：改善拌和物流变性能的外加剂；调节凝结时间和硬化性能的外加剂；改善耐久性的外加剂；改善其他性能的外加剂。也可以按照外掺剂使用效果分为减水剂、调凝剂（速凝剂、缓凝剂、早强剂），引气剂、防水剂、抗腐蚀剂、膨胀剂、防冻剂、着色剂、泵送剂及复合外加剂（如早强减水剂、缓凝减水剂、缓凝高效减水剂等）。

深层搅拌工程所用外掺剂主要目的是改善水泥土的流变性能和早期强度，常用的外掺剂主要有早强剂、减水剂、缓凝剂、速凝剂和抗腐蚀剂。

4.3.1　早强剂

早强剂是一种加速水泥土早期强度发展的外掺剂，包括以下几种类型：

（1）强电解质无机盐类早强剂：硫酸盐、硫酸复盐、硝酸盐、亚硝酸盐、氯盐等。

（2）水溶性有机化合物：三乙醇胺、甲酸盐、乙酸盐、丙酸盐等。

（3）其他类型：有机化合物、无机盐复合物等。

早强剂和减水剂复合而成早强减水剂。

早强剂的使用应符合《混凝土外加剂应用技术规范》（GB 50119—2003）的规定。掺入一定量早强剂可提高水泥土强度，但掺量不能过大，否则会使水泥土变成脆性；在炎热环境条件下，不宜使用早强剂。掺入后对人体产生危害或对环境造成污染的化学物质，严禁作为早强剂使用。

早强剂进场进入工地的检验项目包括密度（或细度），1d、3d 抗压强度以及对钢筋的锈蚀作用。

4.3.2　减水剂

减水剂是一种在水泥土稠度基本相当的条件下，能减少拌和用水量的外加剂。根据减水效果，其品种可分为普通减水剂和高效减水剂。

普通减水剂主要为木质素磺酸盐类：木质素磺酸钙、木质素磺酸钠、木质素磺酸镁及丹宁等。

高效减水剂可分为以下几种。

（1）多环芳香族硫酸盐类：萘和萘的同系磺化物与甲醛缩合的盐类、氨基磺酸盐等。

（2）水溶性树脂磺酸盐类：磺化三聚氰胺树脂、磺化古马隆树脂等。

（3）脂肪簇类：聚羧酸盐类、聚丙烯酸盐类、脂肪簇羟甲基磺酸盐高缩聚物等。

（4）其他：改性木质素磺酸钙、改性丹宁等。

减水剂能显著降低水泥土的用水量。木质素磺酸钙主要起减水作用，增加水泥浆稠度，对水泥土的强度增长影响不大。

当掺用含有木质素磺酸盐类外掺剂时，应先做水泥适应性试验，合格后方可使用。

减水剂进入工地的检验项目包括 pH 值、密度（或细度）、水泥土减水率，复合要求后才能入库、使用。

使用中，减水剂往往以溶液形式掺加，溶液的水量要从拌和水中扣除。

4.3.3　缓凝剂

在炎热气候条件与大面积混凝土浇筑工程中，常采用缓凝剂延缓凝结时间。水泥土深层搅拌工程一般就地制浆，需要的水泥浆材即配即用，水泥浆与地下土体于原地搅拌所形成的薄墙的散热不存在问题，一般情况下，不使用缓凝剂。

在夏季施工中，当设备出现故障，可根据剩余的水泥浆量适量加入缓凝剂，保持水泥浆的活性；在水泥土搅拌防渗墙施工时，当明确预知需要产生施工接头时，在施工最后一个单元墙时，可适当加入一定量的缓凝剂来延缓搅拌桩的凝结时间，减少施工接头的影响。

缓凝剂的主要品种有以下五种。

（1）糖类：糖钙、葡萄糖酸盐等。

（2）木质素磺酸盐类：木质素磺酸钙、木质素磺酸钠等。

（3）羟基羧酸及其盐类：柠檬酸、酒石酸钾钠等。

（4）无机盐类：锌盐、磷酸盐等。

（5）其他：铵盐及其衍生物、纤维素醚等。

缓凝剂的使用要与水泥土搅拌工程中水泥品种相适应，还需要根据温度选择适当品种并调整其掺入量，正式使用前，需要进行试验，所试验的水泥土强度满足要求后，才能正式投入使用。

缓凝剂进入工地的检验项目包括 pH、密度（或细度）、凝结时间等，符合要求后才能入库、使用。

4.3.4　速凝剂

为防止地下渗流对水泥土深层搅拌水泥土的冲蚀，可适当加入速凝剂，加快水泥土的凝结进程，及时获得强度。

速凝剂形态可分为粉状和液体状。其中粉状速凝剂包括以铝酸盐和碳酸盐等为主要成分的无机盐混合物，液体速凝剂包括以水玻璃、铝酸盐为主要成分，与其他无机盐复合而成的复合物。

速凝剂掺量随其品种、施工温度和工程要求进行调节，一般为 2‰～8‰，使用时，需要现场试验确定。

速凝剂进入工地的检验项目包括密度（或细度）、凝结时间、1d 抗压强度。

4.3.5　抗腐蚀剂

盐渍土的主要特征是土中含有盐，尤其是易溶盐，它对堤坝、桥涵及构造物具有明显的腐蚀性，并对结构物基础和地下设施构成一种较严酷的腐蚀环境，影响其耐久性和安全性。因此，盐渍土地区水泥类结构物的耐久性问题成为了该地区影响工程正常运营的关键问题。在我国西部地区，因混凝土被腐蚀而导致的构筑物损坏现象很常见。目前，水泥土结构物被腐蚀而导致结构物损坏的现象还很少见。

一般情况下，盐渍土、地下水、海水、腐烂的有机物以及工业废水中含有大量的硫酸盐，硫酸根离子渗入水泥土中和水泥的水化产物发生反应，生成具有膨胀性的腐蚀产物，在水泥土内部产生内应力，当其内应力超过水泥土的抗拉强度时，就使水泥土产生开裂、剥落等现象，从而使水泥土因强度和黏结性能的丧失而发生破坏，并导致水泥土结构耐久寿命降低，因此在一些地区，抗硫酸盐防腐剂必不可少。

在含有硫酸盐和镁的煤系地层、硫化矿地层、石膏地层、淤泥碳层、盐渍土地地区、盐湖、滨海盐田、沿海港口、海水渗入区等不良地质区域和海洋水域等区域进行水泥土搅拌施工，水泥土必然会与酸碱成分产生置换、分解、结晶等作用，使水泥土体积变化，结构疏松，失去支撑能力和防渗止水效果。为此，根据工程实际情况，需要添加适量的抗腐蚀剂。

抗腐蚀剂的作用机理不是通过单纯在水泥中加入减水剂或矿物质掺和料提高水泥土的密实性，而是降低可侵入水泥土中硫酸根离子浓度并细化毛细孔的孔径，抑制氢氧化钙从水泥石中析出的速度。达到延缓石膏和钙矾石晶体的生成，起到抑制其膨胀破坏的作用，进而起到延缓水泥土硫酸盐侵蚀破坏的速度，该产品能够有效阻止钙矾石结晶膨胀破坏、石膏结晶膨胀破坏、镁盐结晶破坏、碳硫硅钙石结晶破坏，从而提高水泥土结构的耐久性。

4.4　拌和用水

深层搅拌施工用水一般取用地下水或地表水，所使用的水需符合《混凝土用水标准》（JGJ 63—2006）的有关规定，要求搅拌用水时不影响水泥土的凝结和硬化。对于在 pH< 4 的土质条件施工，需化验水质，判断该地区的地下水或地表水是否适合深层搅拌施工，以便采取其他措施，保证工程质量。水泥土深层搅拌施工用水中物质含量限值参考见表 4-4。

表 4-4		水泥土深层搅拌施工用水中物质含量限值参考表	
项 目	含 量	项 目	含 量
pH 值	>4	氯化物（以 Cl^- 计，mg/L）	<3500
不溶物/(mg/L)	<5000	硫酸盐（以 SiO_4^{2-} 计，mg/L）	<2700
可溶物/(mg/L)	<10000	硫化物（以 S^{2-} 计，mg/L）	—

深层搅拌桩是在自然土层中形成的，地下水的侵蚀性对水泥土的强度影响很大，尤其以硫酸盐为甚，对水泥产生结晶性侵蚀，甚至使水泥丧失强度。

4.5 水泥浆液

4.5.1 水泥浆液的性能

（1）水泥浆液性能指标。深层搅拌工程中，水泥浆液指标包括浆液质量指标、浆液施工性能和浆液对土体加固能力指标，本章节主要对浆液的质量指标和其施工性能方面的指标进行表述。

配合比：浆液的配比是浆液中固化剂、添加剂和水体等混合在一起的物质的质量或体积之比例。

水灰比：配置浆液时，水的用量与水泥的用量之比值。深层搅拌水泥浆水灰比是根据地层情况和施工设备特点所确定，一般按照质量比例控制在 1.0～2.0 之间。

分散度：固化剂主材在浆液中的离散程度，可表征浆液搅拌的均匀程度及浆液浓度大小。质量较差的水泥存在水泥结块和矿渣粉末，若含量较大，影响水泥浆通过浆管和钻头，降低水泥土的固结强度。

沉析率：是指悬浮于浆液中的粒状材料，沉积析出部分的量，占粒状材料总量的百分比。深层搅拌工程水泥浆液的水灰比较大，析水率较小，析水时间相对较长，基本在 2h 完成。沉析率直接关系着水泥浆的有效水泥用量和水泥浆的可施工时间。

重度：单位体积内浆液的质量。测量浆液重度可以对水灰比进行对比校核，重度大小影响浆液输送压力和输浆系统运行能力。水泥浆液重度用比重计测量。

一般地，水泥浆的重度可以按式（4-1）计算：

$$\rho=\frac{\rho_d(\alpha_\omega+1)}{\dfrac{\rho_d}{\rho_\omega}\alpha_\omega+1} \qquad (4-1)$$

式中 ρ——水泥浆重度，g/cm^3；

ρ_d——水泥颗粒重度，g/cm^3，一般地，水泥颗粒重度为 3.05～3.10g/cm^3；

ρ_ω——水的重度，g/cm^3；

α_ω——水灰比。

【例 4-1】 计算水灰比为 0.8 的水泥浆液重度。

解：水泥颗粒密度设定为 3.10g/cm^3，根据式（4-1）计算水泥浆密度如下：

$$\rho = \frac{\rho_d(\alpha_w+1)}{\dfrac{\rho_d}{\rho_w}\alpha_w+1} = \frac{3.10\times(0.8+1)}{\dfrac{3.10}{1.00}\times0.8+1} = 1.60\text{g/cm}^3$$

浓度：浓度是溶液中溶质含量的百分比。浓度有质量百分浓度、体积百分浓度、体积摩尔浓度和当量浓度等。深层搅拌施工的浆液主要是水泥浆液为悬浊液，一般不适用浓度进行度量，但在使用添加剂时，常常以浓度和体积计量。

浆液流变性：水泥浆液流动和变形的性质即为浆液的流变性。

触变性：水泥浆液经过初凝后，经过搅拌、振动，浆重新获得流动性的性质。

析水：浆液在凝胶过程中析出部分水分的现象称为析水。

水化热：水泥与水发生一系列的水化反应，反应过程释放大量的热量，这种反应热即为水化热。

pH 值：pH 值表征溶液的酸碱性的强弱。

浆液固结性：是浆液渗入土体，固结土体的性能。

固结体强度：是指浆液形成固结体的强度。

（2）浆液指标的检测。对水泥浆液指标的检测，包括浆液质量指标、固结性能测定。

1）浆液质量指标。浆液的质量指标很多，其中比重、分散度、沉析率等指标对水泥浆液性能影响较大，在浆液配制中，需要严格控制。

A. 密度的测定。对密度的测定，多采用浮标比重计进行测量。

测量原理：通过浮标浸没于液体部分的体积，测算其排开液体的重量，计算所测液体的密度，并将其浸润线标定在浮标上的刻度尺上，通过刻度标尺，测读液体密度。

测定方法：洗净浮标比重计，手持比重计上端，轻轻放入液体中，静止后在液体中沉下约 2 个刻度后松开手指，比重计静止后读取浮标外弯液面最下端刻度读数，精确到 0.5 个刻度，测量 2~3 次，误差不超过 1 个刻度时，取平均读数为浆液的密度。

B. 分散度测定。水泥浆液为悬浊液，其分散度的测定，最简单的办法可以根据测定浆液搅拌器中各个位置中浆液密度，确定其密度的离散性。

C. 沉析率测定。水泥浆液配制完成后，静置一段时间，在不同时刻测定浆液的比重，通过比重换算浆液中水泥的混合量和沉淀量，从而计算浆液的沉析率。

2）固结性能测定。

A. 流变性。水泥浆液为一种非牛顿体悬浊液，作为浆液自身，其流变特性服从假塑流体规律，流动性随液体浓度增大而减小、流动势能增加而增加。由于水泥矿物质与水发生水化作用，时间越长，反应越彻底，水泥浆液逐渐固化，其流动性也逐渐降低，降低程度可以采取不同静置时间的水泥浆液，采用转筒黏度计进行黏度特性检测。

采用上述试验方法可测试水泥浆液初凝时间、终凝时间。

B. 固结体强度。纯水泥浆固结体：将拌制好的水泥浆液注入 70.7mm×70.7mm×70.7mm 或 50mm×50mm×50mm 砂浆模具中，水泥浆液凝结硬化后，拆模，在标准条件下养护，达到 3d、7d、28d 龄期后，测定其变形能力和强度。

4.5.2 水泥浆液的配制

（1）浆液配制参数。配合比（包括必要时所使用的添加剂和外掺剂）是水泥浆液最为重要的参数，经现场试验确定，并经审批后，应在施工中严格执行。

（2）浆液配制方法。浆液配制方法采用定积法涡轮拌制，即是按照规定体积注水，按照规定的水泥和掺合剂及外掺剂用量分别上料，完成浆液的配制和搅拌。

（3）注意事项。

1）水泥过筛。水泥应通过筛网过滤，防止变质、硬化水泥块体进入罐体。

2）搅拌时间。水泥在搅拌罐中至少持续搅拌 3min。

3）计量控制。固化剂和外掺剂的掺入量必须严格控制，必要时，先将外掺剂融入水中，稀释后，按照外掺剂溶液体积添加。

4）过程监测。成桩施工中，必须随时抽查水泥浆液比重，确保水泥的实际掺入量不少于设计要求，每个工作班次检测水泥浆液比重不少于 4 次。

5）存放时间。气温在 10℃ 以上时 3h，10℃ 以下时 5h 为可注时间。超过可注时间，浆液性能严重下降，应按废浆处理。

4.5.3 水泥浆液的储备和输送

（1）浆液储备。水泥浆液是生成搅拌施工的主要中间产品，作为半成品，要保证对搅拌施工用量的供应，又要保证半成品存储的可靠。

1）浆液的储备量。浆液的储备量根据段浆量、深层搅拌升降速度、制浆效率等参数计算确定，方法如下。

A. 初始注浆量法。在深层搅拌施工开始注浆时，制浆搅拌站才开始下一罐浆液制备，储浆罐中水泥浆液主要消耗于输浆管道充填和单罐水泥浆搅拌时间内，深层搅拌的水泥浆液消耗量，浆液贮备量 V（m³）计算式（4-2）为：

$$V = LuT + V_0 \tag{4-2}$$

式中　L——施工段浆量，m³/m；

　　　u——搅拌头升降速度，m/min；

　　　T——单罐水泥浆拌制时间，min；

　　　V_0——管道充填浆量（包括储浆罐罐底浆量），m³。

【例 4-2】 某水泥土深层搅拌工程中，施工段浆量为 0.15m³/m，搅拌头升降速度平均为 0.8m/min，输浆管道充填浆量为 0.1m³，单罐水泥浆拌制时间为 2min，求深层搅拌设备储浆罐设计体积为多少？

解： 根据式（4-2），浆液储备量计算如下：

$$V = LuT + V_0 = 0.15 \times 0.8 \times 2 + 0.1 = 0.34 \text{m}^3$$

因此，深层搅拌设备储浆罐设计体积不宜小于 0.34m³。

B. 差量法。根据深层搅拌浆液消耗流量和浆液搅拌站供浆能力的差量确定浆液的储备量，计算式（4-3）为：

$$V = Lh - qT_s = Lh - \frac{qh}{u} \tag{4-3}$$

式中　q——浆液搅拌站制浆供浆流量，m³/min；

　　　h——深层搅拌施工深度，m；

　　　T_s——单桩深层搅拌施工消耗时间，min；

其余符号意义同前。

【例4-3】 某水泥土深层搅拌工程中，施工深度为18m，施工段浆量为0.20m³/m，浆液搅拌站制浆供浆流量0.08m³/min，经测定单桩水泥浆深层搅拌施工时间为40min，求深层搅拌设备储浆罐设计体积为多少？

解： 根据式（4-3），浆液储备量计算如下：

$$V = Lh - qT_s = 0.20 \times 18 - 0.08 \times 40 = 0.40 \text{m}^3$$

因此，深层搅拌设备储浆罐设计体积不宜小于0.40m³。

C. 容积匹配法。深层搅拌注浆储浆罐不小于制浆站搅拌罐容积。

D. 主机配置法。根据深层搅拌设备主机的空间和负载能力进行协调配置储浆罐。

2）浆液储备时间。从水泥浆液配制开始，水泥和水即刻发生系列的水化反应，生成新的物质，并逐渐失去活性，失去流动性。储备浆液在气温10℃以上时不得超过3h，在气温10℃以下时不得超过5h。为减少浪费，水泥浆液应当随配随用，不得长时间存用。

3）浆液储备方法。防止浆液离析，浆液应保持不断搅动，搅拌转速宜为20～60r/min。

（2）浆液输送。

1）一次输浆。一次输浆为低压输浆，是将搅拌站配制的浆液输送到深层搅拌设备主机的水泥浆储备容器内备用。输浆泵压力范围可控制在0.1～0.5MPa范围内，输浆管路为低压普通胶管，管径为60～75mm规格，沿线管道顺直，在人行、车道和设备行走道路上，对输浆管路架槽敷设，进行保护。

2）二次输浆。二次输浆时，浆液要通过钻塔杆顶部水龙头，势必抬高注浆头，在浆液进入土层时受阻，只有加大注浆压力才能保证浆液注入土层。即为高压输浆，输浆压力范围控制在0.5～1.0MPa范围内，输浆管路为高压胶管，管径为20～30mm。二次输浆是主机上高压输浆泵以较大输浆压力，通过高压输浆管和深层搅拌钻杆注入土层，与土体在钻头强制搅拌作用下，拌和均匀。

综合各因素，一般将制浆站与深层搅拌施工设备最远距离控制在100m之内。供浆必须连续，一旦因故停浆，必须立即通知操机台，以防止断桩和缺浆。为保证深层搅拌施工供浆及时和持续，必须保持深层搅拌施工平台和水泥浆制浆站密切的联系。联系方式包括旗语、手语、电话、电铃或钟鼓声等联系，其中最简单的是使用电铃或直接敲钟，联系信号提前约定。

水泥浆的制浆能力，水泥浆泵和管道的供浆能力必须和深层搅拌施工设备的喷浆提升和下降速度相符合，防止供浆不足造成工程质量缺陷或返浆过量产生环境污染和资源浪费。

4.6 水泥土浆液

4.6.1 水泥土配合比试验

深层搅拌施工正式开工前，根据处理地层的土体情况、所选用水泥等固结材料特性以及工程设计的技术参数等，进行水泥土浆液的室内配制，检测所配制浆液的有关指标参数，推荐配合比的现场选用范围。

（1）基本概念。水泥土浆液：深层搅拌施工中，水泥浆掺入土体搅拌后，所形成的流塑状拌和物称为水泥土浆液。

水泥掺入比：是指深层搅拌增强体内水泥与原状土体的质量比，为无量纲数值。按《深层搅拌法技术规范》（DL/T 5425—2009）的规定，原状土的质量采用其天然密度计算。

水泥掺入量：是指单位土体中所掺加的水泥量，一般是以工程计量单位表示，水泥土防渗墙表示为 kg/m^2，深层搅拌桩表示为 kg/m^3 或 kg/m。

水泥的掺入比确定后，水泥的掺入量也就确定。在工程实际运用中，会出现以下两种情况。第一，对同一土体，密度越小，说明密实度越小，则孔隙度越大，需要的水泥等固化剂材料也越多，而根据其天然密度所计算的水泥需求量反而要少；第二，对于同一地点同一层位相同土体，不同季节地下水位不同，地下水位升高后，饱和度增加，土体天然容重增加，但孔隙比、渗透系数等土体自身性质无较大变化，加固处理所需的水泥等固化剂材料用量基本不变。上述情况表明，水泥搅拌工程的掺入比，需要在工程设计前由试验确定，并明确试验环境和参数的选用方法。

（2）水泥土浆液试配方法。

1）备料。称取工程区被加固土体若干，称取所选用水泥若干，量取符合混凝土配制标准的水，按照设计要求，准备外掺剂和添加剂。备料时，工程区被加固土体应分别记取，尽量选用原状土，测定土体的基本物理性质。

2）水泥土浆试配。

A. 将添加剂（如有）按照比例加入水中，搅拌均匀，搁置待用。

B. 向搅拌器内添加拌制用水至其刻度线下。

C. 量取搅拌均匀的添加剂溶液，将溶液缓缓加入水中，然后加入搅拌用水，直至水面达到规定的刻度线。

D. 启动搅拌电机，开始搅拌，同时通过筛网向搅拌器加水泥，滤除水泥中的杂质和变质结块。

E. 称取筛网上水泥质量，按照设计用量要求补齐水泥用量。

F. 向拌制好的浆液中添加土料，其中大颗粒土粒需粉碎后添加，边添加边搅拌，直至搅拌均匀。

G. 检测浆液性能指标。

H. 装模，制作试块。

I. 拆模，养护试块。

J. 规定项目的室内试验。

水泥土试块常规测试项目包括：变形模量、抗压强度、渗透系数检测，若有特殊要求，可进行破坏比降试验、酸碱侵蚀试验和抗冻试验等。实际工程中应根据工程需要，取其几项试验。

（3）施工现场配合比试验。根据室内配合比试验成果和设计有关参数，进行施工现场的浆液试配与测试工作，并按施工组织设计确定的施工工艺在现场进行成桩试验（所选位置具代表性），目的在于有关参数在现场的适用性和技术可靠性。

1）水泥土浆液性能检测。由于现场的开放式环境和室内环境相差很大，水泥浆液在地下受地层含水量、水流等水文地质条件的影响，为确保工程处理效果，对预定的水灰比必须在现场进行施工验证确认。

A. 观察深层搅拌施工钻具提升、下降反应情况和钻杆带泥情况，分析水泥浆液水灰比的适应性。

B. 深层搅拌施工结束后，钻取或凿取试样，送实验室进行水泥土强度、渗透性能等规定项目的检测，确定实验水泥掺入量和水灰比的适用情况。

2）对施工影响。实际施工中，由于水泥浆液的供给情况不同，所形成的水泥土性能差别也较大，对施工也会有不同的影响。

A. 水泥土浆液稠度。水泥土浆液稠度过大，深层搅拌施工起降钻具困难，甚至于会造成电流值过高或埋钻现象。

B. 水泥土浆面下沉。若供给的水泥浆液含水量大，在深层搅拌施工结束后，水分从地层中漏失，水泥土浆液产生物理固结沉降，造成浆液面下沉。

4.6.2 水泥土浆液的性能

（1）水泥土浆液主要性能指标。

水泥土浆液指标包括重度、均匀性、稠度、凝固时间和固结体强度等指标。

重度：水泥土浆液密度是原状土体，水泥品种及水泥掺入量的综合体现。通常水泥掺入量越大，水泥土浆液的密度也越大。水泥土浆液的密度越大，成流动状态的水泥土浆液也就越能靠重力作用达到密实状态，搅拌的效果也就越好。

均匀性：固化剂和土体经过搅拌后的均匀程度，所体现的是搅拌施工过程和水泥土浆液质量的最终结果。

稠度：水泥土浆液中液体和固体相互作用所体现出来的一种表观现象。

凝固时间：水泥土浆开始凝结硬化，部分失去流动性的一段时间。

固结体强度：水泥土浆固结后，所形成水泥土固结体的强度。

（2）指标的检测。水泥土浆液指标的检测，包括浆液密度（比重）的测定和固结性能指标测定。

1）浆液密度（比重）的测定。施工中检测水灰比的一个重要指标，采用体积称量法进行测量。

2）固结性能指标测定。主要进行凝固时间观测和固结体强度检测。包括对室内配制的水泥土固结体和施工所形成的水泥土固结体。

A. 室内配制的水泥土固结体：选择具代表性的现场土样，与将拌制好的水泥浆液充分拌和，将所形成的水泥土浆液注入 70.7mm×70.7mm×70.7mm 砂浆模具中，凝结硬化后，拆模，在标准条件下养护，达到 3d、7d、28d 龄期后，测定其变形能力和渗透性能。

B. 施工形成的水泥土固结体：施工结束后，养护 7d 或 14d，当水泥土具有一定强度后，钻取或凿取样芯，在室内标准养护，做 28d 龄期或 90d 龄期的强度试验和渗透试验。

5 施 工 设 备

5.1 概述

在地基加固施工应用和技术研究中，各种类型的桩机、设备都相续发明和应用。随着岩土工程技术的发展，从工程技术和工程经济角度出发，各种型号的深层搅拌施工设备也逐步诞生，并获得了较大的发展。

5.1.1 设备的现状

（1）国外深层搅拌设备。深层搅拌桩最早起源于美国，日本从20世纪60年代开始引进。1967年，日本港湾技术研究所推出了石灰土搅拌桩技术；1975年，日本川铁工务所研制成功水泥土搅拌桩施工机械，使水泥土搅拌桩技术进入工程实用阶段，并取得迅速发展。

国外深层搅拌机械以日本的深层施工机械具有代表性，深层搅拌机械施工深度10～48m，电机功率45～90kW。30～48m深层搅拌机械具有接杆施工功能。机械多是动力头式，即动力在钻杆的最上方，一般为3个钻头。

（2）国内深层搅拌设备。在引进深层搅拌技术的基础上，冶金部建筑研究总院和交通部水运规划院，于1977年10月开始进行深层搅拌机械的研制和室内外试验工作，于1978年年末制造出国内第一台SJB-1型双搅拌轴、中心管道输浆的深层搅拌机械及其配套设备，并于1979年在塘沽新港进行机械性能和搅拌工艺试验，1980年年初，在上海宝山钢铁总厂第五冶金建设公司的三座卷管设备基础软土地基加固工程中正式采用，并获得成功。1984年国内已开始批量生产深层搅拌机械，当时最大加固深度是12m，主要应用于工民建领域的复合地基和基坑围护。

将深层搅拌工法引入水利工程行业的时间是1994年，最初主要是闸基、泵站地基采用深层搅拌桩构成复合地基。1996年，深层搅拌截渗技术在沂沭河拦河坝坝基防渗工程中初次应用，并产生良好的效果，这一举措不仅推动深层搅拌技术在水利工程领域的广泛运用，也促进了施工机械设备的技术创新。为了提高工效，降低造价，水利部淮委基础工程有限公司于1997年发明了多头小直径深层搅拌截渗技术，而后由北京振冲江河截渗技术开发有限公司研制出多种型号的多头深层搅拌施工机械，其中一机三头联动加固深度15～18m，一机五头联动加固深度已达25m。

单头深层搅拌桩机自重轻，移动灵活，单根桩成桩直径500～700mm，桩深在22m以内，适合单根承载桩体的施工，如房屋建筑、公路路基的软土地基加固等。DJB型单头深层搅拌设备是常见单头施工设备（见图 5-1）。

多头深层搅拌桩机可以满足喷浆工艺的深层搅拌桩连续墙施工要求，广泛应用于水利水电工程中的江河湖泊堤坝防渗墙工程、病险水库大坝的除险加固工程、深基坑支护工程。目前国内多头深层搅拌桩机较常见的最大施工深度可达到 25m，有双头、三头、四头、五头等多种机型，以三头深层搅拌桩机最常见，应用最广、最具代表性的是 BJS 型和 ZCJ 型多头深层搅拌桩机。BJS 型和 ZCJ 型多头深层搅拌设备分别见图 5-2 和图 5-3。

图 5-1　DJB 型单头深层　　　图 5-2　BJS 型多头深层　　图 5-3　ZCJ 型多头深层
　　　　搅拌设备　　　　　　　　　　搅拌设备　　　　　　　　　搅拌设备

5.1.2　设备分类及特点

施工技术的创新与进步推动着施工设备的发展和改进。近 20 年来，我国的深层搅拌桩设备发展很快，从单轴到多轴，有动力头式和转盘式，有液压步履式、走管式和履带式等，设备种类众多，以下简单介绍几种主要机械的分类。

（1）按施工材料种类、状态分类。按施工材料种类、状态分类如下：

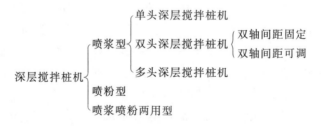

（2）按驱动搅拌轴的动力结构型式分类。按驱动搅拌轴的动力结构型式分类如下：

$$
\text{深层搅拌桩机}
\begin{cases}
\text{转盘式}
\begin{cases}
\text{单头深层搅拌桩机} \\
\text{多头深层搅拌桩机}
\end{cases} \\
\text{动力头式}
\begin{cases}
\text{单头深层搅拌桩机} \\
\text{双头深层搅拌桩机} \\
\text{SMW 深层搅拌桩机}
\end{cases} \\
\text{纵向式}
\begin{cases}
\text{CSM 深层搅拌桩机} \\
\text{TRD 深层搅拌桩机}
\end{cases}
\end{cases}
$$

1）转盘式搅拌桩机。驱动搅拌轴的动力箱简称转盘。转盘置换于主机车架上，整机配置液压步履式移动底盘。主机安装在底盘上，搅拌机具由水龙头、搅拌轴、搅拌钻头等组成，安装钢丝绳卷扬（或链轮、链条）提升和加压装置。其主要优点是：重心低、移动和运转稳定，钻进及提升速度易于控制。多轴搅拌桩机有 3～5 个搅拌轴，在进行防渗墙施工时，施工效率比单轴搅拌桩机高，广泛应用于地下连续墙工程。

2）动力头式深层搅拌桩机。动力头式深层搅拌机具由动力头、喷浆装置、搅拌轴、搅拌钻头等组成。驱动搅拌轴的动力头常采用液压驱动式、电动机带电减速机的结构型式。动力头悬挂在机架上方，与搅拌轴连为一体，一起沿滑轨做钻进和提升运动。动力头式深层搅拌机重心高，必须配置具有足够重量的底盘。钻进下压力是依靠动力头与搅拌机具的重量实现，设备一般不配置加压装置。

（3）按深层搅拌主机的移动方式分类。按深层搅拌主机的移动方式分类如下：

$$
\text{深层搅拌桩机}
\begin{cases}
\text{液压步履式}
\begin{cases}
\text{单轴} \\
\text{多轴}
\end{cases} \\
\text{走管式}
\begin{cases}
\text{三轴固定} \\
\text{三轴可调}
\end{cases} \\
\text{履带式——三轴固定（SMW 工法）}
\end{cases}
$$

5.1.3　设备基本组成

（1）转盘式设备。不论是单头深层搅拌桩机，还是多头深层搅拌桩机，设备基本组成主要包括深层搅拌主机、动力源、制浆设备、输浆设备、自动记录仪等五大部分，有些工艺方法还需要配空气压缩机。

深层搅拌主机是深层搅拌设备的核心装备，主要安装旋转驱动机构、提升机构和液压步履机构，是实施深层搅拌工法的执行部件，通过机械传动装置，将电能转变成机械能，驱动搅拌轴旋转。同时，带动搅拌头完成旋转、钻进和提升动作，实现钻进、切削、搅拌的功能；动力源装置是为整个系统提供电源；制浆设备的任务是制造出合格的水泥浆液；输浆设备是使用输浆泵，将一定量的水泥浆液输送到搅拌轴中；自动记录仪则完成每一单元成桩深度和输浆量的记录；空气压缩机是在特殊情况下使用的风动力源。转盘式深层搅拌设备配置见图 5-4。

（2）动力头式设备。施工机械分为主机和固化剂处理设备，主机部分由搅拌轴、搅拌钻头、驱动装置、机座等组成，施工中还配一台反铲挖掘机。固化剂供料设备部分由固化剂仓、水泥搅拌器、压力泵等组成。动力头式深层搅拌施工机械基本组成见图 5-5。

5.1.4　设备主要施工参数的确定

（1）搅拌轴旋转速度与提升速度之间的关系。深层搅拌施工效果与搅拌次数有关，搅

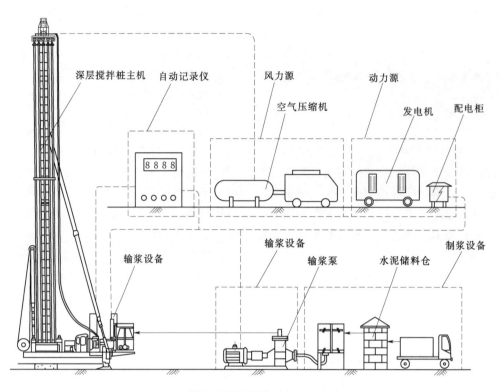

图 5-4 转盘式深层搅拌设备配置示意图

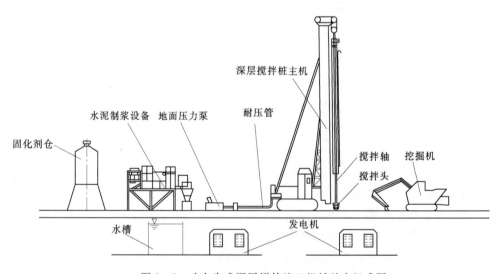

图 5-5 动力头式深层搅拌施工机械基本组成图

拌次数越多，则水泥土拌和越均匀，其平均强度也越高，但搅拌次数过多，所消耗的工时较长，成本增加，也不经济，实验证明，当水泥土的搅拌次数达到 20 次后，其平均强度即可达到较高值。因此，选取搅拌轴的转速应考虑满足土体搅拌次数的要求。

深层搅拌机械搅拌轴的旋转速度和提升速度既是机械设备的技术特性，也是施工工艺中的两个重要参数。提升速度过快，达不到预期的搅拌效果，提升速度过慢，又影响施工功效，合理匹配搅拌轴转速与提升速度，有助提高施工质量，降低施工成本。搅拌轴转速、提升速度和搅拌次数用式（5-1）表示：

$$n=\frac{vN}{BZ\cos\beta} \tag{5-1}$$

式中　n——搅拌头转速，r/min；

　　　v——搅拌头提升速度，m/min；

　　　B——搅拌叶片的宽度，m；

　　　Z——搅拌叶片总数，个；

　　　β——搅拌叶片与搅拌轴立面夹角，(°)；

　　　N——水泥土拌和次数，次。

【例 5-1】 某深层搅拌设备，搅拌头提升速度 0.5～1.5m/min，十字搅拌头，3 层搅拌叶片，搅拌叶片宽 60mm，搅拌叶片平面与搅拌轴立面夹角是 30°，搅拌次数 20 次，请选取搅拌轴转速取值范围。

解： 十字搅拌头，每层对称焊接 2 片的搅拌叶片，因此，本题的搅拌叶片总数为：$Z=2\times3=6$ 个。

利用式（5-1）分别计算搅拌头提升转速为 0.5m/min 和 1.5m/min 情况下搅拌轴对应的转速。

① 当提升速度为 0.5m/min 时，搅拌轴转速为：

$$n=\frac{vN}{BZ\cos\beta}=\frac{0.5\times20}{0.06\times6\times\cos30°}=32.1\text{r/min}$$

② 当提升速度为 1.5m/min 时，搅拌轴转速为：

$$n=\frac{vN}{BZ\cos\beta}=\frac{1.5\times20}{0.06\times6\times\cos30°}=96.2\text{r/min}$$

搅拌轴转速的取值范围是 32.1～96.2r/min。

（2）搅拌轴提升速度与输浆量之间的关系。注入深层搅拌桩桩体的浆量不仅与输浆泵的排量有关，还与搅拌桩的提升速度有关，因此，选择搅拌轴提升速度还要考虑与输浆泵的排量匹配，对应某一水泥掺入比和泵的输浆量的提升速度可按式（5-2）确定：

$$v=\frac{\gamma_d Q}{A\gamma\alpha_c(1+\alpha_w)} \tag{5-2}$$

式中　γ_d——水泥浆的重度，kg/m³；

　　　γ——土的重度，kg/m³；

　　　Q——输浆泵的排量，m³/min；

　　　A——搅拌桩的截面积，m²；

　　　α_c——水泥掺入比；

　　　α_w——水泥浆水灰比。

【例 5-2】 某深层搅拌工程要求水泥掺入比为 12%，被加固土的重度是 1.76kg/m³，使用水灰比是 1.5，搅拌桩直径 400mm，最大钻深 18m，配置三轴一次成墙深层搅拌桩施工，该设备搅拌轴间距是 320mm，配置的输浆泵输出流量范围是 33～150L/min，确定合适的提升速度范围。

解：根据题意画出计算图（见图 5-6）。计算搅拌桩截面积时，单元搭接区域的面积考虑一半的面积。

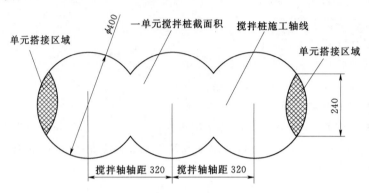

图 5-6 ［例 5-2］计算图（单位：mm）

经计算，搅拌桩截面积 $A=0.34\text{m}^2$。

水灰比 1.5 的水泥浆的重度 $\gamma_d=1.37\text{kg/m}^3$。

根据式（5-2），计算输浆泵最低流量与最高流量对应的提升速度。

① 输浆泵的输出流量为 33L/min 时，提升速度：

$$v=\frac{\gamma_d Q}{A\gamma_c\alpha_c(1+\alpha_w)}=\frac{1.37\times0.033}{0.34\times1.76\times0.12\times(1+1.5)}=0.25\text{m/min}$$

② 输浆泵的输出流量为 150L/min 时，提升速度：

$$v=\frac{\gamma_d Q}{A\gamma_c\alpha_c(1+\alpha_w)}=\frac{1.37\times0.15}{0.34\times1.76\times0.12\times(1+1.5)}=1.14\text{g/min}$$

当输浆泵使用低挡输出时，搅拌轴提升速度不得大于 0.25m/min，使用最高挡输出时，搅拌轴的提升速度不得大于 1.14m/min。

（3）搅拌设备电机功率估算。深层搅拌设备正常运行中，机械设备需克服搅拌轴和搅拌头与地层之间的阻力矩，分别是搅拌头回转切削土粒产生的阻力矩，搅拌头搅拌土体产生的阻力矩，搅拌头与土体之间的摩擦阻力矩，土体对搅拌轴的附着阻力矩。

1）搅拌头回转切削土粒的阻力矩 M_1：

$$M_1=\frac{Z_1\beta_1 c_1 h_1 D_1^2\sqrt{\cos\alpha}}{2bS}\tag{5-3}$$

式中　Z_1——切削叶片数，个；

　　　β_1——切土效率系数，$\beta_1=\dfrac{v}{3n}$；

　　　c_1——土粒的黏聚力，kPa；

　　　h_1——切削叶片的高度，m；

D_1——切削叶片外径，m；

α——切削叶片角度，(°)；

n——搅拌头旋转速度，r/min；

v——深层搅拌机钻进或提升速度，m/min；

b——固化剂掺入系数，可取 0.2～0.4；

S——土的灵敏系数，可取 2～3。

2）搅拌头搅拌土体阻力矩 M_2：

$$M_2 = \frac{Z_2 \beta_1 c_2 h_2 D_1^2 \sqrt{\cos\alpha}}{2bS} \qquad (5-4)$$

式中 Z_2——搅拌叶片数，个；

c_2——扰动土粒的黏聚力，取 $c_2 = \left(\frac{1}{3} + \frac{1}{4}\right)c_1$，kPa；

h_2——搅拌叶片的高度，m；

其余符号意义同前。

3）搅拌头与土体之间的摩擦阻力矩 M_3：

$$M_3 = \frac{1}{3}fFD_1 \qquad (5-5)$$

式中 f——搅拌叶片与土体摩擦阻力系数，可取 0.2；

F——叶片推力，可取 10kN。

4）土体对搅拌轴的附着阻力矩 M_4：

$$M_4 = \frac{k\pi D_2^2 L}{2bS} \qquad (5-6)$$

式中 k——土质黏滞性系数，可取 4～6kPa；

D_2——搅拌轴外径，cm；

L——搅拌轴接触土体的长度；

其余符号意义同前。

因此，搅拌轴和搅拌头总阻力矩 M 为：

$$M = M_1 + M_2 + M_3 + M_4 \qquad (5-7)$$

驱动功率 P 为：

$$P = \frac{Mn}{9550\eta} \qquad (5-8)$$

式中 η——机械传动效率，取 0.6～0.7。

根据所计算的驱动功率，考虑一定的储备，即可选定驱动电机功率。

【例 5-3】 选择一台能够实施深层搅拌工法的机械，施工涉及地层土的黏聚力 10～30kPa。要求深层搅拌机械具有 3 个搅拌头，每个搅拌头焊接三层十字叶片，叶片的功能是既切土又搅拌，叶片宽度 50mm，焊接角度是 25°，搅拌叶片直径 500mm，搅拌轴直径120mm，最大钻深 18m，提升速度是 0.2～1.2m/min，搅拌轴转速搅拌 30～100r/min，估算驱动电机的功率。

解： 深层搅拌施工过程中，搅拌头钻进及搅拌运动，必须克服搅拌头回转切削土粒的阻力矩、搅拌头搅拌土土体阻力矩、搅拌头与土体之间的摩擦阻力矩和土体对搅拌轴的附着阻力矩，传动系统的输出扭矩必须大于这四项阻力矩之和，才能保证设备施工作业。

①计算搅拌头回转切削土粒的阻力矩 M_1。根据题中的已知条件得：

切削叶片数 $Z_1 = 2 \times 3 = 6$；

取土粒的黏聚力 $c_1 = 30\text{kPa}$；

切削叶片的高度 $h_1 = 50 \times \cos 25° = 45.3\text{mm}$；

切削叶片角度 $\alpha = 25°$；

取搅拌头旋转速度 $n = 30\text{r/min}$；

切削叶片外径 $D_1 = 500\text{mm}$；

题中提升速度 v 的范围是 $0.2 \sim 1.2\text{m/min}$，考虑提升速度的影响，取最大值。取 $v = 1.2\text{m/min}$，$n = 30\text{r/min}$，根据式（5-3）得切土效率系数 $\beta = 0.013$。

取土质附着系数 $k = 5\text{kPa}$；固化剂掺入系数 $b = 0.3$；土的灵敏系数 $S = 2$。

由式（5-3）计算阻力矩 M_1：

$$M_1 = \frac{Z_1 \beta_1 c_1 h_1 D_1^2 \sqrt{\cos\alpha}}{2bS} = \frac{6 \times 0.013 \times 30 \times 0.0453 \times 0.5^2 \times \sqrt{\cos 25°}}{2 \times 0.3 \times 2} = 2.09 \times 10^{-2}\text{kN} \cdot \text{m}$$

②计算搅拌头搅拌土土体阻力矩 M_2。根据式（5-4），取扰动土粒的黏聚力取 $c_2 = 0.28 \times c_1 = 8.4\text{kPa}$。

由式（5-4）计算阻力矩 M_2：

$$M_2 = \frac{Z_2 \beta_1 c_2 h_2 D_1^2 \sqrt{\cos\alpha}}{2bS} = \frac{6 \times 0.013 \times 8.4 \times 0.0453 \times 0.5^2 \times \sqrt{\cos 25°}}{2 \times 0.3 \times 2} = 5.90 \times 10^{-3}\text{kN} \cdot \text{m}$$

③计算搅拌头与土体之间的摩擦阻力矩 M_3。根据式（5-5），取公式中各项系数：

搅拌叶片与土体摩擦阻力系数 f 取 0.2；叶片推力 F 取 10kN。

由式（5-4）计算阻力矩 M_3：

$$M_3 = \frac{1}{3} fFD_1 = \frac{0.2 \times 10 \times 0.5}{3} = 0.333\text{kN} \cdot \text{m}$$

④土体对搅拌轴的附着阻力矩 M_4。本题中，施工机械的最大钻深是 18m，故搅拌轴接触土体的长度 L 取 18m；题中给出，搅拌轴外径 $D_2 = 120\text{mm}$；式（5-6）中给出土质黏滞性系数 k 的取值范围是 $4 \sim 6\text{kPa}$，本例 k 值取 5kPa。

由式（5-6）计算土体对搅拌轴的附着阻力矩 M_4：

$$M_4 = \frac{k\pi D^2 L}{2bS} = \frac{5 \times 3.14 \times 0.12^2 \times 18}{2 \times 0.3 \times 2} = 3.39\text{kN} \cdot \text{m}$$

⑤计算搅拌总阻力矩 M。由式（5-7），计算单根搅拌轴和搅拌头总阻力矩为：

$$M_单 = M_1 + M_2 + M_3 + M_4 = 3.76\text{kN} \cdot \text{m}$$

三根搅拌轴和搅拌头总阻力矩 M：

$$M = 3.7604 \times 3 = 11.28\text{kN} \cdot \text{m}$$

⑥ 估算驱动功率。根据式（5-8），机械传动效率 η 值取 0.6，估算驱动功率 P：

$$P = \frac{Mn}{9550\eta} = \frac{11.2812 \times 30 \times 10^3}{9550 \times 0.6} = 59.06\text{kW}$$

根据计算功率，考虑一定的储备量，即可选择设备的驱动功率。

（4）提升力的估算。深层搅拌机械设备的提升力可以分为工作提升力和事故提升力。

正常施工作业时，当搅拌头旋转下沉到达设计深度后，停止下钻，切换提升机构，按要求速度边提升边搅拌，此时的提升力成为工作提升力。

在施工过程中，可能由于地层原因、机械故障等特殊情况，需要将不旋转的搅拌轴从地下深处提出地面，此时的提升力称为事故提升力，在选择提升力时，需考虑这一工况。一般地，事故提升力需克服以下几项阻力。

1）设备中搅拌机构与提升机构重量之和 G_1。

2）搅拌轴、中心管与土体的附着阻力 F_1：

$$F_1 = 3k\pi D_2 L \tag{5-9}$$

3）叶片上部堆积的土重 G_2：

$$G_2 = ZB(D_1 - D_2)\gamma L \tag{5-10}$$

式中　Z——搅拌叶片总数；

　　　B——搅拌叶片的宽度，m；

　　　γ——土的重度，kg/m³。

总的提升阻力：

$$F = G_1 + F_1 + G_2 \tag{5-11}$$

深层搅拌设备的最小提升力应大于 F。

【例 5-4】　某台深层搅拌设备，搅拌机构与提升机构重量和是 5.4t，搅拌轴外径 120mm，搅拌头结构是 2 层十字搅拌叶片，搅拌叶片外径 500mm，搅拌叶宽度 50mm，加固土体比重是 1.60～1.85kg/m³，最大加固深度 15m，试估算该设备最大提升力。

解：估算设备最大提升力时应考虑设备发生事故时需克服的几种阻力。

①设备中搅拌机构与提升机构重量之和 G_1，$G_1 = 5.4$t。

②计算搅拌轴、中心管与土体的附着力 F_1 和叶片上部堆积的土重 G_2。取土质附着系数 $k = 5$kPa；

由题中条件可知，搅拌叶片总数 $Z = 4$；加固土的比重取最大值 $\gamma = 1.85$kg/m³。

由式（5-9）计算 F_1：

$$F_1 = 3k\pi D_2 L = 3 \times 5 \times 3.14 \times 0.12 \times 15 = 84.78\text{kN} = 8.48\text{t}$$

由式（5-10）计算 G_2：

$$G_2 = ZB(D_2 - D_1)\gamma L = 4 \times 0.05 \times (0.5 - 0.12) \times 1.85 \times 15 = 21.01\text{kN} = 2.1\text{t}$$

③计算总的提升阻力 F。由式（5-11）计算总提升力 F：

$$F = G_1 + F_1 + G_2 = 5.4 + 8.48 + 2.10 = 15.98\text{t}$$

提升机构设计时，该设备的最小提升力不小于 15.98t。

（5）输浆泵选择。深层搅拌所用的固化剂是通过输浆泵经输浆管输入软土中的，所以输浆泵是深层搅拌机械中重要设备之一。常用的输浆泵是活塞往复式变量泵，改变泵体曲轴转速，可以获得不同的排浆量。输浆量、搅拌轴的提升速度和水泥掺入量三者之间存在相互协调的关系，要求输浆泵的输浆范围应能满足不同挡位提升速度的要求。

（6）输浆管路计算。要使水泥浆在管路中流动，其输送压力须大于水泥浆与管壁之间的摩擦力，该阻力与水泥浆的稠度、流速等因素有关。一般地，水泥浆在管路中的平均流速为 30m/min，输浆管路最小的内径 d 可按式（5-12）计算：

$$d=\sqrt{\frac{4Q}{\pi v'}} \tag{5-12}$$

式中　　Q——灰浆泵的额定输浆量，m^3/min；

　　　　v'——水泥浆在管路中的平均流速，m/min。

【例 5-5】　某搅拌桩施工设备，配置的定量灰浆泵额定输浆量是 $1.5\text{m}^3/\text{h}$，水泥浆在管路中的平均速度按 40m/min 考虑，试匹配适应的输浆管路。

解：根据式（5-12）：

$$d=\sqrt{\frac{4Q}{\pi v'}}=\sqrt{\frac{4\times1.5}{3.14\times40}\times\frac{1}{60}}=0.0282\text{m}=28.2\text{mm}$$

选取输浆管路时，输浆管路内径大于 28.2mm。

（7）空压机的配备。实践证明，为减少砂性土对搅拌机具的摩擦阻力，可以通过搅拌轴向土体中输入压缩空气，利用气流对土体的扰动，形成浆和气的二相流体，促进搅拌头的钻进与切削运动，使水泥土搅拌得更加均匀。通常选用的空气压缩机排气量为 3.0～30.0m^3/min，压力为 0.5～1.0MPa。

压力：压力的选用应考虑四个方面的因素，第一，地层土体的静压力，一般可以按照土层深度每米 20kPa 进行考虑；第二，对土体的切割阻力，即是对土体的黏聚力进行破坏的能力，对于机械扰动后的土体，可以按照其残余强度进行考虑；第三，压缩空气在管道中运动，需要克服摩擦力；第四，空压机内一定的压力储备。

风量：与原状土物理性质、搅拌桩直径和搅拌头升降速度相关。风量决定了风能，原状土的密度、强度等需要一定的风能和机械能，是决定风量的关键因素；原状土的孔隙率、孔隙大小和孔隙联通情况，决定风的存储、运移和逸散，是风量计算的基础；搅拌桩直径和搅拌头提升速度，是确定参与计算的搅拌土体的基本量。

实地试验确定：选择具代表性地段和地层，进行空压机参数的工艺试验，最终确定空压机的配备情况。

5.2　转盘式深层搅拌桩机

国内已经开发出转盘式单头和多头（三头、四头、五头等）深层搅拌桩机。单头深层搅拌桩机主要用于施工复合地基中水泥土桩，多头深层搅拌桩机主要用于施工水泥土防渗墙和基坑支护。

5.2.1 单头深层搅拌桩机

（1）组成和作用。

1）步履机构。步履机构组要是由可以伸缩的液压机构、支撑底盘，上、下底架及滑枕组成。上车架装有 4 只伸缩垂直支腿，可以横向拉伸，支腿下部安装支撑底盘，扩大设备与地面的接触面积，增加整机稳定性。上、下车架之间安装纵向移动机构，可以实现设备纵向移动，横向步履与下底架相连，可以左右相对滑动。操作液压机构的各部件，实现整机移位。

2）动力机构。主要指主电动机，电动机功率有 30kW、37kW 和 45kW 等。

3）传动机构。由变速箱、蜗杆箱、传输带、链轮、链条等组成。它是桩机运行过程的动力传送系统，实现钻头的正反方向转动。

4）操作机构。是操作指令发送机构，在操作台上，由液压操纵台、主机操纵台、离合器和操纵手柄等组成，通过它实现制桩过程。

5）机架。安装有异向加减压机构，由上下链轮、同步轴、链条、钻具组成。通过链条输入动力，实现钻具上下起落。

6）搅拌机具。包括钻杆、钻头和水龙头，可通过空心钻杆向土层中喷浆。钻头为叶片式，通过起落钻杆进行钻孔，一般成孔直径为 500mm。

7）制浆系统。包括搅拌罐、储浆罐、输浆泵及输浆管道等。

（2）机械示意图。转盘式单头深层搅拌桩机主机见图 5-7。

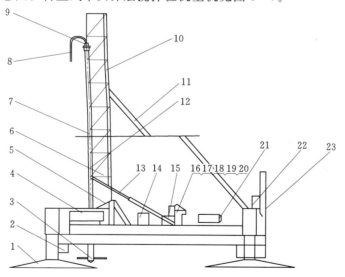

图 5-7 转盘式单头深层搅拌桩机主机示意图

1—支撑底盘；2—滑枕；3—钻头；4—转盘；5—A 字门；6—立架；7—钻杆；8—高压软管；

9—水龙头；10—单排链条；11—斜撑杆；12—深度计；13—立架支撑油缸；14—蜗杆箱；

15—液压油箱；16—变速箱；17—液压操纵台；18—主机操纵台；19—摩擦式离合器

和手柄；20—牙嵌离合器手柄；21—主电动机；22—主电气柜；

23—立架倒下支撑架

（3）主要技术参数。单头深层搅拌机械主要技术参数见表 5-1。

表 5-1　　　　　　　　　　　　单头深层搅拌机械主要技术参数表

机　型			GPP-5	PH-5A	PH-5B
搅拌装置	搅拌轴规格/(mm×mm)		108×108	108×108	114×114
	搅拌叶片外径/mm		500	500	500
	搅拌轴转速/(r/min)	正	28、50、92	7、12、21、35、40	7、12、21、35、40
		反	28、50、92	8.5、14、25、40、60	8.5、14、25、40、60
	最大扭矩/(kN·m)		8.6	18	22
	电机功率/kW		30	37	45
起吊设备	提升能力/kN		78.4	78.4	78.4
	提升高度/m		14	15.5	20
	速度/(m/min)	下沉正	0.48、0.8、1.47	0.2、0.4、0.6、1、1.5	0.2、0.4、0.6、1、1.5
		提升反	0.48、0.8、1.47	0.2、0.3、0.5、1、1.2	0.2、0.3、0.5、1、1.2
	接地压力/kPa		34	31	30
制浆系统	灰浆拌制台数×容量/L		2×200	2×200	2×200
	HB6-3 灰浆泵量/(L/min)		50	50	50
	灰浆泵工作压力/kPa		600～1500	600～1500	600～1500
生产能力	一次加固桩面积/m²		0.196	0.196	0.196
	最大加固深度/m		12.5	14.5	18.0
	效率/(m/台班)		100～150	100～150	100～150
	重量/t		9.2	9.5	12.5

5.2.2　多头深层搅拌桩机

（1）BJS 型多头深层搅拌桩机。BJS 型多头深层搅拌桩机为三钻头小直径深层搅拌桩机，钻头直径为 200～450mm。主要用于江、河、湖泊及水库堤坝截渗工程和其他如基坑防渗帷幕等防渗工程。

1）组成和作用。BJS 型多头小直径深层搅拌桩机主机见图 5-8，其作用分述如下。

A. 水龙头。水泥浆经水龙头进入钻杆。

B. 立架。支撑钻杆上下作业。

C. 钻杆。用于钻进提升和浆液通道。

D. 主变速箱。带动钻杆转动。

E. 稳定杆。侧向支持立架。

F. 离合操纵。控制动力传动。

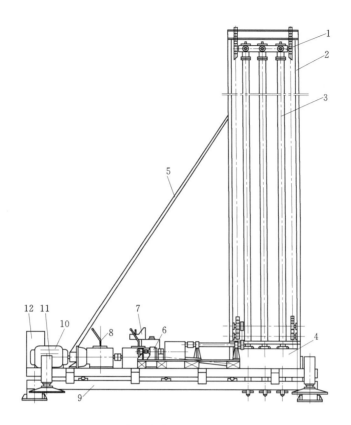

图5-8 BJS型多头小直径深层搅拌桩机主机示意图

1—水龙头；2—立架；3—钻杆；4—主变速箱；5—稳定杆；
6—离合操纵；7—操作台；8—上车架；9—下车架；
10—电动机；11—支腿；12—配电柜

G. 操作台。操作各个手柄，传输运动指令。

H. 上车架。与下车架一起承托主机上的所有部件，通过液压装置与下底架之间做纵向相对运动。

I. 下车架。与上车架一起承托主机上的所有部件，通过液压装置与上底架之间做纵向相对运动。

J. 电动机。传动机构的动力源。

K. 支腿。由支腿油缸及鞋盘组成。通过操作油缸保持主机水平；鞋盘用于支撑支腿。

L. 配电柜。分配电路，为不同的负荷和用电设备提供电源。

2）桩机示意图。BJS型多头小直径深层搅拌桩机主机见图5-8。

3）主要技术参数。BJS型深层搅拌机械主要技术参数见表5-2。

（2）转盘式ZCJ型多头深层搅拌桩机。ZCJ型多头深层搅拌桩机一机有3头或5头，一个工艺流程可形成一个整体单元防渗墙。钻杆间中心距为320mm，钻杆和钻头之间分别带有连锁装置，解决了深层搅拌设备在较大施工深度时可能产生的搭接错位问题。ZCJ-25型多头小直径深层搅拌桩机见图5-9，其作用分述如下。

1）组成和作用。

A. 稳定杆。从侧面支撑立柱，是立柱的辅助支撑装置。

B. 高压输浆管。根据设备施工机具钻头使用数量，一机有3根或5根。

C. 操作室。室内安操作台、计量仪器等设施。

D. 输浆泵。柱塞式多管输浆泵。

表 5-2　　　　　　　　　　　　BJS 型深层搅拌机械主要技术参数表

	机　　型	BJS-12.5B	BJS-15B	BJS-18B
搅拌装置	搅拌轴规格/(mm×mm)	108×108	114×114	120×120
	搅拌轴数量/个	3	3	3
	轴间距/mm	450	320	320
	搅拌叶片外径/mm	200～300	200～400	200～450
	搅拌轴转速/(r/min)（正、反）	20、34、59、95	20、34、59、95	20、34、59、95
	最大扭矩/(kN·m)	18	21	25
	电机功率/kW	45	55	60
起吊设备	提升能力/kN	105	115	155
	提升高度/m	14	17	20
	升降速度/(m/min)	0.32～1.55	0.32～1.55	0.32～1.55
	接地压力/kPa	40	40	40
制浆系统	制浆机容量/L	300	300	300
	储浆罐容量/L	800	800	800
	BW150 灰浆泵量/(L/min)	11～50	11～50	11～50
	灰浆泵工作压力/kPa	600～1500	600～1500	600～1500
生产能力	最大单元墙长/m	1.35	0.96	0.96
	最大加固深度/m	12.5	15.0	18.0
	效率/(m²/台班)	100～150	100～200	100～200
	总重量/t	14.8	16.5	19.5

E. 传动电机。驱动传动机构运转的动力源。

F. 配电柜。设备电源配置装置，为传动机构、液压系统提供电源。

G. 储浆罐。储备水泥浆液。

H. 输浆管。将制备好的水泥浆液输送至储浆罐。

I. 泥浆泵。制浆站与输浆管之间的加压装置。

J. 制浆站。按施工工艺要求配置。

K. 上车架。支撑主机的所有部件。

L. 下车架。支撑机构，通过滑板与上车架连接，上、下车架之间可以做纵向相对移动。

M. 液压系统。设备的提升和行走动力。

N. 动力箱。驱动钻杆旋转。

O. 钻头连锁。钻头之间的约束装置，作业时能保证墙体搭接，防止桩位之间分叉。

P. 钻头。分左旋钻头和右旋钻头，起钻进和搅拌作用。

Q. 横向滑枕。机构动作时可使设备横向移动。

R. 支撑底盘。设备移动和施工时的重要支撑件。

S. 液压绞车。升降钢丝绳。

T. 深度仪。监测钻杆行程仪器。

U. 钢丝绳。下拉和提升机构。

V. 钻杆连锁。钻杆之间的约束装置。

W. 立柱。钻杆的支承和滑行装置，提升机构的支撑点。

X. 钻杆。用于钻进和浆液通道。

Y. 进浆阀。水泥浆经水龙头进入钻杆。

2）机械设备示意图。ZCJ-25型多头小直径深层搅拌桩机见图5-9。

3）机械设备主要技术参数。ZCJ型深层搅拌机械设备主要技术参数见表5-3。

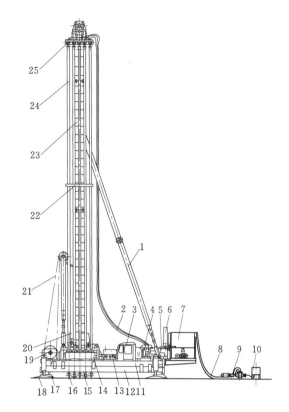

图5-9 ZCJ-25型多头小直径深层搅拌桩机示意图

1—稳定杆；2—高压输浆管；3—操作室；4—输将泵；5—传动电机；6—配电柜；7—储浆罐；8—输浆管；9—泥浆泵；10—制浆站；11—上车架；12—下车架；13—液压系统；14—动力箱；15—钻头连锁；16—钻头；17—横向滑枕；18—支撑底盘；19—液压绞车；20—深度仪；21—钢丝绳；22—钻杆连锁；23—立柱；24—钻杆；25—进浆阀

表5-3 　　　　　　　ZCJ型深层搅拌机械设备主要技术参数表

机　型		ZCJ-17	ZCJ-22	ZCJ-25
搅拌装置	搅拌轴规格/(mm×mm)	120×120	120×120	120×120
	搅拌轴数量/个	3/5	3/5	3/5
	轴间距/mm	320	320	320
	搅拌叶片外径/mm	300～450	300～450	300～450
	搅拌轴转速/(r/min)（正、反）	24、44、71	24、44、71	24、44、71
	最大扭矩/(kN·m)	18	21	44
	电机功率/kW	90	110	110

机 型		ZCJ-17	ZCJ-22	ZCJ-25
起吊设备	提升能力/kN	150	200	200
	提升高度/m	19	24	28
	升降速度/(m/min)	0.3～1.5	0.3～1.5	0.3～1.5
	接地压力/kPa	40	40	67
制浆系统	制浆机容量/L	300	400	400
	储浆罐容量/L	800	1000	1200
	2×BW150灰浆泵量/(L/min)	22～100	22～100	22～100
	灰浆泵工作压力/kPa	1000～2000	1000～2000	1000～2000
生产能力	最大单元墙长/m	0.96/1.6	0.96/1.6	0.96/1.6
	最大加固深度/m	17.0	22.0	25.0
	效率/(m²/台班)	150～250	120～200	150～200
总重量/t		30	33	39

5.3 动力头式深层搅拌桩机

动力头式单头和双头深层搅拌桩机，主要用于施工复合地基的水泥土桩。三头 SMW 深层搅拌桩机主要用于基坑支护和防渗工程。

5.3.1 单头深层搅拌桩机

（1）主要机具组成及作用。

1）动力头。由电动机、减速器组成，主要为搅拌提供动力。

2）滑轮组。由卷扬机、顶部滑轮组组成，使搅拌装置下沉或上提。

3）搅拌轴。由法兰及优质无缝钢管制成，其上端与减速器输出轴相连，下端与搅拌头相接，以传递扭矩。

4）搅拌钻头。采用带硬质合金齿的二叶片式搅拌头，搅拌叶片直径 500～700mm；为防止施工时软土涌入输浆管，在输浆口设置单向球阀；当搅拌下沉时，球受水或土的上托力作用而堵住输浆管口。提管时，它被水泥浆推开，起到单向阀门的作用。

5）钻架。由钻塔、副腿、起落挑杆组成，起支撑和起落搅拌装置的作用。

6）底车架。由底盘、轨道、枕木组成，起行走的作用。

7）操作系统。由操作台、配电箱组成，是主机的操作系统。

8）制浆系统。由挤压泵、集料斗、灰浆搅拌机、输浆管组成，主要作用是为主机提供水泥浆。

（2）机械示意图。DJB-14D 型深层搅拌桩机配套机械见图 5-10。动力头式单头深层搅拌机具见图 5-11。

（3）主要技术参数。单头深层搅拌机械主要技术参数见表 5-4。

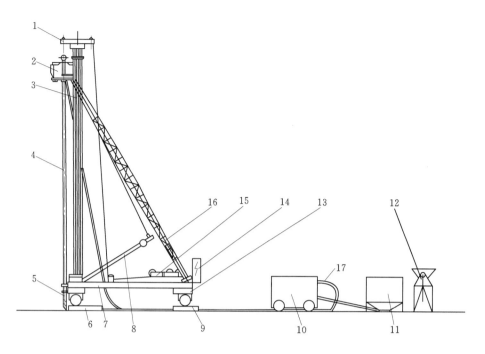

图 5 - 10 DJB - 14D 型深层搅拌桩机配套机械示意图

1—顶部滑轮组；2—动力头；3—钻塔；4—搅拌轴；5—搅拌钻头；6—枕木；7—底盘；
8—起落挑杆；9—轨道；10—挤压泵；11—集料斗；12—灰浆搅拌机；13—操作台；
14—配电箱；15—卷扬机；16—副腿；17—输浆管

表 5 - 4　　　　　　　　　　单头深层搅拌机械主要技术参数表

机　　型		GZB - 600	DJB - 14D
搅拌装置	搅拌轴数量/个	1	1
	搅拌叶片外径/mm	600	500
	搅拌轴转速/(r/min)	50	60
	电机功率/kW	2×30	1×22
起吊设备	提升能力/kN	150	50
	提升高度/m	14	19.5
	提升速度/(m/min)	0.6～1.0	0.95～1.20
	接地压力/kPa	60	40
制浆系统	灰浆拌制台数×容量/L	2×500	2×200
	灰浆泵量/(L/min)	281(AP - 15 - B)	33(UBJ$_2$)
	灰浆泵工作压力/kPa	1400	1500
生产能力	一次加固桩面积/m²	0.283	0.196
	最大加固深度/m	15.0	19.0
	效率/(m²/台班)	60	100
总重量/t		12	4

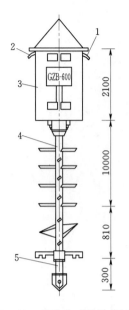

图 5-11 动力头式单头深层搅拌
机具示意图（单位：mm）

1—电缆接头；2—进浆口；3—电动机；
4—搅拌轴；5—搅拌头

5.3.2 双头深层搅拌桩机

（1）组成和作用。双头深层搅拌桩机是在动力头式单头深层搅拌桩机基础上改进而成，其搅拌装置比单头搅拌桩机多了一个搅拌轴，可以一次施工两根桩。其他组成和作用同动力头式单头深层搅拌桩机。

（2）机械示意图。SJB 型双头深层搅拌桩机的搅拌机具见图 5-12。

（3）主要技术参数。双头深层搅拌机械主要技术参数见表 5-5。

5.3.3 SMW 深层搅拌桩机

SMW 工法（Soil Mixing Wall 第一个字母）是利用装有三轴搅拌钻头的 SMW 钻机，在地层中连续建造水泥土墙，并在墙内插入芯材（通常为 H 型钢），形成抗弯能力强、刚性大、防渗性能好的挡土墙的工法。SMW 工法是由日本发明，设备配有较先进的质量检测系统，其钻头直径为 550～850mm，最大施工深度可达 65m，设备造价及成墙造价均很高。我国从日本引进的 SMW 工法三轴深层搅拌桩机主机的外貌、轮廓尺寸钻杆形状（见图 5-13）。该工法在上海、广州及南京等地已用于地铁挡土防渗墙。

SMW 工法三轴深层搅拌桩机主机主要技术参数见表 5-6。

表 5-5　　　　　　双头深层搅拌机械主要技术参数表

机　型		SJB－30	SJB－40	SJB－1
搅拌装置	搅拌轴数量/个	2	2	2
	搅拌叶片外径/mm	700	700	700～800
	搅拌轴转速/(r/min)	43	43	46
	电机功率/kW	2×30	2×40	2×30
起吊设备	提升能力/kN	＞100	＞100	＞100
	提升高度/m	＞14	＞14	＞14
	提升速度/(m/min)	0.2～1.0	0.2～1.0	0.2～1.0
	接地压力/kPa	60	60	60
制浆系统	灰浆拌制台数×容量/L	2×200	2×200	2×200
	HB6-3 灰浆泵量/(L/min)	50	50	50
	灰浆泵工作压力/kPa	1500	1500	1500
生产能力	一次加固桩面积/m²	0.71	0.71	0.71～0.88
	最大加固深度/m	12.0	18.0	15.0
	效率/(m/台班)	40～50	40～50	40～50
重量（不包括起吊设备）/t		4.5	4.7	4.5

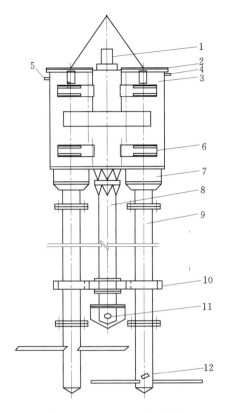

图 5 - 12 SJB 型双头深层
搅拌桩机搅拌机具示意图

1—输浆管；2—外壳；3—出水口；4—进水口；5—电动
机；6—导向滑块；7—减速器；8—中心管；9—搅拌
轴；10—横向系板；11—球形阀；12—搅拌头

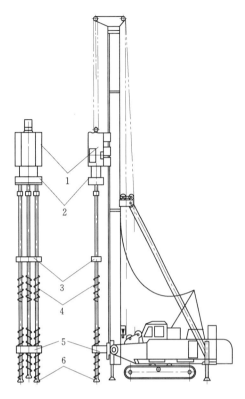

图 5 - 13 SMW 工法三轴深层搅拌桩机示意图

1—减速机；2—多轴装置；3—联结装置；
4—搅拌轴；5—限位装置；
6—螺旋钻头

表 5 - 6   SMW 工法三轴深层搅拌桩机主机主要技术参数表

机 型		JZL - 90A
搅拌装置	搅拌轴直径/mm	120
	搅拌轴数量/个	3
	搅拌叶片外径/mm	550～850
	搅拌轴转数/(r/min)	40
	最大扭矩/(kN·m)	18
	电机功率/kW	2×90
起吊设备	提升能力/t	40
	提升高度/m	28
	升降速度/(m/min)	0.0～2.5
	接地压力/kPa	40
生产能力	加固一单元墙长/m	1.5～1.8
	最大加固深度/m	30.0
	效率/(m²/台班)	100～150
重量/t		50

5.4 其他深层搅拌桩机

5.4.1 CSM深层搅拌桩机

CSM深层搅拌为双轮铣深搅工法，钻头见图5-14，是通过对原状地层和水泥浆进行搅拌，从而形成防渗、挡土墙或对地层进行改良，是一种高效的施工新技术。

（1）技术特点。双轮铣深搅工法，主要应用于稳定软弱土层和松散地层砂性与黏性土层中，也可适用于坚硬土层。双轮铣深搅设备根据铣轮连接方式分为导杆式CSM钻机和钢丝绳悬挂式钻机，双轮铣深搅工法设备见图5-15。

CSM深层搅拌优点：工效高、深度大。

图5-14 双轮铣深搅工法钻头

（a）导杆式　　（b）钢丝绳悬挂式

图5-15 双轮铣深搅工法设备

（2）设备分类。根据对轮铣切削和搅拌头的导向形式，可将双轮铣分为以下几种形式：

$$
\text{双轮铣深搅设备}
\begin{cases}
\text{导杆式}
\begin{cases}
\text{圆形导杆式}\\
\text{矩形导杆式}
\end{cases}\\
\text{钢丝绳悬挂式}
\begin{cases}
\text{双轮铣设备}\\
\text{四轮铣设备}\\
\text{侧面铣设备}
\end{cases}
\end{cases}
$$

（3）组成。设备主要组成部分为机架、动力系统、传动装置、导向装置、切削和搅拌头及铣轮。

（4）设备主要技术参数。

1）铣轮。铣轮技术参数见表5-7。

表 5 - 7

类　　型	3 - 1 型	3 - 2 型
铣轮数量	4	4
铣轮齿座	4	3
施工能力	拌和能力强	切削能力强
适应地层	松散到致密的非黏性土、含石头的砾石土和黏性土	密实的非黏性土、含卵砾石地层、坚硬的黏性土

2）BCM 切削和搅拌头技术参数。BCM 切削和搅拌头技术参数见表 5-8。

表 5 - 8　　　　　　BCM 切削和搅拌头技术参数表

类　　型	BCM5	BCM10
高度/m	2.35	2.80
长度/m	2.40	2.80
厚度/mm	550	640
重量/kg	5100	7400
扭矩/(kN·m)	0～57	0～100
转速/(r/min)	0～35	0～35
成槽长度/m	2.40	2.80
成槽厚度/mm	550～1000	640～1200

3）CSM 钻机技术参数。导杆式 CSM 钻机技术参数见表 5-9。

表 5 - 9　　　　　　导杆式 CSM 钻机技术参数表

型号	BG28	RG19T	RG20S	BG28	BG40	RG25S
总高度/m	26.2	21.3～27.5	25.2	35	48	37.9
装机总重/t	90	57～76	78	127	173	100
发动机功率/kW	300	470～570	570	354	433	570
导杆形桩	圆形或矩形	圆形	圆形	矩形	矩形	矩形
回转机构	回转机构转动	钻桅转动	钻桅转动	—	—	—
切削与搅拌头	BCM5/BCM10	BCM5	BCM5	BCM5/BCM10	BCM5/BCM10	BCM5
施工深度/m	18	15～21	19	可达 30	可达 43	可达 30

钢丝绳悬挂式 CSM 钻机技术参数见表 5-10。

表 5-10　　　　　　　钢丝绳悬挂式 CSM 钻机技术参数表

型号	BG28	BG40	MC64	四轮铣	侧面铣
总高度/m	26.5	27	33	4.8	4.8
装机总重/t	85	130	120	85	90
发动机功率/kW	300	433	447	2×260	2×60
卷管系统	HSS	HSS	HTS	—	—
切削与搅拌头	BCM5/BCM10	BCM5/BCM10	BCM5/BCM10	BCM5	BCM5/BCM10
施工深度/m	28	48	50	60	60
施工作业面宽度/m				8.0~9.0	4.5

图 5-16　TRD 深层搅拌桩机

5.4.2　TRD 深层搅拌桩机

TRD 深层搅拌桩机为等厚水泥土搅拌地下连续墙工法机。施工方法是将满足设计深度的附有切割链条以及刀头的切割箱插入地下，在进行纵向切割横向推进成槽的同时，向地基内部注入水泥浆已达到与原状地基的混合搅拌成墙的施工工艺。通过TRD 深层搅拌工法，可实施止水墙以及挡土墙的构筑。TRD 深层搅拌桩机见图 5-16。

（1）设备特点。

1）施工精度高。

2）稳定性好。

3）纵向均一品质墙体。

4）无缝隙，连续性好。

5）挖掘能力良好。

（2）TRD 深层搅拌设备配置。TRD 深层搅拌设备（等厚水泥土搅拌地下连续墙工法机）主要配置见表 5-11。

表 5-11　　　　　　　　　TRD 深层搅拌设备主要配置表

序号	名　称	规　格	数量	备　注
1	等厚水泥土搅拌地下连续墙工法机（TRD-E 型）		1 台	电动机功率 600kVA/300kVA（电动机）
2	履带式起重机		1 台	墙体深度 35m 以内适用 60t 级别、超 35m 以上适用 80t 级别以上
3	空压机	5m³/min，0.7MPa	1 台	
4	铺设铁板	22mm×1.524mm×6.096mm	30 张	施工面铺垫用

（3）TRD 深层搅拌设备参数。TRD 深层搅拌设备（等厚水泥土搅拌地下连续墙工法机）技术参数见表 5-12。

表 5－12   TRD 深层搅拌设备技术参数表

主机	掘进驱动装置	适用深度	适用墙体厚度	全装备总重量	平均接地比压
步履式	液压电动机 驱动式 （电动机）	36.8m （最大 60m）	550mm （最大 850mm）	145t ($L=36.8$m）	0.037MPa ($L=36.8$m）

5.5 附属设备

5.5.1 制浆设备

制浆设备是深层搅拌设备配备的重要附属设备，它对浆液质量、施工的工效和施工质量影响很大。目前，常用的制浆设备可分为普通制浆机和快速制浆机。

（1）普通制浆机。普通制浆机多为立式结构，由电动机、减速机、搅拌叶、搅拌器等组成，搅拌转速在 $20\sim40$r/min 之间，属低速运转设备，匹配的电机功率为 2.5kW 或 3kW，制浆容积在 $300\sim400$L 之间。

普通制浆机需与泥浆泵配合使用，才能将制作好的水泥浆液输送到储浆搅拌机中。

普通制浆机具备结构简单、体积小、重量轻、施工中安装和搬运方便等优点，目前在中、小工程施工中应用较为广泛，普通制浆机结构见图 5－17。

（2）快速制浆机。快速制浆机又称高速制浆机、高速搅拌机、高速胶体拌和机。快速制浆机叶轮的旋转速度在 1200r/min 以上。制浆

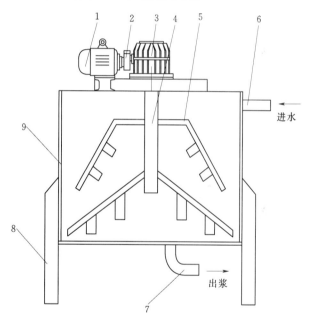

图 5－17 普通制浆机结构示意图
1—电动机；2—皮带轮；3—减速机；4—搅拌轴；5—搅拌叶；
6—进水口；7—出浆口；8—支撑架；9—搅拌器

原理是，通过离心运动使浆液在容器内形成高速旋流，高速旋转的浆液受到强烈的剪切作用，水泥团粒充分分散、水化，达到充分搅拌的目的，扳动转换机构的操作杆，可以直接将水泥浆液输送至储浆搅拌机中。采用离心泵作为搅拌体的快速制浆机，一般不需要另外配置输浆泵。

快速制浆机制浆速度快、生产出的水泥浆液均匀性好，常用几种快速制浆机型号和技术性能见表 5－13，快速制浆机结构见图 5－18。

表 5 - 13　　　　　　　　　　常用几种快速制浆机型号和技术性能表

型号 参数	ZJ - 250	ZJ - 400	ZJ - 800
公称容积/L	250	400	800
电动机功率/kW	5.5	7.5	15
制浆时间/min	3	3	3
制浆水灰比范围	0.5～3.0	0.5～3.0	0.5～3.0
搅拌电动机转速/(r/min)	1400	1400	1400
重量/kg	310	450	680

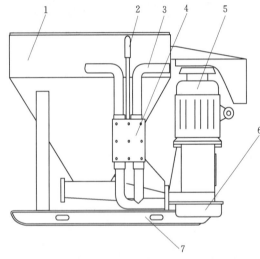

图 5 - 18　快速制浆机结构示意图
1—制浆器；2—操作杆；3—出浆口；4—转换器；
5—电动机；6—蜗轮机；7—托架

5.5.2　输浆设备

　　输浆设备指组成输浆系统的各种泥浆泵、输浆管、阀等部件，是深层搅拌施工设备中的不可缺少的附属设备。搅拌钻头在进行切削、搅拌运动时，搅拌钻头与土体之间产生切削阻力、搅拌阻力和摩擦阻力，随着搅拌深度的变化，还产生渐变的土体自重力，这几种力作用在搅拌头喷浆口的位置产生一定的压力，并传递到输浆设备，要求泥浆泵、管路、阀等部件能承受一定压力负荷，并能顺利输送水泥浆液。

　　（1）泥浆泵。深层搅拌施工要求泥浆泵有较大的工作压力和排量，能方便地进行流量调节，易损配件有较高的耐磨性和

耐腐蚀性，结构简单，易于维修。在深层搅拌施工中常用的国产输浆设备有两种：一种是PN 型泥浆泵；另一种是 BW 型泥浆泵。

　　PN 型泥浆泵是卧式单级单吸悬臂式泥浆泵，常用的 PN 型泥浆泵电动机功率是7.5kW，泵体与制浆机的输出端口连接，通过管路闸阀，将制造合格的水泥浆液输送至储浆搅拌机中，常选用输出口径为 50mm 或 75mm 的 2PN 型或 3PN 泥浆泵。

　　BW 型泥浆泵是三缸单作用卧式往复活塞泵，配电动机或柴油发电机，这种泵可输出多种压力和流量，可选择齿轮箱机械换挡变速或调速电机调速获取不同数值的流量。BW型泥浆泵有单管输出和多管输出，分别匹配不同类型的搅拌桩机，与储浆罐输出口连接。常用泥浆泵型号及主要参数见表 5 - 14。

　　（2）管路。按材料性质分，输浆管路中常用的输浆管有金属管和胶管两种。

　　1）金属管。金属输浆管常选用普通无缝管制作，直径 20～28mm，壁厚不小于

3mm，材料用 15 号或 20 号钢（见图 5-19），金属输浆管位于搅拌轴内部，通过连接块与搅拌轴固定，施工作业时随搅拌轴一起运动，浆液通过输浆泵、输浆胶管、进浆阀、金属管输送至搅拌头喷入土体。

表 5-14　　　　　　　　　　常用泥浆泵型号及主要技术参数表

型号	流量 /(L/min)	压力 /MPa	功率 /kW	质量 /kg	出口管径 /mm
2PN 型泥浆泵	200～470	1.6～6.6	7.5	100	50
3PN 型泥浆泵	200～470	1.6～6.6	7.5	100	75
BW-150 型泥浆泵	32～150	1.8～7.0	7.5	516	32
BW-150/10 型泥浆泵	50～153	3.3～10	11	516	32
BW-160/10 型泥浆泵	44～160	2.5～10	11	495	32
BW-250 型泥浆泵	35～250	2.5～7.0	15	500	51
ZBB-2 型变量泥浆泵	35～178	2.7～6	11	415	

2）胶管。胶管是用于连接输浆系统中两个部件之间的管道。深层搅拌输浆系统的制浆机、储浆器、输浆泵、阀之间用胶管连接。常用的胶管有两种，压力胶管和普通胶管。

安装在输浆泵与进浆阀之间的是压力胶管，胶管耐压值在 3～6MPa 之间，可以选用多层夹布胶管或钢丝编胶管，夹布胶管采购成本低，但使用寿命短，钢丝编胶管采购费用较高。一般每根胶管长度约为 20m，因此管与管之间需用管接头连接。

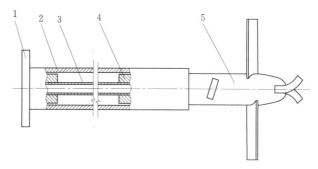

图 5-19　搅拌轴和固定输浆管示意图
1—法兰；2—搅拌轴；3—固定输浆管；4—连接块；5—搅拌头

安装在制浆机与主机储浆器之间的胶管是普通胶管，制浆机与主机距离一般不宜超过 100m，制备好的浆液也需管路输送到储浆器中，这个部位输浆管路承载压力较小，主要作用为输送功能，选用普通输水管带或消防管带就可以满足使用要求，根据各接口部位管径选择相应规格的输水管带，连接部位通过金属接头连接。

（3）阀。

1）进浆阀。进浆阀又称水龙头，位于搅拌轴的上部，是深层搅拌设备专用阀体，不是通用件，一般由桩机生产厂家自行研究设计，随搅拌桩机配带的部件，不同生产厂家生产的进浆阀安装尺寸、连接尺寸不一样，功能都是将流动状态的压力浆液输送到旋转的输浆管路中，最后将浆液输送到搅拌钻头，进浆阀见图 5-20。

2）蝶阀。蝶阀是指关闭件为圆盘状，围绕阀轴旋转来达到开启功能的一种阀，是工业生产设备上常用的一种阀。深搅施工安装在输浆管路上，一端与制浆罐和储浆罐的输出

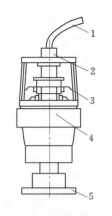

图 5-20 进浆阀示意图
1—胶管；2—连接头；3—防尘圈；
4—阀体；5—法兰

口连接；另一端与输浆管连接，起通断作用。

蝶阀有对夹式、法兰式、支耳式、焊接式等多种结构型式，选用对夹式蝶阀就可以满足输浆管路的启闭功能。蝶阀公称尺寸指阀体通道的直径，根据输浆管的尺寸选取合适的蝶阀。

5.5.3 常用搅拌钻头

搅拌钻头是深层搅拌桩机的重要部件，它是进行深层搅拌工艺的直接执行部件，主要功能是将特定的水泥浆液输送到土体中，并搅拌土体与水泥浆液的混合物。因此，搅拌钻头的形式，影响水泥浆与土体拌和的均匀性和搅拌效果。搅拌钻头常用的有十字叶片式、螺旋十字叶片式、笼形、三齿式等形式，部分形式的搅拌钻头见图5-21。

（1）十字叶片式搅拌钻头。十字叶片式搅拌钻头有双

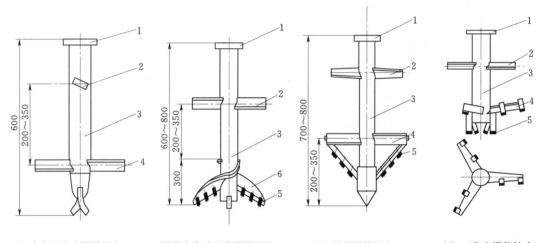

(a) 十字叶片式搅拌钻头　(b) 螺旋十字叶片式搅拌钻头　(c) 笼形搅拌钻头　(d) 三齿式搅拌钻头

图 5-21　部分形式的搅拌钻头示意图（单位：mm）
1—连接法兰；2—搅拌叶片；3—搅拌头轴；4—切削搅拌叶片；5—硬质合金；6—螺旋叶片

层、三层结构型式，应用最多的是双层叶片结构。搅拌叶片对称焊接，与水平面的夹角在10°～30°之间，层与层之间的搅拌叶片均匀等分交错布置，如果叶片焊接的对称性不好，会使得搅拌头在钻进的过程中受力不均匀。

十字叶片式搅拌钻头的搅拌效果比较好，但钻进切削能力差，适合粉土、粉质黏土、粉砂土地层的深层搅拌施工，施工中如遇黏性土层，需加大叶片层与层之间间距，不适合坚硬地层、砾石、砂卵石等复杂地层施工。

（2）螺旋式搅拌钻头。螺旋式搅拌钻头在单头粉体喷射深层搅拌中应用较广，搅拌钻头直径大，钻进过程中自身能产生一定的钻进推力，切削能力好。但在土粒黏性大的土层中施工时，易产生搅拌钻头裹泥，孔口易形成柱状活塞。因此，不适用于黏性土层。

（3）螺旋十字叶片式搅拌钻头。螺旋十字叶片式搅拌钻头是十字叶片式搅拌钻头与螺

旋式搅拌钻头的综合形式，具有螺旋式搅拌钻头的钻进切削和十字叶片式搅拌功能，这种钻头相应长些，叶片的螺旋升角不宜太大，也不宜太小，太小则不利于搅拌，工程实践发现，螺旋升角在 20°～30° 之间，其综合性能较好。

（4）笼形和三齿搅拌钻头。这种搅拌钻头的切削齿多，切削齿部位常焊接硬质合金材料，耐磨性好，适合在砂性土层施工中使用。

（5）常用的硬质合金材料。为了提高搅拌钻头的耐磨性，减少施工中补焊、更换搅拌钻头次数，通常在搅拌叶片切削部位采取使用耐磨焊条堆焊或镶嵌硬质合金材料。采用在搅拌叶片上堆焊处理时，焊后要保温冷却，以防出现焊缝裂纹，常用的堆焊焊条有，普通中低合金锰钢堆焊焊条 D102、D107、D112、D127、D167，高锰钢堆焊焊条 D256、D266，铬钼钢堆焊焊条 D172、D212；一般使用方形硬质合金，也有使用圆柱形，焊接时需要在搅拌叶片上开槽，塞埋后用钎焊焊接，焊后保温冷却，常用的碳化钨—钴类硬质有 YG4C、YG8、YG8C、YG11C 等牌号。

5.5.4 空压机

为适应中砂层、砾石层等复杂地层施工，深层搅拌工法出现了浆、气组合的施工工艺，即在原施工工艺的基础上增加压缩空气介质，搅拌头钻进、提升、喷浆、喷气同步作业的深层搅拌工艺，借助压缩空气动力，加大了对土粒的切削和搅拌作用，可以大大提高搅拌头的钻进动力，解决厚砂层中深层搅拌桩施工钻深难的问题。同时，大大地提高施工效率。

国内生产的空气压缩机常见的有活塞式压缩机和螺杆式压缩机。活塞压缩机系统简单、购买费用低，维修方便、适用范围广，但运转时有较大的振动和噪声，适合在野外或对周边环境无要求的区域施工，螺杆压缩机体积小，气流脉动极小，出气稳定，性能可靠，采用微电子监控系统，操作方便，噪声低，适合在城市市区和对环境要求较高的区域施工。螺杆压缩机也是今后发展的趋势。

浆、气组合的深层搅拌施工常配置的空压机容积流量为 3～30m³，压力为 0.5～1.0MPa，确定输气量参数需根据具体情况通过现场试验确定。

深层搅拌工程中常用的风冷固定式电动机驱动压缩空压机见图 5-22。

图 5-22　常用的风冷固定式电动机驱动压缩空压机

常用空气压缩机型号及主要参数见表5-15。

表5-15 常用空气压缩机型号及主要参数表

型 号		容积流量/(m³/min)	排气压力/MPa	功率/kW	外形尺寸(L×W×H)/(mm×mm×mm)
活塞往复式	VF-3/7	3	0.7	18.5	1668×1140×1230
	VF-6/7	6	0.7	37	2090×1400×1230
	VF-9/7	9	0.7	55	2490×1300×1366
	VF-12/7	12	0.7	75	2930×1280×1420
螺杆式	LGFD-3/7	3	0.7	22	1400×890×1100
	LGFD-6/7	6	0.7	45	1600×100×1320
	LGFD-10/7	10	0.7	75	2450×1300×1600
	LGFD-12/7	12	0.7	75	2450×1300×1600
	LGFD-20/7	20	0.7	132	3100×1900×1900
	LGFD-25/7	25	0.7	160	3100×1900×1900

5.5.5 自动记录仪

自动记录仪具备两方面功能：一是测量搅拌钻头的位移行程，即搅拌桩施工深度；二是计量每个单元墙输入的水泥浆液量。常用的自动记录仪是基于ARM处理器的数据采集、检测、处理、记录、存储、打印仪器，由电磁传感器、深度传感器、数据处理器、显示器、设置按钮、打印机和数据线等组成。电磁传感器和深度传感器分别采集水泥浆液流量信号和搅拌钻头的位移信号，并转换成脉动的电信号输入到数据处理器，数据在ARM处理器中运行后由显示器显示实时浆量和深度数据，并驱动打印机打印施工资料。自动记录仪数据传输见图5-23。

随着深层搅拌桩技术的广泛应用和发展，国内生产的自动记录仪品种也逐步增多，常用的有SJC型水泥土搅拌桩浆量监测记录仪、BJ-A水泥电脑喷浆自动记录仪、BC-2型智能水泥喷浆记录仪等，BJ-A水泥电脑喷浆自动记录仪的显示面板见图5-24。

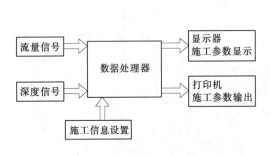

图5-23 自动记录仪数据传输示意图

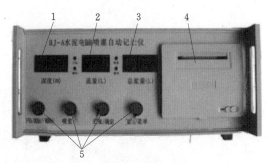

图5-24 BJ-A水泥电脑喷浆
自动记录仪的显示面板图
1—深度显示屏；2—浆量显示屏；3—总浆量
显示屏；4—打印机；5—设置按钮

BJ-A水泥电脑喷浆自动记录仪技术参数：

电源电压：220V±15％；

工作环境温度：-10~40℃；

相对湿度：≤90％；

深度测量范围：0~30m；测量精度：0.5％；测量分辨率：1cm；

浆量测量范围：0~9999L；测量精度：1％；测量分辨率：0.1L；

段浆量范围：0~99.0L/0.1m；精度：0.5％；分辨率：0.1L。

6 施 工 组 织 设 计

6.1 基本资料

6.1.1 工程概况

工程概况，包括工程的规模，建筑物类别，级别及数量，工程问题类型，复杂程度及重要程度，水库水资源重要程度，当地社会、经济、民族等情况。

6.1.2 自然条件

工程水文特征，包括水系、流域治理情况、河床断面、高水位、低水位、流速、流量、洪水发生频次、洪峰流量、断流情况。

工程气象资料，包括工程所在地极端天气情况，高温温度、低温温度、霜冻时间、旱季、汛期时间分布、雷电、风暴情况。以便做好施工预防措施。

地形地貌资料，包括现场踏勘。通过地形地貌发育情况，宏观上判定工程所在地松散堆积物物料来源，估计第四系堆积物的成分、粒径、堆积体厚度及其层位变化情况，确定搅拌工程施工的适应性。

水文地质资料，包括地层结构、构造、岩土节理、裂隙、孔洞、孔隙情况、含水层层位及厚度、隔水层层位及厚度、地下水类型、地下水水位、地下水补给、径流和排泄条件、地下水水质分析、抽水试验、压水试验、渗透系数、水力坡度、给水度、影响半径等。

工程地质资料，包括工程地质岩土分类、分层、地层均匀程度、粒径分析、密度（颗粒密度、干密度、饱和密度、天然密度）、密实度、孔隙度、含水率、饱水度、土体强度、压缩性、黏聚力、内摩擦角、弹性模量、原位测试参数等，土体特殊气体、液体、侵蚀性分析。

一般情况下复合地基处理和基坑支护地质勘探孔较密，不需进行先导孔，但堤坝防渗工程中，由于防渗墙沿线较长，地质勘探孔间距多在100m以上。因此，为进一步探明防渗墙合理的下限深度位置，还需要补充先导孔，按照现行规范，先导孔间距一般为50m，地质复杂、地层变化较大的特殊地段应适当加密。布孔应考虑原地质勘探孔布孔情况，保证50m以内有一个地质孔，孔应深入设计防渗墙底层以下2~5m，应钻取芯样进行鉴定，由地质工程师描述地层情况，绘出地质剖面图，初步推荐防渗墙下限深度位置，报设计批准。

地震资料，主要是近500年以来历次地震震源、震级、地震破坏程度。根据全国地震区划图，确定工程区域地震设防烈度，提供地震动加速度、场地特征周期等重要参数。收集工程所在地发震断层、新构造活动带位置、规模及其活动性，明确工程避让距离。

根据场地地形地貌条件，确定场地类型、地震液化等级、地震液化处理方案。

6.1.3　供水供电

深层搅拌法施工需要大量生产用水，用于制备水泥浆。在复合地基和基坑止水工程施工场地多是面状，供水供电布置较易；在堤坝沿轴线施工防渗墙时，施工设备和制浆系统需要沿轴线多次搬移，取水点宜为线状分布。因此，在进行施工组织设计时，应当详细了解工程供水条件，包括水源类别、水质、水量、取水方式、取水距离。

深层搅拌工程施工对电力供应有较高要求，单头桩机一般需要用电容量 70～100kW；多头桩机一般需要用电容量 100～200kW。电压需 380V，电源距离应满足电压降的要求。如果无网电，应考虑使用发电机供电。

6.1.4　建筑材料

深层搅拌施工主要材料为水泥，工程特殊需要时，还添加黏土或膨润土以改善深层搅拌桩和墙体的受力条件。膨润土可在当地建材市场采购，一般黏土可在工程所在地取用。工程施工前，应对建筑材料料场位置、材料储量、品质、运输条件实地考察，以便施工时进行优选。

6.1.5　交通条件

进行场外交通踏勘，了解当地交通网络情况，熟悉地方交通法规、制度和特殊要求，掌握公共交通瓶颈地段路面质量、平整度、宽度、净空高度和桥梁承重条件，以及道路弯曲半径、倾斜程度等。

场内交通情况，包括路面质量、坡度、障碍物、会车条件、场内道路长度，目前场内道路使用情况、将来利用情况等。

6.1.6　场地条件

场地条件资料，包括埋设地下的上、下水管、光纤、电缆等地下管网；地下通道、地下铁路、人防等地下工程；地表、高空各种障碍物情况。

6.1.7　设计资料

收集设计资料，详细了解设计意图、设计方案、设计依据、设计内容。根据设计资料确定设计参数、施工参数、桩（墙）检测参数。

（1）设计参数。包括轴线位置，搅拌桩（防渗墙、挡墙）顶底高程，桩长桩径，桩间搭接厚度，墙体厚度，水泥品种、强度等级，水泥掺入量，水灰比，浆密度，添加剂。

（2）施工参数。包括桩机下钻与起钻速度，钻机转动速度，停钻高程，复搅要求，喷浆压力，垂直度控制，钻头直径，叶片长度，宽度、角度，叶片数量和间距。

（3）桩（墙）检测参数。包括强度，变形模量，渗透系数，破坏比降，检测频次、方法、标准和仪器设备。

6.2　施工布置

6.2.1　施工布置原则

施工平面布置可按下述原则进行。

（1）充分考虑深层搅拌工程的设计和施工特点。

（2）有利于生产，便于管理，尽量避免各项目之间的施工干扰。

（3）因地制宜，合理布置施工场地、施工工区和生活管理区。

（4）因工序和时间制宜，防止内外部交叉施工和互相干扰。

（5）布置紧凑，减少占地。

（6）文明施工、安全生产。

6.2.2　施工布置内容及要求

（1）施工布置内容。

1）施工设备布置。根据设备施工能力（动力、深度、工效等）、地质条件、工期计划进行设备安排摆放。

在工程进行施工组织设计时，应依据施工设备动力条件和钻具配置，并考虑设备经济、合理的施工深度和适用的地质条件，在保证设备的施工效率和安全生产的情况下，合理配置深层搅拌施工设备。

2）水泥浆搅拌站。水泥浆搅拌站随施工设备布置，距施工设备距离不宜超过50m。水泥浆搅拌站场地较开阔、地基较稳固、水源有保障、场内交通能满足。在堤坝上时，水泥浆搅拌站距坝肩或堤肩不宜小于2.0m，不宜布置在迎水侧。

3）材料仓库。深层搅拌工程的主要材料为水泥，水泥消耗量较大，在防渗墙施工工程中，施工沿防渗墙轴线行进较快，施工中水泥浆搅拌站要求与桩机协调布置，挪动频繁。因此，在布置水泥浆搅拌站时，同时布置水泥仓库。水泥仓库应地基平整、稳固，且地势较高，有排水措施。

4）零配件、器材仓库。深层搅拌设备目前还没有完全实现标准化，不少配件为设备专有，市场采购困难，为保证生产正常进行，必须自行配备足量的各种配件、器材，零配件仓库库容必须与之相适应，且保证仓库安全，方便管理。

5）机修车间。工程施工中，设备可能会出现故障，设备维修将造成工程施工中断，时间过长，防渗墙、止水帷幕工程会出现接头，影响防渗效果。同时，也会影响施工工效。因此，在工程规模较大时，应考虑设置机修车间，配备专门维修设备和维修人员，进行专有配件制作，及时检修设备。

6）施工道路。包括设备进退场道路，材料进场道路和人员通勤车道路等。其中，设备进场道路要求能通行30t以上的卡车，宽度不小于5m，坡度不大于3°，转弯半径不小于50m，路面硬度符合临时通行要求，场地不具备条件时，可临时铺筑。

在工程施工期间，材料进场道路为经常性道路，通行能力要求满足10t以上的卡车通行，且每个工区有一条备用进场道路，在无法形成回路时，须分段设置回车场。在场地进出口位置，应设置符合标准的洗车池，对出场车辆进行冲洗，防止车辆带泥出场，造成外部道路的污染，施工期间还应该对材料进场道路进行维护和保养。

为便于对施工现场的管理，施工现场布置必须考虑管理人员通勤车辆的通行道路和驻车场地，所确定的道路应保证通勤车的行驶安全。

7）施工用水用电。施工用水需要考察水源位置、水质、水量、水压等，还需要考察该水源的可持续性。

深层搅拌电器设备较复杂，且功率一般较大，深层搅拌施工需连续作业，在堤防、大坝施工时，供电线路较长，电压降较大，电能损耗较大。因此，施工前，需要对电源进行考察。对具有电网的地方，尽可能协调使用网电，否则应配置移动式发电机。在堤防、大坝施工时，供电线路较长，电压降较大，需要在施工地段架设大功率的变压器和高压输电线路。同时，尚应考虑随机配置相应功率的移动式发电机作为备用电源。从变电站（变压器）到深层搅拌设备的线路应按照要求使用五线三相电缆，且架空或埋设在地下。

8）项目部。尽量布置在工程项目的中心地带，便于对各个施工队进行管理，同时，为方便与业主、监理单位的工作联系，项目部的位置还应交通便利，场地开阔、平整，区域内通信有保障。

9）通信。在工程施工中，信息的交流是十分重要的，为确保信息交流通畅，施工现场应当配置完善的通信设施。通信设施包括手机、对讲机、传真机、网络等通信系统。

10）其他临时工程和辅助设施。项目管理人员及项目施工人员的住宿、厨卫、文体及其他辅助设施应因地制宜，就近布置，其建筑标准和使用时间与主体工程相适应。

施工人员人均住宿面积满足国家消防和劳动卫生的有关规定，应适量设置厨房、卫生间。施工现场可配置流动卫生间，距工作点不应太远；建筑面积标准，可根据现场施工人数确定。为满足施工人员的业余生活，可设置职工活动中心和简易运动场地。为便于对场地进行治安和车辆通行管理，在进出场道口设置治安值班室。

【工程实例】 山西某河道治理深层搅拌防渗墙项目，沿河两岸的防渗墙设计轴线长度为 6km，防渗墙设计面积为 7 万余 m^2，设计工期为 3 个月，布置 4 台 ZCJ - 25 型深层搅拌设备，施工高峰期施工人员达到 130 余人。项目所在地为城市近郊区，交通条件较好，人员流动复杂。施工设备零件器材采购比较方便，附近有 3 家水泥厂，其中两家水泥厂的产品符合工程用水泥的质量标准和供货要求，采用当地农用车运输水泥进入工地。

根据上述条件，本项目铺筑了设备进场道路、修建治安值班室 4 处，在施工队驻地搭建行军帐篷 8 顶，租用活动卫生间 8 个，分别布置在帐篷和施工设备附近，建消防特殊材料仓库 2 处，分别布置于河道两侧，租用当地居民用房作为项目办公用房和项目管理人员宿舍及文体活动中心。配备微型电台和对讲系统，办公室内接入电话、传真或网络。工程施工临时工程布置占地情况见表 6-1。

表 6-1　　　　　　工程施工临时工程布置占地情况表

用　途	面积/m^2	位置	需用时间/月
职工宿舍	300	工地内和工地附近民房	4
职工食堂	50	工地内和工地附近民房	4
流动卫生间	16	工地内共 8 个	4
办公用房	100	工地附近民房	4
治安值班室	40	两岸进出口共 4 处	4
消防特殊材料仓库	40	两岸中部位置共 2 处	4
机械修配厂	40	工地附近	4
文化娱乐体育场地	500	工地附近	4
临时施工道路	2000	施工段内	4
合计	3086		

（2）施工布置要求。

1）城市管理对施工的要求。施工设备布置需要考虑工程的建筑红线、场区边界及临时用地范围，不得越界布置，在划定区域内，若存在行人、车辆穿行路段，在保证施工方便时，可采取必要的断路措施。

城市市区项目施工中，机械振动、施工噪声、空气污染、泥浆回收、材料遗撒等环境问题，必须有妥善解决方案，配置防震、消声、除尘设施和布置集浆槽等辅助工程，确保将工地建设成一个和谐的、环保的文明工地。

2）汛情对河道施工的要求。深层搅拌工程在沿河道两岸滩地或堤顶，汛期施工时，工程防洪主要体现在两方面，其一是工程设备占据行洪河道，或防汛道路，影响防洪，原则上汛期应停止施工；其二是施工设备、人员和材料可能受到洪水的威胁。因此，在施工布置时，深层搅拌设备应布置在进退场方便的地段，根据需要可修筑临时道路，供设备、材料和人员应急出入。

6.2.3 施工布置图

编制一套详细的施工布置图，包括施工布置总图、细图、平面图、立面图等，工程实施时，按照施工布置图进行设备和设施的布置，施工现场根据实际情况，可适当调整，但需要说明情况，征求业主单位和施工组织设计人员的意见。

【工程实例】 在前述山西某河道治理项目中，防渗墙施工轴线布置于河道两侧堤顶，高于100年一遇校核洪水位0.50m，堤坝外侧50m为河道治理界线，堤顶施工轴线至场界范围场地平整，按照规划已建设为公园绿地，堤坝内河床已经治理，河道基本顺直，河床开阔、平坦，施工期间为枯水期，水位低于堤顶2.5m。根据设备施工能力和工程量，

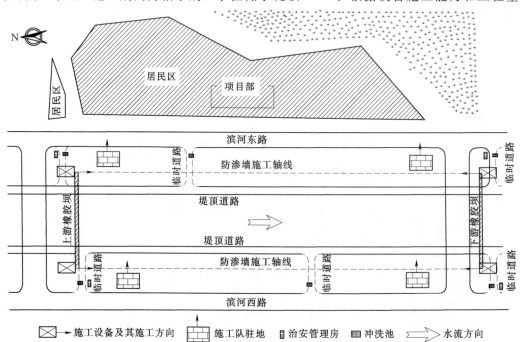

图6-1 深层搅拌工程施工平面布置示意图

均衡布置 4 个施工机组，每侧布置 2 台，同一侧内，2 台设备相对方向施工。项目部、宿舍、仓库等临时设施根据现场情况，在场地内自建和工地附近租借。临时道路以现有道路为重点，无法满足进场要求的，修建临时道路，路面宽度和硬度以满足材料、设备和人员进出场为标准，出入口设置安保治安房，临时道路用后恢复。本工程施工平面和立面布置分别见图 6-1 和图 6-2。

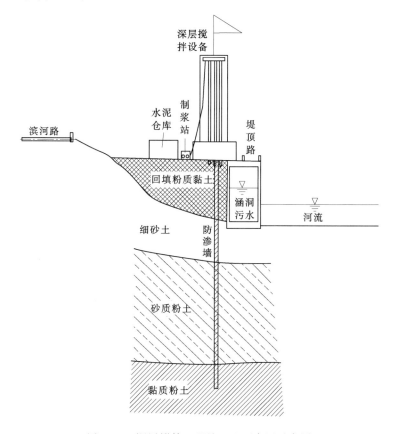

图 6-2　深层搅拌工程施工立面布置示意图

6.3　施工技术方案

　　深层搅拌施工，是通过一系列的生产过程，将水泥浆等固化剂材料掺入土体，并与土体就地搅拌均匀，形成符合工程需要的结构体。为保证这一系列的生产活动顺利进行，确保工程达到预期效果，在施工前，结合工程特征和施工条件，制定施工技术方案。

6.3.1　复合地基施工技术方案

　　施工技术方案，包括施工程序、施工工艺、技术参数、施工技术要点及特殊情况处理。

　　（1）施工程序。深层搅拌桩复合地基基本程序：施工准备→场地清理→测放桩位→桩机定位→喷浆预搅下沉→提升搅拌→根据设计要求重复搅拌→关闭搅拌机、清洗管路→移机至下一桩位继续施工，直至工程结束。深搅桩地基处理工程施工流程见图 6-3。

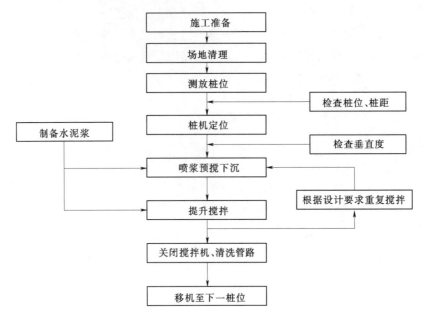

图 6-3 深搅桩地基处理工程施工流程图

大面积范围进行复合地基深层搅拌施工，可以根据场地条件和工期安排和排浆情况，从场地一侧向另一侧行进施工，或从中心向外围施工。

（2）施工工艺。深层搅拌桩施工工艺流程见第 7.2.1 条的内容。在施工中，可在钻进时喷浆，也可在提升时喷浆，何时喷浆最佳，是根据地层的软硬情况和搅拌头的工艺特点而定。同理，重复搅拌过程中是否喷浆，亦应根据地基土的力学指标和设计要求灵活掌握。

（3）技术参数。在施工技术方案中，要明确下列技术参数。

1）设计技术参数。设计方面的技术参数，是根据工程需要，由工程设计人员提供的桩体物理形状、物理力学性质参数和固化剂控制性参数，具体如下。

A. 物理形状：桩顶高程、桩底高程、桩径、桩间距、置换率。

B. 物理力学性质参数：水泥土无侧限抗压强度、变形模量、单桩承载力、复合地基承载力。

C. 固化剂控制性参数：水泥掺入量、水灰比、浆液密度、变掺入量参数。

2）施工技术参数。包括搅拌头转速、提升速度、搅拌头叶片数量、叶片的宽度、叶片的厚度、叶片的焊接角度、施工设备对位精确度、导向架垂直度、水泥浆压力、停浆高程、复搅深度控制、复搅次数等。

（4）施工技术要点。在编制施工组织时，由于场地条件、施工要素和桩头成品保护等对于最终的施工质量影响大，应当将下述要点明确编入施工组织设计中。

1）平整场地。要求平整后的场地高差不大于 100mm，作业面承载力应满足施工要求，若不满足施工要求应采取措施。

2）桩位对位准确。移动深层搅拌桩机到达指定桩位，对中误差不大于5cm。

3）垂直度符合要求。深层搅拌桩机完成对中后，调整支腿，使施工设备搅拌轴垂直，其垂直度的偏离不应超过1.0%。在施工过程中应随时观察和调整设备，确保垂直度符合要求。

4）喷浆均匀。喷浆成桩过程中，浆液从喷嘴连续、稳定喷出。设备钻进速度、旋转速度、喷浆压力、喷浆量应根据工艺试成桩时确定的参数操作。

5）桩顶高程。桩顶高程是指水泥土搅拌桩成桩的有效高程。为确保桩头满足设计要求，该高程以上500mm需要喷浆搅拌，施工结束后应予以凿除。

6）复搅。应按照设计要求进行复搅。

7）桩径。桩径必须满足设计要求，施工期间要求经常检查、补焊。

（5）特殊情况处理。

1）地层变化。

A．持力层土层性质改变、土层界面高程变化。软土地基中，强度较大的土层可以作为持力层。在地质结构复杂地区，同一层位的土体，粒度、密实度和强度都会有变化，可能导致所选的持力层消失，也可能有新的持力层出现。持力层层面高程可能发生变化，层面下降时，持力层降到设计高程之下时，应考虑适当加大搅拌桩处理深度，反之，在层面上升时，此时可适当缩短桩长，减少地基处理深度。

B．加固层发生土层性质改变。施工中，若出现细粒土向粗粒土变化时，土层孔隙增大，孔隙度减小，土体持水能力减弱，透水能力加强，一般情况下，土体粒度变大后，比表面积减小，土粒活性降低，土粒对水泥胶结材料的需求量减少，这种情况下可适当减少水泥掺入量。

当出现由粉细砂向粉质黏土变化时，施工中水泥掺入量按照前述情况相反方向调整，由于黏性土黏性强，土体中团块、结核状物较多，深层搅拌均匀性较差，在此类土层中施工时，可调高搅拌转速，降低搅拌头升降速度，必要时，增加复搅桩长和复搅次数。

2）地上地下障碍物。

A．地下障碍物。地下树根、建筑垃圾、块石等地下障碍物，严重阻碍深层搅拌钻进作业，而且搅拌不均匀，建筑垃圾和树根与水泥等固化剂的固结效果较差，达不到地基处理效果。因此，需要进行调查、探明和圈定地下障碍物位置，采取清除措施。

B．空中障碍物。有条件时，可清除空中障碍物，或协调、改变障碍物的走向。如高压线、电话线等也可同有关方面协调，临时断电，待施工完毕，再恢复供电。

如遇空中障碍物不能断电、拆除等情况时，采用高喷灌浆等其他工艺处理。

C．施工工作面受限。影响作业面的建筑物如墙、柱和其他地面附着物。主要采取变更设计方案中搅拌桩平面布局方式解决，如无法改变平面布局，则该施工段采用其他工艺处理，如体形较小的高喷施工设备。

3）沟、渠、塘及其他软弱地面。采取填塘固基的方法，将软弱面硬化处理，然后再平整，在坚实的场地上进行深层搅拌施工。

（6）地基处理施工技术方案案例。黄河故道某水库管理站四层办公楼，砖混结构。楼地屋面均采用预应力多孔板。厚 240mm 砖墙采用普通砖实砌。钢筋混凝土条形基础。

工程地处软弱地基场地。地基自然地坪（如室外地坪）下 50cm 范围为耕植土，其下粉质黏土层厚 1m，再往下"深不见底"的流塑状淤泥质黏土层。各土层的主要物理学性质指标见表 6-2。常年平均地下水位在地表下 1m 深处。地下水无侵蚀性。

表 6-2　　　　　　　　　　　各土层的主要物理学性质指标表

土层名称	含水量 /%	重度 /(kN/m³)	比重 D_s	塑性指数 I_p	压缩模量 E_s/MPa	地基标准承载力标准值 f_k/kPa	桩侧摩阻力标准值 f_k/kPa
耕植土		17.6					
粉质黏土	35.3	18.5	2.71	15.9	3.37	100	12
淤质黏土	51.5	18	2.72	22.7	1.68	55	7

根据上述工程特征和地基土工程地质性质，按照浅埋基础设计，采用筏板基础，埋置深度为 0.5m；采用水泥土搅拌桩复合地基处理法进行地基加固处理，使地基承载力标准值达到 130kPa。

设计搅拌桩直径 600mm，桩长 15.0m，桩间距 1.3m，梅花形布置桩位，设计复合地基置换率为 20%，固化剂材料为矿渣硅酸盐水泥 P.S 32.5，水泥掺入量为 15%，水灰比为 0.8，设计要求 28d 龄期的水泥土无侧向抗压强度大于 1.5MPa。

工程采用单头深层搅拌施工设备湿法施工，采取四搅三喷方式成桩。

1）成桩试验。施工前，根据工艺性设计进行工艺性试桩，掌握对该场地的成桩经验及各种操作技术参数，施工试验桩 3 根。

按照设计的要求和暂定的参数，在桩位外进行工艺性试桩，以检验各项参数是否合理，以及桩机的各项性能，符合要求后可正式施工。

2）准备工作。

A. 场地清淤、平整、压实。场地清淤后进行平整，要求坡度小于 2%，以利于桩机作业，保证垂直度及桩机移动方便、快捷与安全。

B. 场地放样。包括测放控制桩和桩位放样。测放控制桩是根据图纸的要求，测放控制桩，包括中心桩，边桩和角度的测量等。桩位放样是根据平面放样图，通过控制桩，采用钢尺等测量工具测放搅拌桩桩位，并用白灰标记，以利于寻找。

3）工程施工。深层搅拌桩施工按图 6-4 流程进行。

A. 桩机就位。将桩机搅拌头对准桩位，要求误差不大于 5cm。

B. 水泥浆的制备。按照最后确定的水灰比，外掺剂的分量进行水泥浆的第一次搅拌，待搅拌充分后（不小于 3min），经过滤，再放入第二次搅拌桶，再次进行搅拌，要求不得离析，停止时间不得超过 4h。

C. 搅拌施工。按照要求的工艺进行预搅拌，待到喷浆口下降到设计的桩尖高程时，开始喷浆，当时开始提升，进行第一次喷浆，到设计的桩顶标高，停止喷浆。重复喷浆搅拌下沉、重复喷浆提升，然后下上重复搅拌一次，该桩施工完毕。

D. 桩机移位。桩机移动到下组桩位，重复上述过程。

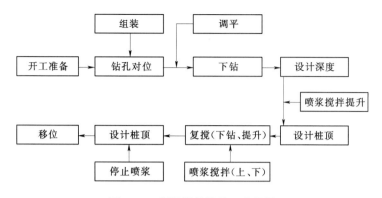

图 6-4 深层搅拌桩施工流程图

4）施工工艺参数控制。

机械钻进速度：$V=0.30\sim0.80\mathrm{m/min}$；

机械提升速度：$V=0.60\sim1.20\mathrm{m/min}$；

机械搅拌速度：$V=28\mathrm{r/min}$；

桩径：$\phi600\mathrm{mm}$；

桩距偏差：不大于 50mm；

钻杆垂直度：不大于 1.0%；

桩长：不小于各工区的设计桩长；

水泥：符合设计要求；

水泥掺入量：不少于 85kg/m；

水灰比：0.8；

停浆面：高于设计桩顶标高 500mm；

送浆管长度：不大于 60m。

5）施工要求。严格控制下钻和提升速度。下钻时不大于 0.80m/min；提升不超过 1.20m/min。

喷浆均匀，按每 10cm 的段浆量达到设计要求控制，杜绝严重超浆和断浆，喷浆的压力保持在 0.4~0.6MPa。

如果在喷搅过程中出现停浆时，要将钻机下沉至停浆点以下 50cm 等恢复供浆时再喷浆提升。

搅拌头采用 3 层 6 片搅叶，考虑到黏土层，每层刀片的间距不小于 250mm，防止抱土而出现空洞。

6.3.2 防渗墙施工技术方案

（1）施工程序。防渗墙的基本施工程序主要是施工准备、场地清理、测放施工轴线和控制点、工艺试验、导向槽开挖、设备定位、检查垂直度、制备水泥浆、单元墙施工、移位和对中、下一个单元墙施工、形成防渗墙、工程检测，对不合格的单元和防渗墙段进行工程返工和质量修补，验收合格后恢复场地。防渗墙施工流程见图 6-5。

（2）施工工艺。防渗墙施工工艺具体内容参见第 7.2.2 条。

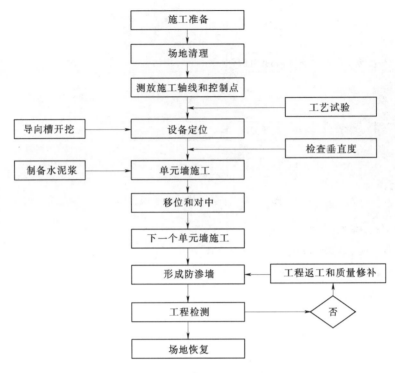

图 6-5 防渗墙施工流程图

（3）技术参数。防渗墙工程中，技术参数包括以下几个方面。

1）设计参数。

A. 物理形状。物理形状包括墙顶高程、墙底高程、桩径、最小墙厚、防渗墙起始点的桩号和坐标参数。

B. 物理力学性质。物理力学性质包括水泥土防渗墙无侧限抗压强度、变形模量、渗透系数、破坏比降等。

C. 固化剂控制。固化剂控制包括固化剂标号、水泥掺入量、水灰比、浆液密度。

2）施工参数。施工参数主要是搅拌头数量、单元墙内搅拌桩搭接长度、单元墙之间搅拌桩搭接长度、单元墙长度、单元墙截面积、水泥浆段浆量、搅拌头提升和下沉速度、转速、搅拌头叶片数量、规格、焊接角度、对位准确度、导向架垂直度，水泥浆供浆压力、停浆高程的参数。

（4）施工技术要点。多头深层搅拌设备搅拌头和搅拌轴均设置有连锁装置，其单元内墙体搭接是有保障的，施工时应确保单元间的墙体搭接。

1）施工工作面宽度满足要求，场地要求平整、稳固。

2）设备对位准确，对位误差根据防渗墙深度进行严格控制，误差绝对值不得大于 20mm。

3）设备精确调平，导向架的垂直度符合要求，确保搅拌桩单元墙垂直度，其偏差绝对值不大于 0.5%，施工前，可采用经纬仪校验设备的基座和导向架的垂直度。

4）搅拌头连锁装置牢固可靠。设置连锁装置后，可增加搅拌轴的刚度，可确保桩间搭接尺寸。

5）钻头直径满足设计要求，一般应该大于设计直径 2～5mm，在施工中应勤于检测，保证钻头磨损不应大于 2mm。

6）计算单元墙截面积和水泥浆段浆量。

7）控制提升、下沉速度，根据地层情况，确定搅拌头的提升和下沉速度，计算供浆设备的供浆强度。

8）墙底达到设计高程，并进入相对隔水层不少于一定深度，停浆面超过设计高程 300～500mm。

9）按设计要求保证桩间搭接长度，并考虑垂直偏差造成的搭接长度影响。

（5）特殊情况处理。

1）建筑物、构筑物等障碍。

A. 地表建筑物。在水库管理房、泵站、检测井建筑物、构筑物附近进行防渗墙施工时，采取绕行、间断的方式进行防渗墙施工。考虑到设备自身尺度、施工操作平台和建筑物的基础扩展情况，在轴线上，防渗墙的端点与建筑物的距离应大于 2.0m；如需采用绕行方案，防渗墙轴线端点与建筑的距离不小于 3.0m，建筑物附近深层搅拌防渗墙平面布置形式见图 6-6。

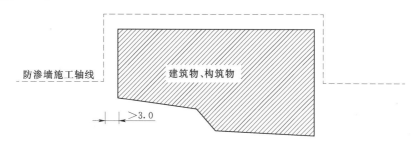

图 6-6　建筑物附近深层搅拌防渗墙平面布置形式（单位：m）

B. 地下涵洞、管道等地下建筑物附近。在地下涵洞、管道等地下建筑物附近进行深层搅拌施工时，首先要探明障碍物的位置、埋深等，弄清障碍物的性质。对于一般的涵洞、管道，防渗墙的端点与建筑物的边界最小距离控制为 1.0m。对于通信光纤、石油天然气管道和电缆等重要工程，最小安全距离适当加大，至少达到 5.0m。对上述未施工区域可进行灌浆处理。

C. 桥下施工。在桥下施工时，桥洞的高低决定了施工设备塔架的高度。当桥洞较低时，采取其他工艺方法施工。

D. 高压线下施工。高压线下施工与桥下施工方法相同。除此之外，尚应考虑高压线下的安全防护距离。

2）地层方面的影响。若遇见砂砾石、砂卵石地层，深层搅拌无法施工到底时，在上部土层用深层搅拌施工，下部可采取高喷灌浆方式对卵石层和基岩风化层防渗进行处理。深层搅拌防渗墙先行施工，高压喷射灌浆后续施工，且保证有效搭接。水平方向搭接长度不小于 1.0m。高压喷射施工轴线与深层搅拌防渗墙轴线相距 300mm（见图 6-7）；在铅垂方向，防渗墙之间的搭接长度不小于 1.0m（图 6-8），且需采用高压旋喷方式进行搭接。

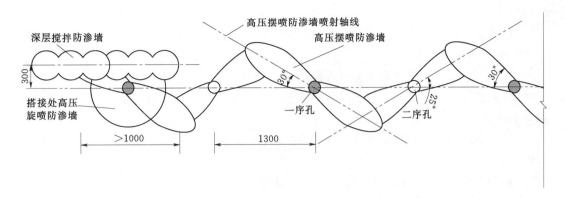

图 6-7　防渗墙平面搭接处理示意图（单位：mm）

（6）深层搅拌防渗墙施工技术方案案例。某截污导流工程主要是对大堤实施多头小直径搅拌桩防渗墙工程施工，提高大堤防渗能力，确保堤防防渗墙安全。多头小直径防渗墙桩号范围 82+830～87+950，总长 5120m，防渗墙总面积 68289m²。在地下涵洞等建筑物两侧采用高压摆喷结合处理，工程量 1468m。

根据资料显示，该堤段沿线地层主要为洪冲积地层，根据沉积时代、土层岩性及工程性质可分多层，自上而下依次为壤土粉土质堤身填土（Q_4^{ml}）、软塑—可塑状壤土（Q_4^{al+pl}）地基土、粉土（Q_4^{al+pl}）、淤泥质壤土（Q_4^{al+pl}）夹层、松散—稍密状饱和粉砂土（Q_4^{al+pl}）等地层，局部地方有少许砂卵石地层，卵石粒径小于 60mm，含量较少。

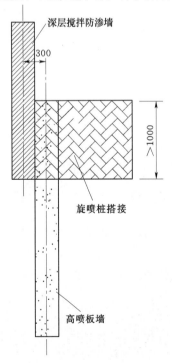

图 6-8　防渗墙垂直搭接处理
示意图（单位：mm）

设计文件要求防渗墙墙顶高程 26.21～26.45m，防渗墙墙底深度 12.80～25.10m，其中深度超过 18m 地段，上部采用深层搅拌施工，下部采用高压喷射灌浆工艺施工，防渗墙总面积为 68289m²。

工程地上地下障碍物附近采用高压喷射灌浆工艺施工，采用摆喷搭接方法，其摆喷角度采用 30°，喷射轴线与防渗墙轴线夹角为 25°，喷射直径不小于 1.5m，孔距 1.3m，高压喷射灌浆搭接长度不小于 15cm。

高喷防渗墙施工轴线与两侧深层搅拌防渗墙轴线相距 300mm，两种工艺搭接处搭接长度不小于1000mm。其搭接处理见图 6-8。

由于前述轴线间距存在，且高喷板墙轴线与高压摆喷灌浆的喷射方位有 25°交角（图 6-9），在深层搅拌防渗墙和高喷板墙外折线部位将形成上下通透的窗井，在高喷接桩施工时还存在人为和设备的偏差影响，上述窗井面积会有一定的变化。

为杜绝窗井的出现，防止库区水通过窗井渗漏，在搭接部位 1.0m 范围内采取高压旋喷方式施工。在摆喷提升至深层搅拌墙底高程以上不小于 1.0m 处结束摆喷施工，然后再将喷管下沉至深层搅拌墙底，改用旋喷工艺施工，提升至深层搅拌墙底高程以上不小于 1.0m 处，所形成的防渗墙垂直截面搭接（见图 6-9）。

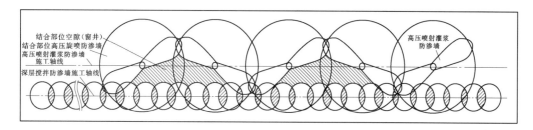

图 6-9　深层搅拌防渗墙与高喷墙纵向搭接平面图

6.4　资源配置

6.4.1　施工设备配置

（1）设备选型。根据地层情况、施工条件、设计要求综合考虑，进行施工设备型号选择。

1）地层情况对设备选型比较重要，甚至直接决定深层搅拌施工设备的取舍，如在砂砾石、砂卵石地层，深层搅拌设备一般不适用，但在砾石粒径小，含量少的地层中，选择大功率的设备还是可以施工的。上述情况在水利工程堤坝的坝基防渗加固中会遇到。在淤泥质土、饱和软黏土层中，深层搅拌的均匀性较差，应选择搅拌轴叶片较多的桩机。

2）施工条件对设备的选型影响也较大。由于施工搅拌设备体型较大，施工时需要一定空间的施工工作面，一般深层搅拌施工占地宽度 6～9m，顶部净空 25～30m。在低矮的桥下、高压线下及拥挤的城市建筑群中进行施工时，宜选用小型设备。

3）设计要求。桩长（墙深）、桩径等设计参数决定了所选设备型号。桩较长、桩径大时，选择大型设备，反之，可选小型设备。防渗墙施工时，宜选用多头小直径深层搅拌设备一次成墙设备。

（2）设备配套。为保证设备正常运转，应按深层搅拌施工工艺进行设备配套，配套主要包括深层搅拌桩机主机、水泥浆等固化剂搅拌设备、供浆设备、电力供应装置、取水设施、排水设施及空气压缩机、计量仪器等。要求设备配套齐全，设备配件备用（易损件、专用件和关键零配件）充足、设备维修工具保障等。

（3）设备数量。根据工程量、工期安排、场地条件、设备施工能力，合理配置施工设备进场数量。

1）复合地基搅拌桩设备数量的确定。复合地基搅拌桩的桩顶桩底高程变化不大时，一般情况下，设备可以按照统一型号配置。设备配置台数按照式（6-1）估算：

$$N = \frac{Amh}{w\xi T} \tag{6-1}$$

式中　N——设备台数，台；

　　　A——复合地基处理面积，m^2；

m——置换率，%；

h——地基处理深度，m；

w——设备施工效率，$m^3/(d \cdot 台)$；

ξ——设备综合效率系数，取决于管理水平、设备完好率和设备利用率，一般取值范围为 0.4～0.8；

T——设计工期，d。

施工现场设备数量确定后，现场应配备相应的供电设施。

2）深层搅拌防渗墙设备数量的确定。深层搅拌防渗墙工程一般施工战线长，地层变化大，特殊情况多，工程的适应性还有待进一步的试验确定时，可以先进场一台施工设备，选定一个比较典型的地段，按照规范的施工方法，进行深层搅拌施工试验，根据实验数据，最终确定施工参数，估算施工效率，参照式（6-2）确定施工设备的最终进场数量：

$$N = \frac{Lh}{w\xi T} \tag{6-2}$$

式中 N——设备台数，台；

L——防渗墙设计轴线长度，m；

h——防渗墙施工平均深度，m；

w——设备施工效率，$m^2/(d \cdot 台)$；

ξ——设备综合效率系数，取决于管理水平、设备完好率和设备利用率，一般取值范围为 0.4～0.8；

T——设计工期，d。

深层搅拌防渗墙工程沿线地层变化情况复杂，在进行设备数量计算时，设备功率发挥系数可按照小值考虑。对于防渗墙墙体深度变化特大的工程，宜分段考虑不同型号设备的配置，按照上述公式分别计算。

【例 6-1】 山东某防渗墙工程，墙深为 7.2～21.5m，施工轴线全长 21km，工程总量 32 万 m^2 多。地质资料显示，相对隔水层深度变化较为明显，且相对集中，设备配置计算见表6-3。

该工程计划于 5 月初进场，要求年底完工交付，施工工期为 8 个月，施工设备分别选用 BJS 系列和 ZCJ 系列设备，其工效按照 280～450$m^2/(d \cdot 台)$ 计算，考虑场地及施工条件，设备综合效率系数，按照 0.5～0.6 考虑，按照式（6-2）计算，本工程需要配置的施工设备情况（见表6-3）。

表 6-3　　　　　　　　　设备配置计算表

深度范围 /m	工程段数	轴线长 /m	工程量 /m^2	正常工效 /[$m^2/(d\cdot台)$]	设备台数 /台	功率发挥系数	施工工期 /d	设备型号
7.2～12.5	2	1200	11800	280	1	0.6	71	BJS-15
12.5～15.0	2	3050	39650	300	1	0.6	220	BJS-15Y
15.0～18.0	5	15260	244160	350	6	0.5	240	BJS-18Y
18.0～25.0	3	1490	29800	450	1	0.5	133	ZCJ-25

6.4.2 人力资源配置

（1）现场组织机构。依据水利水电基本建设程序组建项目部，实行项目经理负责制，项目部作为公司的派出机构，享有人事、生产、经济调配权。项目部设项目经理、项目副经理、项目技术负责人、工程技术科、质量检验科、财务物资科、施工生产科及安全环保科等职能部门。根据工程大小，投入相应的施工队伍。各个科室、施工队在项目部的统一领导下，分工合作。项目部领导和各职能部门主要工作如下。

项目经理：主持全面工作，履行合同内容。贯彻执行国家和工程所在地政府的有关法律、法规、政策和公司有关规定；主持项目的施工和管理工作，承担合同履约责任；负责与业主之间的联系和沟通，决策、组织、协调内外关系；负责项目部的物质文明和精神文明建设工作，维护企业整体形象；熟悉和了解有关质量管理的法规制度，贯彻实施质量方针，营造质量环境，重视项目管理过程和项目产品的质量，对工程施工质量负终身责任；参与企业法人就该工程项目重大事项与业主、监理、设计单位进行的磋商、谈判和决策。

项目副经理：协助项目经理进行施工管理，主要负责管理施工现场、控制生产进度、物质调度、安全生产与文明施工、环境保护、治安管理等方面的工作。

项目技术负责人：负责全面的技术、质量管理工作，按照现行规范、规程、设计要求及施工合同，严格执行相关技术条款，解决工程技术问题，引领工程技术创新。

工程技术科：编制与调整施工计划及施工组织设计，进行工程现场测量，参与图纸会审和技术交底。按规范及工艺标准组织施工，对因设计或其他因素变更而引起工程质量、工期的增减进行签证，并及时调整施工部署。组织记录、收集和整理各项技术资料和质量保证资料。对工程的质量问题或事故进行现场检查和分析，提出处理意见，对工程存在的常见质量问题提出防治措施，制定新工艺、新技术的质量保证措施建议。

质量检验科：制定质量管理目标和措施，对工程施工质量进行动态管理；负责各种原材料的检验、施工过程中的质量检验与质量控制、质检资料的收集整理。

财务物资科：负责所需材料的采购、供应、储存保管及机械设备的调配、使用、维修、保养，负责工程财务管理、资金运转及工程量计量、申报、工程统计、工程预算决算工作。

施工生产科：编制与调整施工计划，进行现场工作及劳动力设备、施工材料的调配。管理施工现场、控制生产进度。

安全环保科：负责工地人员、机械、物料的安全、治安保卫及环境保护工作，制定安全生产措施及环境保护规划和实施细则。

地质复勘施工队：根据工程性质和工程的需要设置，一般在地基处理工程和挡土墙工程中，前期工作程度都比较高，基本无需进一步进行地质复勘，而对于防渗墙等线性工程，其工作程度往往不能满足深层搅拌施工要求，有必要进行施工阶段的复勘工作，从而为最终确定搅拌桩防渗墙施工参数提供工程地质依据。

深层搅拌施工队，负责深层搅拌施工。

综合施工队：主要负责临时建筑施工、道路维护及场地平整清理等，并于工程完成时进行搅拌桩截渗墙墙体钻心取样；配合进行工程完工检测验收。

施工组织机构见图6-10。

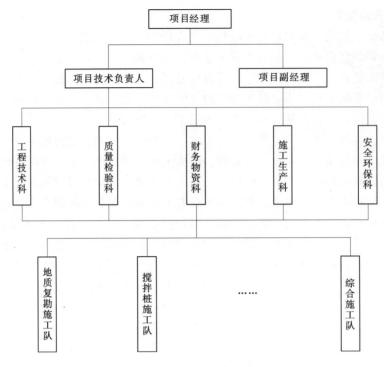

图 6-10　施工组织机构图

（2）施工队伍组建。根据深层搅拌工程目的和施工任务工作量，分别配置综合施工队、地质复勘施工队、深层搅拌施工队和其他相关的施工队，配备队伍施工能力与工程量相适应。

（3）施工劳动组织。每台班深层搅拌机大约由 10～12 人组成，主要技术工种包括班长、操作工、司泵工、记录员、机械工、电工等人员，辅助工种有制浆工、孔口工等辅助工种。机械工应具备电、气焊及机械维修技能，电工、电焊、氧气焊等特殊工种必须持证上岗，其他人员需进行岗前培训后才能上岗。

1）班长：1名。负责现场作业指挥，协调各工序间操作联系、控制施工质量及组织力量排除施工中出现的故障，负责本班组的施工安全管理。

2）操作工：2名。按设计要求的施工工艺及施工设备操作规程，正确操纵深层搅拌机的旋转、下沉和提升，观察和检查设备运转情况，做好维修保养。

3）司泵工：1名。负责指挥灰浆制备和泵送浆液，进行材料用量统计和记录泵送时间，做好灰浆制备、储备设备的保养和输将管路的清洗。

4）记录员：1名。负责施工记录。详细记录搅拌桩每米的灌浆量和施工中的各项参数，配合操作工完成桩机调平、桩位对位，负责使用联络信号与制浆站联系。

5）机械工：1名。负责全套深层搅拌机械的正常运转和维修，定期检查搅拌头尺寸。

6）电工：1名。负责全套深层搅拌机械电器设备（包括夜间施工照明）的安装和安全使用。

7）制浆工：4名。按设计要求的配合比制备浆液，按司泵工指挥将浆液倒入集料斗，负责各施工用料的供应。

8）孔口工：1名。主要任务是清理孔口溢浆，保持作业环境整洁，实时观察孔口浆量变化，若孔口不返浆或返浆量大，及时报告班长。

操作工、机械工、电工、记录员、班长为施工队技术工种，需要进行培训，应持证上岗，特别是电工、必要时配备的电焊工、氧气焊焊工等特殊工种必须持证上岗。

制浆工、孔口工等为普通工种，可根据工作量等实际情况适当配置。

6.4.3 材料计划

材料主要涉及有水泥、黏土、外掺剂和掺合剂。如果用发电设备，还用考虑燃油供应，如柴油。一般情况下，施工材料主要是水泥，在有特殊要求时，需要组织少量的外掺剂和掺合剂，主要是按照施工计划配置施工材料用量及进场时间。

由于深层搅拌工程主要建筑材料水泥的用量大，消耗时间集中，为保证施工材料的质量和料源，施工前，应当到现场实地考察当地水泥市场和水泥厂商，主要是考察水泥生产厂家的出产品种、生产能力、生产工艺、销售途径、付款条件、运输交货方式等。

工程所需主要材料需求总量根据工程总量计算确定，按照深层搅拌施工强度和工期安排，所需材料分阶段进场，考虑材料的送检过程，主要施工材料需要提前进场，为保证施工正常进行，施工材料一般需要进行适当的备料，且至少保证5d左右的施工用料。无网电时用柴油发电供电，可以按照$0.2kg/(kW \cdot h)$标准，大致计算0号柴油需用量。

【例6-2】 某水库实施深层搅拌桩防渗墙工程，开工时间2008年2月1日，完工时间是2008年5月30日，工期3个月，工程量约35000m^2，水泥品种是P.C 32.5，柴油发电施工，工程配置2台套深层搅拌设备，配置2台100kW柴油发电机，设备运转时间按每天20h考虑。土体的平均自然容重取17.6kN/m^3，经现场试验确定，水灰比1.5，水泥掺入比是12%。根据施工相关参数测算，现场工艺性试验消耗水泥约30t，柴油约1t，施工期间水泥材料约需2520t，发电机消耗柴油约64t，生产用水取水库水。工程进度计划是：2008年2月1日至2月20日，完成现场试验；2月21日至2月28日，完成施工任务3000m^2；3月1日至3月31日完成施工任务16000m^2；4月1日至4月30日完成施工任务16000m^2。排出本工程材料用量计划表。

解：本案例中水使用水库水，材料计划中不需考虑用水计划。

材料计划编排除具有题中给定的要素外，还需与施工进度计划相协调，根据进度计划要求，分月计算水泥及材料用量。

2008年2月1日至2月20日，现场试验，水泥消耗30t，柴油消耗1t；

2008年2月21日至2月28日，施工，水泥用量$3000 \times \frac{2520}{35000} = 216t$；柴油用量$3000 \times \frac{64}{35000} = 5.48t$。

2008年3月1日至3月31日，施工，水泥用量$16000 \times \frac{2520}{35000} = 1152t$；柴油用量$16000 \times \frac{64}{35000} = 29.26t$。

2008 年 3 月 1 日至 3 月 31 日，施工，水泥用量 $16000 \times \dfrac{2520}{35000} = 1152t$；柴油用量 $16000 \times \dfrac{64}{35000} = 29.26t$。

填写表 6-4，得出材料用量计划表。

表 6-4 材料用量计划表

名称	规格	计量单位	数量				备注
			总量	2 月	3 月	4 月	
水泥	P.C 32.5	t	2550	246	1152	1152	
柴油	0 号	t	65	6.48	29.26	29.26	发电机供电

6.5 施工进度计划

施工进度计划的任务是依据施工合同的要求，控制施工进度，按时完成施工工作，履行合同义务。编制进度计划时，施工单位应视项目特点和施工进度控制的需要，编制深度不同的控制性、指导性和实施性进度计划。

6.5.1 进度计划应考虑的因素

（1）气象因素。深层搅拌施工宜避开寒冷的冬季和汛期施工，在冬季气温不低于零度时，还是可以施工，汛期施工需要做好防汛措施。

深层搅拌成桩、成墙在地表一定深度以下，最终质量受气温影响较小，但是，在寒冷的冬季，表层土体冻结硬化，钻进困难；水体结冰，取水不便；供浆管路冻结，输浆困难，更有甚者，供浆管道和设备冻胀破坏。

深层搅拌用于水利工程防渗墙施工时，施工场所大多在河床、滩地、大堤和水库大坝，汛期若河水暴涨，危及施工人员、设备和材料的安全，影响防汛。

（2）总工期控制。深层搅拌的施工工期应考虑施工和养护时间，服从总工期计划。深层搅拌施工场地下有松软土层时，施工时间一般应先于其他工序，如表层土的换填硬化施工土方工序，若为堤防工程，一般应在土方和其他工程施工前进行，保证施工有足够工作面。深层搅拌桩桩体强度是在长时间范围不断增长的，直到 90d 龄期后，强度还有所增加。因此，作为竖向受力结构体，应考虑其养护时间的要求。

（3）施工人员及设备。制定工期需全面考虑设备施工功效，合理安排施工设备及人员。深层搅拌设备体型庞大，设备进场安装、拆卸退场耗费时间和费用多，在北方寒冷地区应避免跨年度施工。

6.5.2 工序的划分

与其他工程一样，深层搅拌工程施工由许多工序组成，如场地平整、地质复勘和深层搅拌施工等活动、作业或工序。

搅拌法施工设备的不同，施工工艺有差异，由于工程项目的不同，工作重点各有侧重，具体工程中施工工序也有所增减，但搅拌法施工工序划分基本相似，其主要施工工序如下：

（1）管理人员进场。施工管理人员进驻现场组建项目部，安排生活和工作设施，同业主和监理联系工作。

（2）资料收集。收集工程设计文件和图纸、地质资料、场地有关资料。

（3）室内配合比试验。选择代表性地段和地层取土样，按照设计要求，做水泥土配合比试验，确定满足强度、渗透系数等设计指标要求的水泥掺入量、水灰比、掺合料和掺合剂（如果需要）。

（4）施工人员和设备进场组装。施工人员应在设备进场的同时进场；深层搅拌设备运输、吊装、组装、布置安放。

（5）临时设施建设。落实水源、电源，布设线路；建设材料仓库；建设生产生活临时用房。

（6）场地平整。场地整平、压实、硬地面破除，工作面宽度应满足设备要求，铺筑设备、材料进场的临时道路。

（7）施工材料采购。考察施工材料，选择供货商，安排材料进场，材料进场复检。

（8）测量放样。根据业主方提供的定位点，测放深层搅拌施工的桩位和轴线位置，埋设工程控制点和长期观测点。

（9）地质复勘（先导孔）。为复核地层情况，确定满足设计要求的增强体下限深度，必要时应布设先导孔。

（10）工艺性试验。设备进场完成组装后，在施工轴线外、桩位旁，采用清水或浆液进行设备的工艺性试验，确定地质条件和设备能力相匹配的施工参数。

（11）深层搅拌法分项施工。一个较大工程按工程段（区）往往要分许多分项，每个分项可作为一个工序，根据施工组织安排，先后投入多台设备施工，完成一个分项即完成一个工序。也可根据所投入的设备，每台设备所承担的工程任务作为一个工序。完成各分项即完成深层搅拌法施工项内容。

（12）其他工程施工。深层搅拌工程中，可能还要其他的如高喷、灌浆等工程项目，这些项目应纳入施工组织进度计划。

（13）工程检测。主要工作任务为钻孔取芯、无损检测、注水试验和压水试验、围井试验、实验室试样。

（14）施工操作人员和设备退场。设备拆除，撤离现场，施工操作人员退场。

（15）场地恢复及施工人员退场。场地清理、恢复工程原貌或按照要求进行场地的土建部分施工，全部工程完工后施工人员撤离工地。

（16）资料整理汇编。包括整理施工资料、工程设计资料、往来文件、检测报告，编制工程施工报告。

（17）竣工验收。包括室内资料检查验收，工程实地检查验收，提出整改要求，给出验收意见。

（18）资料存档。按照档案制度和工程具体要求，进行工程资料存档。

6.5.3 进度分析

一个工程的工序（工作）划分完成后，摆在施工管理人员面前的只是一堆繁杂的单一部分，就像是一堆拆散的机械零件，需要采用某种方法进行有机的结合，形成一个完整的工程进度计划。一个完整的深层搅拌施工项目，可包含前述工序中的全部或其中几部分，也有可能有特殊情况需要补充的部分。如何安排工程施工、合理安排工期、控制施工进度，必须采用科学的方法，按照工程实际情况进行进度分析。

下面从逻辑关系分析入手，采用施工网络技术介绍工作顺序安排、时间参数估算等方法，通过对关键工作和关键线路的识别，简要介绍工期优化措施，进行进度分析。

（1）逻辑关系分析。分析上述深层搅拌工作（工序）的工艺关系和组织关系，主要分析工程量大、辅助工作多的工作的逻辑关系，并根据逻辑关系草拟无时间参数的工程网络计划图。

1）逻辑关系。工作之间的先后顺序关系即为逻辑关系，包括工艺关系和组织关系。

A. 工艺关系。工艺关系又称硬逻辑关系，生产性工作之间的顺序由工艺过程决定，非生产性工作之间的顺序由工作程序决定。测量放线、地质复勘、确定防渗墙深度、防渗墙施工、检测验收等工作，在具体实施时，有先后和因果关系，它们就是一种典型的工艺关系。

B. 组织关系。深层搅拌现场施工时，根据工程量的大小和施工单位调配资源的能力，可同时组织多台套施工设备先后进场，分区、分段施工，由各施工队组分别完成其相应的工程量，这种工作之间是由于组织安排需要或资源（人力、材料、机械设备和资金等）调配需要而规定的先后顺序关系称为组织关系。组织关系也称为软逻辑关系，可以由具体项目根据实际情况确定。

2）表达形式。逻辑关系的表达分为平行、顺序和搭接三种形式，顺序关系又分为紧连顺序关系和间隔顺序关系（见图 6-11）。

施工现场同时进场的几台套施工设备同时安装、同时开始施工为平行关系；深层搅拌施工中，首先进行地质复勘，确定了施工深度后，紧接着进行深层搅拌施工，这种相邻两项工作，前一个工作结束，后一个工作马上开始的关系，则为紧连顺序关系；质量检测工作需要在深层搅拌施工工作结束，并经过一定时间养护后，隔一段时间才开始，这种关系则为间隔顺序关系；若两项工作只是有一段时间是平行进行的则为搭接关系。

3）约束条件及假设。在进行工作排序时，需要考虑到工程特征、场地条件、气象因素、资源配置等约束条件及所做的相关假定。

（2）工作顺序安排。工作顺序安排的表示方法很多，包括双代号网络图法、单代号网络图法、双代号时标网路图法、条件网络图法等，本书着重介绍前两种方法。

1）双代号网络图法。

A. 双代号网络图的组成。双代号网络图及绘图符号是利用箭线表示工作（工序）而在节点处将工作（工序）连接起来表示依赖关系的一种绘制项目网络图的方法，又称箭线工作法。双代号网络图有工作（工序）、节点和线路三个基本要素。

a. 工作（工序）：工作名称写在箭线的上面，完成工作所需的时间写在箭线的下面，箭尾表示工作开始，箭头表示工作的结束，圆圈中的两个号码代表这项工作。深层搅拌桩施工，消耗时间和资源的工作，用实线箭头（——▶）表示；只消耗时间、不消耗资源（如水泥土防渗墙养护），用点划线箭头（—·—·▶）表示；既不消耗时间也不消耗资源的虚

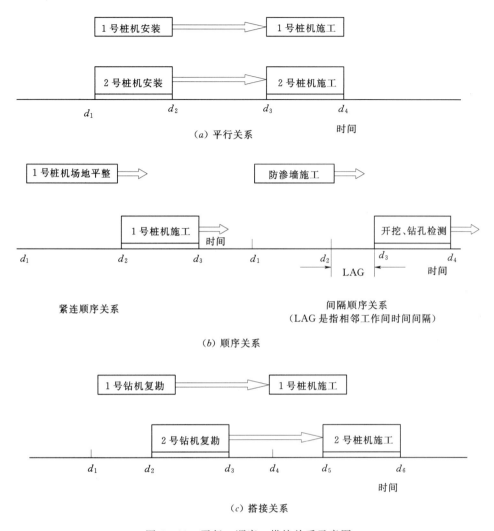

（a）平行关系

紧连顺序关系

间隔顺序关系
（LAG 是指相邻工作间时间间隔）

（b）顺序关系

（c）搭接关系

图 6-11　平行、顺序、搭接关系示意图

工作，用虚线箭头（－－－→）表示。

　　b. 节点（结点或事件）：网络图中，箭线的出发和交汇处画上的圆圈，用以标志该圆圈前面一项或若干项工作的结束和允许后面一项或若干项工作开始的时间点。起点节点表示执行项目计划的开始，没有内向箭线，终点节点是项目计划的最终目标，没有外箭线。

　　c. 线路：网络图中从起点节点开始，沿箭头方向顺序通过一系列箭线与节点，最后到达终点节点的通路称为线路。线路既可以依次用该线路上的节点编号表示，也可以依次用该线路上的工作名称来表示。

　　d. 紧前工作：在网络图中，相对于某工作而言，紧排在该工作之前的工作为该工作的紧前工作。复杂工程网络图中，一个工作可能有多个紧前工作，工作和紧前工作之间也可能存在虚工作（图 6-12），施工放样 2 的紧前工作有施工放样 1 和场地平整 2 两项工作，场地平整 2 是施工放样 2 在工艺关系上的紧前工作，场地平整 1 是场地平整 2 在组织关系上的紧前工作，施工放样 1 和施工放样 2 之间存在虚工作，但施工放样 1 仍然是施工

图 6-12　某深层搅拌双代号网络图

放样 2 在组织关系上的紧前工作。

e. 紧后工作：网络图中相对于某项工作而言，紧排在该工作之后的工作称为该工作的紧后工作。紧后工作和紧前工作是相对应的，如紧前工作一样，某个工作也可能有多个紧后工作，也可能存在虚工作。

f. 平行工作：相对于某项工作而言，可以与该工作同时进行的工作即为该工作的平行工作（图 6-12），施工放样 1 和场地平整 2 互为平行工作。

g. 关键线路和关键工作：总持续时间最长的线路是关键线路，关键线路的长度就是网络计划的总工期。在网络计划中，关键线路可能不止一条，处于关键线路上的工作为关键工作，关键工作的实际进度是进度控制中的重点。

双代号网络时间参数标注法见图 6-13。

图 6-13　双代号网络时间参数标注法图

双代号网络计划的有关参数及符号如下：

D_{i-j}：工作 $i-j$ 的持续时间；

ES_{i-j}：工作 $i-j$ 的最早开始时间；

LS_{i-j}：工作 $i-j$ 的最迟开始时间；

EF_{i-j}：工作 $i-j$ 的最早完成时间；

LF_{i-j}：工作 $i-j$ 的最迟完成时间；

FF_{i-j}：工作 $i-j$ 的自由时差；

TF_{i-j}：工作 $i-j$ 的总时差。

B. 双代号网络图的绘制原则。网络图必须按照已经确定的逻辑关系绘制。网络图是有向、有序网状图形，必须严格按照工作之间的逻辑关系绘制，是保证资源优化配置及合理使用的前提。

网络图应该只有一个起点节点和一个终点节点。除终点和起点节点外，网络图中不允许出现没有内向箭线的节点和没有外向箭线的节点。在网络图中出现多个没有内向箭线起点节点或没有外向箭线的终点节点，应当分别合并为一个起点节点或终点节点。

网络图中所有节点都必须有编号，并使箭尾节点的代号小于箭头节点的代号。网络图中不允许出现从一个节点出发顺箭线方向又回到原出发点的循环回路。网络图不允许出现重复编号的节点，一条箭线和与其相关的节点只能代表一项工作。网络箭线（包括虚箭线，下同）保持自左至右方向，不能出现箭头向左或偏向左方的箭线。

严禁在箭线上引入或引出箭线。

尽量避免网络图中工作箭线的交叉。当交叉不可避免时，采用过桥法或指向法处理。

C. 双代号网络图的绘制步骤。根据已知的紧前工作确定出紧后工作。从左到右确定出各工作的起点位置号和终点节点位置号。根据节点位置号和逻辑关系汇出初步网络图。检查逻辑关系的正确性，如与条件不符，则可增加虚工作加以修正。

2）单代号绘图法。这是采用单代号绘图法绘制水泥土搅拌法施工工期网络图，是利用节点代表工作而用表示依赖关系的箭线将节点联系起来的一种绘制项目网络图的方法。

A. 单代号绘图符号。单代号网络图中的节点一般以圆圈或矩形来表示一项工作，可以标上工作编号、名称和需要作业的时间，网络图常用绘制符号见图 6-14。工作间的逻辑关系用箭线表示，网络图常用绘制符号见图 6-15。

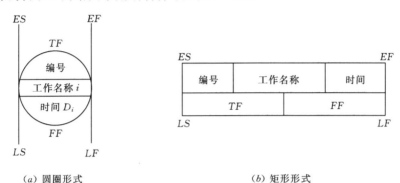

（a）圆圈形式　　　　　　　　　　（b）矩形形式

图 6-14　网络图常用绘制符号图

D_i—工作 i 的持续时间；ES_i—工作 i 的最早开始时间；LS_i—工作 i 的最迟开始时间；

EF_i—工作 i 的最早完成时间；LF_i—工作 i 的最迟完成时间；

FF_i—工作 i 的自由时差；TF_i—工作 i 的总时差

B. 绘制原则。网络图中有多项起始工作和结束工作时，应当在网络图的两端分别设置一项虚拟的工作为该网络图的起始节点和终点节点。

其他绘制原则与双代号网络图的绘制原则相同。

3）绘制步骤。列出工作清单，包括工作之间的逻辑关系，找出每项工作的紧前和紧后工作。

根据工作清单，先绘制没有紧前工作的工作节点。逐个检查工作清单中的每一工作，使用箭线连接紧前工作与该工作节点。

重复上述步骤，逐个绘出整个计划的所有工作节点。

绘制没有紧后工作的工作节点，绘制开始节点和结束节点。

（3）工作时间估算。工作时间估算是估计完成每一项工作可能需要的时间，一般根据对具体工作性质的熟悉程度来确定。深层搅拌施工时间估算，一般按照工程实践经验和历时施工资料统计，确定深层搅拌机械施

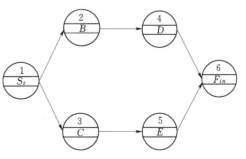

图 6-15　单代号绘制的网络图

工效率，估算给定工程量所需施工的时间，同时估算所需投入的施工机械数量。

1）工作时间的估算依据。

A. 工作清单。工作清单和工程量清单是确定水泥土深层搅拌工程的工作时间的重要依据。

B. 约束条件。限制工程进度的时间选择的约束条件包括工程起止日期、相邻工作单位的配合条件等。如深层搅拌的施工进度，除应考虑自身施工外，还应考虑养护时间。施工松软土层时，施工时间还应考虑表层土的换填硬化施工等。

C. 资源配置。制定工期需全面考虑设备和人员的配置。深层搅拌设备和施工人员及项目管理人员等资源配置，是实现工程进度的保障。

D. 资源效率。大多数的工作持续时间受到完成该工作的人员和设备的生产率的影响，深层搅拌设备体型庞大，设备进场安装、拆卸退场耗费时间较多，施工中由于人员的熟练程度不同，施工效率也差异较大。

E. 历史资料。经总结的历史资料可作为工作时间估算的经验数据。

F. 已经识别的风险。在基准持续时间估算的基础上，应当考虑风险因素，尤其是发生概率大、后果严重的风险因素。深层搅拌施工为地下工程，其地质条件、洪水、雷电、大风及地下障碍物等为工程的主要风险因素。

2）工作时间的估算方法。工作时间估算的方法很多，深层搅拌法施工的时间估算一般可采用下述方法。

A. 定额估算法。定额是完成某项工作所需的人力工时、机械台班和资源消耗，反映一定时期、一定区域内，正常条件下的社会平均生产率。定额根据粗细程度分为概算定额、预算定额和施工定额；根据主编单位和管理权限分为全国统一定额、地区统一定额、行业统一定额和企业定额；按内容分为人工消耗定额、材料消耗定额和机械台班定额。

利用定额进行时间估算可采用式（6-3）计算：

$$D_{ij} = \frac{Q}{SRn} \qquad (6-3)$$

式中　D_{ij}——完成 i-j 项工作持续的时间，h 或 d；

　　　Q——该项工作的工程量；

　　　S——台时（台班）定额；

　　　R——投入 i-j 项工作的人数或机械台班；

　　　n——工作的班次。

B. 类比估算法。类比估算法是以过去类似工作的实际持续时间为基本依据，估算将来的计划工作的持续时间。类比估算法要求深层搅拌施工单位实践经验丰富，拥有的实践数据越多，对计划工作的持续时间的估算也就越准确。为保证类比估算成果的可靠性，在进行工作时间估算时，可将本施工单位历年的施工工效进行数理分析，得出一个初步的施工工效，在此基础上，考虑施工时影响工作时间不确定因素，应乘以小于 1 的一个系数，再进行工作时间的估算。

C. 专家判断法。因为影响工作时间的因素很多，一般不容易对其长短进行精确的估算。根据专家的历史资料和他们的专业知识，考虑各种影响因素，给出最乐观时间 a、最

可能时间 m 和最保守时间 b 三个时间值，按照概率理论，按式（6-4）计算该项工作持续时间的期望值 D_{ij}：

$$D_{ij} = \frac{a + 4m + b}{6} \tag{6-4}$$

定额中对台时的取值是在一定时期、一定区域内的施工效率的平均，在无其他资料时，可对施工时间进行概略的估算。

（4）网络计划技术。按照深层搅拌工程各工作的逻辑关系，包括绘制网络图、计算网络计划时间参数。

1）网络图绘制。列出所划分的深层搅拌的工作（工序），分析各工作（工序）之间逻辑关系，按照逻辑关系找出紧前工作紧后工作，然后按照组织关系进行工作（工序）初步的号码编排，初步绘制网络图，在网络图进一步检查逻辑关系，如发现与已知条件不同，可加竖向虚工作与横向虚工作进行改正，最终形成施工网络图，并在此基础上进行时间参数的计算。

2）计算网络计划的时间参数。

A. 前面提到的双代号网络计划时间参数、单代号网络计划和单代号搭接网络计划时间参数是网络图的基本时间参数。

B. 时差。总时差指的是在不影响总工期的前提下，某项工作可以利用的机动时间。自由时差指的是在不影响其紧后工作的最早开始时间的前提下，某项工作可以利用的机动时间。

C. 工期。

计算工期：根据网络计划时间参数计算而得到的工期。

要求工期：建设单位提出的指令性工期，包括工程完工工期和阶段性工期。

计划工期：根据要求工期和计算工期，由施工单位所确定的作为实施目标的工期。

3）时间参数计算。网络图绘制完以后，经过检查正确无误，即可在图上直接计算参数，也可以在表上进行计算。

下面取双代号网络图中部分片段简要介绍时间参数计算的数学模式。计算最早时间从左向右逐个节点进行计算；计算最迟时间则从最后一个节点开始，从右向左一直计算到起始节点；根据最早时间和最迟时间参数，计算各项工作的总时差和自由时差，将时差为零或时差最小的节点用粗黑线条或双箭线依次连接起来即为关键线路：$\longrightarrow (h) \longrightarrow (i) \longrightarrow (j)$ $\longrightarrow (k) \longrightarrow$。

A. 计算方法。令整个计划的开始时间为第 0 天，则：

最早时间：$EF_{ij} = ES_{ij} + D_{ij}$

$$ES_{jk} = EF_{ij} \text{ 或 } \max[EF_{ij}]$$

工作最早开始时间等于其紧前工作最早完成时间的最大值。

令整个计划的总工期为一常数，则：

最迟时间：$LS_{ij} = LF_{ij} - D_{ij}$

$$LF_{hj} = LS_{ij} \text{ 或 } \min[LS_{ij}]$$

工作最迟完成时间等于其紧后工作最迟开始时间的最小值。

总时差：$TF_{hj} = [LS_{ij} - ES_{ij}]$ 或 $[LF_{ij} - EF_{ij}]$

自由时差：$EF_{hj} = \min[ES_{jk}] - EF_{ij}$

在网络计划中，总时差最小的工作为关键工作，当网络计划的计划工期等于计算工期时，总时差为零的工作就是关键工作。自由时差是总时差的一部分，某项工作的总时差为零时，自由时差必然为零。

B. 计算步骤。计算工作的最早时间：计算时从左向右逐项计算，起始节点取相对时间为第 0 天。

确定网络计划的计划工期：在项目总工期没有特殊规定时，其计划工期为计算工期；计算工作的最迟时间：确定好计划工期后，最迟时间从右向左逐项计算；计算工作的总时差；计算工作的自由时差；双代号网络计划时间参数计算范例见图 6-16。

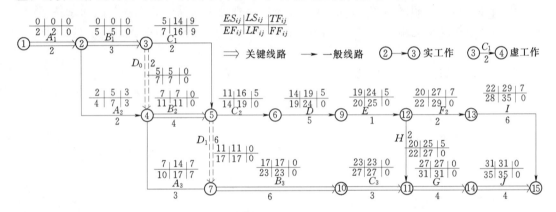

图 6-16　双代号网络计划时间参数计算范例图

ES_{ij}—最早开始时间；LF_{ij}—最早完成时间；TF_{ij}—总时差；
LS_{ij}—最迟开始时间；LF_{ij}—最迟完成时间；FF_{ij}—自由时差

采用单代号网络图进行进度计划分析，其时间参数的计算方法与双代号网络相同。单代号搭接网络计划时间参数计算范例见图 6-17。

如工程项目复杂、节点数目很多，可使用软件进行时间参数的计算。

4）标注。将所计算的各参数按照规定依次标注网络图上。标注形式见本节前面相关段落。

5）关键线路和关键工作。根据最早时间和最迟时间参数，计算各项工作的总时差和自由时差。将时差为零或时差最小的节点用粗黑线条或双箭线依次连接起来即为关键线路。

确定网络计划中的关键线路是由时差最小的工作先后连接而成，这种关键线路中的工作都是关键工作。

一般情况下，深层搅拌工程的关键线路为管理人员进场—资料收集—施工人员进场—设备进场组装—深层搅拌工艺试验—深层搅拌施工—完工检测—资料整理—竣工验收—资料归档。上述关键线路中的工作也是深层搅拌工程的关键工作。当然，一个工程可能不止一条关键线路，由于其他因素的改变，某些由于组织关系所确定的次要关键工作也可能变成关键工作。

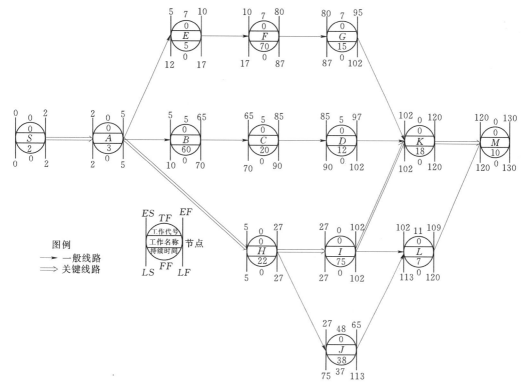

图 6-17　单代号搭接网络计划时间参数计算范例图

ES—最早开始时间；TF—总时差；EF—最早完成时间；FF—自由时差；LS—最迟开始时间；
LF—最迟完成时间

（5）关键工序分析和关键线路分析。

1）关键工序分析。深层搅拌工程施工是工程进度控制的核心，一般来说，只要深层搅拌的施工工序环节能够得到保证，总工期可以得到保证。

2）关键线路分析。深层搅拌工程施工进度的控制影响因素，包括单台设备生产工效、设备进场时间、设备数量、材料保证措施，人员组织、资金安排等方面。

在关键线路上，各工作的总时差和自由时差都为零，整个工期受关键线路所控制。确定水泥土深层搅拌工程关键线路后，分析受外界条件的影响因素和影响程度。由于深层搅拌工程野外作业，施工受到气候因素、场地条件等因素影响，施工条件变化具有不确定性，因而，对网络图中某些较易遭受影响的且所在线路工期与关键线路工期相差较少的非关键工作，应当分析影响因素发生的概率大小、影响程度，分析其是否可能从非关键工作变为关键线路和关键工作。

（6）工程网络计划成果输出。根据前面分析计算，将进度参数标注于选定的网络计划图中，或根据进度计划编制横道图，直观、清晰表示出各工作的形象进度。

水泥土深层搅拌项目一般涉及内容单一、工作节点比较少，既可以使用单代号网络计划图进行工程进度分析，也完全可以使用横道图表示工程的进度计划。

6.5.4　进度计划

在做好深层搅拌桩工程的工作（工序）划分后，根据施工条件和资源情况，计算工作完成时间，即可初步画出网络结构，然后进行组织与逻辑关系判定，在此基础上，完成网络计划图，确定工程总工期，找出关键线路和关键工作，分析关键工作完成的控制条件和实现目标工期的可能性。

（1）编制进度计划的依据。编制进度计划的依据主要包括工程的工程量、施工条件、资源储备说明、正常施工工效及施工时间估算、项目日历和资源日历、强制日期、关键事件或主要里程碑、假定前提以及提前和滞后等。编制进度计划的依据具体如下。

1）施工合同及投标文件。

2）工程项目施工总进度计划：该项目的关键事件或主要里程碑事件。

3）单位工程施工方案：正常和非正常情况下的施工工效及施工时间估算。

4）施工图和施工定额：确定需要完成的工程量。

5）资源供应条件：在资源储备说明中，资源数量、具体水平以及可以利用时间等，资源储备影响项目资源配置，影响项目的进度计划。

6）施工现场条件：现场的水、电、路、场地空间和周围环境对工程的施工有一定的制约，应予以提前考虑。

7）水文气象资料：对于深层搅拌施工，主要考虑冬季、汛期施工的施工效率。

（2）进度计划的编制。进度计划的编制按照下述程序进行：首先进行工作（工序）划分，研究各个工作（工序）之间的逻辑关系，初步估算各个工作（工序）时间，考虑工程项目的强制日期、关键事件或主要里程碑和工程的总体进度计划的要求，根据所拥有的资源储备，编制初步的进度计划，分析关键线路上各个工作（工序）时间的可能性，再进行资源优化配置，调整进度计划，并提出保证措施确保计划的实现。

（3）进度计划表示方法。进度计划可以采用横道图进度计划方法表示，也可采用网络计划方法表示。

1）横道图。横道图是传统的进度计划表示方法，是以深层搅拌施工时间为横坐标，以横线长短代表对应工作消耗多少时间的一种表格。横道图进度计划表内容包括工作序号、工作名称及内容、工程量、计量单位、工作进展安排的起始时间、终止时间及其图示。

水泥土深层搅拌横道图计划中，进度线与时间坐标相对应，表达方式直观，易看懂计划编制的意图。

但是，横道图进度计划存在一些问题：

A. 工序（工作）之间的逻辑关系可设法表示，但是不易表达清楚。

B. 不能明确表示计划的搅拌工程的关键工作，关键线路与时差。

C. 对单一的水泥土搅拌工程能很好应用，但是难以适应多工种、多工艺、多施工方法的复杂项目的进度计划系统。

2）工程网络进度计划图。工程网络计划图逻辑性强、对施工工序的逻辑顺序反映真实全面。网络计划图编制内容包括工作名称及代号，理顺各工作先后顺序和逻辑顺序，计算和标注最早、最迟开始时间，最早、最迟完成时间，自由时差，总时差等各种时间参数，通过计算确定关键线路和关键工作节点。在工程分部分项较多的时候，层次复杂，工序众多，手工编制很困难，借助计算机技术编制网络计划图，是对大型工程项目进行进度控制和优化管理的有效手段。工程网络计划图通过计算机编程，是其最大的优点，使其能够在大型项目中广泛运用的原因。

《工程网络计划技术规程》（JGJ/T 121—2015）推荐的常用类型：双代号网络计划、单代号网络计划、双代号时标网络计划、单代号搭接网络计划。

深层搅拌工程在一般情况下，其工作、工序划分的项目较少，采用横道图进行进度计划表示，基本上能很好地表示整个工期计划，但在为了突出表示关键工作、资源利用、工期优化等方面时，可以采用网络计划图表示，一般可采用手工编制。

3）进度曲线。进度曲线法是以深层搅拌施工时间为横轴，完成（实际完成或设计完成）的深层搅拌累计工程量（工程清单量、工程造价的实际量或百分比）为纵轴制定的进度曲线图，该曲线能很好地反映进度直观情况，曲线特征一般是前后平缓、中间陡倾，主要是因为施工前期准备工作和施工后期收尾工作进展较为缓慢，而一旦设备和施工人员配置齐备，正式开始施工，则施工效率大为提高，完成的工程量就大幅增加。

进度曲线图的基础是实物工程，是在实际工程进展中，对施工工期的一种检测手段。对于计划工期而言，施工条件多半是理想的、假定的，计划进度曲线往往停留在理论基础上，在曲线形态上往往是单一的、线性的。

6.5.5　进度控制和调整

为确保深层搅拌项目施工进展顺利，在进行施工组织设计编制时，应当制定施工进度控制措施和施工进程中进度调整预案。

（1）控制措施。

1）组织措施。专门管理机构和专职人员，负责工程施工的巡查，使用网络图、工程进度曲线图、形象进度图、施工进度管理控制曲线等技术工具对比衡量，综合判定工程施工进度的实际情况，找出进度偏差及造成偏差的原因，提出进度对策，制定新的进度计划图表。

2）经济措施。工程施工需要消耗大量的人力、物力资源，工程的进度需要有充足的资金来保证，在进行工程施工组织设计时，要对资金链进行认真分析，要对资金流量进行仔细估算，保证关键工序不因资金短缺而停工，造成进度迟缓或停滞。因此，对资金来源、来量、资金供应时间的评估，都必须在施工组织设计时完成，才能进一步对施工进度进行准确计划。

对施工进度计划实行经济激励计划，对工程施工进度有一定的刺激作用。作为施工企业和下属施工队伍，都可以将工期方面的奖惩的经济对比和实施奖惩前后的经济对比，进行施工效益核算，衡量经济刺激所带来的赶工效益或误工成本，促进施工措施的改进，提高施工效率，从而实现对施工进度进行控制和调节的目标。

（2）调整进度预案。随着工程的进展，条件的改变，某些工作计划进度与实际进度相去甚远，进度计划严重脱离实际，此时需要对进度计划进行调整和优化，在进度计划制定时，应当明确某些次关键线路和次关键工作，工程施工中，这些工作也是重点，需要加以严格控制。

当施工中出现进度偏差，需按照工期、资源和费用优化原则调整施工进度和计划工期。

在进度计划调整后，有些不在关键线路上的非关键工作，也会变成关键工作，在下一步的进度计划制定时需重点关注。

6.5.6 进度计划实例

（1）工程条件。某平原水库需要进行防渗处理，主要内容为沿库区两侧及大坝建造防渗墙，采用多头小直径深层搅拌法施工，在建筑物两侧采用高压摆喷防渗墙工程。其中多头小直径深层搅拌防渗墙面积总计 58150m²；高压摆喷防渗墙设计工程量为 1368m。

该水库总体为南北走向，设计防渗墙轴线长 3430m，其中主坝长度 710m，其余两侧分别为 1280m 和 1440m。墙底深度总体上从上游侧（北）向主坝（南）逐渐变深，在主坝及主坝两侧各 400m 范围内，墙底深度为 17.0～23.8m，平均深度 21.3m，防渗墙面积约为 32162m²，其余地段防渗墙墙底深度 12.6～17.0m，防渗墙面积为 25988m²。

设计要求工期为 2012 年 2 月 1 日进场开工，多头小直径防渗墙及高压摆喷工程于 2012 年 6 月 30 日前完成，其余工程于 2012 年 7 月 30 日完成，到 8 月 15 日具备验收条件。

工程区属暖温带湿润和半湿润季风气候区，冷暖变化大，旱涝灾害十分频繁。多年平均降雨天数为 87d 左右，降雨时空分布极为不均，汛期为 6—9 月。年平均气温 14.2℃，最高气温 38.4℃，最低气温 -15.8℃。

场地较为平整，无地上地下障碍物，地基土层主要有粉质黏土、沙壤土，对深层搅拌施工十分有利。场地交通条件良好，施工用水用电也比较方便，施工所用主要材料——水泥采购自当地生产厂商，该厂家规模较大，产品质量可靠，供货及时。

根据工作内容工程划分为 3 个标段，本标段为河道堤防防渗施工，各个标段工作有所交叉，对于本标段所涉及的主要交叉施工在于个别堤段需要翻新重建和培土修整，需要等堤段施工完成后方可进行深层搅拌桩防渗墙施工。另外，高压喷射灌浆施工，主要布置在穿堤建筑物两侧，目的在于确保搅拌桩防渗墙与穿堤建筑物的有效搭接。因此，高喷防渗墙需要在穿堤建筑物和该段防渗墙施工结束后方可进行。

（2）编制进度计划的依据。

1）设计要求。工程设计明确要求了包括多头小直径防渗墙及高压摆喷工程和其余工程完成的具体时限，项目无特殊技术要求，按照正常的施工台班进行计算。

2）施工条件。

A. 气候。主体工程为深层搅拌防渗墙和高压摆喷防渗墙，施工时间为非汛期、无严寒的冬季施工，施工基本不受气候所影响，深层搅拌为就地搅拌施工，降雨天气对成桩质量影响很小。

B. 场地条件。根据现场踏勘，场地基本完成三通一平工作，随时可以进场施工。

C. 地质情况。据收集的资料显示，场地地基土层主要有粉质黏土、沙壤土，无地上地下障碍物。

D. 材料供应。经考察，当地有生产厂商，规模较大，产品质量可靠，供货及时，可保证水泥的供应。

E. 施工环境。工程涉及另外两个标段，标段之间的工程部分项目有所交叉，但水泥土深层搅拌桩防渗墙施工受到相邻标段施工的影响程度较小。

3）资源配置。施工单位是有多年施工经验专业防渗施工企业，拥有较多的中高级项目管理人员和施工技术员、有多支施工队伍。

施工单位有 3 台套 BJS-18 型深层搅拌设备闲置,该设备正常生产效率为 $280m^2/d$。另有某在建工程于 2012 年 1 月 30 日前即将结束,届时将陆续退场 4 台套 ZCJ-25 型深层搅拌施工设备,可及时投入即将承接的工程。在多年的施工中,还同多个建立合作伙伴关系,可随时调动多台高压喷射灌浆设备。

单位年底前有多个项目的工程款回收到账,可保证工程施工中所需资金。

(3)进度计划的编制。

1)工作和工序的划分。工程主要工作是多头小直径深层搅拌防渗墙施工、高压摆喷防渗墙施工,工程量分别为 $58218m^2$ 和 $1368m$。

工程计划开工时间为 2 月 1 日,正值我国农历新年的传统佳节,工程前期工作会有一定影响。主体工程施工工期到 6 月 30 日,施工期间其他因素影响较小,计划安排两台套深层搅拌施工设备进场,同时备用 1 台套深层搅拌施工设备,随时准备调遣。根据工程地质条件和防渗墙施工深度,分别安排 ZCJ-25 型设备和 BJS-18 型设备各 1 台套。

在防渗墙与穿堤建筑物基本建成后,安排 1 台套高压喷射灌浆施工设备进场,进行防渗墙和穿堤建筑物的衔接施工。

工程主要工作任务计划见表 6-5。

表 6-5　　　　　　　　　　工程主要工作任务计划表

序号	工作代号	工作内容	工程量	单位	时间计划		
					正常效率/(m^2/d)	设计效率/(m^2/d)	完成时间/d
1	A	管理人员进场	1	项			1
2	B	临时设施建设	1	项			3
3	C	资料收集	1	项			3
4	D	场地平整	1	项			3
5	E	测量、放样	1	项			3
6	F	地质复勘	80	孔			7
7	G	施工材料采购、检测	1	项			7
8	H	1 号机组设备安装调试	1	项			5
9	I	工艺性试验	1	项			3
10	J	1 号机组截渗墙施工	32168	m^2	350	240	134
11	K	2 号机组设备安装调试	1	项			5
12	L	2 号机组截渗墙施工	25988	m^2	280	200	130
13	M	3 号机组高喷设备安装调试	1	项			3
14	N	3 号机组高压摆喷截渗墙施工	1368	m	120	70	20
15	O	工程检测	1	项			28
16	P	设备退场	3	台			2
17	Q	场地恢复	3000	m^3	400	300	10
18	R	防汛路恢复	1500	m	200	150	10
19	S	资料汇编整理	1	项			9
20	T	工程验收	1	项			2

2)各个工作(工序)持续时间的估算。施工中有多个标段的交叉施工,在考虑到各种不确定的因素,因此,防渗墙施工的效率是参照施工定额,在标准台班定额的基础上,

按照施工单位多年的施工经验，进行一定的折算后，采用保守的施工效率进行工期计算。

对于其他的各项工作，则根据施工单位工程经验和科学规律进行类比估算确定。

3）逻辑关系。在所划分的工作之中，各段深层搅拌防渗墙施工的逻辑关系为组织关系，同时并行，高喷施工和截渗墙施工为搭接顺序施工，路面拆除、防渗墙施工、防渗墙检测、路面恢复等之间的管理为工艺逻辑关系，资料整理与其他工作之间的关系为搭接或并行的逻辑关系。

4）强制日期、关键事件或主要里程碑工期。本工程确定了开工日期为 2011 年 2 月 1日，要求多头小直径防渗墙及高压摆喷工程等主体于 2011 年 6 月 30 日前完成。其余工程于 2012 年 7 月 30 日完成，到 8 月 15 日具备验收条件。

5）网络图与工期参数。根据前面分析各项工作的逻辑关系，画出初步的网络图。

根据强制日期、主要里程碑工期及各项工作的持续时间，计算网络图中的各项工期参数，并标注于图上。

根据公司的资源配置情况，对网络图进行优化，最终制定时间有保障、资源配置合理的工期网络计划（见图 6-18），并以该图为依据，指导施工安排。

6）关键线路分析。工程关键工作是管理人员进场、资料收集、场地平整、1 号机组设备安装调试、工艺性试验、1 号机组防渗墙施工、工程检测、设备退场、防汛路恢复、资料汇编整理、竣工验收，计划总工期 196d。

多头小直径深层搅拌桩防渗墙施工是制约进度的关键节点工作和主要工作，投入本工程多头小直径深层搅拌桩截渗墙施工设备型号为 ZCJ-25 型，经过不断改进和工程实践，该设备施工工效为 $350m^2/d$。正常情况下，1 号机组所承担的 $32168m^2$ 截渗墙工程可在 92d 内完成。本工程关键工作 1 号机组截渗墙施工，是按照 $240m^2/d$ 的工效进行施工时间安排，关键线路中 1 号机安排工期 134d，能按时完成工程施工与实现工程的竣工验收，考虑到资料整理、检测、监测工作总可与主体工程同步进行，实际工期还可以再进一步缩短，通过对关键线路关键节点的施工进度控制，项目目标工期是完全可行的。

7）进度安排。根据实际资源配置情况，按照最早时间开工和交工，做好计划，进行施工安排。

A. 准备工作阶段。准备工作包括临时设施建设、管理人员进场、资料收集、施工材料采购和检测、场地平整、测量放样、地质复勘等工作，本阶段工作计划于 2011 年 2 月 1 日开始，至 2011 年 2 月 15 日结束，所开展的工作使得工地可进入开工阶段。

B. 多头小直径深层搅拌桩截渗墙施工进度。本工程计划先后共投入 2 台套多头小直径深层搅拌施工设备，截渗墙施工计划从 2011 年 2 月 16 日开始，2011 年 6 月 19 日结束，历时 134d。

C. 高压摆喷截渗墙施工。计划多头小直径深层搅拌桩截渗墙施工后期施工，于 2011 年 6 月 7 日安排高压摆喷截渗墙施工设备进场，3d 内完成设备安装调试和工程试验桩施工，于 2011 年 6 月 10 日开始正式施工，按照每天完成工程量 70m 考虑，计划施工 20d，于 2011 年 6 月 29 日，与多头小直径深层搅拌桩截渗墙同时结束高压摆喷截渗墙施工。

D. 截渗墙检测。计划于 2011 年 6 月 30 日开始进行截渗墙有关的检测工作，计划历时 28d 完成，于 2011 年 7 月 27 日完成。

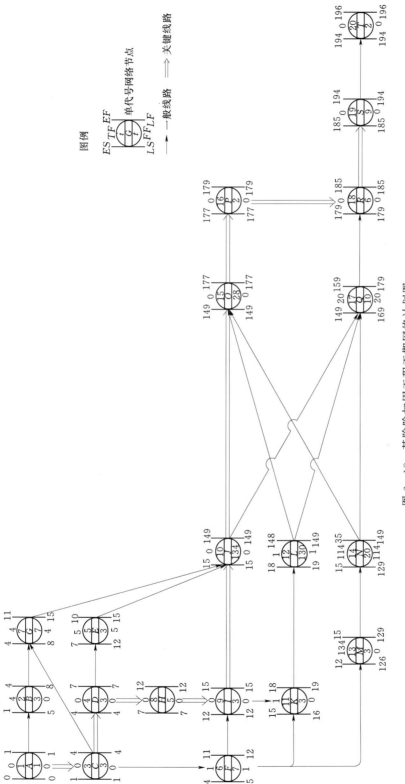

图 6 - 18　某除险加固工程工期网络计划图

ES—最早开始时间；EF—最早完成时间；LS—最迟开始时间；LF—最迟完成时间；
TF—总时差；FF—自由时差；G—工作名称（代号）；i—工作序号；
t—工作持续时间

E. 场地恢复。计划于 2011 年 7 月 20 日开始进行场地恢复，计划于 7 月 29 日完成。

F. 设备退场与路面恢复。防渗墙检测合格后，安排设备退出施工场地，并恢复路面。计划于 8 月 4 日完成。

G. 资料汇编整理。计划于 8 月 5 日至 8 月 13 日，进行资料汇编整理工作。历时 9d。

H. 竣工验收。在 8 月 14 日在全部工程结束，设备退场，场地恢复和资料收集齐全后，进行工程竣工验收，至 8 月 15 日结束。本阶段进行外业实物工作验收、室内资料验收、工程计量审计认定和工程移交，历时 2d。

8）措施保证计划。为防止施工中不确定因素的发生，减少不必要的工期消耗，确保本工程如期完成，必要时，应采用以下措施。

A. 组织一批精干、经验丰富、一专多能的管理和技术人员，确保现场施工的需要。结合工程实际情况建立各项管理规章制度，将工程质量、进度、安全等项指标的优劣与管理者的经济利益挂钩。

B. 加强内部管理，减少项目内不同作业的交叉施工影响，减少内部消耗和干扰，提高施工效率。

C. 严格按照全面质量管理的要求和工作程序开展各项工作，对各工序的工作质量严格把关，杜绝任何一次因施工质量问题而造成的返工和窝工，全面推行施工进度网络图优化管理。

D. 关注天气情况，合理安排施工工序，及时清除管道废液、废浆，防止低温对设备和墙体的冻害和对施工人员的伤害。

E. 选用先进的施工技术和施工机械，后勤备用多种易损配件，安排一些维修水平高、责任心强的维修人员，保障工程顺利进行。根据总控计划，灵活考虑增加备用机组措施。

F. 根据施工现场的具体情况和监理的要求制定施工作业计划，把好方案实施前的各个环节，确保不出现技术方案的失误，杜绝因技术方案不当引起的停工、返工。

G. 优化施工程序，加强现场调度，发挥机械效率，充分利用人、财、物等资源，尽量缩短关键线路上项目工期。

H. 做好进度控制，合理划分施工流水作业。按照施工总进度网络计划进行控制，安排好月、旬、日计划。严格按照关键工作计划控制施工，进场开工后，抓住工程主攻方向，以关键线路为中心，是其他工程进度协调跟上，以计划指导生产、检查生产、控制施工的全过程。

I. 加强计划管理，做好施工准备，严格按计划组织物资供应，确保各种物资的运输工作，提前储备，做好各种物资的合理调配，以满足施工要求。加强资金管理，合理运作，确保工程资金的需用。

J. 做好施工排水与道路养护工作，减少雨季或冬季低温对施工的影响。

（4）进度计划表示方法。深层搅拌工程同其他项目一样，其进度计划可以采用横道图进度计划方法表示，也可采用网络计划方法表示。

1）工程网络进度计划图。由于工程的细分工作、工艺不多，可采用手工编著网络计划图。

2）横道图。水泥土深层搅拌施工中，为表达直观，经常采用横道图来表达进度计划（见图 6-19）。

序号	工作名称	单位	工程量	完成时间	2月	3月	4月	5月	6月	7月	8月
1	管理人员进场	项	1	1d							
2	临时设施建设	项	1	3d							
3	资料收集	项	1	3d							
4	场地平整	项	1	3d							
5	测量、放样	项	1	3d							
6	地质复勘	孔	80	7d							
7	施工材料采购、检测	项	1	7d							
8	1号机组设备安装调试	项	1	5d							
9	工艺性试验	项	1	3d							
10	1号机组防渗墙施工	m²	32168	134d							
11	2号机组设备安装调试	项	1	3d							
12	2号机组防渗墙施工	m²	25988	130d							
13	3号机组设备安装调试	项	1	3d							
14	3号机组高喷防渗墙施工	m	1368	20d							
15	工程检测	项	1	28d							
16	设备退场	台	3	2d							
17	场地恢复	项	3000	10d							
18	防汛路面层施工	项	1500	6d							
19	资料汇编整理	项	1	9d							
20	竣工验收	项	1	3d							

图6-19 某除险加固工程施工工期横道图

7 工 程 施 工

7.1 施工准备

7.1.1 技术交底

在施工前，建设单位或监理单位应主持召开由地质勘测单位、设计单位、监理单位及施工单位参加的技术交底会，提供控制高程点和坐标点等基本资料；由地质勘测单位介绍地形地貌、工程地质、水文地质情况和工程测绘情况；由设计单位详细介绍工程设计意图、设计要求、设计参数及施工中应注意事项等，帮助监理单位及施工单位理解设计意图；监理单位及施工单位认真学习设计文件，对一些疑问及时提出，由设计单位解答，若有好的建议应尽早提出，供设计单位参考。若设计单位采纳了建议，则由设计单位以补充设计或变更设计形式发出通知。一般来说，技术交底内容如下。

（1）施工场地情况。施工场地现状、工程地质、水文地质情况、施工工作面标高、高程点和坐标点（应现场移交）、地上地下障碍物情况以及与原有建筑物的连接。

（2）与其他标段的施工干扰。其他标段施工工期的安排、施工场地占用情况、交通道路和水电供应的协调。

（3）施工图纸。施工图是工程施工的最重要文件，应详细介绍，如深层搅拌桩的桩直径、桩长、桩顶高程、桩底高程、要求达到的水泥土强度、布置形式等。对于有止水要求的深层搅拌桩，还要介绍搅拌桩的搭接尺寸、墙体最小厚度、垂直度要求等。有一些施工图还提出使用的水泥品种、标号、水泥掺入量、水灰比等要求。

（4）施工要求。除施工图上提出的设计要求外，设计单位还会在一些技术文件中提出其他施工要求，如施工时，孔位偏差、桩径偏差，下钻和提升速度，是否复搅及复搅次数，输浆量的分配，是否试桩等。

（5）施工是否存在安全隐患和环境污染。

7.1.2 测量放样

根据技术交底时业主提供的高程点和坐标点沿施工轴线精确放线，分段在图纸上标定桩体（墙体）顶部和底部高程。施工前应测量实际工作面高程，实际工作面高程与图上地面高程以及有效桩顶高程可能不一致。因此，应认真核对各高程，确保有效桩长，施工中应保护好施工标志。

7.1.3 先导孔施工

为复核地层情况，确定满足设计要求的增强体下限深度，必要时可布设先导孔，进行

184

地质复勘。先导孔间距以 50m 为宜，特殊地质可适当加密。先导孔应深入增强体下限设计深度以下 5m。一般情况，复合地基处理和基坑支护地质勘探孔较密，不需进行先导孔，但堤坝防渗工程中，由于防渗墙沿线较长，地质勘探孔间距多在 100m 以上。因此，为进一步探明防渗墙合理的下限深度位置，还需进行补充先导孔。布孔应考虑原地质勘探孔布孔情况，应钻取芯样进行鉴定，由地质工程师描述地层情况，绘出地质剖面图，初步推荐防渗墙下限深度位置，报设计批准。

7.1.4 场地平整及导槽开挖

（1）施工场地。

1）在机械设备进场前应平整场地，原则上场内 10m 范围内，高差应不大于 100mm。施工工作面宽度应满足所使用设备的作业要求，一般不小于 6m。搅拌设备操作平台以及现场水泥仓库要有足够的面积，并基本平整。

2）施工场地地面过软，承载力不利于搅拌桩机行走或移动时，应铺设粗砂或碎石垫层，不得用块石铺填；当施工场地表层坚硬，需要注水预搅施工时，可开挖施工槽，在槽内适量注水，预先饱和，降低土层强度；当场地为沥青、水泥混凝土或其他硬质路面时，可事先采用破除机械破除路面；若地下有建筑垃圾、较大粒径卵石、块石，应清除。

（2）导槽开挖。在深层搅拌施工时，由于水泥浆的注入，会产生水泥土浆溢出的情况，开挖集浆槽、集浆池，可防止孔口返浆四处漫流。尽管深层搅拌工艺施工排浆量少，但是，深层搅拌施工一般是在软弱地层地段施工，少许水流、浆液灌入施工现场，会造成场地湿滑和松软，对施工有影响。

导槽开挖深度以 500mm 为宜，开挖宽度 500～800mm，以不影响施工设备行走和调平为宜，导槽开挖长度应满足翻浆积液的控制要求。

7.1.5 机械安装与调试

（1）机具组装。

1）深层搅拌设备组装、就位。

2）安装水泥浆液制备系统。

3）管线连接，用压力胶管连接灰浆泵出口与深层搅拌桩机的输浆管进口。

（2）试运转。

1）电网电压应保持在额定工作电压，电机工作电流不得超过额定值。

2）调整搅拌轴旋转速度。

3）输送浆液管路和供水水路通畅。

4）各种仪表应能正确显示、检测数据准确。

7.1.6 施工备料

（1）水泥。深层搅拌用的固化剂主要材料为水泥，按设计要求选用规定标号的水泥，根据工程量和设计要求计算需要量，按照进度计划适当储存，在使用水泥前每批次均应取样检验，一般应做水泥土强度（3d 或 7d）、水泥的体积安定性、初终凝时间、比重等试验。

水泥是深层搅拌工程中使用的主要材料,水泥消耗量大,质量要严格按照设计要求选用,检测合格后方能投入生产。

开工前,在工程所在地考察水泥生产厂家、供货商家,选用符合设计要求的水泥品种和规格,签订供货合同,保证及时足量供应;联系水泥检测单位,及时完成水泥复检。

水泥运送工地后整齐码放,做好防雨防潮措施,妥善保管。

(2)其他建筑材料。施工中需要少量其他建筑材料如砂石、黏土等,主要是在临时建筑、桩顶(墙顶)回填的辅助工程中使用,种类不多,数量有限,在当地市场上基本都可以直接采购获取。

(3)外掺剂。根据设计要求若需要外掺剂,可计算出需要量,采购材料,保存备用。

7.1.7 工艺试验

每一个水泥土搅拌桩的施工现场,由于土质有差异,搅拌加固效果有较大的差别。在正式搅拌桩施工前,均应按施工组织设计确定的搅拌施工技术参数进行工艺性试桩,最后确定水泥浆的水灰比、泵送时间、深层搅拌桩机提升速度等参数,确定是否需要复搅及确定复搅深度。

(1)目的。试桩的目的是标定各项施工技术参数,其中包括:

1)搅拌桩机钻进深度、桩底标高、桩顶停灰面标高。

2)灰浆的水灰比、外掺剂的配合比。

3)搅拌桩机的转速和提升速度;灰浆泵的压力或料罐和送灰管的风压。

4)每1m桩长或每根桩的输浆或送灰量、灰浆经浆管到达喷浆口的时间。

5)是否需要冲水或注水下沉;是否需要复搅复喷及其部位、深度等。

工艺试验完成7d后,进行浅部开挖,观察桩体均匀性,检测桩径、墙厚、桩位偏差及桩(墙)间搭接等是否满足设计要求。采取钻孔取芯等方式检测试验桩的深部成桩情况,将所取样芯送实验室检测加固体强度、变形或渗透系数等参数,推测出加固体最终的相应参数,由此来判定施工参数的正确性。

实践证明,在搅拌桩机转速一定、相同的固化剂掺入量和水灰比的条件下,搅拌时间对加固土的强度影响很大,主要原因在于搅拌时间增加后,搅拌次数也增加,原状土扰动程度增强,固化剂趋于均匀分布,且能够保证固化剂与土体充分反应,形成更为牢固的固化体。水泥粉、水泥浆和生石灰3种固化剂在土体中被搅拌的时间对加固土抗压强度的影响(见图7-1)。

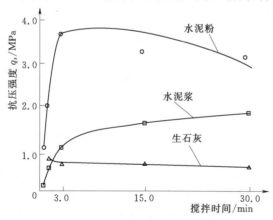

图 7-1 搅拌时间对加固土抗压强度的影响曲线图
注:龄期:21d

(2)工艺试验参数。深层搅拌成桩质量的优劣直接关系到地基处理的效果。其中的关键是对注浆量、水泥浆与软土搅拌的均匀程度等有关施工参数的控制,施工参数最终由工艺试验确定。

1）喷浆下钻和提升速度v的计算：

$$v=\frac{\rho Q_e}{A_p \rho_t \alpha_c (1+\alpha_\omega)\beta_i} \tag{7-1}$$

$$A_p=\pi R^2$$

式中　v——搅拌头喷浆下钻或提升速度，m/min；

　　ρ、ρ_t——水泥浆和土的重度，t/m^3；

　　Q_e——灰浆泵的额定排量，m^3/min；

　　A_p——搅拌桩的截面积，m^2；

　　α_c——水泥掺入比；

　　α_ω——水泥浆水灰比；

　　R——搅拌桩半径；

　　β_i——第i次喷浆所占总量的百分比。

【例7-1】　某搅拌工程施工中，设计水泥掺入比为15%，水灰比为1.2，选用当地的32.5级复合硅酸盐水泥，设计搅拌桩桩径为600mm，根据地质资料显示，所需加固的土体的重度为1.85t/m³。按照设计配置的水泥浆重度实测值为1.44t/m³，施工队配置有1台灰浆泵，其额定排量为0.10m³/min。采取下钻喷浆40%，提升喷浆60%的施工方式，根据上述条件，确定施工中搅拌喷浆的下钻和提升速度。

解：首先根据桩径计算桩的截面积A_p：

$$A_p=\pi R^2=3.14\times\left(\frac{0.6}{2}\right)^2=0.2826 m^2$$

把已知参数代入式（7-1）中，则计算下钻速度v_1：

$$v_1=\frac{\rho Q_e}{A_p \rho_t \alpha_c (1+\alpha_\omega)\beta_i}$$

$$=\frac{1.44\times0.05}{0.2826\times1.85\times0.15\times(1+1.2)\times0.4}$$

$$=1.04 m/min$$

由式（7-1）计算下钻速度v_2：

$$v_2=\frac{\rho Q_e}{A_p \rho_t \alpha_c (1+\alpha_\omega)\beta_i}$$

$$=\frac{1.44\times0.05}{0.2826\times1.85\times0.15\times(1+1.2)\times0.6}$$

$$=0.70 m/min$$

根据上述计算结果，取下钻速度应为1.0m/min，取提升速度0.7m/min。

2）水泥的喷出量。深层搅拌桩机单位时间（min）内水泥的喷出量q(t/min)取决于钻头直径、水泥掺入比及搅拌轴提升速度，其关系按式（7-2）计算：

$$q = A_p \rho_t \alpha_c \upsilon \beta_i \qquad (7-2)$$

【例7-2】 在［例7-1］中，在提升时，单位时间内喷嘴喷出的水泥量应达到多少才能保证施工质量。

解： 根据式（7-2），代入相应参数得：

$$q = 0.2826 \times 1.85 \times 0.15 \times 0.7 \times 0.6$$

$$= 0.03\text{t/min}$$

在提升时，单位时间内，喷嘴喷出的水泥量达到32.9kg/min时，可保证施工质量。

3）喷浆量。深层搅拌桩机单位时间（min）内水泥浆液的喷出量取决于水灰比和水泥掺入比，其关系按式（7-3）计算：

$$Q = \frac{q(\alpha_\omega + 1)}{\rho} \qquad (7-3)$$

式中　Q——水泥浆喷出量，m^3/min；

　　　q——单位时间内水泥的喷出量，t/min；

　　　ρ——水泥浆重度，t/m^3，按式（4-1）计算。

【例7-3】 在［例7-1］中，已知水泥颗粒重度为3.05t/m^3，计算施工中提升时单位时间内搅拌喷浆的浆量。

解： 根据式（4-1）计算设计水灰比的水泥浆重度：

$$\rho = \frac{3.05 \times (1.2 + 1)}{\frac{3.05}{1.0} \times 1.2 + 1} = 1.44\text{t/m}^3$$

根据式（7-3）计算水泥浆喷出量：

$$Q = \frac{0.0329 \times (1.2 + 1)}{1.44} = 0.05\text{m}^3/\text{min}$$

计算结果显示，深层搅拌施工中单位时间内搅拌喷浆的浆量需要$0.05\text{m}^3/\text{min}$，现有灰浆泵正好满足要求。

4）搅拌次数的计算。当喷浆为定值时，土体中任意一点经搅拌轴搅拌的次数越多，加固效果越好，搅拌次数N与搅拌轴的叶片、转速和提升速度的关系计算式（7-4）：

$$N = \frac{h \sum Z n}{\upsilon} \qquad (7-4)$$

式中　h——搅拌轴叶片垂直投影高度，m；

　　　$\sum Z$——搅拌轴叶片总数；

　　　n——搅拌轴转速，r/min；

　　　υ——搅拌轴提升速度，m/min。

【例 7 - 4】 在某水库拟建 6 层办公楼，拟采用深层搅拌法进行软土地基加固处理，施工前需要进行工程效果与有关参数的试验。初步拟定钻头提升速度为 0.8m/min，搅拌轴转速为 59r/min，钻头叶片垂直投影高度为 8cm，分 3 层，每层 2 片对称布置，试求桩体内任意点的搅拌次数。

解： 将已知条件代入式（7 - 4）：

$$N=\frac{0.08\times3\times2\times59}{0.8}=35.4 \text{ 次}$$

由计算结果可知，桩体内任意点的搅拌次数有 35.4 次，大于规范规定的不少于 20 次的要求。

7.2 施工工艺

7.2.1 复合地基施工工艺

（1）工艺流程。深层搅拌桩施工工艺流程：桩机就位→钻进喷浆到孔底→提升搅拌→重复钻进搅拌→重复搅拌提升→成桩完毕，复合地基搅拌桩施工流程见图 7 - 2。在施工中，有时在钻进时喷浆，也有在提升时喷浆，何时喷浆最佳，须根据地层的软硬情况和搅拌头的工艺特点而定。同理，重复搅拌过程中是否喷浆，亦应根据地基土的力学指标和设计要求灵活掌握，但喷浆量应保证总量满足水泥掺入量的设计要求。

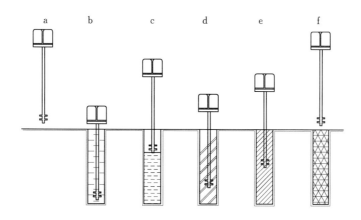

图 7 - 2　复合地基搅拌桩施工流程图
a—桩机就位；b—钻进喷浆到孔底；c—提升搅拌；d—重复钻进搅拌；
e—重复搅拌提升；f—成桩完毕

1）桩机就位。利用起重机或开动绞车移动深层搅拌桩机到达指定桩位对中。为保证桩位准确，必须使用定位卡，桩位对中误差不大于 5cm，导向架和搅拌轴应与地面垂直，垂直度的偏离不应超过 1.0%。

2）钻进喷浆到孔底。开动灰浆泵，核实浆液从喷嘴喷出后，启动桩机向下旋转喷浆，并连续喷入水泥浆液，钻进速度、旋转速度、喷浆压力、喷浆量应根据工艺试成桩时确定的参数操作，钻进喷浆到设计桩长或预定土层后，原地喷浆 0.5mm。

3）提升搅拌。搅拌头自孔底反转匀速搅拌提升，直到地面。搅拌头如被软黏土包裹应及时清除。

4）重复钻进搅拌。按上述 2）操作要求进行，如喷浆量已达到设计要求时，需要重复搅拌不再送浆。

5）重复搅拌提升。按照上述 3）操作步骤进行，将搅拌头提升到地面。

6）成桩完毕。连同 2）、3）、4）、5）共进行 4 次搅拌，即可完成一根搅拌桩的作业。开动灰浆泵清洗管路中残存的水泥浆，桩机移至另一桩位，施工另一根搅拌桩。

（2）注意事项。

1）拌制好的水泥浆液不得发生离析，存放时间不应过长。当气温在 10℃以下时，不宜超过 5h；当气温在 10℃以上时，不宜超过 3h；浆液存放时间超过有效时间时，应按废浆处理；存放时，浆体温度宜控制在 5～40℃范围内。

2）搅拌中遇有硬土层，搅拌钻进困难时，应启动加压装置加压，或边输入浆液边搅拌钻进成桩，也可采用冲水下沉搅拌。采用后者钻进时，喷浆前应将输浆管内的水排尽。

3）搅拌桩机喷浆时应连续供浆，因故停浆时，须立即通知操作者。为防止断桩，应将搅拌桩机下沉至停浆位置以下 0.5m（如采用下沉搅拌送浆工艺时则应提升 0.5m），待恢复供浆时再喷浆施工。因故停机超过 3h，应拆卸输浆管，彻底清洗管路。

4）当喷浆口被提升到桩顶设计标高时，停止提升，搅拌数秒，以保证桩头均匀密实。

5）施工时，停浆面应高出桩顶设计标高不少于 0.5m，开挖时再将超出桩顶标高部分凿除。

6）桩与桩搭接的间隔时间不应大于 24h。间隔时间太长，搭接质量无保证时，应采取局部补桩或注浆措施。

7.2.2 防渗墙施工工艺

（1）工艺流程。深层搅拌防渗墙的施工工艺流程是：桩机就位、调平；启动主机，通过主机的传动装置，带动主机上的钻杆转动，钻头搅拌，并以一定的推动力把钻头向土层推进至设计深度；提升搅拌到孔口。在钻进和提升的同时，用水泥浆泵将水泥浆由高压输浆管输进钻杆，经钻头喷入土体，使水泥浆和原土充分拌和完成一个流程的施工。纵向移动搅拌桩机，重复上述过程，最后形成一道水泥土防渗墙，施工工艺流程见图 7-3。

（2）成墙施工方法。以水利水电工程中应用最多的多头小直径深层搅拌桩防渗墙施工方法为例，介绍成墙施工方法。施工常用设备有 BJS、ZCJ 两种系列设备，有一机三钻头和一机五钻头，其轴距为 320mm。若采取一序成墙则最小钻头直径需要 350mm，若施工深度不深（如小于 15m），可采取二序成墙，则最小钻头直径 260mm 即可。

多头小直径深层搅拌成墙搭接方式：施工多采用一序成墙搭接方式，但在施工深度较浅时，为了降低造价也可采用二序成墙搭接方式。以一机三个钻头为例，搭接方式如下。

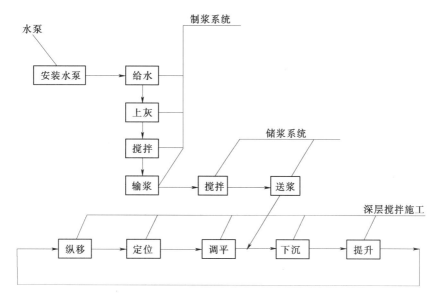

图 7-3　施工工艺流程图

1）一序成墙搭接方式见图 7-4。搭接方式是先施工 1、2、3，即为一个单元墙，然后再施工 1′、2′、3′，即下一个单元墙。l_0 为桩间距，D 为钻头直径，可根据需要选取。δ 为单元墙桩间搭接长度，在施工深度小于 15m 时，δ 不应小于 100mm；在施工深度 15～20m 时，δ 不应小于 150mm；在施工深度大于 20m 时，δ 不应小于 200mm。

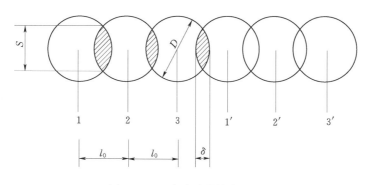

图 7-4　一序成墙搭接方式图

2）二序成墙搭接方式见图 7-5。搭接方式是先施工 1、2、3 三根桩为第一序，再施工 1′、2′、3′ 三根桩为第二序。1、1′、2、2′、3、3′ 六根桩组成一个单元墙。l_0 为两序施工的桩间距，D 为钻头直径，最小墙厚 S 计算公式同一序成墙。δ 为单元墙桩间搭接长度，在施工深度小于 10m 时，δ 不应小于 100mm。

（3）施工要点。

1）主机调平。

A. 施工前应检查主机上的水平测控装置，确保主机机架处于铅垂状态。

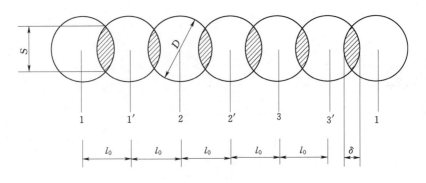

图 7-5　二序成墙搭接方式图

B. 通过四个支腿油缸调平。应重点检查施工过程中，支腿是否存在下陷或油缸泄压现象，若有此现象应及时调平。

2) 输浆。

A. 尽量保证输浆均匀，应根据地层吃浆变化调整输浆量，总输浆量应不少于设计要求。

B. 输浆量应有专门的装置计量，如流量仪等。

C. 输浆应有一定的压力，但也不宜过大，一般输浆压力为 0.5～1.0MPa。

3) 提升和下降速度。

A. 为保证不偏孔，开始入土时不宜用高速钻进，一般钻进速度不应大于 0.8m/min；土层较硬时，速度不大于 0.6m/min。

B. 提升速度和输浆量应密切配合。提升速度快，输浆量也应加大。两者关系可按设计水泥掺入量来确定。

4) 桩的定位精度。定位是影响桩与桩之间的搭接尺寸的因素之一。主机调平后，在施工中也可能因振动产生整机滑移，造成桩位偏差。为了减少累计误差，每施工 10 个单元段应校核 1 次，并及时调整。

5) 施工深度。

A. 划分施工区段，根据设计要求及地面高程，确定施工深度。复合地基处理施工场地应平整，同一个施工区，地面高程应基本一致；防渗墙的轴线往往较长，高程变化大时，一般以 100m 作为一个施工段，同一施工段地面高程应基本一致。按水准点测定施工场地地面高程，计算各施工区段的施工深度。防渗墙施工深度变化较大时，在地形变化点、相对隔水层层面变化点设置控制线，适当减小施工段的划分长度。

B. 施工前核定深度计录仪读数，读数允许误差应小于 5cm。

(4) 注意事项。

1) 影响垂直度的因素。

A. 主机本身的误差。施工前可用经纬仪检查桩架垂直度，若垂直度误差超过 0.1% 时，应对主机进行调整。

B. 操作过程的调平误差、支腿下陷误差。设备应安设测斜装置，若机架倾斜大于0.3%时应及时调平。

C. 地层中的障碍物具有导向作用，可造成钻杆钻头移位。施工前开挖约0.5m深的导向沟，若有障碍物可挖除。当障碍物埋深大于2m时，可避开障碍物成墙。

2）输浆量和提升下降速度的协调。

A. 施工前应先做试验了解地层软硬，适宜的下钻和提升速度，土层吃浆情况和浆量多少等。同一个施工段，土层吃浆过程和数量变化不会太大，但若遇有孔洞，或松散土层，吃浆会大大增加，应即时补浆，直至孔口微微翻浆。

B. 主机和输浆两操作手应密切配合，在操作时要有约定的信号。

C. 施工中，遇特殊情况应根据施工预案作相应调整。

3）水灰比的影响。

A. 对水泥掺入量的影响。水灰比大意味着水泥浆中水的含量大，水泥的含量小，过多的水填充了土层中的孔隙。因此，适当减小水灰比可提高土层中的水泥掺入量，相应提高水泥土的抗渗能力。

B. 对水泥土搅拌均匀程度的影响。在堤顶施工防渗墙时，由于堤身土含水量低，若水灰比过小，使得水泥浆和原土搅拌不均匀，甚至水泥浆和土分离，导致无法成墙，达不到防渗效果。

C. 多头小直径深层搅拌桩耗浆量相对较少，输浆管管径较小，过稠的浆液容易堵塞管道。

7.3 施工管理

7.3.1 施工管理项目

由于深层搅拌法在施工过程中无法用肉眼直接对生产质量进行观察，因此，施工管理项目应尽可能采用管理仪器进行控制。

用水泥作固化剂，一旦进行了施工，水泥土凝固后，二次施工便十分困难。因此，在施工期间必须实时把握施工状况，记录有关数据（深度、喷浆量、钻头转速及提升速度等），使用具有集中管理性能的施工管理系统。主要的施工管理项目如下：

（1）固化剂的配比。固化剂的配比主要是指水泥浆液的水灰比，如果有其他添加剂，还包括其他添加剂的掺入比。施工前，核定制浆储浆容器的容积，核算每次搅拌加水量和水泥使用量，制浆时，按照确定的水泥用量和水量配置搅拌，施工前，可采用比重计检测水泥浆比重，从而检测水泥浆水灰比。

（2）固化剂混合量。固化剂混合量，除单根搅拌桩的总投入量必须满足设计投入量外，整根桩自上而下还需尽可能的获得稳定的瞬间供给量，使得在所有土层、深度固化剂含量均等、搅拌均匀。水泥掺入量的控制可通过输浆泵安装浆量自动记录仪，输浆时精确记录输浆量，并使浆液泵送连续；桩（墙）施工结束后，根据施工工程量和水泥用量，进行水泥掺入量核算，桩身水泥掺入量应控制在设计参数允许误差范围之内。

（3）搅拌混合。单位长度搅拌桩，应满足钻头升降速度、钻头转速标准，用钻头的"叶片翼旋切次数"或搅拌点数作为搅拌程度指标。

搅拌点数计算方法见式（7-4）。搅拌点数一般应达到 20 次以上。

叶片旋切次数是指在注入固化剂时，在搅拌桩任意 1m 的区间内，钻头上升及下降时，钻头的各搅拌叶片旋转次数的总和。可使用式（7-5）计算：

$$N=\sum M\left(\frac{n_1}{v_1}+\frac{n_2}{v_2}\right) \tag{7-5}$$

式中　N——搅拌叶片旋切次数，次/m；

　　　n_1——搅拌叶片下沉时的转速，r/min；

　　　n_2——搅拌叶片提升时的转速，r/min；

　　　$\sum M$——钻头的搅拌叶片数；

　　　v_1——钻头的下沉速度，m/min；

　　　v_2——钻头的提升速度，m/min。

叶片旋切次数，控制标准为 350 次/m 以上。

【例 7-5】 某泵站地基采取深层搅拌法进行加固处理，拟采取钻进下沉时转速 21r/min，钻进下沉速度为 0.6m/min，搅拌提升转速 40r/min，提升速度为 1.0m/min，钻头有 3 层叶片，共 6 个叶片，计算搅拌叶片旋切次数，能否满足每米不小于 350 次的要求。

解：由式（7-5）得：

$$T=6\times\left(\frac{21}{0.6}+\frac{40}{1.0}\right)=450 \text{ 次}$$

经计算，搅拌叶片旋切次数 450 次/m，大于 350 次/m，满足要求。

（4）搅拌桩的位置。这是指桩位的控制，施工时桩位的准确与否是影响桩与桩之间的搭接尺寸的因素之一。在防渗墙施工中，尤其注意的是主机调平后也可能因振动造成整机滑移，带来桩位偏差。为了减少累计误差应每施工 10 个单元校核 1 次，并记录实际偏差，以便及时调整。

（5）搅拌深度。搅拌桩的下端及上端所定深度，应特别注意桩顶喷浆搅拌深度和地面标高不一致的情况，施工前核定深度盘读数，孔深允许误差应小于 5cm。

（6）端承面的控制。这是指搅拌桩以支撑形式为端承方式时，搅拌桩的下端确实到达持力土层。

一般是根据现有资料、前期调查来设定端承土层。施工中的控制标准值，大多按施工前的试验施工数据来决定。

试验施工一定要在前期勘察位置附近进行，以钻进进入端承土层时的下沉速度、运转负荷（搅拌电机的电流值等）为基准数据，用于正式施工时端承桩施工质量控制的依据。

端承控制的基本方法如下：

1）用于端承控制的施工控制仪器。端承控制的仪器是钻机的升降速度和钻机电机的电流仪。

2）端承标准的设定。端承标准的设定，一般是以施工前进行的试验施工和对该地基的地质调查为基础，参考土质柱状图，并与监理员协商，确定满足设计所要求的持力层，作为端承的基准值。

3）端承的确认方法。由于现场的施工深度及土质条件不同，钻进到达端承土层时，其升降速度、电机的电流值有明显变化。因此，可根据以下两个条件判断确定持力土层基准深度。

A. 钻进到达持力层时，电机的扭矩（电流值）明显地显示出大于此前的数据。或者电流值超过电机的允许值，无法再向下沉。

B. 钻机的下沉速度几乎为 0，无法再向下沉时，此现象在突然到达坚固的地基时容易出现。

4）端承基准的参考标准。下面是在施工中设定端承基准的参考数值。

A. 电机的电流值在接近额定电流值的 80％（根据电机的规格和种类而不同）状态持续超过 1min。

B. 下沉速度变为 0.2～0.3m/min，该状态持续 1～3min 以上。

C. 下沉速度变为 0m/min，钻机的吊杆趋缓而不能下沉。

以上无论出现哪一种情况，或者满足其中的两项时，基本可以确定是端承桩基准深度。

（7）垂直度的控制。施工前应核定主机上的水平测控装置，确保主机机架处于铅垂状态；液压步履式桩径可通过四个支腿油缸工作调平。重点应注意检查调平后施工过程中，是否有支腿下陷（工作场地土质松软造成）或者油缸泄压等现象，若有应及时通过支腿油缸调平，或加固工作场地。

（8）桩径的控制。钻头直径不应小于设计尺寸，施工过程中，定期使用钢卷尺对钻头进行检查，确保桩径符合设计指标。土质不同，施工时钻头磨损情况不一样，在含砂砾层中磨损较大，应缩短检查时间。

（9）钻具下钻提升速度控制。为保证不偏孔，开始入土钻进时不宜用高速钻进，一般钻进速度不应大于 0.8m/min；土层较硬时，不应用高速钻进，速度不大于 0.6m/min；提升速度和输浆量应密切配合。一般来说提升速度快，输浆量也应大，两者对应关系在现场根据设计水泥掺入量要求来定。

（10）钻具转速控制。施工中转速匀速，且与提升、下沉速度匹配。应根据式（7-4）或式（7-5）计算搅拌点数或叶片旋转次数，使其满足控制标准。

（11）浆压力控制。控制输浆泵工作压力，范围在 0.3～1.0MPa 之间。由于深层搅拌桩施工是以机械搅拌为主，是在叶片范围内搅拌，浆压以喷浆注入搅拌范围内的土中为宜，若浆压太大，会形成空心桩，存在水泥浆分布于桩的周边现象；若浆压太小，会影响注浆量。

7.3.2 施工管理标准

深层搅拌施工属隐蔽工程施工，施工完成后若存在质量缺陷修补相对较困难，施工质量控制应以过程控制为主。施工过程中应保证机具平稳，并严格控制垂直度、回转速度、钻进速度、提升速度、水泥浆液浓度、供浆流量等参数，保证水泥掺入比满足设计要求，且搅拌均匀。

根据工程的不同，目前对深层搅拌工法制定了相应的施工管理标准，该标准是深层搅拌施工质量控制的基础。现行规范中对深层搅拌施工管理的一些参数标准（见表7-1、表7-2）。其中水灰比、供浆压力、提升速度、搅拌轴转速是保证成桩质量的关键因素，一般都作为施工的主控项目加以重视。

表7-1   复合地基施工参数参考表

项　　目	参　　数	备　　注
水灰比	0.5～1.2	土层天然含水量多取小值，否则取大值
供浆压力/MPa	0.3～1.0	根据供浆量及施工深度确定
供浆量/(L/min)	20～50	与提升搅拌速度及每米需要浆量协调
钻进速度/(m/min)	0.3～0.8	根据地层情况确定
提升速度/(m/min)	0.6～1.0	与搅拌速度及供浆量协调
搅拌轴转速/(r/min)	30～60	与提升速度协调
垂直度偏差/%	＜1.0	施工时机架垂直度偏差
桩位对中偏差/m	＜0.01	施工时桩机对中的偏差

表7-2   防渗墙施工参数参考表

项　　目	参　　数	备　　注
水灰比	1.0～2.0	土层天然含水量多取小值，否则取大值
供浆压力/MPa	0.3～1.0	根据供浆量及施工深度确定
供浆量/(L/min)	10～60	与提升搅拌速度及每平方米需要浆量协调
钻进速度/(m/min)	0.3～0.8	根据地层情况确定
提升速度/(m/min)	0.6～1.2	与搅拌速度及供浆量协调
搅拌轴转速/(r/min)	30～60	与提升速度协调
垂直度偏差/%	＜0.3	施工时机架垂直度偏差
桩位对中偏差/m	＜0.02	施工时桩机对中的偏差

例如，河南某水利工程管理中心拟建6层办公楼，选用深层搅拌法进行地基加固处理，为保证施工质量，根据《深层搅拌法技术规范》（DL/T 5425—2009）及《建筑地基基础工程施工质量验收规范》（GB 50202—2002）等相关规定，制定了项目的施工管理标准和检测方法（见表7-3）。

表 7－3

某工程深层搅拌施工管理项目控制表

管理项目	管理内容	规格值	数量	测定频率	管理手段	记录方式	备注
施工前管理	钻头形状检查	设计值±2cm	1cm	施工前	用卷尺测量	结构检查数据表	
	计量器率定	已知重量±2kg	2kg	施工前	20kg称量器	结构检查数据表	
	深度计率定	±10cm	5cm	施工前	用卷尺测量	结构检查数据表	
	速度计率定	±0.05m/min	0.01m/min	施工前	秒表、目测	结构检查数据表	
	转数计测器率定	±2r/min	1r/min	施工前	秒表、目测	结构检查数据表	
	浆液流量	±2L/min	1L/min	施工前	容积计量容器	结构检查数据表	浆液系列
打设位置	基本测量、桩中心位置	设计值±2cm	1cm	施工前每100个	经纬仪、卷尺、带有小标桩色带的计量容器	每100个拍照	
	桩位对中偏差	10mm	mm	每单次打设	目测	目测	
垂直度管理	垂直度偏差	0°±10'	2'	每单次打设	倾斜仪（控制仪器）	目测	
固化剂使用量	固化剂的使用量	设计使用量以上	5kg	不间断	浆液流量计	打设结果表	浆液系列
成桩管理	开挖调查、桩直径	设计值以上	1cm	1处/100根桩（至少2处）每处4根左右	用卷尺测量	照片、调查报告书	
	桩间距	设计值±D/4	1cm	不间断	用卷尺测量	打桩结果表	
	基准高度	设计值-5cm	1cm	不间断	控制仪器	目测	
	桩长	设计值以上	10cm	不间断	速度仪、回转仪	目测	浆液系列
搅拌混合管理	下沉速度	管理值±5%	0.1m/min	每单次打设	尺子、秒表	结构检查数据表	
	提升速度	管理值±5%	0.1m/min	每单次打设	尺子、秒表	结构检查数据表	
	搅拌轴转速	设计值±5%	1r/min	每单次打设	控制仪器	目测	
	固化剂拌入量	管理值±5%	1kg	不间断	磅秤、水流量表	结构检查数据表	浆液系列
材料品质管理	水灰比	设计值±1%	0.01	每日	比重仪	结构检查数据表	
	料浆比重	管理值±1%	0.01g/cm³	不间断	比重表	结构检查数据表	
	供浆压力	设计值±5%	0.05MPa	不间断	压力表	结构检查数据表	
	供浆量	设计值±5%	2L/min	不间断	流量仪	结构检查数据表	
加固体质量	加固体无侧限抗压试验	设计强度	10kN/m²	复查钻孔桩数	无侧限抗压试验	试验报告书	
拍照管理	施工前校验	—	—	施工前	各控制仪器、卷尺测量	校准报告书	
	施工中	—	—	施工期间随时	卷尺测量	施工报告	
工序管理	施工中的工序管理	—	—	每日	打桩日期	施工工程量控制图	

7.4 常见问题与处理方法

在深层搅拌施工中，受到场地和地层条件的限制，以及施工队伍技术水平的制约，在施工中难免会出现一些问题，包括施工过程中难题和完工后工程实体的一些缺陷。对于施工过程中所出现的难题，主要体现在各种空间障碍物、气象条件等方面，在开工前，只要认识充分、准备充分，对上述困难的解决还是比较容易做到的。而地下工程缺陷隐蔽性强，对工程的影响和潜在破坏力较大，因而必须认真对待和正确处理。这种缺陷的处理要依质量缺陷的严重程度而定，非常严重的质量问题，即使进行处理后也会影响工程的安全使用，这种质量缺陷不允许再处理，应该予以报废。本节提到的缺陷，是指经过处理不影响或基本不影响工程安全使用的质量缺陷，处理方法供参考。

以下就深层搅拌施工中常见的一些问题及其处理方法，进行简单的介绍。

7.4.1 施工过程遇到的问题

（1）地下障碍物。地下如果有树根、建筑垃圾、块石、卵石等地下障碍物，可采用人工清理，或采用小型挖机清除表层和浅层杂物，回填好土，并压实后，再进行深层搅拌法施工。如清除处理深度过大，采用清除办法不经济、不安全时，可采用绕行（防渗墙）、高压喷射和深层搅拌相结合等工法进行施工。

（2）空中障碍物、空中障碍物主要有高压线、各种架空管道、桥梁、渡槽等，这些障碍物的存在，一方面，限制了施工作业高度；另一方面，也给施工安全带来不利影响，这对于深层搅拌施工而言，是一个不能回避的问题。遇见这种问题，可根据不同情况，按照以下方式进行处理。

1）有条件时，可清除空中障碍物，或协调、改变障碍物的走向。如高压线、电话线等也可同有关方面协调，临时断电，待施工完毕，再恢复供电。

2）在防渗墙施工时，若遇空中障碍物，可采用高喷灌浆或帷幕灌浆等其他工艺与深层搅拌防渗墙进行有效搭接。

（3）施工工作面受限。主要采取变更施工轴线，绕行通过的方式解决。如果轴线无法改变，可采取辅助措施加宽工作面，或采用体形较小的高喷施工设备进行高喷衔接。

（4）浆管堵塞。浆管堵塞主要由以下原因造成，可以按照下述方法分别处理。

1）地层原因。可采用二次施工法，首先采用清水预搅，达到软化地层的目的，而后正常施工。

2）材料原因。水泥过筛后，加入水中进行搅拌，搅拌时间符合要求，防止水泥浆中有团块和黏糊状水泥块进入输浆管道；对水泥进行粒度分析和组分分析，对含杂质水泥和细度不符要求水泥，不能使用，清退出场。

3）设备原因。输浆设备动力不足、管径大小变化剧烈、节点较多、管路长度过大、折弯曲度太大、输浆设备地势极低增加压差，上述原因引起水泥浆等材料输送流态复杂变化，造成浆液分离沉淀，从而产生管路堵塞，施工时随时检查管路情况，尽量避免。停电也会影响设备供浆情况，造成浆液在管道中积淀堵塞管道，因此，在施工时，一方面，关注当地供电情况，防止电压不稳和停电断浆；另一方面，随时对搅拌系统进行设备检查，防止设备故障导致电路跳闸，甚至烧毁供电系统。

4）人为因素。未按照设计配合比，施工不协调、责任意识差，为此需要提高人员素质，加强施工人员管理。

5）天气因素。高温天气水泥快凝、低温天气水管、浆管冻结。及时关注天气变化情况，及时采取适当的措施，预防管道堵塞。

（5）钻进困难。在地层出现中密实砂层、卵砾石层、坚硬黄黏土层，地层密实、坚硬，会造成搅拌下沉困难；若是一般较硬的土层，在设备动力不足、钻进压力不够时，会造成施工工效低下，钻具磨蚀、损坏严重。前者一般不宜采取深层搅拌法施工，后者可采取以下施工应对措施。

1）施工前，按照规范认真进行地质复勘工作，按照地质、地貌学理论，详细研究工程地质条件，必要时，加密钻孔，增加复勘工程量。根据工程地质条件，判定深层搅拌施工的适应性。

2）可采用加气方式，适当送入压缩空气，使土层液化，进而完成水泥土搅拌施工。

3）作为难工处理地段，采用高喷等其他工艺施工。

7.4.2 施工后桩体出现的问题

（1）缺桩。由于制桩过程中，桩机在场区纵横移动，常常将孔位点破坏，造成施工漏桩。凡漏桩时，必须一个不少地按原设计要求施工补上。

（2）偏位。如果桩的偏位超过规定，要进行补强处理，补强方法依偏位大小而异。对于较大的偏位，如偏位1倍桩径以上时，则应在原桩位重新再制上一根桩；偏位较小时，如偏位1倍桩径以内，应依实际偏位点在偏位桩的附近再打上一根桩；对偏位非常小，如偏位6～10cm时，可扩大基础面积或加厚垫层。

（3）桩长不够。如果桩底没有达到原设计标高，即桩的长度不够，原则上应在此桩附近再按原设计深度补打一个新桩；若经设计复核，由设计单位做出决定，补打新桩的长度也可短于原设计桩长。

（4）桩顶过长。桩顶必须按原设计标高控制，凡高出原设计桩顶的多余桩长，均应截除，不得出现桩顶高于设计标高的情况，以确保所有桩的均匀受力。

（5）桩顶缺陷。如果某桩的桩顶段有搅拌不均匀、桩体表面不整齐、强度低等缺陷时，则应将该段桩截掉（截掉长度要比有缺陷长度长出10～20cm），再将截断表面清扫干净，用水充分湿润，然后用钢板或木板做圆形模板或砖砌圆外模，用1：2～1：3的水泥砂浆灌入模板内，将桩接长至设计顶高。

（6）桩身缺陷。桩身缺陷主要是指桩存在有缩颈、体形不匀称、强度低等缺陷。一般情况下应该在有缺陷桩的附近再补一根新桩。如果依据上部结构传递的荷载，当新补桩位不好确定时，应该补打两个新桩以弥补其不足。

7.4.3 施工后防渗墙的问题

（1）墙顶高程不够。防渗墙施工，由于施工轴线长，有可能出现施工地面高程变化较大的情况，若施工中仍然按照设计深度停浆，造成实际桩顶高程达不到设计要求。因此，应复核地面高程，核定施工停浆深度，按照复核过的资料进行施工。对于已经施工的出现墙顶高程不够问题的防渗墙，沿施工轴线开槽，挖除墙顶土层，回填水泥土并夯实，或者回灌水泥土。

（2）墙底深度不够。

1）地面地形变化。由于地面高程变化，施工工作面高程局部大于设计工作面高程，若仍按照原设计高程和施工深度进行施工，则墙底变高，达不到设计要求深度。

解决办法：查实资料，根据工程缺陷情况，采用高压喷射灌浆等方案，对不满足设计要求的防渗墙进行工程补救。

2）地层坚硬，施工不到设计深度。由于地层坚硬，下部不适合深层搅拌法施工。上部按照正常施工完成后，下部采用高压喷射灌浆方案或帷幕灌浆方案进行衔接施工。

（3）防渗墙接头。在施工过程中，因故停机后，恢复施工时，防渗墙的连续性会受到影响。可根据停机时间长短，采取不同的方式来处理所形成的施工接头。

1）停机未超过24h故障点的处理。

A. 提升时，因故停机或停浆。记录断点深度、位置及时间，恢复施工时，为防止断桩或缺浆，在故障点垂直方向向下搭接500mm，即向下钻进500mm喷浆搅拌，而后提升喷浆搅拌完成该单元施工。

B. 下沉时，因故障停机或停浆。记录断点深度及时间，恢复施工后，在故障点垂直方向上，向上搭接至少500mm，搭接段可减少喷浆量，待钻头接进断点后，按正常喷浆量继续施工。

C. 完成一个单元墙后因故停机，恢复施工后按正常程序施工。

2）停机超过24h故障点的处理。

A. 套孔搭接。完成一个单元后因故停机，如时间不是太长，墙体尚可以钻进，恢复施工后，可以将第一根桩的位置置于停机前最后一根桩的位置进行施工，即套孔搭接（重合一个桩），防渗墙的接头套接处理见图7-6。

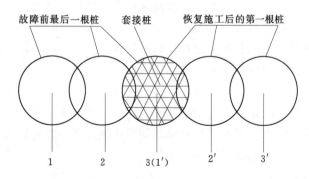

图7-6　防渗墙的接头套接处理示意图

B. 对接处理。停机时间较长超过 48h，如故障前最后一个单元墙是一个完整且合格墙体时，恢复施工后，接头采取对接比较简便，防渗墙的接头对接处理见图 7-7。接头连接距离越小越好，以不阻碍施工为宜。待墙体凝固一段时间后，用工程钻机钻孔至设计墙深，孔径 100～150mm，向钻孔中灌注 1:1 水泥砂浆。

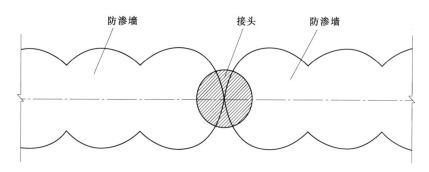

图 7-7　防渗墙的接头对接处理示意图

C. 贴接处理。如因机械故障等原因停机，故障前最后一个单元墙又存在缺陷（埋钻等），恢复施工后要绕过缺陷墙与前一个完整的单元墙连接，可考虑采用贴接处理方法（图 7-8）。连接处可于墙体凝固一段时间后，用工程钻机钻孔至设计墙深，孔径 100～150mm，向钻孔中灌注水泥砂浆。

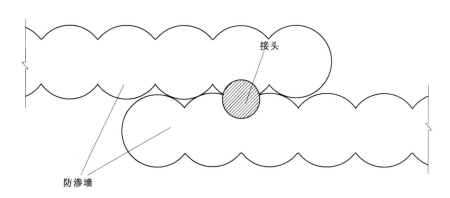

图 7-8　防渗墙的接头贴接处理示意图

施工中不可避免地会发生因机械故障、发电机故障、资金短缺、环境干扰等诸多因素影响施工，一旦防渗墙施工产生接头，推荐优先采用 A 和 B 方法，C 方法贴接处理方案比较繁琐，尽量不采用。

7.5　施工记录表格式

深层搅拌工程施工记录表格，常用格式（见表 7-4～表 7-8）。

工程名称：   水泥品种标号：   掺入比：   水灰比：

日期	桩号	施工工序	开始时间/(h:min)	终止时间/(h:min)	工艺时间/(h:min)	来浆时间/(h:min)	停浆时间/(h:min)	总喷浆时间/(h:min)	总施工时间/(h:min)	桩深/m	桩长/m	材料用量/t	备注
		预搅下沉											
		喷浆提升											
		重复下沉											
		重复提升											
		预搅下沉											
		喷浆提升											
		重复下沉											
		重复提升											

班长：   操机工：   司泵工：   记录员：

表 7－5   **深层搅拌桩供浆记录表**

工程名称：   第_____页 共_____页

日期	桩号	输浆管道走浆时间/(h: min)	水泥品种及标号	拌灰罐数	每罐用量/kg	水泥总用量/t	外掺剂总用量/t	开泵时间/(h:min)	停泵时间/(h:min)	总喷浆时间/(h:min)	泵前管内状态	泵后管内状态	备注

司泵工：

表 7-6   **深层搅拌桩施工记录汇总表**

工程名称：   第_____页 共_____页

日期	桩号	桩长/m	水泥用量/t	水泥名称标号	外掺剂用量/kg	总施工时间/(h：min)	喷浆时间/(h：min)	施工记录页数	备注

资料员：

表 7-7   **深层搅拌水泥土施工记录表（防渗墙施工）**

工程名称：   施工班组：   地面高程：

水泥品种标号						掺入比				水灰比		

日期	单元	序号	来浆时间/(h：min)	停浆时间/(h：min)	喷浆总时/min	喷浆量		对位偏差/mm	调平偏差			防渗墙设计尺寸		
						L	kg		左	右	后	墙顶高程/m	墙底高程/m	有效墙体/m
		Ⅰ												
		Ⅱ												
		Ⅰ												
		Ⅱ												
		Ⅰ												
		Ⅱ												
		Ⅰ												
		Ⅱ												

班长：   记录：   队长：

注 表 7-7 为两序成墙的施工表格，对于一次成墙施工，其表格可删除序号一列。

表 7-8   **深层搅拌水泥土防渗墙制浆记录表**

工程名称：   施工班组：   地面高程：

水灰比			加水量/kg			加灰量/kg	
接班余浆量/L		交班余浆量/L		本班水泥消耗量/t			

序号	搅拌时间			浆液比重/(g/cm³)	制浆量/L	序号	搅拌时间			浆液比重/(g/cm³)	制浆量/L
	开始/(h：min)	结束/(h：min)	用时/min				开始/(h：min)	结束/(h：min)	用时/min		

8 质 量 控 制

8.1 质量控制意义

深层搅拌施工的对象主要为软土或需防渗的土层，深层搅拌施工的质量决定对土层物理力学性质改良的效果能否达到设计要求；此外，深层搅拌工程为隐蔽工程，其质量主要体现在施工过程，完工检测手段较少，难度较大。因此，对深层搅拌质量控制意义非凡，主要体现在以下几个方面。

（1）对施工质量的控制是对整个项目质量的保障。由于所加固土体自身存在一些工程缺陷，对其物理力学性质的改良，是依附于该土体的其他工程最终质量的基础。如前述章节所述，在进行深层搅拌施工时，有桩机对位、调平、搅拌下沉、搅拌提升、制浆和喷浆等多道工序，各个工序都直接影响着工程质量。只有严格按照有关技术规范和设计要求，对施工工序进行质量控制，才能保证对被加固土层的改良，才能确保最终的工程质量。

（2）检测局限性。在深层搅拌浅部桩头开挖检测时，开挖深度一般不宜大于5m，只能对浅部桩头能有直观的认识；深部质量的检测主要依据非直观的物探、钻探手段。

（3）补救措施代价较大。当有确切的检测结果，证明质量存在偏差时，就需要采取强化补救措施，相应地付出大量的工时和资金。

1）隐蔽工程无法直接确定工程质量隐患的确切位置。桩位偏差、桩体垂直度的偏差都会引起搅拌桩位置的变化，在进行工程补强时，往往要求在相应的点位上，给予较多的补救工程措施，才能保证最终的施工质量。

2）由于深层搅拌施工后，桩体具有一定强度，在进行补强时，难免会正好在桩体上施工，造成施工困难，也容易造成施工事故。

3）对于防渗墙的深层搅拌工程，施工成线状布置，再进行防渗墙补强时，需要长距离调度桩机，造成人力、物力和财力不必要的浪费。

（4）有助于技术的革新。对深层搅拌施工质量的控制，能有力促进施工人员和工程技术人员对工程质量的认识和对施工技术的理解，有助于对技术的革新，主要体现在以下三个层次。

1）技术把握。为保证工程质量的实现，只能以脚踏实地的精神，仔细了解地层地质特征，掌握搅拌桩机及附属设备的性能及运行机制，按照深层搅拌工艺有关技术要求，在施工的各个环节和工序中逐步去执行。这样一来，就客观地促使工程相关人员去学习施工技能，掌握技术知识，为质量目标的实现奠定基础。

2）技术优化。由于深层搅拌施工涉及现场施工、后台制浆、水泥储运等环节，每个环节都有自己的作业方法，存在各自的技术水平和质量标准，在确定整个工程的质量目标之后，就需要围绕这一目标，进行技术优化和施工组合，确保各个施工环节不脱节，不会出现质量问题的短板效应，也不至于出现使用过高标号的水泥这种高标准质量的浪费。

3）技术革新。对有些要求合理，但按照技术要求施工而无法满足质量要求时，只有采用其他办法。这时，施工人员和工程技术人员在实践的基础上，会进行技术总结、探讨、探索，迫使他们充分发挥能动性，进行技术的革新。

8.2　质量保证体系与措施

为真正做到质量控制，施工单位要注明如下两个方面：一方面，要不断进行质量意识的灌输，使工程参与人员牢固树立质量意识，在深层搅拌施工时，一切行为都是围绕工程质量展开，人人都是初级质量检查监督员；另一方面，施工单位要从大局出发，自上而下建立质量保证体系，从组织、制度、经济等方面制定质量管理和质量控制措施，确保工程质量；在深层搅拌工程施工组织设计编制时，更需要制定质量目标、确立质量方针，建立质量控制体系，针对施工人员、设备、材料、环境、工艺以及检测方法、检测标准制定质量管理细则。

（1）质量管理目标。确定工程质量等级为：确保合格、争创优良。

施工质量管理和控制的目的是贯彻执行建设工程质量法规强制性标准、正确配置施工生产要素和采用科学管理的方法，实现工程项目预期的使用功能和质量标准。

深层搅拌工程施工的质量管理和控制目标，是通过施工全过程全面质量管理，保证交付满足施工合同及设计文件所规定质量标准的工程产品，质量标准包括合格和创优等等级。

深层搅拌工程施工，由于其施工隐蔽性强，出现问题后返工修复难度大，因此需根据 ISO 9001 质量体系认证，采用技术标准、规程规范和设计要求为工程的质量标准，严格按照施工设计要求，必要时提高施工标准，保证工程质量达到合格，在此基础上争创优良工程。

（2）制定质量方针。质量管理目标确定后，深层搅拌施工就需要围绕这一目标，制定出实现目标的质量方针，指导施工中的质量管理。

为实现质量管理的目标，深层搅拌工程质量方针可制定"全员参与，全程控制，全面管理"的三全方针。

（3）质量控制体系。为保证质量目标的实现，严格遵照 ISO 9001 质量体系规定的程序操作运行，建立以质量检验、工序质量控制为体系，以组织机构、规章制度、物资设备、经济等为保证，以技术措施、检查、检测试验为控制的质量控制体系，制定严格周密的保证计划、控制措施及岗位责任制，并自始至终贯彻执行。质量控制体系见图 8-1。

1）组织保证。

A. 组织机构。建立健全质量管理机构是保证工程质量，创优良工程的关键，建立以项目经理为首的质量管理组织机构，项目经理是施工质量第一责任人，项目负责人具体负责工程质量管理工作，解决工程施工中遇到的各种技术及质量问题，质检科和施工技术科

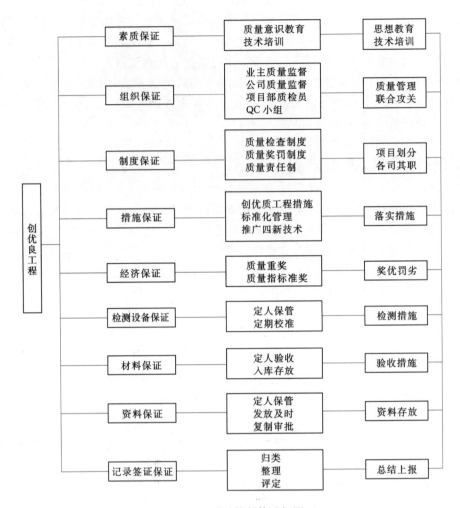

图 8-1 质量控制体系框图

负责对施工质量进行管理和控制，质检员负责日常的质量控制和检查，财务物资科负责材料的合格供应，施工班组设质检员，在施工中层层把关，确保工程质量。施工质量管理组织机构设置见图 8-2。

B. 责任分工。项目经理：在工程施工中，项目经理处于质量控制的中心位置，对深层搅拌工程质量负最终责任。

项目技术负责人：制定施工方案和施工组织设计；解决施工技术难题，检查施工方案和保证措施到位情况；组织技术、生产、质检人员对施工质量进行监督检查；及时向项目经理和公司主管人员汇报情况；寻求技术、资金等支持；对深层搅拌工程困难工地段提出技术经济方案；及时与业主、监理、设计等单位技术部门沟通，协调技术问题。

工程技术科：制订质量计划和技术措施，督促质量保证体系的落实，确定施工参数、发现并解决施工中出现的技术和质量问题等。

施工生产科：合理安排生产计划，组织施工设备进场，根据施工进展情况，适时检测施工机械性能，从机械方面确保深层搅拌工程的施工质量。

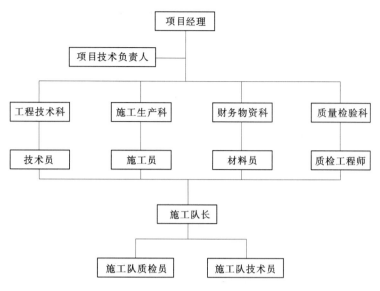

图 8-2　施工质量管理组织机构设置图

财务物资科：根据工程进度，严格按照设计要求和技术标准，组织施工材料进场，保证进场材料的数量和质量。

质量检验科：质检工程师：负责进场材料的验收、化验，保证材料质量；复核施工放样，检查放样精度；全过程检查深层搅拌的施工质量，对整个工程进行质量监督和检测；检查原始记录、工序交接程序，发现问题及时纠正并上报。

施工队长：组织落实质量计划措施、施工组织设计等有关技术文件，提高施工人员的技术素质，解决施工中设备问题，保证施工质量，及时向项目部汇报生产进度、质量情况及存在问题。

施工队质检员：从项目部质检员手中接收施工材料，负责组织材料的保管工作，防止材料受潮，施工前的放样，自检合格后报项目部质检员；按照设计要求和技术标准，负责桩机对位准确，检查垂直度、喷浆（粉）量、钻头直径等施工参数的准确性，发现问题及时纠正，并上报施工队长和项目部质检员，检查施工记录的完整性、准确性。

施工队技术员：执行项目部技术部门制定的技术文件，以制定的技术参数为依据，对施工问题进行技术指导，对施工中发现的问题，及时汇报施工队长和项目技术负责人，在没有得到明确回复时，不得擅自更改施工方案，不得自行其是，必要时可停工等待有关方面决策。

2）制度保证。围绕质量目标，制定一系列的质量管理制度，使工程施工中的质量管理形成机制化、常态化，形成一种固定的管理模式，而在实际施工时，根据现场情况适当调整的有效模式。

3）素质保证。素质包括两个方面：一是单位整体素质问题，体现在单位施工资质和单位的贯标情况；二是施工机组及施工人员的质量意识形态，体现在主观的意识观念和客观的职业技能水平方面。

4）检测设备保证。检测设备和检测工具的检测精度、其自身的可靠性等都是对质量控制影响巨大的因素之一，因而，检测设备必须可靠、精度必须满足要求，才能保证工程施工的质量。

5) 措施保证。针对深层搅拌施工中的重要工序和关键工序，制定质量保证措施；对于施工中不可预见因素制定一系列的应急预案，提前采取应变措施；对施工中的地层钻进困难问题，在制定施工主要方案同时，研究多套应变的施工方案，以确保工程的施工质量。

6) 经济保证。经济保证体现在下面几个方面：一是对重要的工程质量措施，提供充足的经费保证；二是实行质量的经济责任制；三是进行质量成本核算，优化工程施工质量措施。

7) 材料保证。材料的质量保证是工程质量的根本，要保证工程施工质量，首先要保证施工中各种材料的质量和数量。材料的质量保证需要从生产、采购、运输、储存和使用环节上进行把握，保证每个环节可靠、可控。

8) 资料保证。资料来源于工程施工，是工程施工质量的文字载体，及时、准确、全面的施工资料（包括技术设计文件、图纸、施工组织设计、施工原始记录和质量检验记录）可全面把握深层搅拌工程的施工质量，既可以对本工程项目的施工进行质量控制、对质量缺陷进行补救以及对工程验收提供依据，也可以为下一个项目提供资料借鉴，通过施工-资料-施工环节，提升深层搅拌工程施工质量。

9) 记录签证保证。签证是一种特殊的资料，是具体到某一个工程、某一个环节的工程施工的确认。在具体的深层搅拌工程项目中，对于地层地质条件发生变化、深层搅拌施工深度、水泥掺入量及水灰比现场变更等环节和细节，建设单位、设计单位、监理单位和施工方的认识和研究是有些差别的，为形成统一意见，最终实现工程质量，以科学的态度，进行必要的会商，达成共同的质量意识，以签证的形式确定下来，是十分必要的。

8.3　施工过程质量控制

工程施工是使工程设计意图最终实现，并形成工程实体。工程施工阶段是工程质量形成的重要阶段，施工过程的质量控制是工程项目的质量控制的核心内容。施工质量阶段的控制是对生产过程直至工程投产使用前的各个环节的质量进行控制，是一个系统的、完善的质量控制过程。

施工过程质量控制按照时间阶段划分包括事前控制、事中控制和事后控制，按照影响因素划分包括人员、材料、机械、施工方法和工程环境等方面的控制，下面分别从施工质量影响因素和施工工序的质量控制方面，并且着重以施工工序的质量控制为重点，对水泥土深层搅拌的施工过程质量控制进行探讨。

(1) 控制质量影响因素。影响工程质量的五大因素包括人员、材料、机械、施工方法和工程环境等，控制这五因素的质量是确保工程施工过程的质量的关键和根本。

1) 施工人员因素的质量控制。"人"是工程施工的主体，"人"的因素是质量控制的决定因素，人的心理行为、职业道德、质量意识、文化修养、技术水平和身体状况直接影响工作质量，进而影响工序质量和整个工程项目的质量。

深层搅拌工程施工由于专业性较强，工程施工对参建人员的各种条件要求较为严格。要控制深层搅拌工程施工质量，必须严格进行人员的控制。

A. 项目管理机构领导班子组建。项目经理：对于深层水泥土搅拌项目，一旦发布招标公告，作为潜在的投标单位和施工单位，应当根据有关人员的深层搅拌项目的工程施工经验，拟定适合于本项目的项目经理，组织现场踏勘，组织工程投标活动，工程中标后，按照建筑工程程序，正式任命项目经理，由项目经理组建工程项目经理部，实行项目经理负责制。深层搅拌项目施工活动中，从踏勘现场开始，直至工程竣工验收、工程移交结束，项目经理应当全程介入，全面管理。并对施工单位、建设单位负责。同时，施工单位和建设单位应当从项目经理管理能力、技术水平、职业道德、质量意识、身体状况等方面进行定期考核，确保项目经理的责任得到保证。

技术负责人：技术负责人是深层搅拌工程施工的关键岗位，直接对深层搅拌工程施工的技术和工程质量负责。因此，技术负责人应该是本单位、本行业中技术精湛、爱岗敬业、精力充沛的资深工程技术人员。在工程施工中，技术负责人还需要不断学习，不断进步，不断与公司技术职能部门、质检单位、监理单位沟通和进行工作汇报，并随时关注本深层搅拌技术的行业发展状况，熟悉相关规范，在技术作为中坚力量，起到带头作用。相关单位根据现场情况，定期对技术负责人进行检查考核。

技术员：技术员是深层搅拌工程施工的重要岗位，对深层搅拌工程的负有施工技术和工程质量重要责任。因此，责任心强、技术好、人品优是作为一个技术人员的基本要求。技术人员在施工中起到承上启下的作用，因此必须十分清楚地掌握深层搅拌技术，懂得施工中的各种技术问题，并能及时解决问题。因此，施工中，所谓的过程质量控制，也主要是通过技术员而体现。水泥土深层搅拌工程实施中，一般可由技术负责人在本公司范围内进行技术人员的遴选，并定期检查和考核，对不能胜任的技术人员及时进行更换。技术人员参加深层搅拌工程管理的过程，也是学习的过程，必须不断接受水泥土搅拌工程中的新技术、新方法和新工艺。

质检员：顾名思义，质检员即是质量管理监督人员，是施工环节中，施工单位对施工质量的把关人员，是作为施工质量的最终环节，深层搅拌工程的施工质量在此基本得到确认，因而，其质量责任十分重大。所以，质检员必须是技术过硬，为人正直，执法公正的技术人员，深层搅拌项目由于工程的隐蔽性，一旦工程施工完成，即是通过检测手段确定工程缺陷后，采取其他补救措施，尽管增加开支，也未必能完全保证工程质量，所以，作为质检人员，其工作的重要性是非常重要的。因此，对于过程的质量控制中，对质检员的控制也是一个非常关键的环节。

材料员：负责对该项目的材料进场数量的验收，出场的数量、品种记录，要对数量和质量负责；负责对该项目所进场的各种材料的产品合格证、质检报告的收集。负责对材料的保管工作，并要对各分项工程剩余材料按规格、品种进行清点记录，及时向技术负责人汇报数字，以便做下一步材料计划。因此，整个施工过程中，材料员对质量的贡献还是比较大的，其质量意识、技术水平、职业道德及责任心都是需要考核和控制的重要因素。

资料员：贯彻执行上级有关材料工作的规定和制度并组织实施。负责对项目部各部门的技术材料的收集和立卷工作。负责对项目部应上交公司档案室（竣工材料、基建材料、科研材料）等进行登记和检查。负责对项目部的各类档案材料按规范化的要求分类编目工作。负责项目部档案材料的提供利用和统计工作。对所保管的各类材料因保管不善而造成的丢失、污染、泄密负责。协助工程部经理、项目经理做好相关工作。与公司设计、监理、承包人等单位的信息与资料传递工作。负责项目资料的整理和归档工作。负责各施工单位的施工资料及监理资料的检查监督工作。参与工程竣工验收及工程交接工作，检查并完善相关事宜。

资料员还负责接收上级有关部门，各部、室发送的各种图纸、文件等资料，并登记造册，妥善保管。负责发放本部门对外发送的各种图纸、文件等资料，并办理登记手续。规范工程项目开发施工期间的各类图纸变更通知、工程合同及其他工程项目方面文件资料的收发，保管制度。对各种工程资料进行科学的规范的编号、登记、复印。负责管理好有关工程技术资料的归档保存和借阅管理，并按有关工程技术资料的重要性进行分类，及时清理作废资料不被误用。发放的图纸资料必须留原件一份，连同发放清单一起存档。负责定期清理工程档案，合同、资质和建设、规划、国土等主管部门审批原件，及时移交公司档案室存档。负责视具体情况定期清理资料室档案。相关部门借阅图纸及工程资料，应报工程主管工程师同意，登记相关借阅内容及时间，到期归还时，须经双方签名确认。若因公须借阅公司规定的机密资料，须报总经理同意并填写有关借阅手续后，方准借阅。

其他相关人员：主要指的施工安全员和工程财务人员，安全员的任务主要是保证工程作业的安全作业，一般情况下，安全事故最终也会影响到工程的质量，因而，在施工中，安全员需要较强的责任心，也需要懂技术、会管理，对安全员的考核也是十分必要的。财务人员需了解施工现场情况，不支付不符合质量要求的材料货款，不结算、不支付不符合技术要求的深层搅拌工程款项。

B. 施工队伍组建。施工队是深层搅拌施工的最小单位，也是深层搅拌工程从设计变成实际的具体实施单位，是深层搅拌工程质量的直接体现单位。施工队伍的组建，对最终的工程质量的影响是重大而直接的。

施工队长：施工队长是施工队伍的第一责任人，要控制施工质量，首先要从施工队长抓起。施工队长要求具有基本的深层搅拌理论知识，要有良好的职业道德，要有良好的质量意识，施工队长必须常驻施工现场，必须对施工情况了如指掌，对施工现场的任何动静都需要及时处理和如实汇报，不能处理的事情不能擅自主张。

施工员：施工队施工员常驻现场，直接指导深层搅拌工程施工作业，其职业修为和工作的踏实作风是基本要求。作为施工现场的技术人员，必须懂得深层搅拌技术，懂得施工中的各种技术问题，并能及时解决问题。对于施工过程中出现的疑难问题，施工队技术员需要及时、如实汇报，寻求上级部门的技术帮助。

主机操作工：服从施工队长、技术员的指挥，在施工中严格按照深层搅拌规程操作，不得蛮干、硬干，严格按照技术交底的设计参数起降深层搅拌施工钻具。注重施工过程中的培训和学习，主动接受有关职能部门的检查和考核。

孔口工：深层搅拌工程孔口辅助人员主要职责是桩机对位观测、孔口清理、场地简单整平，水泥浆翻浆情况观察等。其中桩机的对位及孔口翻浆情况直接影响着深层搅拌工程的施工质量，孔口清理和场地的简单平整关乎于深层搅拌工程，尤其是防渗墙深层搅拌工程的有效桩长和深度，其质量影响也是不容忽视的。所以，深层搅拌工程施工中对孔口工的质量意识和责任心的严格要求，也是一个重要的质量控制点。

制浆员：合格的水泥材料进入现场后，需要由制浆员按照给定的水灰比搅拌水泥浆液，供给深层搅拌主机。制浆过程中，水灰比是非常重要的参数，在供给量一定的时候，水灰比越大，实际的水泥的消耗量就越少，深层搅拌工程的质量就越不可靠。在特殊地段进行深层搅拌施工时，往往需要添加掺合剂，而实际不按照要求掺加时，结果也是质量无法得到保障，当制浆不及时，常常会造成深层搅拌工程缺浆断桩。因而，制浆环节也是深层搅拌工程的一个关键环节，制浆员在这种意义上也是关键岗位，对制浆员的质量意识和责任心的考核也是施工过程质量控制的重要方面。

设备维修工：设备维修工的职责是确保设备的各项参数正确，设备运行正常。设备维修工需要具备深层搅拌设备的机械知识，也需要有很强的事业心，还需要常驻工地，有较好的身体素质。

C. 工程参建单位有关人员。建设单位：建设单位对工程质量的管理是宏观控制，一般是根据工程的设计质量等级，交由监理单位具体负责管理。深层搅拌工程专业性很强，作为建设单位来说，也许对该技术的接触仅限于该项目，其技术力量有限，其质量标准难以把握，因而，最好的办法是将质量管理的具体事务交由技术全面、管理有效地监理单位实施，既可以把有限的人员和有限的精力解放出来，又可以杜绝对工程的违章指挥。

设计单位：按照现行的有关规范和技术标准进行深层搅拌项目的设计，细化施工中的各种技术指标和施工参数，使得深层搅拌工程施工可行，质量可以保证，并使总体工程效果得以体现。设计单位在深层搅拌工程中的质量主要体现在下面几个方面：一是对现行规范的把握；二是对施工单位的资料交底和技术指导；三是根据施工过程所反馈的有效信息，及时对设计进行完善。

监理单位：作为专业管理队伍，监理单位在水泥土深层搅拌项目中，具有较业主单位更多的优势。监理单位可以通过本单位人才库择优选择深层搅拌监理人员，可以动用本公司咨询库学习和了解深层搅拌工程专业知识，提高专业管理水平。在工程施工过程中，监理人员主要根据现行的有关规范，执行有关技术标准，严格落实深层搅拌中水泥标号、水泥掺入量、控制钻具提升和转速的参数匹配，按照设计的工程顶底高程控制桩长或墙高，注意搅拌工程的搭接问题。在施工中，只要严格按照上述规范、规程管理，使用一定的检查控制方法和标准，把握住施工过程中设备组装、运转、水泥进场品级及数量、水泥制浆、桩机对位、调平、水泥土搅拌钻进、提升等环节，并如实记录施工过程中一些资料，那么，对于深层搅拌工程质量的过程控制就基本实现。

质量监督站：是政府的职能部门，代表政府对那些有较大社会影响面的重大项目进行质量监督。质量监督站对深层搅拌工程的过程质量控制主要是在程序层面上的，是宏观的质量控制，其控制内容主要为工程的开工报验程序、材料质量检测、工序质量检测、工程竣工验收和资料归档等方面的内容。

2）施工材料因素的质量控制。"材料"是工程施工过程的加工对象，是工程产品的物质客体，是工程质量的重要载体。对材料的控制，贯穿于深层搅拌的施工过程，

A. 采购程序。严格按照咨询—考察—送检—谈判—确认—进场—验收—保管程序进

行材料采购，使采购的每个程序均处于可控状态，确保采购环节的质量。

B. 货源、厂家。材料的采购渠道正规，材料的货源可靠，生产厂商（厂家）具有一定规模、有良好的商誉、生产活动规范、企业经过有关质量认证单位进行过质量体系贯标。

C. 货物运输。水泥是深层搅拌工程的主要材料，水泥遇水受潮变质，不能正常使用，影响深层搅拌工程质量。因此，在运输过程中，水泥需要规范装卸，运输途中使用毡布严实遮盖，运输时间尽量缩短、货源尽量就近安排。

D. 材料检测与验收。水泥等材料进场后，先从外观上进行检查，主要检查包装是否符合规范、包装袋的标识是否与采购相符合、水泥是否有结块加受潮情况，使用磅秤称量水泥袋包装重量，检查确认后，按照水泥码放标准，进行水泥卸货。

进场的材料在使用前必须按照水泥检测标准，现场取样，及时送由有关部门认定的相应级别的水泥实验室进行规定项目的检测，检测合格后，该批水泥才能投入工程使用。

E. 材料保管。水泥受潮后发生变质、结块，故而水泥的使用必须注意防潮。防潮的手段主要是严实遮盖和周边排水，保持水泥处于干燥环境。

F. 材料使用。包括合格品的使用和不合格品的处理。

合格品的使用：按照规定的水泥掺量使用水泥。

不合格品的处理：包括拒收、降级使用、退场。

货物进场后，组织材料员、质检员对进货物资经检验合格后，但水泥实验室进行规定项目的检测的水泥等材料，在做好标识的同时，立即向项目经理汇报。由项目经理、技术负责人进一步确定对该批材料的处理。

G. 代用材料。在工程施工过程中，由于拟选材料紧缺，或者新型材料的优先选用原则，工程施工过程中，可能会使用代用材料。对于代用材料的选用一定要慎重，材料使用前，须提出使用方案，按照使用方案进行试验，检测试验产品相关性能，达到要求后，才能扩大规模使用。而且，代用材料使用前，应该进行技术经济论证，获得设计单位和监理单位批准后方可正式投入使用。

H. 水泥浆的制备与检测。水泥浆液是深层搅拌工程中最为主要的中间材料，所以水泥浆液的配制和针对水泥浆液的检测项目、检测标准和检测方法都应当根据规范标准和设计要求，在施工组织设计中得以界定，在施工过程中严格落实。

对于施工过程中的水泥浆废品，必须杜绝使用，并及时清理。同时还应由项目技术负责人及时召集队长、现场工程师、质检员及作业班长，对所产生的不合格品进行评价，分析产生原因，提出处理意见和改进措施。

I. 成品与半成品保护。水泥土搅拌工程中桩体和墙体强度都很低，比较容易遭受破坏，在工程施工过程中，以及在后续工程施工中，都应该对搅拌工程进行精心保护。

地基处理工程中，作为复合地基组成部分的水泥深层搅拌桩，与周围土体一道承受上部传来的竖向荷载，根据荷载在地基中的传播理论，水泥土搅拌桩桩头部分受力最大，因此，要求其桩头部分质量最好。为保证水泥土搅拌桩桩头施工质量，搅拌施工停浆位置高于设计桩顶高程至少500mm，必要时上覆松土。场地平整及桩头开挖应在水泥土搅拌桩达到7d龄期以上，施工机械需用小型挖掘机。剔除桩头时最好采用人工剔除，防止因挖掘机动力过大而对桩头造成破坏。

深层搅拌防渗墙施工时，与复合地基中深层搅拌桩施工是一样的，在场地平整时，预留 500mm 土层，确保搅拌施工停浆位置高于设计墙顶高程至少 500mm。施工结束后，拟在水泥土完全固结前，采用小型挖掘机或直接使用人工进行场地清理，作业设备应沿着防渗墙轴线两侧行走，避免设备碾压破坏防渗墙。

3）施工机械、检测设备因素的质量控制。

A. 施工机械设备。设备选型符合设计和施工条件要求，设备运行进行标准化和制度化管理，设备性能和状况得到及时、全面的考核。

深层搅拌施工机械主要包括深层搅拌主机、制浆设备、供电系统、设备配件。

a. 深层搅拌主机：施工动力必须保证，设备钻进系统、升降系统运转正常，设备钻进、提升、转速、电机电压、电流、流量计、深度计等运行参数正常，设备运行中要及时保养、及时检修。

b. 制浆设备：核算制浆搅拌桶容积、标注标准制浆的注水控制线、检查搅拌器运转技术参数、检查制浆完成后水泥浆的输送管道等。

c. 供电系统：供电线路复合标准化要求，变电器输出电压、额定功率、功率因数满足深层搅拌设备使用，及电源输出距离及电源压降情况满足电机正常启动和运转，不能正常启动的需要采取降压启动等措施，对功率因数不理想的，采取变频措施。

d. 设备配件：配齐专用配件，多配置易损易耗配件。在施工中，出现部件损耗时，应当及时更换，防止因为配件缺陷造成质量事故。

B. 检测设备。包括室内检测设备和现场检测设备。根据工程质量检验要求，配备性能良好、种类齐全、可靠程度高、符合计量标准的质量检测和试验仪器、设备。

a. 室内检测设备：室内检测主要包括土工试验设备、芯样力学试验和芯样水力学试验的设备。可在工程所在地进行调查，遴选技术力量较强、设备齐全的试验机构，委托其进行深层搅拌工程相关的室内检测。

b. 现场检测设备：现场检测包括轴线、桩位的放样以及地面高程控制的测量仪器，也包括深层搅拌施工设备机架垂直度标定和桩深桩长标定的测量设备，还包括水泥、水及其他所有材料的计量设备以及水泥浆输浆压力和浆液流量测定的检测设备等。

深层搅拌现场检测的设备，需要送符合要求的计量检测单位进行标定检测，确保其精度与工程质量要求相适应。

4）施工方法因素的质量控制。

A. 技术方案。把握施工技术方案的科学性、先进性、合理性、经济可行性，根据现场实际情况进行一序成墙，二序成墙方案的选择，考虑深层搅拌施工和其他工法的组合施工方案。防渗墙施工时，从桩径、桩间搭接、桩位对中、垂直度偏差方面控制成墙质量。按设计要求控制深层搅拌提升速度、旋转速度和喷浆流量之间的匹配关系。

B. 工艺流程。严格按照施工工艺流程进行施工，在基础处理应用中，深层搅拌施工严格进行四喷四搅，并在桩的顶底位置进行一定时间的驻停搅拌。在深层搅拌防渗墙施工时，根据设计，严格按照施工工艺流程开启和关闭灌浆系统，对特殊地段、特殊工况的处理，应当提前做好施工预案，按照程序对照处理。

C. 组织措施。主要在于对深层搅拌整个项目的把握，根据工程规模、施工工期及场地条件的工程特点，组织一定能力的施工队组，合理分配工程区域和工程量，尤其是在具有深层搅拌工艺与高喷等其他工艺相结合的项目，需要合理安排，防止几种工艺施工的互相干扰，杜绝不同施工队伍在工区、工段和工艺结合部位交接时，出现破坏、漏桩等严重影响质量的现象。

D. 检测手段。检测手段技术先进、切实可行、针对性强，能够及时、准确计量。

E. 施工组织设计。施工组织设计完善、科学、对深层搅拌项目有针对性。现场施工以施工组织设计为行动指南，反过来，现场施工是检验施工组织设计科学性、合理性的重要手段，在工程实施过程中，根据现场情况，需要不断对施工组织设计进行完善和修正。

5）工程环境因素的质量控制。

A. 技术环境。技术环境包括规范、规程、设计图纸、质量评定标准。

规范：以现行规范为依据，严格按照现行的规范确定标准进行施工。相关现行规范包括并不限于《深层搅拌法技术规范》（DL/T 5425）、《建筑桩基技术规范》（JGJ 94）、《建筑地基处理技术规范》（JGJ 79）、《水利水电工程混凝土防渗墙施工技术规范》（SL 174）、《堤防工程施工规范》（SL 260）、《通用硅酸盐水泥》（GB 175）。

规程：熟悉当前的相关技术规程，执行技术规程中的技术条款。当前的技术规程包括但不限于《软土地基深层搅拌技术规程》（YBJ 225）、《土工试验规程》（SL 237）、《水利水电建设工程验收规程》（SL 223）、《水利水电工程施工质量检验与评定规程》（SL 176）、《堤防工程施工质量评定与验收规程》（SL 239）。

设计图纸：执行招标文件和投标文件中设计图纸、技术条款和主要事项。

质量评定标准：掌握深层搅拌质量评定标准，按照规定的方法进行深层搅拌的质量评定。当前的相关的标准包括但不限于《水利水电基本建设工程单元工程质量等级评定标准》（SDJ 249）、《土工试验方法标准》（GB/T 50123）、《建筑工程地质勘探与取样技术规程》（JGJ/T 87—2012）。

B. 施工管理环境。包括质量保证体系、三检查制度、质量管理制度、质量签证制度、质量奖惩制度。

a. 质量保证体系：建立健全质量保证体系，贯彻全面质量管理方针，实现全员、全过程、全面质量管理。

b. 三检查制度：三检制度为三级检验制度。为保证产品质量，一般运用自检互检（一级）、班级检验（二级）、专职检验（三级）而最终确定。因产品生产过程的不同，在不同行业有不同的说法与含义。各班组操作工对当天的实际工作量进行自检，达到优良标准后，再由所在班班长互检。在班长互检的基础上，质检员和施工员进行专业检查，符合要求后再组织隐蔽验收或办理有关手续。"三检"过程中发现的隐患，需整改的部位，须及时落实、复查。"三检"制度执行的情况，是月度考核班长打分的依据之一。

c. 质量管理制度：建立全面的质量管理制度，实行项目经理全面质量责任制，项目技术负责人质量负责制。施工中，落实质量档案管理制度、质量教育制度、工程质量监督检查制度、工程质量报告制度、质量施工报告与调查及处理制度、建立质量保证金及质量奖惩制度。

d. 质量签证制度：为提高工程质量，应当实行工程质量签证制度。在完成一个施工环节后，需指派专人与监理单位、建设单位一同在现场签订工程质量验收单，签订后方能进行下一施工程序，否则不予核量。在工程签证过程中发现不合格的工程一律要求返工。

e. 质量奖惩制度：根据水泥土工程隐蔽性强的特点，实行质量责任包干制和质量责任经济制。项目经理对工程质量负总责，施工队长对施工负具体责任，其他责任细化到每个参建人员。做到每个责任人有责也有权，权责分明；在经济上体现有奖有罚，奖罚对等。

C. 自然环境。自然环境包括工程地质、水文地质、气象条件、地形场地条件。

工程地质：施工前必须查清场地工程地质条件，判定深层搅拌施工的适应性，预计施工中可能出现的困难，多角度提出解决预案。

水文地质：查明水文地质条件，防止地下水的强渗流对水泥土搅拌工程的冲蚀，防止地下污染水对水泥土的侵蚀。

气象条件：注意异常天气情况，尤其防止极端低温对水泥土工程的冻害。

地形场地条件：注意场地地形条件造成施工设备滑移、倾斜，进而使水泥土搅拌工程对位、垂直度无法得到保证，影响最终的工程质量。

（2）工序过程质量控制。工序过程质量控制包括关键作业项目和工序质量控制措施。

正确划分深层搅拌工程施工工序，根据各个施工工序的特征，制定具体可实施的质量保证措施，将整体质量分解到过程质量来实现质量控制。为保证工程质量，采用如下质量控制与管理措施。

1）施工质量事前控制措施。由技术负责人编制《施工项目管理规划》，审批后严格执行。由材料员编制材料、机具计划（主要施工机械装备表），项目经理审核。技术人员对施工现场进行勘察，对存在问题做好记录。

图纸会审：接到图纸后，项目技术负责人主持召集有关人员对施工图纸进行会审，并就提出的有关问题向业主和设计咨询，做好图纸会审记录。

组织人员参加培训，检验、机械操作人员等特殊工种，必须持证上岗。

"三通一平"和临时设施完成，确定开工日期，并向监理提出开工申请报告，监理批准后，按施工现场总平面图，安排材料进场。

做好技术交底：技术交底要有文字记录、编号、双方签字及发放登记台账。

制订计划预控措施，控制施工准备工作质量，为工序控制打好基础。

2）施工质量事中控制措施。桩位及高程控制点由业主提供，经复测后测放桩位及标高控制点。项目经理部对工人进行防护措施交底。

施工过程中的工序防护，由项目技术负责人组织实施，交工前的成品防护由项目经理部统一组织实施。

对施工现场的测量控制点及高程控制点做好标识并保护。

合理安排施工工序，减少工序交叉作业。工程完工后，要做好成品的防护。通过完善施工方案及优化项目管理，力争提前完工。

3）施工质量事后控制措施。对已完成的单元工程及时进行评定。

分析可能造成质量偏差系统因素和偶然因素，并进行评定，采取有效措施进行纠正，确保施工质量始终处于受控状态。

（3）纠正与预防质量措施。

1）纠正和预防措施的实施责任人为项目技术负责人。

2）预防措施是防止不合格品发生的控制措施，项目技术负责人制定分项工程预控措施，经项目技术负责人批准后实施，预控措施在分项工程开工前制定。

3）纠正措施是质量改进措施，项目技术负责人组织项目技术员根据监理提供的分析资料，有关质量记录和用户意见进行综合分析，制定系统性的纠正措施。

（4）特殊条件下的施工质量控制措施。

1）雨季汛期施工质量控制措施。制浆站要有遮雨措施，防止雨水对水泥浆造成严重稀释，影响质量。雨季施工时，要对机械设备运行状态随时进行检查，防止意外事故的发生。水泥库要做好防潮措施，顶部进行必要的遮盖，仓库四周做好排水沟，排水沟宽度、坡度满足当地降水量的要求。

2）暑期高温施工质量控制措施。水泥土深层搅拌工程施工，其施工作业对象为地面以下天然土体，受高温影响很小，施工材料以配置的水泥浆为主，高温凝结速度较慢，影响有限。但是，作为深层搅拌工程的原材料的水泥材料，受潮后，在高温气候条件下，其变质速度加快。因此，暑期高温施工，对于水泥土搅拌桩还是有一定的影响，但是，只要控制好以下几个方面，工程质量就能够得以保障。

A. 做好水泥仓库的通风防潮工作，在水泥仓库周围挖掘排水沟。

B. 配制好的水泥浆在规定的时间内使用，超过该时间段，应作为废浆进行废弃处理，排除废浆后，及时清理制浆系统、输浆管道和存浆容器。

C. 根据工程需要，按质按量添加混凝剂等外加剂材料。

D. 随时检查和清理输浆管道系统，防止输浆管道堵塞或变窄，造成实际供浆量不足或不均匀。

3）冬季施工质量控制措施。根据当地多年气象资料统计，室外日平均气温连续 5d 稳定低于 5℃时即为冬季施工，当室外温度日平均气温连续 5d 高于 5℃时，解除冬季施工。水泥土深层搅拌工程一般不适宜在冬季进行施工，如确实需要在冬季进行施工，按照地基处理方面的工程考虑，水泥土深层搅拌工程宜从以下几个方面进行施工质量控制。

A. 收集当地气象资料，详细了解平均最低气温、极端最低气温、积雪厚度、低温冻结持续时间等重要气候条件。

B. 收集勘察资料关于场地土冻土土层结构、含水量、热容值、冻结深度、冻胀量、冻结强度，了解冻胀现象对建筑物的影响，尤其是详细了解对地下建筑物的破坏作用。

C. 收集当地防冻胀破坏的措施。

D. 在冻结前，清除地上地下障碍物、地表积水、地下废旧管道。

E. 施工前，沿施工轴线对未冻结的地段采用枯枝树叶、积雪覆盖和土体翻松等方法，防止施工地段场地土冻结。

F. 施工时，对于已经冻结的土层，可采用烟火烘烤法，选用刨花、锯末、谷壳、树皮及其他燃料，沿深层搅拌施工轴线或桩位燃烧，融化冻土层或开槽，灌入热水和蒸汽进行融化冻土层。

G. 制浆过程中，使用温度高于 40° 的热水制浆。在水泥浆中按照规范标准添加复合温度要求的防冻剂。在质量检查控制中，防冻剂的质量和数量均作为主控项目加以控制。

H. 施工结束后，采用保温覆盖材料进行覆盖，保温材料科采用炉渣、锯末、刨花、稻草、草帘、膨胀珍珠岩等，再加盖一层塑料布。保温材料的铺设厚度和范围符合《建筑工程冬季施工规程》（JGJ/T 104—2011）的规定。

4）夜间施工质量控制措施。水泥土搅拌工程因其作业的连续性，夜间往往需要正常施工。由于施工人员生理机能、天气光线等因素，夜班施工质量不能忽视。为确保工程质量，根据水泥土深层搅拌工程施工的特点，宜采用下述措施进行施工质量控制。

A. 加强夜间施工人员的编制配置，做好夜班施工人员的动员工作，提供夜间施工人员的后勤保障，保持夜班施工人员的旺盛精力和主观能动性。

B. 配置夜间质量检查监督员，坚持夜间质量巡查制度。

C. 夜间施工作业点灯光照明满足作业要求。

D. 水泥土深层搅拌夜间施工，桩机移位时，机器操作工与孔口工当密切配合，做好桩位对中，机械调平时，应仔细观测调平装置，钻进搅拌时，要确保深层搅拌桩或单元墙达到设计顶底高程。

E. 水泥制浆严格按照设计要求进行，防止和减少因水泥使用量和水注入量波动造成水泥浆质量的偏差。

F. 及时进行施工资料记录整理，天明后对晚上施工地段适度抽查。

9 质量检查与验收

9.1 质量检测方法

深层搅拌工程质量主要在于其施工过程质量控制，但最终仍然需要通过工程质量的检查和验收确定是否满足设计要求。工程实践中，深层搅拌常用物探法、小应变法等无损检测方法检测工程的连续性和完整性，采用围井试验、载荷试验、测压管检测等原位测试方法进行工程实地测试。

9.1.1 无损检测

水泥土深层搅拌工程无损检测方法较多，常用的方法有物探法、小应变法。

(1) 物探法。常用的物探法主要有地质雷达法、可控源音频大地电磁测深法、弹性波层析成像法、电磁波层析成像法、垂直声波反射法和高密度多波列地震影像法等方法。

检测工作以剖面形式布置。纵剖面测线沿防渗墙体的走向布置，位于防渗墙体顶端；横剖面测线垂直防渗墙走向；检验方法分为两大类，地面检测与井间检测。

1) 地质雷达法。地质雷达技术是一种高精度、连续无损、经济快速、图像直观的高科技检测技术。它是通过地质雷达向检测体发射高频电磁波，利用高频电波在体内传播中遇到界面产生反射的特性，探测异常的一种方法。

地质雷达受地面金属体、电线等干扰较大。从参数选取上看，由于防渗墙体较薄，探测分辨率要求较高，因而天线的中心频率要求较高。在防渗墙顶部都覆盖有 0.2～0.5m 左右的泥土覆盖层，当天线在地表对其进行检测时，应拨开土层，保证天线的中心正好位于防渗墙的顶部。

2) 可控源音频大地电磁测深法（CSAMT）。可控音频大地电磁测深法（CSAMT）是在大地电磁法（MT）和音频大地电磁法（AMT）的基础上发展起来的一种人工源频率域探测方法。它所观测电磁场的频率、场强和方向可由人工控制。

CSAMT 法常采用的是磁性源，即在不接地的回线线框中，供以音频电流，产生相应频率的电磁场。CSAMT 法的测量方式有标量测量、矢量测量和张量测量。

3) 弹性波层析成像法。浅析成像（CT）技术是借鉴医学 CT，根据射线扫描。对扫描的信息进行反演计算，重建被测区的对象的各种参数的分布规律图像，评价被测体质量圈定异常体的一种反演解释方法。其数学基础是 Radon 变换与反变换。

弹性波 CT，是利用弹性波信息进行反演计算。可进一步分为声波 CT 和地震波 CT。

4) 电磁波层析成像法。电磁波层析成像法（电磁波 CT）是利用是在两个钻孔中分别发射和接收电磁波信息，根据电磁波振幅的衰减反演计算结构体的特征的一种无损检测方法。

利用同一平面内各激发源的射线组成的密集射线簇对探测区实现扫描，便可把所有的投影函数组成方程，经反演计算重建被测体的吸收系数的二维分布图像。电磁波 CT 的检测应用：水泥土搅拌桩防渗墙与周围岩土的高频电磁波吸收特征有明显差异（如孔洞、裂隙等）；外界电磁波噪声干扰较小。

5）垂直声波反射法和高密度多波列地震影像法。由于弹性波在水泥土搅拌桩防渗墙、土体中传播时，在波阻抗不同的桩、土界面，或遇到水泥土搅拌桩防渗墙内部缺陷部位时会产生反射，并遵循反射定律。根据反射波的时距曲线，计算防渗墙深度，判断防渗墙的连续性和缺陷出现位置。

声波探测是弹性波探测技术的一种，理论基础是固体介质中弹性波的传播理论，声波频率范围为 20Hz 到数千赫兹的声频弹性波。

根据时距曲线图中的 t_0 计算搅拌桩缺陷部位埋置深度，根据时距曲线图中的 T_0 计算搅拌桩实际桩长，根据第一时距曲线终值 t_1 计算缺陷的水平尺寸。

作为防渗墙的无损检测，应以 CSAMT 法为主，高密度多波列地震影像法或垂直反射法等多种无损检测技术方案相互印证，并利用钻探方法或开挖的方法进行验证。

（2）小应变法。小应变检测也称为低应变动力检测法，是相对大应变动力检测而言的。小应变检测广泛应用于工业与民用建设、水利水电、市政等行业。

小应变动力检测常用在桩基完整性检测中，其基本原理是通过在桩顶施加激振信号产生应力波，该应力波沿桩身传播过程中，遇到不连续界面（如蜂窝、夹泥、断裂、孔洞等缺陷）和桩底面时，将产生反射波，检测分析反射波的传播时间、幅值和波形特征，就能判断桩的完整性以及桩体长度。

1）检测计算。

A. 桩身波速平均值的确定：选取至少 5 根确定深度的 I 桩测定其波速值，按照式（9-1）求取平均值：

$$c_m = \frac{1}{n} \sum_{i=1}^{n} c_i \qquad (9-1)$$

$$c_i = \frac{2000L}{\Delta T} \qquad (9-2)$$

$$c_i = 2L\Delta f \qquad (9-3)$$

式中　c_m——桩身波速的平均值，m/s；

　　　c_i——第 i 根受检桩的桩身波速值，m/s，且 $|c_i - c_m|/c_m \leqslant 5\%$；

　　　L——测点下桩长，m；

　　ΔT——速度波第一峰与桩底反射波峰的时间差，ms；

　　Δf——幅频曲线上桩底相邻谐振峰间的频差，Hz；

　　　n——参加波速平均值计算的基桩数量（$n \geqslant 5$）。

如无法按照上述方法确定时，可根据本地区经验综合确定。

B. 桩身缺陷位置按式（9-4）或式（9-5）计算：

$$x = \frac{1}{2000}\Delta t_x c \qquad (9-4)$$

$$x \approx \frac{1}{2}\frac{c}{\Delta f'} \qquad (9-5)$$

式中　x——桩身缺陷至传感器安装点的距离，m；

　　　Δt_x——速度波第一峰与缺陷反射波峰的时间差，ms；

　　　c——受检桩的桩身波速，m/s，无法确定时用 c_m 值代替；

　　　$\Delta f'$——幅频信号曲线上缺陷相邻谐振峰间的频差，Hz。

2）质量判别。桩身完整性缺陷宜结合地质条件、施工工艺、施工情况、测试仪器和测试信号衰减特性，参照表 9-1 综合确定。

表 9-1　　　　　　　　　　　　　桩 身 完 整 性 判 别 表

类别	时域信号特征	幅频信号特征
Ⅰ	$2L/c$ 时刻前无缺陷反射波，有桩底反射波	桩底谐振峰排列基本等间距，其相邻频差 $\Delta f \approx c/2L$
Ⅱ	$2L/c$ 时刻前有轻微缺陷反射波，有桩底反射波	桩底谐振峰排列基本等间距，其相邻频差 $\Delta f \approx c/2L$；轻微缺陷产生的谐振峰与桩底谐振峰之间的频差 $\Delta f' > c/2L$
Ⅲ	有明显缺陷反射波，其他特征介于Ⅱ类和Ⅲ类之间	
Ⅳ	$2L/c$ 时刻前有严重缺陷反射波或周期性反射波，无桩底反射波；或因桩身浅部缺陷严重时，波形呈现低频大振幅衰减振动，无桩底反射波	缺陷谐振峰排列基本等间距，相邻频差 $\Delta f' > c/2L$，无桩底谐振峰；或因桩身浅部缺陷严重，只出现单一谐振峰，无桩底谐振峰

3）现场检测。

A. 受检桩应符合规定。桩头材质、强度、截面尺寸与桩身基本相同；桩顶平面应平整、密实，并与桩轴线基本垂直。

B. 设备安装。传感器安装应与桩顶面垂直，使用耦合剂黏结时，应具有足够的黏结强度；激振点位置布置在桩体中心，测量传感器布置在距桩中心 2/3 半径处；激振方向应沿桩轴线方向。

C. 信号采集和筛选。根据桩径大小，桩心对称布置 2～4 个检测点；每个检测点记录有效信号数不少于 3 个；检查判断实测信号是否反应桩身完整性特征；不同检测点及多次实测时域信号一致性较差时，应分析原因，增加检测点数量；信号不应失真和产生飘零，信号幅值不超过测量系统的量程。

4）注意事项。

A. 对于多缺陷桩，应力波在桩中产生多次反射和透射，对实测波形的判断非常复杂且不准确，第二个、第三个缺陷的判断会有较大误差，一般不判断第三个缺陷。

B. 只能对桩身质量作定性描述，不能做定量分析。不能识别纵向裂缝，能反映水平裂缝和接缝，但程度很难掌握，易误判为严重缺陷。

C. 桩身渐变扩径后的相对缩径易误判为缩径，渐变缩径或离析且范围较大时，缺陷反射波形不明显。

9.1.2 载荷试验

载荷试验是一种最为重要的原位检测试验，其中浅层平板载荷试验是桩基工程、复合地基工程检测的常用试验手段。复合地基承载力的特征值应通过现场复合地基载荷试验确定，或采用增强体的载荷试验结果和其周边土的承载力特征值结合经验确定。水泥土搅拌桩作为一种地基处理方式，在竣工验收时，其承载力一般由复合地基静载荷试验所确定。

在地基处理中，水泥土搅拌桩作为竖向增强体，一般只承受竖向压力，本节主要介绍水泥土搅拌桩单桩竖向抗压静载试验和复合地基抗压静载试验。

（1）适用条件。如果单桩竖向抗压静载试验目的是为设计提供依据，在试验时，应加载至试验桩破坏。当桩的承载力由桩身强度进行控制时，可以按照设计要求的加载量进行试验。

工程桩抽样检测，抽检桩数为总桩数的1%，并且不少于3根，加载量不应小于设计要求的单桩承载力特征值的2.0倍。

复合地基载荷试验可以采取桩体与桩间土分别试验方式，分别测定搅拌桩和桩间土的承载力特征值，再根据置换率等因素换算复合地基承载力特征值；也可以直接进行复合地基静载荷试验求取其承载力特征值。

（2）设备仪器及其安装。

1）加载装置。加载装置宜根据现场条件选择承压板、锚桩横梁反力装置、压重平台反力装置、锚桩压重联合反力装置和地锚反力装置。反力装置应符合下述规定。

承压板应选用刚性材料圆形或方形板，地面应平整。对于桩体试验，圆形承压板面积不大于0.5m²，方形承压板对角线不应超出桩体轮廓线；对于桩间土的试验，承压板面积不小于0.25m²，对土质较软，强度较低的（复合）地基，承压板面积不小于0.5m²；承压板的边缘不应跨在桩体上，荷载合力线与布桩网格的形心轴重合。

加载反力装置能提供的反力不得小于最大加载量的1.2倍；应对加载反力装置的全部构件进行强度和变形核算；应对锚桩抗拔力（地基土、抗拔钢筋、桩的接头）进行验算；采用工程桩作为锚桩时，锚桩数量不应少于4根，并应检测锚桩上拔量；压重宜在检测之前一次加足，并均匀稳固的放置于平台之上；压重施加于地基的压力不宜大于地基承载力特征值的1.5倍，有条件时宜利用工程桩作为堆载支点；试桩、锚桩（压重平台支墩边）和基准桩之间的中心距离应符合表9-2的要求。

表9-2　　　　　　试桩、锚桩（压重平台支墩边）和基准桩之间的中心距离表

反力装置 距离	试桩中心与锚桩中心（或压重平台支墩边）	试桩中心与基准桩中心	基准桩中心与锚桩中心（或压重平台支墩边）
锚桩横梁	≥4(3)D 且>2.0m	≥4(3)D 且>2.0m	≥4(3)D 且>2.0m
压重平台	≥4D 且>2.0m	≥4(3)D 且>2.0m	≥4D 且>2.0m
地锚装置	≥4D 且>2.0m	≥4(3)D 且>2.0m	≥4D 且>2.0m

注　1. D 为试桩、锚桩或地锚的设计直径或边宽，取较大者。

2. 如试桩或锚桩为扩底桩时，试桩与锚桩的中心距不应小于2倍扩大端直径。

3. 括号内数值用于工程桩检测验收时多排桩设计中心距离小于4D的情况。

4. 软土场地堆载重量大时，宜增加支墩边与基准桩中心和试桩中心之间的距离，并在试验过程中观测基准桩的竖向位移。

221

2）荷载测量装置。试验加载宜采用油压千斤顶，并用两台及两台以上的千斤顶加载时应并联同步工作，且要求千斤顶的型号和规格相同、千斤顶的合力中心应与桩轴线重合。

荷载测量压力表或压力传感器量程符合要求，测量误差不应大于 1%，压力表进度应优于或等于 0.4 级，试验用压力表、油泵、油管在最大加载时，其压力不超过规定工作压力的 80%。

3）沉降测量。沉降测量宜采用位移传感器或大量程百分表，并符合下列规定：

A. 测量误差不大于 0.1%FS，分辨力优于或等于 0.01mm。

B. 直径或边宽大于 500mm 的桩，应在其 2 个方向对称安置 4 个位移测试仪表，直径或边宽不大于 500mm 的桩，可对称安置 2 个位移测试仪表。

C. 沉降测定平面宜在桩顶 200mm 以下位置，测点牢固固定于桩身。

D. 基准量具有一定刚度，一端固定在基准桩上；另一端简支于基准桩上。

E. 固定和支撑位移计的夹具及基准梁应避免高温、振动及其他外界因素的影响。

（3）现场检测。

1）受检桩选择。试桩的成桩工艺和质量控制标准与工程桩一致，工程桩检测时，受检桩按照规范要求随机抽测，检测数量符合要求。

2）受检桩制备。试验前，剔除受检桩桩头浮浆段，整平桩头，必要时加固桩头。试桩顶部宜高出试坑底面，试坑底面宜与桩承台底标高一致。

3）试验加载和卸载。试验加载分为慢速维持荷载法和快速维持荷载法方式。加载方式符合下列规定：加载宜分级进行，采用逐级等量加载，分级荷载宜为最大加载量或预估极限承载力的 1/10，其中第一级可取分级荷载的 2.0 倍。卸载应分级进行，每级卸载量取加载时分级荷载的 2 倍，逐级等量卸载。卸载时，每级荷载维持 1h。卸载至零荷载时，为测读桩顶残余沉降量，维持时间应达到 3h。加载卸载时，荷载应传递均匀、连续、无冲击，每级荷载在维持过程中的变化幅度不得超过分级荷载的 ±10%。慢速维持荷载法需要桩顶沉降速率达到相对稳定标准时，再施加下一级荷载；快速维持荷载法的每级荷载维持时间至少为 1h，是否延长维持荷载时间应根据桩顶沉降收敛情况确定。

4）试验终止。当出现下列情况之一时，可终止加载：某级荷载作用下，桩顶沉降量大于前一级荷载作用下沉降量的 5 倍。某级荷载作用下，桩顶沉降量大于前一级荷载作用下沉降量的 2 倍，且 24h 尚未达到相对稳定标准。已经达到设计要求的最大加载量。当采用工程桩做锚桩时，锚桩上拔量已经达到允许值。当荷载—沉降曲线呈缓变型时，可加载至桩顶总沉降量 60~80mm，在特殊情况下，可根据具体要求加载至桩顶累计沉降量超过 80%。

（4）数据分析与判定。

1）数据采集。慢速维持法数据：每级荷载施加后按照第 5min、15min、30min、45min、60min 测读桩顶沉降量，以后每隔 30min 测读 1 次；卸载时，每级荷载维持的 1h 中，按第 15min、30min、60min 测读桩顶沉降量，卸载至零荷载时，应测读桩顶残余沉降量，测读时间为 15min、30min，以后每隔 30min 测读 1 次。

试桩沉降相对稳定标准：每小时内桩顶沉降量不超过 0.1mm，并连续出现过两次

（从分级荷载施加后第 30min 开始，按 1.5h 连续 3 次每 30min 的沉降观测值计算）。

2）数据整理。确定单桩竖向抗压承载力时，根据实验记录数据，绘制竖向荷载—沉降（Q-S）、沉降—时间对数（s-$\lg t$）曲线，需要时，还可绘制其他辅助分析所需曲线。

当进行桩身应力、应变和桩底反力测定时，整理有关数据记录，绘制桩身轴力分布图。

3）数据分析。单桩竖向荷载试验可确定单桩竖向抗压极限承载力 q_c，可按照下列方法综合分析确定。

A. 根据沉降随荷载变化的特征确定：对于陡降型 Q-S 曲线，取其发生明显陡降的起始点对应的荷载值。

B. 根据沉降随时间的变化的特征确定：取 s-$\lg t$ 曲线尾部出现明显向下弯曲的前一级荷载值。

C. 当出现试验终止条件时，取终止试验时的前一级荷载值。

D. 对于缓变型 Q-S 曲线，根据桩长，分别取 $S=40$mm 或 $S=0.05D$（D 为桩端直径）对应的荷载。

（5）单桩竖向承载力。

1）单桩竖向抗压极限承载力统计值的确定符合下述规定：

A. 参加统计的试桩结果，当满足其极差不超过平均值的 30% 时，取平均值为单桩竖向抗压极限承载力。

B. 当极差超过平均值的 30% 时，应分析极差过大的原因，结合工程具体情况综合确定，必要时，可增加试桩数量。

C. 对 3 根或 3 根以下的承台下桩，或工程抽检数量少于 3 根时，应取低值。

2）单桩竖向抗压极限承载力特征值：单位工程同一条件下，单桩竖向抗压极限承载力特征值 R_a 应按照单桩竖向抗压极限承载力统计值的一半取值。

（6）复合地基抗压静载试验。复合地基试验要点。

1）单桩复合地基试验，承压板面积应为一根桩分担的面积。

2）多桩复合地基试验，承压板尺寸应按桩数承担的处理面积确定。承压板对称，并与荷载作用点相重合。

3）承压板底面标高与桩顶设计标高相对应，板下设中粗砂垫层，厚度 50～150mm，桩身强度高时取大值。试坑宽度和长度不小于承压板尺寸的 3 倍，基准梁的标点应设置在坑外。

4）试验前应防止试验场地地基土扰动或含水量变化。

5）荷载按照 8～12 级施加，最大加载压力不应小于设计要求的 2 倍。

6）每加一级荷载前后均应测读承压板沉降量 1 次，以后每半小时测读 1 次，当 1h 内沉降量小于 0.1mm 时，即可施加下一级荷载。

7）卸载级数为加载级数的一半，等量进行，每卸载一级，间隔半小时测读回弹量，待卸完全部荷载后间隔 3h 测读总回弹量。

8）承压板周围出现明显侧向挤出，周边岩土出现明显隆起或径向裂缝持续发展，应终止试验，其他终止试验条件同单桩载荷试验。

9）当用载荷试验测定桩头应力比时应注意：应在承压板下桩顶及桩间土上与压力板接触面处分别安装土压力盒；土压力盒平面位置应考虑桩及桩间土各部位应力分布的变化。当桩径较大时，可在桩中心、边缘、桩间土临桩侧及远桩侧处同时安装，并布置成一直线或垂直交叉或呈45°角两个方向；在每级荷载下都应进行观测；计算应力比时，将各压力盒测得的应力按照桩和土所代表的面积分别加权后进行计算，求取各级荷载下复合地基桩土应力比。

10）资料整理及成果应用。资料整理及成果应用与单桩荷载试验大致相似，当 p-S 曲线上有明显比例界线或 p-S 曲线上极限荷载能确定时的复合地基承载力特征值，可按照比例界线法、极限荷载法和相对变形控制法分别确定。

对水泥土搅拌桩复合地基，可取 $S/d=0.006$ 所对应的压力确定；对于有经验地区，可按照当地经验确定其相对变形值，但按相对变形值所确定的承载力特征值不应大于最大加载压力的一半。

9.1.3 轻型动力触探试验

（1）技术原理。轻型动力触探是将一定规格的圆锥探头打入土中，然后依据贯入击数或贯入阻力，判断土层或水泥土搅拌桩工程性质，检验地基加固与改良的质量效果。轻型动力触探可用于确定黏性土、粉土地基承载力基本值和变形模量，划分土的力学分层，评价土层的均匀性、检验和评价地基处理增强体（水泥土）均匀性。

（2）试验设备。试验设备主要由圆锥头、触探杆、穿心锤三部分组成。

圆锥头直径40mm，锥角60°；触探杆直径25mm的金属管，每根长度为1.0～1.5m；穿心锤重10kg，穿心锤落距50cm。

（3）现场检测。先用轻便钻具钻进至试验段位置，然后再进行触探，触探应连续进行。

试验时，穿心锤落距为50cm，使其自由下落，将探头竖直打入试验段，每打入30cm的锤击数即为 N_{10}；若需描述试验段情况，可将触探杆拔出，取下探头，换上轻便钻头径向取样。

本试验一般适用于贯入深度小于4m的试验段；贯入深度大于4.0m时，需要先行清孔；当 $N_{10}>100$ 时或贯入0.15m超过50击时，可停止试验。

（4）资料整理与成果应用。根据地区和行业经验，现场取得的锤击数 N_{10} 应触探杆长度及其他相关条件进行修正。根据修正的结果，制作水泥土搅拌桩击数—深度直方图及其质量对比表格。

根据击数—深度直方图形态，可判别水泥土搅拌桩不同深度的搅拌均匀程度，根据同一场地多个水泥土桩的试验成果对比，可评价整个工程的施工质量。

9.1.4 围井试验

围井检测试验是对防渗墙工程施工质量检测的一种重要手段，主要是检测所施工的防渗墙渗漏情况。

（1）围井试验目的。根据检测目的的不同，围井试验可分为工艺性试验和检测性试验。工艺性试验是根据设计和有关规范，在现场选择具代表性的地段，按照室内试验所拟定的水泥品种、强度等级、水泥掺入量进行围井施工，必要时可采取多方案、多个围井同时进行对比试验。试验成墙达到龄期后开挖，注水，或围井内钻孔至围井底隔水层位置，注水，饱和养护，再进行围井注水试验。

围井检测试验主要目的是检测施工效果是否达到设计要求。试验点位确定后，利用防渗墙的一段作为其中的一边，采用深搅或高喷工艺施工围井的其他边，试验时需要考虑新老墙体间的搭接和不同工艺成墙的差别。

（2）围井试验现场布置。

1）工艺性试验围井。工艺性围井试验位置选择：土层能够代表本工程的地质状况，施工深度基本与工程设计相适应，施工条件相对较好，具备水源、电源，施工设备进退场较为方便，试验过程受到外界的干扰较少，试验位置距离设计的施工轴线至少 500mm（见图 9-1）。

围井布置成正方形，尺寸以便于围井开挖为准，一般边长为 2000mm 左右；围井壁厚度根据工程设计要求，一般为 200~300mm；围井深入相对隔水层 2.0m。

2）检测试验围井。检测试验围井的布置应考虑随机性、代表性和均衡性，也就是说，根据《深层搅拌法技术规范》（DL/T 5425—2009）及其他有关技术规范，按照深层搅拌工程量确定围井的数量，确定一个围井所代表的施工轴线长度，在每个拟定的轴线长度范围内，随机确定围井的具体位置。

检测围井布置在施工轴线上，并以轴线上截渗墙作为围井的一边，其余三边布置于截渗墙的上游侧，并与截渗墙有效搭接，尽量让围井各边边界条件相似（见图 9-2）。

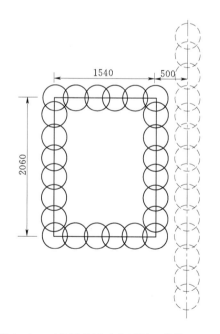 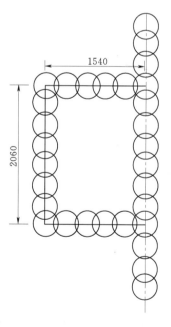

图 9-1　工艺围井试验布置图（单位：mm）　　图 9-2　检测围井试验布置图（单位：mm）

（3）现场围井施工。为确保检测性围井各边的有效搭接，围井宜在轴线防渗墙施工后24h 内完成施工。围井施工时，施工设备的移位和调向不得破坏轴线上的防渗墙。

围井四个边施工结束后，根据相对隔水层的埋深和围井的深度，进行围井封底工作。当相对隔水层较浅，防渗墙直接进入相对隔水层，不再需要进行封底。当相对隔水层埋深较大，防渗墙设计为悬挂式，围井施工深度大于 10.0m 时，采用高压旋喷方式进行围井封底，根据围井大小，布置 2～4 个高压旋喷灌浆孔进行封底。当围井深度小于 5.0m 时，可在围井开挖后，采用黏土、土工膜、水泥砂浆封底使之形成不透水边界条件。各类型的围井封底布置及结构见图 9-3。

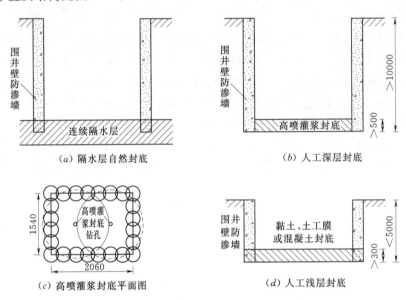

（a）隔水层自然封底 （b）人工深层封底

（c）高喷灌浆封底平面图 （d）人工浅层封底

图 9-3　各类型的围井封底布置及结构图（单位：mm）

围井施工结束后，按照要求，进行适宜的养护与保护。

（4）围井试验。深层搅拌水泥土围井施工结束，当水泥土龄期达到 28d 后，进行围井开挖，或在围井中央进行钻孔，注水。

采用钻孔观测围井外地下水水位，钻孔布置围井外侧各边中部，距围井壁距离不大于 1.0m 位置，钻孔孔径一般不小于 90mm，深度大于地下水位埋深，如地下水埋深较大时，其深度按照围井深度控制。

围井开挖后，在四边墙体分别设置标志点和测量水尺，每个围井内对称地设置 2 个蒸发皿，围井试验现场见图 9-4。试验前注水浸泡至少 3 昼夜，使围井四边墙体达到饱和状态，然后在正式开始进行注水试验。其操作步骤如下：

1）安放蒸发皿。安放蒸发皿，测记蒸发皿初始读数。

2）注水。降水头试验是向围井内一次性注水到一定的水位，准确记录初始水位；也可以根据情况，向围井内定流量连续注水，进行常水头试验，准确记录初始水位和注水流量。

3）观测。定期观测围井内水位下降情况，同时观测围井外水位变动情况。水位读数精确到毫米，时间读数精确到分钟。

围井试验观测阶段，不得随意向围井内注水。对地表积水或其他水体，必须进行导流、疏排，防止外界因素对围井试验的干扰。

图 9-4 围井试验现场

4）终止试验观测。做降水头围井试验时，在围井内水位出现等幅度下降时可终止试验；常水头围井试验中，水位趋于稳定，当水位稳定 24h 后，可终止试验。

（5）试验结果整理。一般地，围井试验资料有成井工艺，包含围井轴线场地、围井轴线宽度、围井深度、井壁厚度、封底结构、深度、厚度等结构形状参数，也包括封底时间、成井时间、养护时间、注水饱和时间，结束时间等施工资料，还包括施工范围内土层性质、孔隙率、地下水位埋深等地质情况，包括注水试验过程中围井内水位初值、终值和变化值、围井内水位初值、终值和变化值、蒸发皿初值、终值和变化值，现场可按照表9-3进行记录。

（6）水泥土搅拌桩防渗墙渗透系数。水泥土搅拌桩防渗墙渗透系数的确定，对于防渗效果的预估十分重要。基于无压渗流和恰尔内伊ИA渗流理论，不透水地基直立墙边界条件下渗流量关系式为：$q = k(H^2 - h^2)2L$。根据水泥土防渗墙围井试验边界条件，分析不同几何形状水泥土防渗墙围井试验，确定其在常水头和降水头条件下渗透系数计算公式。

1）各种形状围井常水头试验条件下，水泥土渗透系数计算式（9-6）为：

$$k = \frac{1}{A} \times \frac{2qb}{H_0^2 - h_0^2} \tag{9-6}$$

式中　q——围井单宽渗水量，m^3；

　　　b——防渗墙厚度，m；

　　　h_0——井外水位，m；

　　　H_0——井内恒定水位，m；

　　　A——围井几何形状系数，见表9-4；

其余符号意义同前。

表 9 - 3

围 井 试 验 记 录 表

成井工艺：　　　　　成井时间：

序号	土层分类	轴线长度/m	轴线宽度/m	井壁厚度/m	深度/m	封 底 情 况											注水饱和时间			注水试验时间					备注
	孔隙率/%		钻孔直径/mm	钻孔深度/m		围井内水位/m			深度	厚度	时间	围井外水位/m			蒸发皿水位/mm			开始	结束	注水量/L	观测时间			渗流量/(L/min)	
						初值	终值	变化值				初值	终值	变化值	初值	终值	变化值				开始/(h:min)	结束/(h:min)	历时/min		结束 开始

试验方式：

记录：　　　　　检查：　　　　　计算公式：　　　　　计算：　　　　　校核：　　　　　渗透系数：

228

形状系数	围井几何形状				备 注
	正方形	矩形	圆形	不规则多边形	
A	边长为 L $4L$	边长分别为 L、L' $2(L+L')$	半径为 r $2\pi r$	墙体轴线总长度 L	正方形、矩形也可以使用总长度 L

表 9－4　　　　　　　　　　　　　　　常水头下不同围井几何形状系数

2）矩形围井降水头试验条件下，水泥土渗透系数计算式（9-7）为：

$$k=\ln\left[\frac{(H_{01}-h_0)(H_{02}+h_0)}{(H_{01}+h_0)(H_{02}-h_0)}\times\frac{LL'b}{2(L+L')(t_2-t_1)}\right]\tag{9-7}$$

式中　H_{01}——围井内起始水位，m；

　　　H_{02}——经过时间 t 后围井内水位，m；

　　　h_0——围井外水位，m；

　　　其余符号意义同前。

3）圆形围井降水头试验条件下，水泥土渗透系数计算式（9-8）为：

$$k=\ln\left[\frac{(H_{01}-h_0)(H_{02}+h_0)}{(H_{01}+h_0)(H_{02}-h_0)}\times\frac{rb}{2h_0(t_1-t_1)}\right]\tag{9-8}$$

式中　r——围井内侧直径，m；

　　　其余符号意义同前。

值得注意的是，围井注水试验见图9-5，采取大开挖方式进行注水试验时，一般可采用降水头方式进行，围井内水渗透流量为围井面积与水位降深之积。而采取钻孔形式进行围井注水，可进行常水头和降水头注水试验，但采用降水头方式试验时，流量的确定应以围井内实际消耗水量计算，即需要考虑开挖围井面积、水位降、围井内土层孔隙度，计算水量为围井面积、钻孔水位降和围井内土体孔隙度乘积。

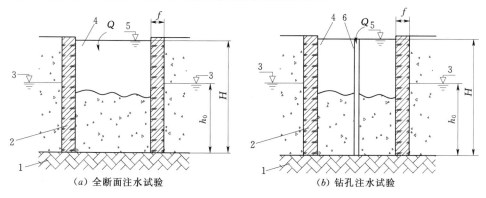

图 9-5　围井注水试验示意图

1—相对隔水层；2—围井；3—地下水位；4—井内开挖；5—注水稳定水位；6—钻孔；Q—注入水量

4）计算分析。根据试验成果，确定围井的渗透性能，判定水泥土的防渗特征，确定施工质量是否满足设计要求。

9.1.5　钻孔取芯

钻孔取芯是采用回转型工程钻机，使钻头的切削刃或研磨材料切削水泥土搅拌桩，让样芯进入钻具，并随钻具一起提出，获取芯样的检测手段。

根据所取样芯进行搅拌桩均匀性、完整性和连续性的评价，利用样芯进行抗压强度、渗透系数和允许坡降等室内试验，利用钻孔进行注水试验和压水试验，检测水泥土搅拌体的渗透性能。

（1）钻芯取样要求。

1）检测桩数为总桩数的1%，且不少于3根，总桩数少于50根时，不少于2根。

2）钻机额定转速不低于790r/min，转速调节范围不低于4挡，额定压力不低于1.5MPa。

3）取芯管配备单动双管钻具及相应的孔口管、扩孔器、卡簧、扶正稳定器和可捞取松软砂样的钻具，钻杆顺直，直径宜为50mm。

4）钻孔垂直度偏差不大于0.5%。

5）回次进尺宜控制在1.5m内，注意监测沉渣厚度和持力层情况。

6）桩长10～25m，每孔取3组芯样；小于10m时，每孔取2组芯样；大于25m，每孔不少于4组芯样。芯样每组抗压试验不少于3个。上、下部芯样距桩顶、底位置不宜大于1倍桩径或1m，中间芯样宜等间距截取。缺陷位置取样，应截取一组进行室内试验，取样长度不小于1倍桩径。

7）钻芯取样结束后，应采用0.5～1.0MPa压力水泥浆回灌封闭钻孔。

8）钻芯取样过程应有施工记录，其记录见表9-5，钻芯结束后需对芯样和标牌全貌进行拍照。

工程检测若需要注水试验，还可以利用钻孔进行防渗墙的注水试验。

（2）钻孔取芯试验资料。现场资料应包括钻芯法检测现场操作记录表、钻芯法检测芯样编录表、钻芯法检测芯样综合柱状图。

1）钻芯法检测现场操作记录见表9-5。

表9-5　　　　　　　　　　钻芯法检测现场操作记录表

桩号		孔号		工程名称			
时间		钻进/m			芯样编号	芯样长度/m	残留芯样	芯样初步描述及异常情况记录
自	至	自	至	计				

检测日期：　　　　　机长：　　　　记录：　　　　页次：

2）钻芯法检测芯样编录见表 9-6。

表 9-6

钻芯法检测芯样编录表

工程名称				日期		
桩号/钻芯孔号		桩径		水泥强度等级		
项目	分段/层深度/m	芯样描述			取样编号取样深度	备注
桩身水泥土		水泥土钻进深度、芯样连续性、完整性、胶结情况、表面光滑情况、断口吻合程度、水泥土芯是否为柱状、气孔、空洞、沟槽、破碎、夹泥、松散的情况				
持力层		持力层钻进深度、岩土名称、芯样颜色、结构构造				
检测单位：		记录员：		检测人员：		

3）钻芯法检测芯样综合柱状见表 9-7。

表 9-7

钻芯法检测芯样综合柱状表

桩号/孔号			水泥掺入量		桩顶标高		开孔时间	
施工桩长			设计桩径		钻孔深度		终孔时间	
层序号	层底标高/m	层底深度/m	分层厚度/m	水泥土/岩土芯样柱状图（比例尺）	桩身水泥土、持力层描述	序号 芯样强度（MPa）/深度（m）		备注
				☐				
				☐				
				☐				
编制：			校核：					

注 ☐代表芯样试件取样位置。

钻孔芯样可做室内试验，取得抗压强度、渗透系数和允许坡降等试验数据。

（3）水泥土渗透系数计算。可在钻孔取芯孔做注水试验，试验得出渗透系数。根据水泥土截渗墙钻孔注水试验边界条件，利用有压渗流和恰尔内伊理论，运用保角变换计算方法，水泥土墙体钻孔注水试验，确定在常水头和降水头条件下渗透系数计算公式。

1）利用常规三轴仪装置测定水泥土渗透系数计算式（9-9）为：

$$k_t = \frac{\Delta V L}{A \Delta h \cdot \Delta t} \tag{9-9}$$

$$\Delta h = \sigma_h \times 10 / \rho_\omega$$

式中　k_t——水温为 $t℃$ 时水泥土试样的渗透系数，按照相关规范公式转换成 20℃时的标准渗透系数 k_{20}，cm/s；

　　ΔV——渗流稳定后，Δt 时段内通过试样的渗流量，cm^3；

　　L——试样高度，cm；

　　A——试样横截面积，通过试样直径计算，cm^2；

　　Δh——作用在试样两端的水头差，cm；

ρ_w——水的密度，g/cm^3；

σ_h——渗透压力，kPa；

Δt——在 σ_{bh} 作用下渗流量为 ΔV 所需要的时间，s。

2）钻孔注水常水头试验条件下，水泥土渗透系数计算式（9-10）为：

$$k = \frac{Q\ln\dfrac{2b}{\pi r_0}}{\pi(H^2 - h^2)} \qquad (9-10)$$

式中　H——截渗墙内钻孔孔内水位，m；

h——截渗墙外天然水位，m；

r_0——截渗墙内钻孔套管内半径，m；

其余符号意义同前。

3）钻孔注水降水头试验条件下，水泥土渗透系数计算式（9-11）为：

$$k = \ln\left[\frac{(H_2 + h)(H_1 - h)}{(H_2 - h)(H_1 + h)} \times \frac{r_0^2 \ln\dfrac{2b}{\pi r_0}}{2h(t_2 - t_1)}\right] \qquad (9-11)$$

式中符号意义同前。

9.1.6　测压管检测

在防渗墙两侧水位差设计值较大时，或由于防渗墙背水侧坝体对水位敏感的情况下，可采用工程钻机凿孔，埋设测压管方式进行防渗墙质量检测或坝体水位观测。测压管检测是一种原位观测模式，在工程中普遍使用。

（1）测压管的布置。测压管的布置应符合《土石坝安全检测技术规范》（SL 60—94）的要求。

（2）测压管的安装。

1）测压管材料。宜采用镀锌钢管或硬塑料管，一般内径不宜大于 50mm。

2）测压管构造。测压管由透水段和导管组成。透水段长度一般 1~2m，面积开孔率为 10%~20%（孔眼形状不限，但须均匀排列，内壁无毛刺），外部包扎足以防止颗粒进入的无纺布织物管底封闭，不设沉淀管段。导管段应顺直，内壁光滑无阻，接头采用外箍形式。管口高于地面，并加保护装置，防止雨水进入和人为破坏。

3）测压管的埋设。除必须随坝体填筑时埋设外，一般应在工程竣工后、蓄水前用钻孔埋设，其要求和方法如下：

A. 造孔。在坝高小于 10m 时，可采用人工取土器钻孔，深度较大时，采用钻机造孔，造孔时不宜加水，严禁使用泥浆护壁。

根据装管数量及其直径，钻孔自下向上应逐级扩径。钻孔最小直径不宜小于 100mm。

B. 测压管安装。钻孔完成，验收合格后，在孔底填筑 10cm 的反滤料。下管稳拿轻放，保持管身顺直。就位后，立即测量管底高程和管内水位，在测压管外围投放回填反滤料，逐层夯实。

反滤料渗透系数一般为周围土体 10~100 倍，回填前要洗净、风干，回填中缓慢入孔。

C. 封孔。对不需要检测段钻孔，应进行严密封孔，防止地表水或分层地下水之间的干扰。

封孔材料一般采用膨润土或高崩解黏性土，制成球状投入。土球直径 5～10mm，应风干，逐层捣实，封至设计高程后，向孔内注水，使泥球崩解膨胀。

D. 灵敏度检验。向测压管内注水，进行测压管灵敏度检验。

E. 管口保护。灵敏度检测合格后，应尽快安设管口保护装置。管口保护装置，一般可采用混凝土预制件、现浇混凝土或砖石砌筑，但均要求结构简单、牢固，能防止雨水流入和人畜破坏，并能锁闭且开启方便。尺寸和形式，应根据测压管的测读方式而定。

9.2 质量检查

9.2.1 施工过程检查

施工过程检查主要是检查施工记录。检查内容包括水泥规格及用量、外掺剂用量、水泥浆液比重、搅拌轴的提升速度及转速、成桩时间、成桩速度、钻头直径、桩架的垂直偏差及断桩处理情况等。检查主要依据施工要点及注意事项，应做到每日一查，若发现问题应及时处理。

（1）施工前的检查。水泥土搅拌施工前，对以下项目的质量进行检查验收：

1）检查施工依据的技术资料是否齐全，设计图纸和设计技术指标是否经过会审，有无变更，有无答疑文件。

2）核查场地交接情况、场地复核成果，桩位的现场放样成果。

3）进场材料试验检测成果。

水泥：规格、品级、细度、安定性、初凝时间、终凝时间。

石灰：规格、品级、细度、反应热。

4）浆液配合比和喷浆量等施工试验成果。

5）桩机水准校核完成情况和钻杆垂直度和弯曲度校核资料。

6）钻头尺寸校核。

7）施工技术交底情况。

8）施工人员资质报验检查情况等。

（2）施工检查。深层搅拌施工时，施工质量体现在以下几个方面。

1）施工主要材料的复检。施工材料进场后，需要复检合格后方能使用，复测项目同前，其中水泥的复测数据可选用 3d 龄期检测成果。

2）固化剂的消耗量。

3）固化剂的配合比。检测固化剂水灰比、灰浆的比重，灰浆搅拌时间和灰浆搅拌均匀程度。

4）成桩时间。与桩长和固化剂消耗量匹配关系。

5）深层搅拌轴搅拌情况。旋转速度、提升下沉速度、钻头叶片的数量和宽度及角度。

6）复搅情况。复搅次数、复搅深度。

7）桩体长度、桩底控制高程、桩顶控制高程。

8）桩体搭接情况。包括最小搭接厚度和防渗墙的成墙厚度，是否出现跳桩、漏桩现象。

9）桩体垂直度。施工过程钻机水平、钻杆垂直度检测情况。

10）施工异常情况。地层原因、设备原因、电力中断原因、人为因素等所造成的施工异常、中断的情况、持续时间、处理方式和处理结果。

（3）施工检查一般指标。

1）搅拌叶片直径每个单元工程应检测 1 次，偏差应控制在 3% 以内。回转速度、提升速度偏差应控制在 5% 以内。

2）单桩施工搅拌桩的垂直偏差不得超过 1%，桩位偏差不得大于 50mm；有搭接要求时垂直度偏差不得超过 0.5%，桩位偏差不得大于 20mm，垂直度及桩位偏差每个机位均应检测。

3）桩长不得小于设计值，误差不超过 100mm。

4）水泥浆材料配制称量误差应控制在 1% 以内。水泥浆存放时宜控制浆体温度为 5～40℃，当气温在 10℃ 以下时浆液存放不应超过 4h，气温在 10℃ 以上时，不应超过 3h。超过存放时间时，应作弃浆处理。

5）搅拌机喷浆提升（下沉）速度、回转速度应符合施工工艺的要求，喷浆量和提升速度计搅拌头旋转速度相匹配。

6）施工过程中应详细记录搅拌桩头每米下沉（提升）时间、注浆与停浆的时间，记录深度误差不得大于 50mm，时间误差不得大于 5s。

7）施工记录应及时、准确、完整、清晰。

9.2.2 完工后检测

工程完工后，应对所施工的深层搅拌桩进行抽样检测，检测结果应满足施工允许偏差标准。

（1）检测项目。

1）检测内容。深层搅拌施工检测项目可依据《深层搅拌法技术规范》（DL/T 5425—2009）的有关规定，参照其他现行的规范执行，部分允许偏差的标准目前尚无水利水电工程规范规定，复合地基深层搅拌桩可依据我国现行《建筑地基处理技术规范》（JGJ 79—2012）；防渗墙中的深层搅拌桩，可根据长江、黄河、淮河等流域防渗工程实践经验提供的如下参考标准：

桩位偏差：单轴不大于 50mm；有搭接要求时不大于 20mm。

桩径偏差：不小于设计值。

桩顶标高：超过设计标高不小于 500mm。

渗透系数：防渗墙施工时，不大于 1×10^{-6} cm/s（$1 < i < 9$）。

抗压强度：大于 0.5MPa。

渗透破坏比降：大于 200。

2）检测表格。竖向承载桩完工质量检验见表 9-8。

表 9-8 **竖向承载桩完工质量检验表**

序号	检查项目	允许偏差或允许值	检查方法
1	地基承载力	设计要求	载荷试验
2	桩体强度	设计要求	钻孔（开挖）取芯检测
3	桩顶标高	设计要求	水准仪（最上部 500mm 不计入）
4	桩径	设计要求	钢尺测量
5	桩长	不小于设计桩长	钻孔或物探

防渗墙和挡墙质量检验标准和方法见表 9-9。

表 9-9 **防渗墙和挡墙质量检验标准和方法表**

序号	检查项目	允许偏差或允许值	检查方法
1	墙体强度	设计要求	钻孔（开挖）取样检测
2	渗透系数	设计要求	钻孔（开挖）取样检测
3	桩顶高程	设计要求	水准仪测量
4	桩径	设计要求	钢尺测量
5	搭接	满足最小有效墙厚要求	钢尺测量
6	桩长	不小于设计桩长	钻孔或物探

（2）检测方法。

1）深层搅拌地基处理工程。参照《建筑地基处理技术规范》（JGJ 79—2012）、《深层搅拌法技术规范》（DL/T 5425—2009），并结合工程特点提供如下参考方法：

A. 成桩后 3d，进行轻型动力触探（N_{10}）检验，检查每米桩深的均匀性。检测数量为施工总桩数的 1%，且不少于 3 根或 3 个小单元。若 N_{10} 大于天然土的 1 倍以上，可认为桩身强度能满足设计要求。可利用轻便触探器的勺钻连续钻取桩身芯样，以观察其连续性和均匀性。必要时也可利用标准贯入仪或静力触探仪进行检验。

B. 成桩 7d 后，采用浅部开挖桩头［深度宜超过停浆（灰）面以下 0.5m］，目测检测搅拌的均匀性，量测成桩直径。检查数量为总桩数的 5%。墙体、格构状工程的开挖检查应沿墙体轴线布设开挖检查点，每 500m 开挖 1 处，不足 500m 也应布设 1 处。每处检查点开挖长度 3～5m、深 1.5～4.0m，检查墙体完整性和均匀性、桩体间连接质量和墙体厚度，并取样在室内进行抗压强度、渗透系数、允许比降等试验。

C. 竖向承载水泥土搅拌桩地基竣工验收时，应进行承载力检测试验。在成桩 28d 后，应进行搅拌桩采用复合地基静载荷试验和单桩静载荷试验，试验确定承载力；检验数量为桩总数的 0.5%～1%，且每项单体工程不少于 3 个点。

D. 经触探和载荷试验检验对桩身质量有怀疑时，在成桩 28d 后用地质钻机利用双管单动取样器（直径不小于 108mm）钻取芯样，进行无侧限抗压强度试验；检验数量为施工总桩数的 0.5%，且不少于 3 根。

由于每次落锤能量小，连续触探深度一般不大于 4m，如需从桩顶到桩底进行触探，应当每米桩身先钻孔 700mm，然后触探 300mm，记录相应的桩深桩长和锤击数，可不考虑锤击数的深度修正。

E. 对相邻桩搭接要求严格的工程，在成桩 15d 后，选取数根桩进行开挖，检查搭接情况。开挖深度达到桩顶以下 3～4m 深度。

另外，对于壁状加固体，可采用钻机沿轴线斜向钻孔，使钻杆 2～4 根桩身，检查深部相邻桩的搭接状态。

F. 根据实际需要，在成桩后 28d，可抽取总桩数的 20％用小应变反射波法进行桩体完整性和桩体水泥土质量检查。若测试波速较高，说明桩体结构完整，桩身均匀；若波速较低，则桩体有可能断桩或搅拌均匀差。需要指出的是反射波法用于深层搅拌桩检测精度不高，可用于定性评价桩的完整性。

G. 水工建筑物在垂直及水平荷载共同作用下，有沿地基滑动趋势时，在成桩 28d 后尚应对深层搅拌复合地基进行水平荷载试验，确定其抗剪强度。

2）深层搅拌防渗墙工程。检测方法依据《深层搅拌法技术规范》（DL/T 5425—2009），参照我国水利水电防渗工程实践，常用的方法归纳如下：

A. 钻孔检查。成墙后沿墙体轴线布设检查钻孔。通过所取芯样对墙体均匀性、完整性、连续性进行评价，利用芯样进行抗压强度、渗透系数、允许比降等室内试验。堤防工程每 300～500m 抽检 1 孔，不足 300m 也应布设 1 孔，坝体防渗墙和挡墙可适当加密；取芯后的钻孔应采取可靠措施封填。

B. 开挖检查。沿墙体轴线布设开挖检查点，每处开挖长度 3～5m、深 2.5～4.0m，检查墙体完整性和均匀性、桩体间连接质量和墙体厚度，并取样室内进行抗压强度、渗透系数、允许比降等试验。堤防工程每 500m 开挖 1 处，不足 500m 也应布设 1 处。坝体防渗墙可适量布设开挖检查点。

C. 无损检测。必要时可利用无损检测方法对墙体连续性、完整性进行检查。在无损检测中发现异常的部位，应采用钻孔取芯法或开挖进行验证。

地质雷达检测是无损检测的一种，为探测桩体完整性、连续性以及判别是否存在墙体缺陷，可采用地质雷达检测。沿中心线布测线，全程检测，并垂直墙体在地面每 200m 检测一横断面。由于该法检测深层搅拌墙精度不高，因此只适用于深度不大于 10m 的墙。

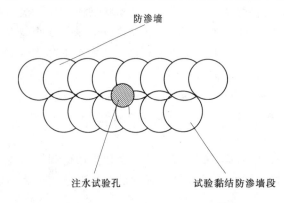

图 9-6 注水试验孔布置示意图

D. 原位观测（安全监测）成果分析。必要时，可进行原位观测，利用布设的安全监测设施监测的成果资料，对墙体整体防渗效果及位移变形进行综合分析。

E. 如不符合设计要求，应采取有效补强措施。

F. 注水试验。在指定的防渗墙位置贴接加厚一个单元墙，于两墙中间钻孔，现场注水试验，试验孔布置见图 9-6。试验点数不小于两点，试验方法按《水利水电工程钻孔压水试验规程》（SL 31—2009）的规定。本试验可直观地测得设计防渗墙最小厚度处的渗透系数，该方法较常应用。

G. 围井检测试验是对工程施工质量的检测，主要目的是检测工程是否达到工程设计要求，一般该方法较少采用。

在工程实践中，一般一个工程只使用上述方法中的两三种，具体应根据技术、经济和环境条件来定。

9.2.3 常见质量缺陷检查

（1）缺桩。由于制桩过程中，桩机在场区纵横移动，常常将孔位点破坏，造成施工漏桩，检查方法主要是桩顶或墙顶开挖。

（2）偏位。由于设备对位不准确，在施工中，地基不稳定造成设备移位等情况，可造成桩体偏位。如果桩的偏位超过规定，作为防渗墙而言，防渗效果将无法保证，对于地基处理工程而言，容易造成承载重心的偏移，因而需要认真对待，检查方法主要是桩顶或墙顶开挖。

（3）桩长不够。对于复合地基处理工程，由于桩长不够，可出现地基强度不足，刚度不够，无法满足其地基承载力和地基变形方面的要求。

对于防渗墙来说，桩长不够，则无法进入相对隔水层，防渗效果难以保障。

造成桩长不够的情况主要有以下几个方面：地形变化，而施工深度没有及时变化；地层复杂，设计桩深或墙体深度内出现不适宜深层搅拌施工地层；设备动力不足，无法满足设计深度范围内深层搅拌施工；施工人员责任心不强，为严格执行设计要求。

检测方法采用钻孔取芯和地质雷达等无损检测方法可较为有效地检测桩体长度。

（4）桩顶缺陷。由于搅拌桩（防渗墙）顶施工时，上部临空，待搅拌的土体及搅拌后的水泥土容易随搅拌头剪出，桩头密实度较差，同时，由于上部与外界接触，易于遭受外界破坏。此外，在水泥土浆固结硬化过程中，桩体（墙体）出现收缩，桩顶下沉，造成顶部不能满足设计要求。

检测方法：开挖检测外观，取样送实验室测定水泥土强度和渗透系数等指标。

（5）桩身缺陷。桩身缺陷主要是指桩的顶段以下存在有断桩、缩颈、体形不匀称、强度低等缺陷。产生桩身缺陷的主要原因在于施工时搅拌不均、提升过快、供浆不足、水泥掺入量不够以及地层突变等情况出现。

检测方法：采用钻孔取芯，将芯样送实验室测定水泥土强度和渗透系数等指标，采取地质雷达等无损检测方法进行探测。

9.3 工程验收

9.3.1 验收标准

工程不同，工程验收依据也不同，所适用标准也有差异，但作为搅拌施工，主要用于地基加固，防渗处理，应用于水利等多个领域，所涉及的规范较多，主要包括如下规范。

（1）《深层搅拌法技术规范》（DL/T 5425—2009）。

（2）《软土地基深层搅拌加固法技术规程》（YBJ 225—1991）。

（3）《建筑地基处理技术规范》（JGJ 79—2012）。

（4）《建筑基坑支护技术规程》（JGJ 120—2012）。

（5）《通用硅酸盐水泥》（GB 175—2007）。

（6）《水利水电建设工程验收规程》（SL 223—2008）。

（7）《水利水电工程施工质量检验与评定规程》（SL 176—2007）。

（8）《堤防工程施工质量评定与验收规程》（SL 239—1999）。

（9）《水利水电基本建设工程单元工程质量等级评定标准　第1部分　土建工程》（DL/T 5113.1—2005）。

（10）《水利水电工程混凝土防渗墙施工技术规范》（SL174—2014）。

（11）《堤防工程施工规范》（SL 260—2014）。

（12）《建筑桩基技术规范》（JGJ 94—2008）。

9.3.2　验收应具备的资料

工程验收即是工程实体的验收，也是资料的验收，既有现场的检测过程，还必须进行室内资料的审查验收工作。因此，工程验收前，需要进行如下资料（不限于）的整理和收集。

（1）设计文件、图纸。

（2）气象、水文资料。

（3）工程勘察资料、复勘资料。

（4）招标文件。

（5）投标文件。

（6）中标通知书。

（7）合同文件。

（8）各项施工过程记录。

（9）质量检查记录。

（10）工序交接记录。

（11）材料测试记录。

（12）施工大事记。

（13）技术往来文件。

（14）管理工作报告、竣工图。

9.3.3　施工工作报告编制大纲

（1）工程概况。

（2）工程投标。招投标方式、过程、投标书编制原则等。

（3）施工总布置，总进度和完成的主要工作量。施工总体布置、施工总进度以及分阶段施工安排，分析提前或推迟完成的原因；主要项目施工情况等。

（4）主要施工方法。施工中采用的主要施工方法及应用于本工程的新技术、新设备、新方法和施工科研情况等。

（5）施工质量管理。施工质量保证体系及实施情况，质量事故及处理，工程施工质量自检情况。

　　（6）文明施工与安全生产。

　　（7）价款结算与财务管理。

　　（8）经验与建议。

　　（9）附件：包括下列附件：

　　附件一：《施工管理机构设置及主要工作人员情况表》。

　　附件二：《投标时计划投入的资源与施工实际投入资源情况表》。

　　附件三：《工程施工管理大事记》。

9.3.4　质量评定

　　（1）工程项目划分。科学、合理和客观地进行工程质量评定，一般将工程划分为单位工程、分部工程和单元工程。项目划分由项目法人或委托监理单位组织设计及施工单位共同商定，同时确定主要单位工程和主要分部工程，并将划分结果呈报相应质量监督机构认定。

　　单位工程根据设计及施工部署和便于质量管理等原则进行划分，一般每一独立项目法人所负责的工程科划分为一个单位工程，若工程项目的规模较大，可将其分为若干个单位工程，独立建筑物或建筑单元可单独划分为一个单位工程。

　　分部工程主要是按照功能及施工工艺进行划分。同一单位工程中，同类型的各个分部工程的工程量不宜相差太大，不同类型的各个分部工程的投资也不宜相差太大。在分部工程划分无法满足上述要求，或分部工程工程量较大时，可进一步划分为分部工程。

　　单元工程主要是按照施工方法、便于质量管理控制和考核的原则划分。

　　1）竖向承载水泥土搅拌工程。竖向承载水泥土搅拌工程根据其工程量大小和工程项目的完整程度，可按照单位建筑物进行划分单位工程，也可作为一个单独的单位工程看待；其分部工程划分依据工程部位和工程项目功能进行，例如坝基加固处理工程中，竖向承载水泥土搅拌桩就可单独划分为分部工程；在结构功能较强的桥涵等水工建筑工程中，将桥涵的墩基础搅拌群桩或承台下搅拌群桩作为一个单元工程。

　　2）防渗墙与挡土墙水泥土搅拌工程。防渗墙与挡土墙水泥土搅拌工程，宜按照项目法人属性原则确定单位工程划分，根据轴线位置及工程功能划分分部工程，一般按照一定轴线长度或一定的搅拌桩（单头、双头及多头）数量确定单元工程。

　　（2）质量评定。工程施工质量评定包括单元工程质量评定、分部（子分部工程）工程质量评定、单位工程质量评定和工程项目施工质量评定。

　　质量评定的组织与管理应严格按照工作程序执行。

　　1）单元工程质量评定。单元工程质量评定要在施工单位质监部门组织自评的基础上，由项目法人或委托监理单位核定，按照规定的格式列项填写。评定项目分为检查项目和检测项目，或主控项目和一般项目。重要隐蔽工程及工程关键部位经施工单位自评合格后，由项目法人或委托监理单位、质检监督、设计、施工、管理运营单位组成联合小组，共同核定单元工程质量等级。

　　单元工程（或工序）质量达不到合格标准时，必须及时处理。质量等级按照以下规定确定。

A. 全部返工重做的，应重新评定质量等级。

B. 经过加固补强并经鉴定能到达设计要求的，质量等级评定为合格。

C. 经过鉴定达不到设计要求时，如项目法人认为基本满足安全和使用功能要求的，可不再加固补强，或加固补强后，造成外形尺寸改变或永久缺陷的，且项目法人认为基本满足设计要求时，其质量按照合格处理。

2）分部工程质量评定。分部工程质量评定应在施工单位质检部门自评的基础上，由项目法人或委托监理单位组织设计、施工、管理运营单位评定其质量等级，报质量监督机构审核备案。

分部工程质量评定标准：

A. 合格标准：单元工程质量全部合格；原材料及中间产品质量全部合格。

B. 优良标准：单元工程质量全部合格，其中有50％以上达到优良，主要单元工程、重要隐蔽工程及灌浆部位的单元工程质量等级优良，且未发生过质量事故；原材料及中间产品质量全部合格。

3）单位工程质量评定。单位工程质量评定前，需进行工程的外观质量评定，评定项目主要为桩径大小、搭接厚度、最小墙厚、墙顶高程以及桩体表观现象，评定标准按照深层搅拌法技术规范确定。外观质量评定由工程质量监督机构组织项目法人、监理、设计、施工及运营管理单位具有中级技术职称的有关代表共同进行，参加人数5人或5人以上单数。

单位工程质量评定应在施工单位质检部门自评的基础上，由项目法人或委托监理单位复核，报质量监督机构核定。

单位工程质量评定标准：

A. 合格标准：分部工程质量全部合格；原材料及中间产品全部合格；外观质量得分率达到70％以上；施工质量检验资料齐全。

B. 优良标准：分部工程质量全部合格，其中有50％以上达到优良，主要分部工程单元质量等级优良，且施工中未发生过较大及其以上质量事故；原材料及中间产品质量全部合格；外观质量百分率到达85％以上；施工质量的检验资料齐全。

4）工程项目施工质量评定。工程项目的施工质量等级由该项目质量监督机构进行评定。质量监督机构应在工程竣工验收前提出工程质量评定报告，向工程竣工验收委员会提出工程质量等级建议，由竣工验收委员会确定工程项目质量等级。

工程项目质量评定标准如下：

A. 合格标准：单位工程质量全部合格。

B. 优良标准：单位工程质量全部合格，其中50％以上的单位工程质量优良，且主要单位工程质量优良。

工程质量施工处理后，应该按照处理方案的要求，重新进行工程质量的检测和评定。

9.3.5 验收程序与方法

（1）验收程序。作为隐蔽工程项目，深层搅拌工程验收也包括分部工程验收、阶段验收、单位工程验收和竣工验收，但最为重要的验收是分部工程验收和竣工验收。

工程竣工验收前，项目法人应委托省级以上水行政主管部门认定的水利工程质量检测单位进行一次工程质量的抽检。工程质量检测单位应当通过技术质量监督部门计量认证，不得与工程参建各方隶属于同一经营实体或受辖于同一行政单位。

工程竣工验收时，竣工验收委员会对质量有怀疑的工程，可根据需要对工程质量再次进行抽检，抽检内容和方法由验收委员会确定。

（2）验收方法。

1）分部工程验收。深层搅拌工程的分部工程验收注重施工记录资料、施工质量检测、检查资料和原材料检测资料。按照前述完工后检测方法，进行工程实体的抽检和测试，整理检测记录，提交检测报告，核定工程质量。

2）竣工验收。工程竣工验收包括工程的竣工资料验收和工程实体的抽检验收。

竣工资料验收：主要体现在工程施工中的施工记录及时、正确、完备是资料的根本，施工质量检测项目齐全、检测程序符合要求、检测报告意见明确，施工工序交接手续齐全，单元工程、分部工程验收结论明确。

工程实体的抽检验收：主要是工程实体的抽检，深层搅拌工程抽检的主要内容和抽检方法由工程质量监督机构提出方案，报项目主管部门批准后实施。

抽检项目为前述完工检测中的项目，防渗止水项目的深层搅拌工程检测的主要项目为渗透系数、破坏比降、桩径、搭接情况、墙体连续性、墙底线高程及强度等。地基处理的深层搅拌复合地基，其检测主要指标为强度、变形模量、桩径、桩距、搅拌桩承载力和复合地基承载力等项目。

10 安全环保与节能减排

10.1 安全生产

10.1.1 安全生产体系

安全对于工程施工十分重要。为确保工程的顺利实施，在生产过程中，应有一个完备的安全生产体系、一支完整的安全生产领导班子和一套完善的安全生产管理制度。

（1）建立安全生产保证体系。安全生产保证体系包括思想保证体系、组织保证体系、检查保证体系、经济保证体系和制度保证体系。其中思想保证体系包括施工人员的知识普及教育、专业素质学习和特殊工种培训，强化施工人员的安全素质和职业技能。

组织保证体系包含公司、项目经理部和生产队组等垂直管理关系，也包含业主单位、监理单位和施工单位的横向网络管理关系。并由两种安全组织关系形成一个立体的安全保证体系。

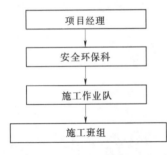

图 10-1　安全生产管理体系框图

检查保证体系是安全生产管理的方法；经济保证体系是安全生产管理的落实手段；制度保证体系是安全生产的管理依据，这几种保证体系都是构成安全生产管理体系的重要内容，并在安全生产管理工作中发挥着重要作用。

（2）组建安全生产领导班子。组建安全生产领导小组，形成完整的安全生产管理体系（图 10-1），明确项目经理为工程项目安全生产第一责任人。

项目部配备专职安全员抓各项安全管理工作。各职能部门在各自的业务范围内，对安全生产负责任。

施工队长是施工中的具体安全负责人，在每个生产班组设 1 名兼职安全员。

（3）健全安全生产管理制度。安全生产管理制度包括安全生产规章制度、安全生产培训制度、安全生产责任制度、安全生产奖惩制度、安全生产检查制度、安全生产例会制度和其他相关的管理制度。其中安全生产规章制度是根据生产工艺流程和机械操作规程为依据制定的安全生产制度，是安全生产管理制度的最根本制度。

安全生产责任制是根据我国的安全生产方针"安全第一，预防为主，综合治理"和安全生产法规建立的各级领导、职能部门、工程技术人员、岗位操作人员在劳动生产过程中对安全生产层层负责的制度。安全生产责任制是企业岗位责任制的一个组成部分，是企业中最基本的一项安全制度，也是企业安全生产、劳动保护管理制度的核心。

10.1.2 安全生产措施

安全管理工作内容包括安全机构的设置、专职安全员的配备以及防火、防毒、防噪声、防洪、救护、警报、治安等。具体安全保障措施及安全保障设施如下：

（1）安全生产管理制度保证措施。

1）建立专门的安全机构，配备专职的安全员，建立健全安全管理制度，管理人员佩证上岗。

2）加强对施工人员的施工安全教育，工人上岗前必须进行安全操作的考试和考核，合格者才准上岗。电工、电焊工等特殊工种持职业资格证上岗。

3）加强对高空作业、危险作业的安全检查，发现安全隐患，及时整改。

4）遵守国家颁布的有关安全规程。若责任区内发生重大安全事故时，立即通报相关单位，并在事故发生后 24h 内向发包人提交事故情况的书面报告。

5）加强施工区内的社会治安综合治理，严禁发生打架斗殴事件和黄、赌、毒等社会丑恶现象。

（2）劳动保护措施。按照《中华人民共和国劳动法》的规定，工程安全生产领导小组定期发给现场施工工作人员必需的劳动保护用品，如安全帽、水鞋、雨衣、手套、手灯、防护面具和安全带等，作业人员需要安装规定佩戴安全防护装置；发给特殊工种作业人员劳动保护津贴和营养补助。

（3）照明安全防护措施。在施工作业区、施工道路、临时设施、办公区和生活区设置足够的照明，满足生产生活的要求，在不便于使用照明电器照明的工作面采用特殊照明设施，在潮湿和易触及带电体场所的照明供电电压不应大于 36V。

（4）接地和避雷装置。凡可能漏电伤人或易受雷击的电器及建筑物均设置接地或避雷装置，并妥善管理、定期检查、及时维修。

（5）油料的存放和运输。油料的存放按规定设专门的仓库，并与施工现场和生活区保持足够的安全距离。

（6）消防措施。

1）治安消防工作坚持"预防为主，以消为辅"的指导思想，保证施工过程中的安全。

2）严格执行消防有关要求，在库房及临时房屋集中的地方，配备各种消防器材，并确保消防水源充足和供水系统工作正常，指定专人管理定期检查，并保持消防车道的畅通。

3）经常对职工进行消防安全训练，加强对职工的防火教育，建立严格的防火管理制度，在施工现场设立防火警示牌，并设专人巡逻监督。

4）经常开展以防火、防爆、防盗为中心的安全检查，堵塞漏洞，发现隐患限期整改。

（7）防洪和气象灾害的防护措施。项目部设专人负责水情和气象预报，一旦发现有可能危及工程安全和人身财产安全的洪水或气象灾害的预兆时，立即采取有效的防洪和防止气象灾害的措施，以确保工程和人身财产的安全及保证工程按计划进行。

（8）信号防护措施。

1）在工程区主要出入口、机械设备、临时用电设施、桥梁口、基坑边缘、爆破及有毒有害气体和液体存放处等部位，以及特别指定的位置设置明显的安全警示标志或施工信号牌，安全警示标志符合国家标准，并且保证信号牌在整个施工期间保持完好、醒目。安全警示标志一般包括：①标准道路信号；②报警信号；③危险信号；④控制信号；⑤安全信号；⑥指示信号。

2）负责维修和保护施工区内自设或固有的所有信号装置，并经常补充或更换失效的信号装置。

（9）安全防护手册。根据工程情况编制必要的安全防护手册，内容严格遵守国家颁布的各种安全规程。

10.2 文明施工

文明施工是保持施工现场良好的作业环境，卫生环境和工作秩序。文明施工主要包括以下几个方面的管理工作：规范施工现场的场容、保持作业环境的整洁卫生；科学组织施工，使生产有序进行；减少施工队周围居民和环境的影响；保证职工的安全和身体健康。

10.2.1 文明施工的意义

文明施工能促进企业综合管理水平的提高。保持良好的作业环境和秩序，对促进安全生产、加快施工进度、保证工程质量、降低工程成本、提高经济和社会效益具有重要作用。

文明施工是适应现代化施工的客观要求。现代化施工更需要采用先进的技术、工艺、材料、设备和科学的施工方案、需要严密组织、严格要求、标准化管理和较好的职工素质等。

文明施工代表企业的形象。良好的施工环境和施工秩序，可以得到社会的支持和信赖，提高企业的知名度和市场竞争力。

文明施工可以提高职工队伍的文化、技术和思想素质，培养尊重科学、遵守纪律、团结协作的大生产意识，促进企业精神文明建设。

10.2.2 文明施工的组织与管理

（1）组织和制度管理。施工现场成立以项目经理为第一责任人的文明施工管理组织。分包单位应服从总包单位的文明施工管理组织的统一管理，并接收监督检查。

各项施工现场管理制度应有文明施工的规定。包括个人岗位责任制、经济责任制、奖惩制度、持证上岗制度、安全检查制度等。

个人岗位责任制：根据工地文明施工建设需要，按专业、岗位、区域等分片包干，建立岗位责任制。

经济责任制：将文明施工列入经济考核中，对相关人员实行检查与考核。

奖罚制度：制定相关奖罚细则，严格执行，奖罚兑现。

持证上岗制度：施工现场所有施工人员，填写姓名、职责和牌号等，制作卡片，实行挂牌持证上岗。

安全检查制度：每月由组长或副组长牵头，组织有关人员进行定时和不定时的综合检查，填写检查结果，张榜公布。

加强和落实现场检查、考核和奖惩管理，以促进施工文明管理工作提高。检查范围和内容应全面周到，包括生产区、生活区、场容场貌、环境文明及制度落实等内容。检查发现的问题应采取整改措施。

（2）收集文明施工的资料。

1）文明施工资料包括上级关于文明施工的标准、规定、法律法规等。

2）施工组织设计（方案）中对文明施工的管理规定、各阶段施工现场文明施工的措施。

3）文明施工自检资料。

4）文明施工教育、培训、考核计划的资料。

5）文明施工活动各项记录资料。

（3）加强文明施工的宣传和教育。

1）在坚持岗位练兵基础上，采取派出去、请进来、短期培训、上技术课、登黑板报、广播、看录像、看电视等方法狠抓教育工作。

2）特别注意对临时工的岗前教育。

3）专业管理人员熟悉、掌握文明施工的规定。

10.2.3　文明施工的要求

（1）施工区与生活区挂文明工地标牌或文明工地规章制度：施工现场必须设置明显的标牌、表明工程项目名称、建设单位、设计单位、施工单位、项目经理和施工现场总代表人的姓名，开竣工日期、施工许可证批准文号等，施工单位负责施工现场的标牌的保护工作。

（2）施工现场的管理人员在施工现场应佩戴证明其身份的证卡。

（3）按照施工总平面图设置各项临时设施。

应当设置各类必要的生活设施，并符合卫生、通风、照明等要求。职工的膳食、饮水供应等应当符合卫生要求。办公室、宿舍、食堂等公共场所及各类加工场地保持地面干净，门窗无结尘，配有专人负责清洁卫生工作。

现场堆放的大宗材料、成品、半成品和机具设备不得侵占场内道路及安全防护设施。现场材料堆放、施工机械停放有序、整齐；施工现场做到完工清场，建筑垃圾集中堆放并及时清运。

（4）施工现场的用电线路、用电设施的安装和使用必须符合安装规范和安全操作规程，并按照施工组织设计进行架设，严禁任意拉线接电。施工现场必须设有保证施工安全要求的夜间照明；危险潮湿场所的照明以及手持照明灯具，必须符合安全要求的电压。

（5）施工机械应当按照施工总平面布置图规定的位置和线路设置，不得任意侵占场内道路。

（6）保证施工现场道路畅通，排水系统处于良好的使用状态，无严重积水现象；保持场容场貌的整洁，随时清理建筑垃圾。在车辆、行人通行的地方施工，应当设置施工标志，并对沟井坎穴进行覆盖。

（7）施工现场的各种安全设施和劳动保护器具，必须定期进行检查和维护，及时消除隐患，保证其安全有效。危险区域有醒目的安全警示牌，夜间作业要设警示灯。

（8）工程工区内社会治安环境稳定，不发生打架斗殴事件，无黄、赌、毒等社会丑恶现象。

（9）正确协调处理与当地政府和周围群众关系。

10.3 环境保护

10.3.1 环境保护体系

环境保护是我国的一项基本国策，也是文明施工的重要组成部分，成立以项目经理为主，安全环保科长主要负责的环境保护领导小组，各职能部门在各自的业务范围内，对工程工段环境保护负责任，制定工程施工区域和生活区域的环境保护计划，制定环境保护措施，做好施工区环境保护工作，防止工程施工造成施工附近地区的水土流失、环境污染和破坏。

10.3.2 环境保护措施

施工中严格遵守环境保护的法律、法规和规章，并按设计、合同等有关规定，结合施工队实际情况，制定切实可行的环境保护措施。其具体内容包含水土流失、生态保护、生活环境等各个方面，区域覆盖工程施工工段、办公区、后勤保障区域，时间贯穿施工准备阶段、正式施工阶段和完工恢复阶段。

（1）施工弃渣的堆放及治理措施。深层搅拌技术是一种原地施工技术，地层土体作为施工材料，不需开挖直接进行搅拌，水泥及水泥浆的掺入量是依据地层土体的比重密实度、孔隙率等物理参数综合考虑的，并根据现场试桩最终确定的，因而施工本身所产生的废料和弃渣很少。

1）施工时沿施工轴线开挖断面尺寸为 500mm×500mm 的集浆槽（也是施工导向槽）即可收集施工返浆；施工过程中，由于停工时间长，配置的水泥浆废弃后也可注入集浆槽，待施工结束后可就地整平，作为筑坝材料，或按照指定地点集中堆放。

2）对于溢出地面的少量水泥浆液及时进行清理，并运送到业主指定的位置。必要时，依据合同要求，采取其他方面的处理措施，以降低污染，保护环境。

3）对于集浆槽开挖的渣土，做好区分工作；对于可以利用的土料集中堆放，并做好水土流失防护措施；对于不能利用的渣土禁止就地抛弃，按照指示及时运至指定地点集中处理，防止弃渣冲蚀河床或淤积河道。

（2）施工场地开挖的边坡保护和水土流失处理措施。在雨季时容易造成水土流失开挖的边坡，需采用加盖塑料膜对水土流失比较严重的边坡进行保护，保证不因为水土流失而影响施工。

（3）防止饮用水污染措施。生活饮用水符合国家饮用水标准，为保证生产和流域内生活饮用水的卫生，禁止向河道和壤土中倾倒未经处理的废弃固体、液体材料。

（4）施工活动中的噪声、粉尘、废气、废水和废油等的治理措施。

1）噪声治理措施。制定防止扰民的具体措施，现场 200m 范围有居民区时，合理安排施工时间，尽可能将噪声大的作业安排在白天施工；设备振动声音较大的，要加设消音罩或消声音管，力争减少噪声的影响；采取综合治理措施，把噪声控制在合理范围内。

一般情况，深层搅拌施工无振动、无噪声，只要控制好施工过程中不随意撞击和敲打施工设备塔架、桅杆，一般不存在噪声问题。

2）粉尘的治理措施。

A. 深层搅拌项目所产生的粉尘主要是水泥粉尘，在于水泥制浆站，由制浆投放水泥时所产生。施工时，可采用封闭式制浆形式，防止水泥粉尘飞扬；投放水泥时，轻拿低放；倒完水泥的袋子集中堆放，妥善处置，防止大风天四处漂移；喷雾除尘，洒水降尘，或采取覆盖措施，增大水泥粉尘飘扬的启动阻力，运输期间应用帆布或类似的遮盖物覆盖。

B. 对有扬尘现象的道路定期用洒水车进行喷洒。在整个施工期间对施工场地经常进行洒水使尘土飞扬减小到最低程度。

C. 材料仓储符合要求，容易起尘的其他细料和松散材料予以覆盖或适当洒水喷淋。

3）生产废水、污水的治理措施。施工产生的废水较少，一般随浆液存放于集浆池中。

施工中，污水的主要来源是设备中的液压油、润滑油和施工材料中的特殊掺加剂。对症下药，可从以下两个方面进行污水控制，防止其进入地表和地下水体，污染水体和土体。

A. 施工设备。设备运行时，保持设备油路装置的密封状况良好，不出现跑冒滴漏现象；检测维修设备时，地面铺设防渗薄膜等材料，油液和元件分别装入不同的容器中；不用的费油，应该收集与容器内，集中妥善处置。

B. 早强剂、减水剂等特种掺加剂材料，在施工中保管不善，集中进入土体和水体后，也会造成不同程度的污染。因此，在有特殊要求的深层搅拌工程中，对各种掺加剂材料应该严格领用、妥善管理。

4）废油的治理措施。施工机械采取了防止漏油措施，防止了造成污染；施工中的废油要回收到废油容器里集中处理，禁止直接排入水库。

（5）施工区和生活区的卫生设施以及粪便、垃圾的治理措施。

1）生活污水处理措施。生活区污水进入当地地下排污系统，避免排放到河道、农田、耕地、供饮用水的地下水近旁。

2）生活垃圾、生产废弃物的处理措施。生活垃圾应定时清除，运至远离工地，在业主批准的地点进行掩埋或焚烧；施工废料如沥青、水泥、油料、化学品合理堆放，运至机构指定的地点。

3）厕所。施工区的厕所派专人清理打扫，每天对厕所周围喷药消毒，防止蚊蝇滋生和病毒传播。

4）卫生防疫。施工人员施工前进行体检，有重病或传染性疾病不能进场施工。每天喷洒灭蚊药灭蚊，定期灭鼠。工地食堂每天打扫卫生，并进行消毒处理。

（6）完工后的场地清理。工程完工后，按照要求拆除临时设施，清除施工区和生活区及其附近的施工废弃物，并按已经批准的环境保护措施计划完成工程区环境恢复。

（7）施工区野生动植物的保护措施。保护工程工段内原有植被，对施工界限内、外的植物、树木尽力维持原状。砍除树木或其他经济植物时，事先征得所有者和业主的同意。对有害物质合理处理，避免对动物、植物的损害。定期进行环保、生态知识宣传教育。

10.4 文物保护

做好文物保护工作十分重要，在施工过程中要本着严肃、严格、认真、负责的态度坚决执行国家和当地政府发布的有关文物保护的法律、法规和制度。

组织全体施工人员认真学习有关文物保护的法律、法规和制度，增强全体施工人员的文物保护意识，加强落实文物保护法的宣传和教育，积极主动地配合当地文物保护部门工作，接受当地文物保护部门的监督和管理。

在施工进行前，要提前积极主动地与当地文物部门取得联系，了解施工范围内已探明和推测可能出现的文物分布情况，及时对可能存在文物的施工地点施工方法提出具体的保护文物方案，制定出一套详细完整的文物保护措施，并在施工过程中要坚决贯彻执行。

在工程施工过程中，如发现古墓、古建筑的结构或基础、化石、钱币等有考古、有地质研究价值的文物，要无条件立即停止施工，并由施工负责人采取措施，派专职人员加以保卫，严密保护，防止发生哄抢、破坏文物事件。同时，要及时通知建设单位和当地文物保护部门，配合有关部门对文物做好对出土文物的妥善处理，切实做好文物保护工作。

10.5 节能减排

《中华人民共和国节约能源法》所称节约能源（简称节能），是指加强用能管理，采取技术上可行、经济上合理以及环境和社会可以承受的措施，从能源生产到消费的各个环节，降低消耗、减少损失和污染物排放、制止浪费，有效、合理地利用能源。

10.5.1 节能与减排形势、政策

（1）国民经济状况。我国经济快速增长，各项建设取得巨大成就，但也出现了不少的问题。集中表现在以下两个方面：

1）我国是目前世界上第二位能源生产国和消费国、能源问题是持续发展不可忽视的问题。

2）经济发展与资源环境的矛盾日趋尖锐，群众对环境污染问题反应强烈。

（2）节能减排政策。我国政府正在以科学发展观为指导，加快发展现代能源产业，坚持节约资源和保护环境的基本国策，把建设资源节约型、环境友好型社会放在工业化、现代化发展战略的突出位置，努力增强可持续发展能力，建设创新型国家，继续为世界经济发展和繁荣做出更大贡献。

（3）深层搅拌施工关键环节。深层搅拌施工技术是在软弱地基处理的基础上发展起来的一种新型施工工艺。该工艺起点高，经过近40年的不断技术更新，施工技术日趋成熟，施工对环境的协调和能源、资源节约方面也得到了提高。深层搅拌这种低消耗、低排放的施工工艺，是对我国节能减排政策做出的实质性响应。

1）工程占地。深层搅拌法施工直接在原地进行深层搅拌，占地面积不大，施工速度快，占地时间少。

2）建筑材料。深层搅拌是使用机械设备将固化剂掺入土层，原位上与土体强制搅拌，充分把土体当作建筑材料，减少了对当地建筑材料的需求和耕地的破坏，减少了废土废浆的排放和占地，符合国家的节能减排政策。

3）地面环境。深层搅拌施工主要在地下，运行稳定，振动性极小，噪声也不大。对周围环境影响较小。

4）地下水环境。所使用的水泥和其他材料均为常规建材，无毒无害，即便地下施工的材料渗入地下水，对地下水环境的影响也极其有限。

10.5.2 节能与减排体系

（1）建立健全节能减排管理机构。建立以项目经理为首的节能减排管理组织机构，项目经理是节能减排管理第一责任人，项目技术负责人具体负责节能减排管理工作，解决工程施工中遇到的各种技术问题。安全环保科和施工技术科负责对施工的节能减排进行管理、控制和落实。财务物资科负责材料的合格、绿色、环保材料供应和进出场地材料的日常管理。

现场节能减排管理组织机构设置见图 10-2。

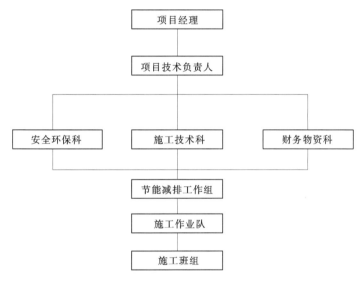

图 10-2　现场节能减排管理组织机构设置框图

（2）制度保障。围绕节能减排目标，制定一系列的管理制度，使工程施工中的节能减排管理形成机制化，常态化，形成一种固定的管理模式。

（3）人员节能减排意识。素质包括两个方面，一个是单位整体素质问题，体现在单位对节能减排大局的认识程度；另一个是施工机组及施工人员的素质，体现在主观的意识观念和客观的职业技能水平方面。

（4）技术保障。科学技术是第一生产力，科学技术是节能减排的源泉和动力。

1）不断革新施工设备。设备是深层搅拌施工的载体，要对设备不断进行更新改造，使设备能耗更低，效率更高，振动和噪声更小。

2）熟练施工。成熟的施工技术能创造优良的工程，减少工程质量事故和安全事故，减少工程项目的各种资源的投入，也减少建筑废品的产生。

通过技术的创新，可以改进施工中的工艺流程，启用新型材料、设备、器具等，从而减少能源、资源投入。通过工艺革新后，可以将工程的投入材料最大限度地转化为有效产品，进而减少了"三废"的排放。

10.5.3 深层搅拌工程的节能减排要点

深层搅拌施工所进行的节能减排主要包括以下几个方面。

（1）节能。

1）优先选用网电。深层搅拌必须以能源作为动力，一般有两种选择，使用网电或者柴油发电，两者比较，网电既节约又环保。在条件允许的情况下，宜优先选择使用网电。网电一般在白天用电量大，电价高，在晚上电价低，可以将必要的设备检修、维修安排在白天，晚上要满负荷运转，既可以充分利用能源，又可以降低生产成本。

2）柴油发电。水利施工场地有的比较偏僻，离工业输电线路距离较远，架设电线投入较大，此时需用柴油发电。这种情况要注意施工用电与发电机输出功率相匹配，选择合适功率的发电机供电，避免"大马拉小车"的现象，造成能源浪费。施工过程中，设备出现故障，需要维修，此时发电机所发出来的电源得不到充分利用，必然造成能源浪费，应配备功率较小，又能满足设备维修需要的发电机供电。

3）设备选型。应根据工程地质特点和工程要求，选择合适的施工设备，既满足工程施工需要，又要注意节约能源。一方面要根据施工工程特点研发设备，使设备系列化；另一方面又要认真分析工程特点，选用合适的施工设备。

4）科学用电。

A. 线路规范：规范布线，减少线路上涡流电耗、漏电损失、铁损、铜损。

B. 平衡用电：采用三相动力线平衡供电，减少功率因数损失。

C. 用电控制：采用三角形低压启动，减少设备空转，设备简化配置。

（2）材料选择。选用新型材料，促进材料循环利用，提高材料使用率，既体现了节能又减少了废弃物的排放。

1）水泥选用。

A. 使用大厂水泥。水泥行业是国家节能减排控制的重要行业，已经通过"关、停、并、转"举措，使得一些产量低、能好高的水泥生产企业重组或退出水泥生产行列。重组后的水泥企业产能高、技术强，国家给予政策扶持，技改力度大，因而大厂水泥可规模化生产，质量可靠，能耗较低。深层搅拌施工应尽可能使用大厂水泥。

当然，近年来，由于我国建筑行业快速发展，水泥出现供不应求的趋势，一些没有来得及转型的小水泥生产企业获得了水泥生产的机会，小厂水泥也大量出现在建筑市场，对水泥的市场供求形势起到了缓解的作用。但是，由于自身的技术缺陷，实力差距和市场行为的动力等因素决定，小厂水泥技改能力和动力不足，产品质量低、能耗高，流入市场的劣质水泥既造成资源的浪费，也造成环境的污染。

B. 选用节能水泥。普通硅酸盐水泥、矿渣水泥和复合水泥作为深层搅拌施工用水泥，其各项指标都可达到工程设计要求。上述水泥为市场普通产品，无需特殊加工，是水泥的低端产品，对能耗和资源要求较低。在工程和使用环境没有特殊要求时，尽可能选用上述水泥材料。

C. 尽量选用当地水泥。使用当地水泥可以减少运输环节，提高供货时效，既降低了运输途中汽车的油耗，又减少了水泥材料途中的遗撒，还降低了二氧化碳的排放。

D. 水泥计划使用与妥善保存。深层搅拌施工中，根据剩余工程量，仔细计划水泥进场数量，防止过量进货，加大材料的运输和存储。

进场水泥应当妥善保管，防止水泥遗撒和受潮变质，减少因保管不善造成的水泥量，提高水泥的有效利用率。

2）水源。在21世纪，水的匮乏是人类面临的共同环境问题，所以，节约用水是我们的基本职责。

A. 就近取水。在施工场地附近水库、湖泊、河流水源丰富，就近取水一方面减少输水管道投入，减少水源漏失，节省输水动力能耗。同时，还减少外来水源所携带某些矿物质或微生物等对本地水环境的侵害。

B. 城市中水。在水库枯竭、湖泊干涸和河流断流缺水时，工程在城区附近时，就近接入城市中水供水管路，使用符合水质条件的城市中水，减少城市用水压力。

C. 凿井取水。工程所在地既无水体，又远离市区或居住区，水源极度紧缺，或取水距离太远而取水成本大，采取打井取水措施解决供水问题，能起到节约用水的作用。

D. 计划用水。计划施工用水总量和用水强度，根据工程需要，配置供水设施定额供水，防止能力过剩造成供水资源浪费，防止水资源的无度过量耗费。

E. 循环用水。施工中循环用水，禁止将冲洗搅拌系统和输浆系统的污水直接排出，回流水库、湖泊和河流、入渗地下，可将上述污水排入特制的装置，沉淀后，清水抽送水箱备用，清理水泥浆液残渣，按照规定存放或填埋。

3）其他。

A. 当地建材。使用当地出产替代品。

B. 燃料。环保型的汽油和柴油能提高设备的性能。它能清洁发电机，减少引擎的摩擦力，并使燃油能更充分燃烧，从而降低对空气的污染。

生物液体燃料与传统车用燃料相比，可以潜在地带来二氧化碳减排。我国已经是世界燃料乙醇的第三大生产国和使用国。燃料乙醇在全国9个省的车用燃料市场得以推广和使用。

使用各种可再生能源的技术，能大大地减少在使用能源的过程中产生的二氧化碳。太阳能可以加热水和发电，还有一些新式的小型风力涡轮发电机已经可以供家庭或办公使用。

靠循环再利用的方法来减少材料循环使用，可以减少生产新原料的数量，从而降低二氧化碳排放量。

C. 机油、润滑油。选用符合要求的机油、润滑油，及时添加和更换，减少设备摩擦耗能，减少机械磨损和故障或损坏，保证机械设备正常运行。

（3）减排。

1）水泥浆。施工前，沿施工轴线开挖600mm×600mm断面集浆槽，深层搅拌施工水泥浆直接送入土体，并与土体充分拌和，水泥浆从孔口少量返出，留存于集浆槽中，在集浆槽中硬化结块，可作为防渗墙的一部分或作为堤坝的填筑材料，充填于堤坝之上。

计划水泥浆的使用量，水泥浆液随配随用，尤其是在每班施工结束前，水泥浆搅拌站通过与深层搅拌施工紧密联络，适量配置水泥浆，防止水泥浆浪费。对已经配制而短时间不用的水泥浆液，可灌注与搅拌设备前方软弱地段或其他需要加固的软弱地带进行地基加固，或者采用静置方法分离水和浆，留作他用。

2）水泥土废料。设计桩顶高程之上的少量废弃水泥土可作为建筑材料，用于堤坝土方平整，填筑于坝体，减少水泥土排放和运弃。

3）水泥粉尘。水泥粉尘是深层搅拌施工中主要污染排放物，为防止水泥粉尘的飘扬，水泥浆搅拌站进行封闭管理，搅拌站内勤喷雾除尘。同时，水泥掺料时轻拿低放，水泥空带子及时整理码放整齐，地上遗撒水泥及时清扫，做到工完料清。

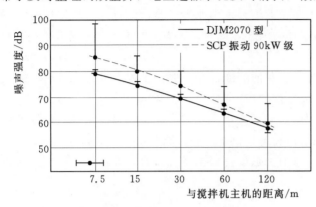

图10-3 搅拌施工噪声测定图

注：├─┤为90%变动范围与平均值，地下噪声为45～50dB。

4）废水。废水主要来源于工程施工故障或各班施工结束后对搅拌设备和输浆系统的冲洗，水量不大，经过沉淀分离后，清水可重复再利用，基本实现生产废水零排放。

5）废油。深层搅拌机械设备使用润滑油、变压油和机油黄油，设备故障和维修中，难免会有废油产生，若直接将其排放地表，必然造成环境污染。按照规定对废油进行收集，回收或填埋处理，以保护环境。

6）废旧设备和材料。废旧设备不得随地扔弃，挑选可用部分留以备用，将无用部分送正规回收公司，通过社会化渠道变废为宝。对暂时不用的材料码放整齐或变卖处理，防止材料随意丢放流失，造成资源浪费和环境影响。

7）噪声。深层搅拌设备施工基本无噪声，根据实验资料，其噪声情况见图10-3及图10-4。

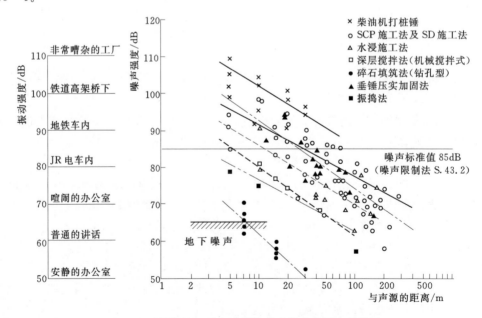

图10-4 搅拌施工噪声感觉与噪声强度的距离衰减图

8）振动。深层搅拌设备施工基本无振动，根据实验资料，其振动情况见图10-5及

图 10 - 6。

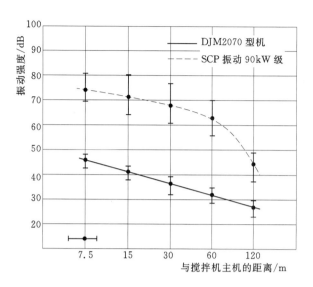

图 10 - 5　搅拌施工地基振动测定图

注：├——┤为 80% 变动范围与平均值，地下振动为 30dB 左右。

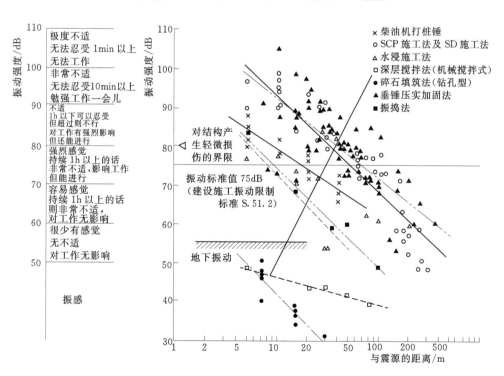

图 10 - 6　深层搅拌法振动感觉与强度随距离的衰减图

11 工程案例

11.1 某水电站厂房地基加固

11.1.1 工程概况

某河流干流全长485km，流域面积13532km²，蕴含丰富水能，干流已建成水电站12处，现欲在其中游地区增建一座小型水电站。

（1）工程简介。拟建某水电站为引水式径流水电站，设计水头43.8m，引水流量34.0m³/s，装机容量4×1600kW，工程等级为Ⅱ级，根据原勘探及物探结果，厂房区基岩埋深12.4～14.2m，故原设计采用清除法，开挖基坑，基础直接坐落于基岩之上，没有考虑地基处理，但在施工过程中当基坑开挖至12.8m，并挖探坑至16.5m时，仍未见到基岩，后对厂房区进行补充勘探，根据补充勘探资料，对基岩埋深较大，而上部荷载较小的建筑物，采用技术、经济可行的深层搅拌施工方案，作为补充的地基处理方式，对升压站、开关站、办公用房及职工宿舍等浅埋深基础进行地基处理。

（2）地质条件。

1）工程地质条件。工程位于河流中游段冲积平原上，揭露的地层均为冲积淤积层，具有较为典型的河流相冲淤积地层特征（即颗粒结构上细下粗），从钻探资料所揭示的地质剖面（见图11-1），基础底板以下地层分布如下：

第①层：灰黄色淤泥质粉土，流塑至软塑状，饱和、高压缩性，含水量45.83%，干重度11.6kN/m³，孔隙比1.36，液性指数1.20，天然地基承载能力78kPa，底板埋深4.0～4.2m，厚约4.0～4.2m。

第②层：黄、棕色淤泥质粉土、粉质黏土，硬塑状，中偏低压缩性，含水量16.74%。干重度16.10kN/m³，孔隙比0.69，液性指数0.66，天然地基承载能力100kPa。下部夹有较厚的淤泥质粉土透镜体，底板埋深13.10～14.80m，厚约8.90～10.20m。

第③层：砂质粉土，黄褐色、中密状，干重度19.10kN/m³，孔隙比0.65，顶部约1m厚为砂壤土，天然地基承载能力180kPa。底板埋深17.5～18.8m，厚约3.7～5.2m。

第④层：强风化花岗岩，天然地基承载能力大于800kPa，为水电站厂房持力层。揭穿厚度约1.0～2.6m。

土工试验成果见表11-1。

2）水文地质条件。场地位于河漫滩，地下水类型为第四系孔隙潜水，地下水水位与河流水位基本统一。

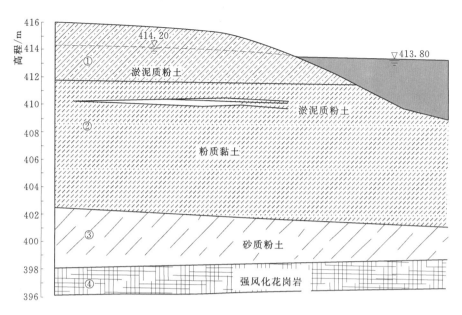

图 11-1 水电站地基工程地质剖面图

表 11-1 土 工 试 验 成 果 表

土层名称	土层编号	含水率 w /%	密度 ρ /(g/cm³)	干密度 ρ_d /(g/cm³)	颗粒密度 d_s /(g/cm³)	孔隙比 e	饱和度 S_r /%	液限 ω_l /%	塑限 ω_p /%	塑性指数 I_p	液性指数 I_L	压缩系数 a_c /MPa⁻¹	压缩模量 E_{ms} /MPa	快剪强度 c /kPa	快剪强度 φ /(°)	f_{ak} /kPa	q_{sik} /kPa
淤泥质粉土	①	45.83	1.69	1.16	2.73	1.36	92.00	41.5	20.2	21.30	1.20	1.97	1.2	12.5	6.8	78	13
淤泥质粉土	②₁	16.74	1.88	1.61	2.72	0.69	66.00	19.4	11.5	7.90	0.66	0.11	9.6	13.5	24.3	100	25
粉质黏土	②	30.95	1.82	1.39	2.73	0.96	88.00	38.9	21.3	17.60	0.55	0.22	8.1	25.3	11.5	90	18
砂质粉土	③	16.61	1.91	1.64	2.70	0.65	69.00	18.2	10.9	7.30	0.78	0.12	14.31	18.9	21.8	180	60
强风化花岗岩	④	24.81	1.78	1.62	2.69	0.70	78.15	35.28	18.32	16.96	0.86	0.23	16.73	16.52	12.68	800	110

11.1.2 工程设计

（1）确定方案。原设计中，建筑物基础直接坐落于基岩之上，但深度太大，基坑开挖不安全，也不经济，改为浅埋方案，对软弱地基采取深层搅拌加固处理。

建筑物基础为条形基础，宽度 2.0m，基础埋置深度 1.2m，设计基底压力为 115kPa；设备基础为独立基础，基础尺寸为 3m×3m，基础埋置深度 2.0m，底板高程 414.70m，基底压力 150kPa，无偏心荷载。建筑物基础下，附加应力影响范围主要于第①层淤泥质粉质黏土层，其天然地基承载能力仅 78kPa，需采取加固措施。

设计中曾考虑了钢筋混凝土灌注桩方案。认为采用灌注桩虽可解决承载力问题，强度较大，但刚度也较大，地基对于上部结构的变形适应性较差；采用水泥搅拌桩可以提高地基承载力，使地基土和基础均匀有效接触，力的分布比较均匀合理，而且工程造价低。只要严格按设计要求控制进尺和喷浆量，采用全程复搅工艺使桩身均匀。同时，解决好桩底水泥土与下卧硬土的结合问题，该方案比较理想。

（2）设计计算。

1）一般要求。对于建筑基础以地基稳定性控制进行设计，对于设备基础以沉降量和稳定性控制进行设计。

2）一般性设计。取现场代表性土样各5000g，取当地水泥 P.S.A 32.5，P.O 42.5 和 P.C 32.5 水泥，按照掺入比 15%，12%，10% 和水灰比 0.5∶1，0.8∶1，1.0∶1 和 1.2∶1 方案分别进行试验。试验结果显示，搅拌形成的水泥土强度全部大于 1.5MPa，都能满足设计要求。水泥土强度随水泥掺入量增加而增强，只是在水泥掺入量由 12% 增加到 15% 时，水泥土强度增长幅度不大。结合水泥土深层搅拌实际施工经验，选定 P.S.A32.5 水泥固化剂，水泥掺入量 12%，水灰比 0.8～1.0。设计水泥土强度标准值为 1.5MPa，变形模量 1000MPa。

3）单桩设计。采用单头搅拌桩机施工，搅拌桩桩径 800mm，桩长 10m，桩底进入粉质黏土 6.5～7.0m。

搅拌桩截面面积 $A_p = 0.50\text{m}^2$，搅拌桩周长 $u_p = 2.51\text{m}$。综合考虑淤质粉质黏土、粉土、粉质黏土地层发育厚度，搅拌桩进入深度分别取 3m、1m 和 6m。

$$R_a = u_p \sum_{i=1}^{n} q_{si} l_i + \alpha q_p A_p$$
$$= 2.51 \times (13 \times 3.0 + 25 \times 1.0 + 18 \times 6.0) + 0.5 \times 90 \times 0.50$$
$$= 454.22(\text{kN})$$
$$R_a = \eta f_{cu} A_p$$
$$= 0.3 \times 1.5 \times 10^3 \times 0.50$$
$$= 225.00(\text{kN})$$

取 $R_a = 225.00\text{kN}$。

4）置换率和桩数计算。根据设计要求，条形基础和独立基础的复合地基承载力 f_{spk} 分别为 115kPa 和 150kPa，单桩承载力标准值 $R_a = 225.00\text{kN}$，地基承载力 $f_{sk} = 78\text{kPa}$，按照第 3 章复合地基设计方法视桩端土为硬土，桩间土载力折减系数 β 取中数值 0.3。即可按第 3 章式（3-6）分别计算建筑物基础和设备基础下搅拌桩的置换率 m，并按式（3-7）分别计算其桩数 n：

$$m_j = \frac{f_{spk} - \beta f_{sk}}{\dfrac{R_a}{A_p} - \beta f_{sk}} = \frac{150 - 0.3 \times 78}{\dfrac{225.00}{0.50} - 0.3 \times 78} = 29.68\%$$

$$m_s = \frac{f_{spk} - \beta f_{sk}}{\dfrac{R_a}{A_p} - \beta f_{sk}} = \frac{115 - 0.3 \times 78}{\dfrac{225.00}{0.50} - 0.3 \times 78} = 21.47\%$$

$$n_j = \frac{29.68\% \times 3 \times 3}{0.50} = 5.34 \qquad 取 \ n_j = 6 \ 根$$

$$n_s = \frac{21.47\% \times 1000}{0.50} = 429.4 \qquad 取\ n_s = 430\ 根$$

对于独立基础下置换率为 29.68%，搅拌桩数量为 6 根，设计 45 个独立基础，共 270 根搅拌桩。条形基础下置换率为 21.47%，搅拌桩数量为 430 根。

5）桩位平面布置。桩的平面布置以桩距最大（以利充分发挥桩侧摩阻力）、布置均匀，且便于施工为原则，搅拌桩受竖向荷载时桩周土侧向变形很小。因此，一般不在基础平面范围外设护桩，而只在基础平面范围布置。根据计算所得的总桩数为 2098 根桩，进行搅拌桩的平面布置。

本工程实际布桩数量为 2134 根，其中独立基础实际布桩 810 根，独立基础搅拌桩布置平面见图 11-2，条形基础实际布桩 1324 根，条形基础搅拌桩布置平面见图 11-3。

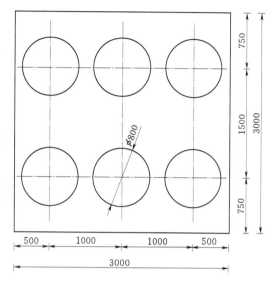

图 11-2 独立基础搅拌桩布置平面图
（单位：mm）

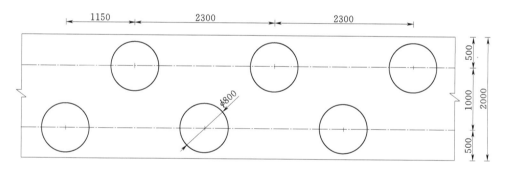

图 11-3 条形基础搅拌桩布置平面图（单位：mm）

独立基础部分的实际置换率 $m = \dfrac{6 \times 0.50}{9} \times 100\% = 33.33\%$，条形基础部分实际置换率 $m = \dfrac{430 \times 0.50}{1000} \times 100\% = 21.50\%$。

6）现场试验。现场试验的目的主要是检验水泥土搅拌桩对于本工程地基处理的适用性，以及水泥土搅拌施工设备的技术参数的试验。

根据初步设计搅拌桩有关水泥参数，组织施工机械、材料、人员进行现场生产试验，条形基础和独立基础部分各一组，条形基础下试验桩数为 6 根，独立基础下为试验桩数 18 根。

搅拌结束后，养护 90d，开挖桩头，观察桩头表观质量，桩体搅拌均匀，密实，表观质量较好；采用静载法进行桩头载荷试验（表 11-2），共试压 5 根桩，其中单桩承载力最大值 213.80kN，最小值 179.5kN，承载力极差值小于 30%，可取平均值 194.42kN 为单桩承载力特征值，复合地基承载力特征值分别为 175.65kPa 和 146.14kPa，均大于条形基础和独立基础的基底压力，满足上部结构的荷载要求。

表 11-2　　　　　　　　　　　深层搅拌桩静载试验统计表

试验桩号	单桩承载力特征值			复合地基承载力特征值				
	桩径/mm	单桩承载力/kN	平均值/kN	试桩总数/根	承台面积/m²	置换率/%	荷载特征值/kN	复合地基承载力/kPa
D1	800	195.80						
D9	800	179.50	194.42	18	30.00	30.00	5269.47	175.65
D16	800	193.80						
T1	800	213.80		6	14.20	22.07	2075.15	146.14
T6	800	189.20						

现场凿取水泥土试样 8 组，水泥土试样单轴抗压强度试验统计见表 11-3，水泥土桩体强度标准值为 1.64MPa。

表 11-3　　　　　　　　　水泥土试样单轴抗压强度试验统计表

桩号	取样深度/m	地质层位	抗压强度/MPa	统　计　值		
D3	5.0~8.5	粉土	1.95	统计数	组	8
D7	1.5~3.1	淤泥质粉土	1.55	合计值	MPa	14.66
D9	5.6~8.8	粉土	1.88	平均值	MPa	1.83
D13	4.2~8.1	淤泥质粉土	1.48	最大值	MPa	2.38
D16	4.6~7.2	粉土	1.68	最小值	MPa	1.48
D18	5.6~7.8	粉土	1.93	标准差	σ_f	0.28
T1	5.3~9.5	粉土	1.81	变异系数	δ	0.15
T4	6.8~9.5	粉土	2.38	修正系数	γ_s	0.90
T5	3.5~7.8	粉土	1.95	标准值	MPa	1.64

7）沉降计算。分别计算加固区土层压缩量 s_1 和下卧层土层压缩量 s_2。复合地基加固区土层压缩量根据具体工程情况可选用复合模量法（E_c 法），下卧层压缩量采用分层总和法计算，下面主要计算设备基础沉降量。

A. 加固区压缩量计算。根据式（3-9），计算求得复合土体的压缩模量 E_{sp}：

$$E_{sp} = mE_p + (1-m)E_s$$
$$= 33.3\% \times 1000 + (1-33.3\%) \times 6$$
$$= 337(MPa)$$

式中　E_s——地基土压缩模量为淤泥质粉土、粉质黏土和砂质粉土等土层综合取值 6MPa。

复合地基压缩沉降量为：

$$s_1 = \sum_{i=1}^{n_1} \frac{\Delta p_i}{E_{sp}} H_i = \frac{150}{337.3} \times 10 = 4.45 \, (\text{mm})$$

B. 下卧层压缩量计算。下卧层中附加应力增量按照等效实体法计算。按照建筑地基基础设计规范附录 R 桩基础最终沉降量计算，实体基础压力扩散角为 $f/4 = 2.875°$，确定等效实体底面边长为 3.99m，确定压缩层计算深度为 $z_n = b(2.5 - 0.4\ln b) = 7.77\text{m}$，涉及地层概化为粉质黏土 3m，砂质粉土 3m，强风化花岗岩 1.77m。

计算下卧层层顶附加应力：

$$\Delta p_i = \frac{150 \times 3 \times 3}{3.99 \times 3.99} = 84.80 \, (\text{kPa})$$

根据建筑地基基础设计规范查表，查得下卧层顶面中心点 0m、3m、6m 和 7.77m 深度处，平均附加应力系数分别为 0.25、0.122、0.045 和 0.029，采用式（3-14）计算实体基础中心点下卧层压缩量（沉降量）。

表 11-4   下卧层压缩量计算表

名称	分层厚度 /m	压缩模量 E_s/MPa	边长 B /m	附加应力 /kPa	计算边长 $b=\frac{B}{2}$/m	计算深度 z	深宽比 z/b	附加应力系数	附加应力 /kPa	压缩量 $s\frac{1}{4}$ /mm
下卧层顶板			3.99	84.38	2.00	0.00	0.00	0.2500	21.10	
粉质黏土	3.00	8.10	3.99	84.38	2.00	3.00	1.50	0.1220	10.29	5.81
砂质粉土	3.00	14.31	3.99	84.38	2.00	6.00	3.01	0.0450	3.80	1.48
强风化岩	1.77	16.73	3.99	84.38	2.00	7.77	3.89	0.0290	2.45	0.33

$$s_2 = \sum_{i=1}^{n_2} \frac{\Delta p_i}{E_i} H_i = 5.81 + 1.48 + 0.33 = 7.62 \, (\text{mm})$$

则实体基础中心点沉降量为 $7.62 \times 4 = 30.48 \, (\text{mm})$。

C. 设备基础总沉降量为 $s = s_1 + s_2 = 4.45 + 30.48 = 34.93 \, (\text{mm})$。

D. 计算条形基础沉降量按照上述方法计算条形基础沉降量为 40.19mm。

8）构造要求。

A. 竖向承载搅拌桩复合地基应在基础和桩之间设置垫层。垫层厚度 200mm。其材料选用级配砂石，最大粒径不大于 20mm。

B. 全桩水泥总掺量 12% 控制前提下，桩身上部 1/3 桩长范围内增加水泥掺量，同时进行复搅，其水泥掺入量：15%，搅拌次数：3 次；桩身下部 1/3 桩长范围内减少水泥掺量，水泥掺入量：9%。

11.1.3 工程施工

（1）施工组织。

1）施工条件。本工程位于县城附近，有国道通过，交通方便，材料供应充足，供电供水均能满足多台设备同时施工要求，施工场地较为平整，满足施工操作平台的要求，地上地下无障碍物。

2）资源配置。根据工期要求和施工单位现有资源，设置3个深层搅拌施工队伍，配备3台套深层搅拌施工设备，备用1台200kW柴油发电机和3台制浆设备。

通过与当地厂家谈判，本工程所需水泥由其独家专供，供货厂家保证现场水泥库存不少于5d的深层搅拌消耗量，以减少下雨天气及其他不确定因素对水泥供应的影响。

3）项目机构。该工程实行项目化管理，实行项目经理负责制。项目部设置项目经理，技术负责人，设置工程施工科、技术科、安全、质检和财务物质科等职能科室。配备专职安全员和质检员，实行岗位责任制。

（2）工程施工。

1）设备。使用单头深层搅拌桩机，钻头叶片对称布置，上下两层，钻头直径800mm。

2）工期。本工程于2005年3月25日进行组织施工试验，于7月5日进行静载压桩试验和钻孔取芯，试验合格后，于2005年8月7日正式开工，8月31日完工，施工时间25d。

3）施工中出现的问题及解决方案。工程施工总体是比较顺利的，在施工中也曾出现停电、地下障碍物等情况，主要采取下述方案给予解决。

A. 停电事故。施工场地位于县城附近，供电线路为农电系统，电压稳定性较差，施工时间正值8月暑期用电高峰时期，施工时常有停电情况发生。为防止施工中突然停电，造成埋钻、卡钻和水泥浆凝结堵塞管道，配备1台100kW柴油发电机应急使用。

B. 地下障碍物。施工场地中时有石块、砖头等建筑垃圾，有的地方建筑垃圾埋深2～3m，深层搅拌设备施工困难，为此，采用挖掘回填方案，将该部位建筑垃圾清除，回填场地内好土，并按照压实标准进行压实处理，在此基础上，在再进行正常的深层搅拌施工。

C. 浆管堵塞。经仔细排查，浆管堵塞主要为材料和设备自身原因造成。

由于水泥材料原因，表现为进场后储存保管不力，日晒雨淋及受潮，造成材料结块；倾倒水泥时，包装袋编织物混入制浆搅拌器中。采取对策：水泥过筛后，才能加入搅拌器内搅拌，搅拌时间适当加长10s，水泥浆液输出搅拌容器是，出浆口设置过滤装置，将杂质截留在第一搅拌系统内，经常清理搅拌系统和供浆管路，严格检查进场材料，对不合格材料坚决退场。

设备方面主要是输浆设备动力不足，压力不够，水泥浆液在输浆管路中流速慢，水泥浆出现离析和沉淀现象，造成管道堵塞。采取对策：更换输浆设备，适当增大输浆设备型号，确保输浆压力与地层、搅拌设备和输浆管路相匹配。

（3）质量控制与检测。

1）质量控制。

A. 施工场地平整。

B. 材料控制措施。水泥发货时均附有出厂合格证和复检资料；每批水泥运至工地后，会同监理抽样检测；按照同一批次同标号的水泥每200t（不足200t按200t计）取样检测1次；水泥出厂日期不超过3个月，堆放高度不超过10袋，水泥堆场垫铺塑料薄膜防潮，4周开挖排水沟，顶部严密遮盖，使用时局部打开，用后及时恢复遮盖。

C. 施工控制措施。

a. 桩机安装深度自动记录仪，严格按照施工图纸要求控制下钻深度、喷浆面停浆面，确保桩长。

b. 输浆泵安装浆量自动记录仪，输浆时精确记录输浆量，并使浆液泵送连续。

c. 施工时定时检查搅拌桩的桩径及搅拌均匀度，对使用的钻头定期复核检查，其直径磨耗量不大于2mm。

d. 桩机安装水平调平装置，确保桩机机身施工时处于水平状态，保证导向架的垂直度，使桩体垂直度不超过1.0%。

e. 搅拌轴对中偏差不大于5mm，桩间搭接长度、成墙厚度满足设计要求。

f. 喷浆钻进和提升的速度符合施工工艺要求，并设专人记录每桩下沉和提升时间，深度记录误差不大于50mm，时间记录误差不大于5s。

g. 在成桩过程中遇有故障而停止喷浆时，第二次喷浆接桩，其喷浆重叠长度不小于0.5m；超过24h不能恢复施工，桩位移位，重新施工。

2）质量检查措施。

A. 作业前的检查。施工前，检查验收桩位的现场放样成果、材料试验成果、浆液配合比和喷浆量试验成果、钻孔偏斜率。

B. 作业过程的检查。水泥土搅拌桩施工过程中，通过施工记录和现场抽查，对搅拌桩及其工艺进行逐项检查。主要检查内容有：注浆量、水灰比、钻头直径、施工深度、机架倾斜度等，此外还注意检查施工中是否有异常情况出现，记录其处理方法及措施。

3）工程质量检测。为保证工程质量，本工程采取以下检测手段进行质量控制。

A. 水泥常规实验和水泥土性能检测。本工程试验项目和实验工作量相对较小，将水泥常规实验、水泥土性能测试等试验项目委托有资质的第三方进行。施工中对每批进场水泥备样进行水泥土强度试验。将在施工场地现取的用聚氯乙烯塑料袋封装的拟被加固土样、拌和水和备样水泥运至现场试验室按施工工艺确定的配比用人工铲充分拌和，制成5cm×5cm×5cm试模并按规定养护，根据实验成果确定该批水泥使用与否。

B. 施工参数试验。现场进行成桩试验以最后确定水泥浆配比，搅拌机械灰浆泵的输浆量、灰浆经输浆管到达搅拌机喷浆口的时间、搅拌机提升速度和复搅深度等施工参数，试验结束后，对桩头进行开挖，检查墙体的均匀性、整体性。

C. 水泥搅拌桩成桩质量检测。

a. 开挖检测。在墙体强度满足要求后，对墙体进行开挖，深度1～2m，检查桩体外观质量、整体性、致密性以及墙体垂直度，检测桩位偏差现象。

b. 桩体取样检测。水泥搅拌桩成桩质量试验遵照《深层搅拌法技术规范》（DL/T 5425—2009）、《建筑地基处理技术规范》（JGJ 79—2012）等规定执行，在截渗墙体具备强度后进行，采用取样器钻取芯样或从开挖外露的墙体中凿取试块，做抗压强度和渗透性检验，工程完工后采用雷达对桩身的连续性进行检测。

c. 轻便触探。按照有关规范和设计要求，进行轻便触探试压，在总共95根桩试验中，其锤击数（N10）均在16～24击之间，满足规定要求。

d. 静载试验。为更加直观的检验搅拌桩的加固效果，在基础底板范围内抽样进行了单桩复合地基、独立基础复合地基垂直承载力静探试验，同时进行了桩间土垂直承载力试验。单桩复合地基承台板面积为 2.0m×0.75m，独立基础复合地基承台板面积为 6.0m×5.0m，均与设计置换率相同，加载方法为均匀堆载，试验结果为：单桩承载力特征值 $R_a \geqslant 218.6$kN，沉降 $s = 15$mm；独立基础复合地基承载力特征值 $f_k \geqslant 178.5$Pa，$s = 26$mm，条形基础复合地基承载力特征值 $f_k = 132.7$kPa，$s = 14$mm。试验结果表明，满足上覆荷载的要求。

11.1.4 工程效果

该水电站厂房的建筑场地为河漫滩，地基为深厚软土层，天然地基承载力仅为 78kPa，采用深层搅拌水泥土方案进行地基处理后，复合地基承载力分别达到 178.5kPa 和 132.7kPa，满足上部荷载要求。该水电站厂房已建成投产，近 3 年实测沉降量：独立基础 20mm，条形基础为 12mm，均满足设计要求和厂房运行要求。从沉降曲线分析，已趋于稳定，达到了预期的加固效果。

11.2 南水北调东线某段输水暗涵工程地基处理

11.2.1 工程概况

（1）工程简介。南水北调东线某段输水暗涵工程地基处理是南水北调东线工程的重要组成部分，为 3 孔无压钢筋混凝土箱涵（图 11-4），设计输水流量 50m³/s，校核流量 60 m³/s。箱涵采用 C15 素混凝土筏板基础，基础宽度 18.0m，厚度 200mm，基础附加压力为 130kPa。

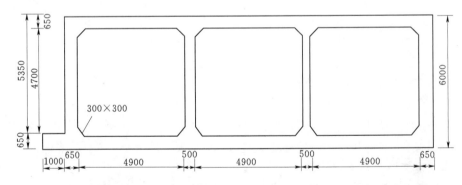

图 11-4　输水钢筋混凝土箱涵剖面图（单位：mm）

（2）地质条件。输水暗涵工程位于黄河下游冲积平原上，沿线工程地质条件基本良好，满足输水暗涵载荷要求，而位于城区附近部分河段场地地基土为软弱淤泥质土，表层地基土承载力小于 70kPa，根据勘察资料，第④层为砂质粉土，其顶板埋置深度为 6.8～13.6m，层厚 6.9～8.2m，校正后地基承载力为 180kPa，是本段比较理想的持力层。

本段钻探资料所提示，输水暗涵底板以下地层详细分布如下：

第①层：灰黄色淤质重粉质壤土、淤质粉质黏土，流塑至软塑状，饱和、高压缩性，含水量 46.24%，干重度 12.8kN/m³，孔隙比 1.12，液性指数 1.25，天然地基承载能力

70kPa。层底高程 10.6～10.8m，厚约 4～4.5m。

第②层：黄、棕色质重粉质壤土、粉质黏土，硬塑状，中偏低压缩性，含水量 25.16%。干重度 13.5kN/m³，孔隙比 0.89，液性指数 0.23，天然地基承载能力 160kPa。层底高程 7.50～8.80m，厚约 1.2～2.5m，部分地段缺失。

第③层：淤泥质粉土，灰褐色、淡绿色，软塑状，饱和、高压缩性，含水量 35.46%，干重度 11.9kN/m³，孔隙比 0.96，液性指数 1.35，天然地基承载能力 80kPa，本层厚度 0.5～2.2m，分布不连续。

第④层：砂质粉土，黄色、褐色，中密，硬塑状。下部夹有较厚的粉质壤土透镜体，本层顶板高程 7.50～8.80m，厚度 6.9～8.2m，本次在本区段内分布连续，校正地基承载力为 180kPa。

第⑤层：极细砂、细砂，黄色、中密状，顶部约 1m 厚为砂壤土，下部夹有较厚的粉质壤土透镜体，本层已揭露厚度 2.5～8.0m，天然地基承载能力 200kPa。

土工试验成果见表 11-5。

表 11-5　　　　　土 工 试 验 成 果 表

土层名称	含水率 $w/\%$	密度 $\rho/(g/cm^3)$	干密度 $\rho_d/(g/cm^3)$	孔隙比 e	液限 $\omega_l/\%$	塑限 $\omega_p/\%$	塑性指数 I_p	液性指数 I_L	压缩系数 a_c/MPa^{-1}	压缩模量 E_{ms}/MPa	快剪强度 c/kPa	快剪强度 $\varphi/(°)$	f_{ak}/kPa	q_{sik}/kPa
淤泥质粉质壤土	46.24	1.82	1.28	1.12	41.50	22.50	19.00	1.25	1.38	1.54	15.5	6.5	70	12
重粉质壤土	25.16	1.88	1.35	0.89	38.82	21.05	17.77	0.23	0.21	8.22	31.5	10.3	160	60
淤泥质粉土	35.46	1.80	1.19	0.96	32.18	22.75	9.43	1.35	0.52	3.77	25.3	15.5	80	18
砂纸粉土	21.38	1.78	1.38	0.72	22.36	12.62	9.74	0.90	0.12	14.33	12.9	17.8	180	70
极细砂、细砂	24.81	1.75	1.55										200	110

（3）水文地质。场地地下水有两种类型：第①～②层地下水为潜水，水位高低主要受大气降水、河水位影响，雨季稍高，约 16.50～19.20m；第③层以下地下水具有承压性，第②层重粉质壤土为不完整的隔水层，据大范围地质钻孔资料分析，该层含水与小青河河槽不直接连通，地下水主要受潜水越流补给，承压水位约 11.20～12.50m。

11.2.2　地基处理设计

（1）确定方案。输水箱涵及其基础坐落于第①层淤质土层上，天然地基承载能力仅 70kPa，而基底压力则为 130kPa，显然需采取加固措施。

设计中曾考虑了换填地基土处理、碎石振冲桩和水泥搅拌桩等方案。认为采用换填地基处理方案处理深度较大，局部地方有地下水，不便于施工，经济和技术上不太合理；采用碎石振冲桩虽可解决承载力问题，但因其为散体桩，在淤泥层中成桩性差，且布桩区域应大于构筑物底版范围外 2 排桩，而且，在市区及其附近，振冲工法施工所产生的噪声和地震动将造成环境影响，限制了其实用性，从经济角度方面考虑，也不是十分理想；采用水泥搅拌桩，不仅可以提高地基承载力，而且造价低，只要严格按设计要求控制进尺和水泥用量，采用全程复搅工艺，使桩身均匀。同时，解决好桩底水泥土与下卧硬土的结合问题，该方案完全满足承载力和沉降要求。

通过以上分析，本工程采用水泥土深层搅拌桩复合地基方案进行地基处理。

（2）设计计算。采用单头浆喷深层搅拌设备施工，水泥土搅拌桩桩径600mm，桩长12.0m，进入第④层的砂质粉土层；搅拌桩强度设计值1.5MPa，变形模量900kPa。

按式（3-6）、式（3-9）计算复合地基置换率、桩间距和变形模量：

$$m = \frac{f_{spk} - \beta f_{sk}}{\dfrac{R_k}{A_p} - \beta f_{sk}}$$

$$= \frac{f_{spk} - \beta f_{sk}}{\eta f_{cu} - \beta f_{sk}}$$

$$= \frac{130 - 0.3 \times 70}{500 - 0.3 \times 70}$$

$$= 22.76\%$$

$$d = 0.95 d_e = 0.95\sqrt{d^2/m} = 0.95\sqrt{600 \times 600/0.2276} = 1195\text{mm}$$

$$E_{cs} = m E_{ps} + (1 - m) E$$

$$= 22.76\% \times 900 + (1 - 22.76\%) \times 2.5$$

$$= 206.77\text{MPa}$$

经计算，桩土置换率为22.76%，均采用梅花形布置，桩径600mm，桩间距取值1195mm，变形模量大幅增长，达到206.77MPa。

11.2.3 工程施工

（1）施工组织。

1）施工设备。深层搅拌施工设备是本工程的主要设备，根据工程量大小和工期要求及设备效率，本工程投入DJB-14D型深层搅拌施工设备8台，并配置相应的配套设备。施工中先后投入各种土方施工设备若干台套。

2）施工材料。

水泥：为32.5级普通硅酸盐水泥。

水：通过检测和考察，工程场地内地下水和地表水及市政管道供水均符合混凝土拌和用水标准，可作为浆液拌制用水。

3）施工队伍与施工人员。本工程投入8台套深层搅拌施工设备，组建8个深层搅拌施工队，同时投入2个综合施工队伍，配合深层搅拌施工对进行场地平整和渣土清运及工程检测，设置一个机修车间，负责施工设备的日常检测和维修。

每支深层搅拌施工队伍设置队长1人，技术员1人，电工1人。实行两班制作业，每班配备机械操作工4人，作为主机手、副机手和制浆操作员，分别布置于深层搅拌主机和制浆站，其中1人任班长，负责本班生产和安全管理；每班配置4个普通工人，其中2人负责孔口清理和设备移机对位，2人在制浆站上灰制浆。

综合施工队伍队长1人，配置安全员和技术员各1人，根据需要配备挖掘机、推土机、载重汽车等工程车司机及其他机械操作工若干人。

施工人员经过必要的专业培训，特殊岗位持相应的操作证和资格证书。

（2）生产性试验。布置 10 根工艺性试桩，两根为一组，分别以进入硬土层 0.5m 和 1.0m、半程复搅和全程复搅、不同钻进速度和提升速度、喷浆时间、钻机电流等参数成桩，成桩 7d 后，在搅拌桩 $d/4$ 位置钻孔取芯，重点观察桩底与硬土层结合面、进入硬土层的桩身均匀性和固结质量，最后确定了详细的施工工艺相关施工参数：桩身进入下卧硬土层 0.5m；钻进和提升速度不大于 1m/min；成桩采用全程复搅；钻头到桩底时原地旋转 1min，开启浆泵，再间隔 10s 后，钻杆提升。

（3）工程施工。

1）施工准备。

A. 场地。

轴线放样：使用全站仪放样，标注桩号。

场地平整：施工前，清除地面地下障碍物，用黏性土填平夯实；部分地段的深层搅拌桩位于河堤之上，为保证桩机架设平稳，在堤顶外侧坡面 1m 宽度区域内，人工开挖成阶地，用黏性土填平夯实后，再用方木错叠成桩机施工平台。

B. 道路。根据施工期内需要设备和材料运转的需要，在场地内修建临时砂石路面的施工道路，满足施工设备及施工材料进出场要求。

C. 施工用水。工程施工用水就近抽取河道内地表水，其水质满足《水工混凝土施工规范》（DL/T 5144—2001）规定的施工用水要求。

D. 施工用电。施工用电是网电，变压器的布置、容量都满足施工要求。为防止突然停电，避免造成搅拌设备埋钻和输浆系统堵塞现象，配置 2 台 100kW 的柴油发电机，作为备用电源。

E. 其他施工准备。搭建项目部、材料仓库、零配件、器材仓库、机修车间等临时设施，其中项目部采用彩钢房，其他临时建筑为石棉纤维板结构。工程施工临时工程布置占地见表 11-6。

表 11-6　　　　　　　　　工程施工临时工程布置占地表

用途	面积/m²	位置	使用时间
职工宿舍	300	工地	4 个月
职工食堂	50	工地内	4 个月
流动卫生间	16	工地内共 10 个	4 个月
办公用房	100	工地	4 个月
治安值班室	40	进出口共 4 处	4 个月
消防特殊材料仓库	40	工地	4 个月
机械修配厂	40	工地	4 个月
文化娱乐体育场地	500	工地	4 个月
临时施工道路	2000	工地	4 个月
合计	3086		

2）施工。施工顺序由里向外，桩长按设计桩深控制，停浆面在设计顶高程以上 0.3m，施工时按照地表高程进行控制。施工机械均安装了电子计量装置和电脑记录水泥

用量仪表，严格控制喷浆时间、停浆时间、水泥用量和水泥浆配合比，桩体全程重复搅拌。

A. 桩机调平定位。开动绞车移动深层搅拌桩机到达指定桩位对中。为保证桩位准确，施工时使用定位卡，桩位对中误差不大于 5cm，导向架和搅拌轴与地面垂直，垂直度的偏离不超过 1.0%。

B. 浆液制备。浆液拌制：浆液拌制时，现按照搅拌罐标志线加水，启动高速搅拌机开始搅拌，通过筛网向搅拌罐上灰，上灰后搅拌时间不少于 30s，搅拌好的浆液输入存浆罐时过筛。

浆液存储：浆液制备好后，输入存浆罐备用和二次加压送入地层，浆液存放时间根据天气情况确定，一般不大于 4h，存浆时间范围内，开启存浆罐搅拌系统，机械搅拌，防止沉淀。

C. 启动电机。启动电机原地旋转钻头，测试供浆情况和搅拌设备运行状况。

D. 搅拌下沉。按照施工试验参数和设计要求，使搅拌钻头边注浆边钻进，下沉至设计桩底高程。

E. 注浆提升。转换搅拌头旋转方向，注浆提升，深层搅拌钻头，提升过程中保持孔口微微返浆，直至钻头提出地表。

F. 重复搅拌下沉。按上述 D 操作要求进行重复搅拌下沉，当喷浆量已达到设计要求时，重复搅拌不再送浆。

G. 重复搅拌提升。按照上述 E 操作步骤进行，将搅拌头提升到地面。

H. 桩机移位。开动灰浆泵清洗管路中残存的水泥浆，桩机移至另一桩位，施工另一根搅拌桩。

（4）特殊情况处理。

1）施工中断桩及接头处理。施工中，由于出现停电、机械故障，导致施工有数桩出现中断情况，当班人员及时记录中断位置及孔深，在 24h 内恢复施工的孔段，将桩机搅拌下沉至施工中断处深度下 500mm，继续正常施工；在中断 24h 之后再施工的孔段或分段施工产生接头的部位，采取错位搭接方式，搭接位置具备强度后，接头处使用钻机钻孔（孔径 $\phi 150mm$），灌注水泥浆液进行封闭处理。

2）钻头钻杆带泥的处理。由于地基土密实、含水量低，桩机下沉搅拌时采用慢挡供浆，钻头叶片间距偏小，叶片厚度偏大，对地层不能进行充分的切削和搅拌，造成钻头和钻杆带泥严重，分析后采取加大叶片间距、减小叶片厚度、适当加大供浆流量措施等进行处理，效果良好。

（5）施工工期。本工程搅拌桩于 3 月 20 日开始施工工艺成桩试验，4 月 1 日全面开工，6 月 12 日基本结束，共完成搅拌桩 49569 根，71.1 万延米。

（6）质量控制和工程检测。

1）水泥土室内试验。水泥土室内试验要求 7d 无侧限抗压强度不小于 900kPa，28d 无侧限抗压强度不小于 1500kPa。本工程在工地的段搅拌桩加固区内取样试验，取样位置在地表下深约 5m 的试坑中，选择最软弱土层，所取土样立即装入塑料袋中密封包装，保持其天然含水量，运回试验室进行备料。

采用 32.5R 级水泥，设计要求，每延米水泥掺入量不小于 48kg，且掺入比不小于 13％，故在试验中分别采用 48kg、51kg、54kg、57kg 的掺入量制件。

试模为 70.7mm×70.7mm×70.7mm 的立方体（砂浆试模），将已充分搅拌均匀的土样分层装入试模，采用振动台振实和捣实的方法保证试件密实，尽量避免产生空洞及气泡，将其表面用刮刀刮平。

已制好试件带模放入养护室进行标准养护，养护温度为 20℃±3℃，湿度不小于 95％。标准养护 1d 后拆模。拆模后，标准养护 7d。

7d 无侧限抗压强度在 1012～1653kPa，均大于设计要求，故按设计每延米 48kg 施工。

2）成桩检测。成桩达到龄期后由当地检测中心进行检测验收，检测频率：桩体完整性检测和全桩长取芯检测按成桩数量的 1％，单桩承载力和复合地基承载力每处理段随机抽查 5 组。

A. 小应变检测。桩体完整性采用小应变瞬态激振的动态测试方法，共检测 498 棵，均为 A 类、B 类桩，桩身质量良好。

B. 轻便触探。按照有关规范，对不少于 2％桩数进行抽样检验，根据轻便触探击数（N_{10}）与水泥土强度对比关系来看，当桩身 72h 龄期贯入 30cm 的击数（N_{10}）大于 15 击时，可以认为强度已能满足设计要求，由于桩身较短（约 4.0m），要求进行全程锤击，在总共 101 根桩试验中，其锤击数（N_{10}）均在 16～24 击之间，满足规定要求。

C. 静载试验。为更加直观的检验搅拌桩的加固效果，在闸底板范围内抽样进行了单桩承载力、三桩复合地基垂直承载力静探试验。同时，进行了桩间土垂直承载力试验。三桩复合地基承台板面积为 2.0m×2.0m，均与设计置换率相同，加载方法为均匀堆载，承载力试验采用慢速维持荷载法，分别按总加载量 340kN、1150kN 堆载，分 8 级和 10 级加载，4 级卸载。

试验结果为：单桩承载力特征值 P_a≥149kN，沉降 s＝5mm；4 桩复合地基承载力特征值 f_k≥132kPa，沉降 s＝12mm。试验结果表明，满足输水箱涵上覆荷载 130kPa 的要求。

3）取芯检测。取芯检测 49 桩，取芯率在 85％以上，选取孔深上、中、下三段芯样进行无侧限抗压强度实验，强度指标满足设计要求。

11.2.4　加固效果

本工程天然地基承载力仅为 70kPa（实验值为 72kPa），而输水暗涵基底压力设计值达 130kPa，地基强度远远小于上部荷载，选择深层搅拌法进行地基处理，经处理的地基强度满足设计要求。工程完工近 5 年，输水暗涵运行正常，基础实测应力与设计值相当，无明显变形，实测沉降量为 13mm，且从沉降曲线分析，已趋于稳定，达到了预期的加固效果。

11.3　江苏某水库大坝加固

11.3.1　工程概况

（1）工程简介。该水库 1973 年 11 月开工兴建，1976 年 5 月建成，是一座以防洪、灌溉、城镇供水为主，结合水产养殖等综合利用的中型水库。水库设计灌溉农田 13.4 万亩，实际灌溉面积为 10.0 万亩。水库集水面积 196.6km²，干流长 L＝21.4km，干流比降 J＝0.0015，总库容 9099 万 m³，兴利库容 3748 万 m³，设计洪水位 33.70m，校核洪水位 34.92m。水库等别为Ⅲ等，水库枢纽主要建筑物有：均质土坝一座，溢洪闸一座，东、西输水涵洞两座，电灌站两座，自来水取水口一处。2005 年被国家防总确定为全国防洪重点中型水库。2008 年经水利部大坝安全管理中心核查，确定为三类坝，急需除险加固。

水库大坝为均质土坝，坝长 2650m，坝顶宽约 7.50m（含挡浪墙顶宽），坝顶高程设计为 37.10m，挡浪墙顶高程为 37.70m，最大坝高 18.00m，迎水面坡比为 1：3.0。深层搅拌桩施工是水库大坝除险加固工程中的一个重要分部工程，建设内容是对水库大坝实施多头小直径深层搅拌桩防渗墙，防渗墙施工范围是大坝桩号 0＋250～2＋600，长共计 2350m，防渗墙深度 6～16m。

（2）工程地质状况。坝基内以可塑或硬塑性黏性土及重粉质土壤为主，坝身土则主要以粉质黏土为主，其中第①-1 层填土均匀性较差，较松散；第①-2 层填土均匀性较差，且局部密实度较差。

勘探结果表明坝基内无软土。由于筑坝前清基工作质量较差，局部坝身与坝基接触部位（第①-2 层填土底部）有机质含量稍高，密实度稍差，强度稍低，对坝身的稳定性及渗透性有一定的影响。水库大坝横断面地质剖面见图 11-5。

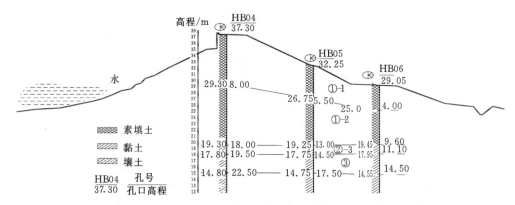

图 11-5 水库大坝横断面地质剖面图

从现场注水试验来看，坝身总体上属中等—弱透水性，其中第①-1 层为中等—弱透水性，第①-2 层为弱透水性。自坝顶往下 3.0m 左右范围内透水性较强，局部地方由于密实度较差，透水性也相对较强。坝基土中第②层黏土为极微透水性、第③层粉质黏土、第④层粉质黏土及第⑤层重粉质壤土为微透水性。

11.3.2 工程设计

（1）防渗墙最小墙厚。防渗墙设计见图 11-6，水库大坝校核洪水位 34.92m，防渗墙墙顶设计高程 34.90m，墙底进入坝基黏土层，防渗墙布置于坝顶，距上游一侧坝肩 300mm，施工部位桩号 0＋250～2＋600，全长 2350m，防渗墙深 6～16m 不等。

由设计试验可知，水泥土的渗透破坏比降 J 为 180，根据《深层搅拌法技术规范》（DL/T 5425—2009）的规定，本工程的允许比降 [J] 可取 60。该水库校核洪水位的高

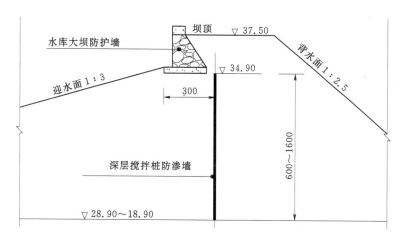

图 11-6 防渗墙设计图（单位：cm）

程和地下水的观测水位，确定水头差 ΔH 为 10m。根据实际施工水平，施工偏差系数 η_j 取 1.2。式（3-22）计算最小防渗墙厚度 S 可得：

$$S = 1.2 \times \frac{10}{60} = 0.2\text{m}$$

考虑个别施工队的业务水平，按照 30% 的安全储备来确保防渗效果，防渗墙最小墙体厚度取值为 260mm。

（2）工程设计指标。

1）固化剂采用 P.O 42.5 普通硅酸盐水泥，水泥掺入量（占天然土重的）8%～15%，具体数值通过现场工艺性试验确定。

2）防渗墙最小厚度不小于 260mm。

3）墙体抗压强度不小于 1.0MPa。

4）渗透系数 $K < A \times 10^{-6}$ cm/s（$1 < A < 10$）。

5）渗透破坏比降大于 60。

6）墙深偏差不大于 200mm。

7）墙顶中心线误差为 ±30mm。

8）墙体的垂直度误差不大于 $H/300$（H 为设计墙深）。

11.3.3 工程施工

（1）设备投入。施工投入设备机型是转盘式 ZCJ-25 型多头深层搅拌桩机，考虑工程量和施工进度要求，共计投入 3 台。ZCJ-25 型多头深层搅拌桩机是液压步履式桩机，移位灵活方便；最大钻深 25m；一机 3 头同时钻进，3 个搅拌轴间距是 320mm；钻头之间通过连锁器连接，实现两搅两喷一次成墙工艺，能够保证桩与桩之间的良好搭接，避免桩体分叉缺陷；设备主动力是 110kW，具有较强的钻进能力，能适应大坝坝身土体较硬的情况；配置钢丝卷扬液压下拉装置，提升速度无级变速；配置输浆自动记录，实时采集、显示、记录每单元墙的施工深度和输浆量。实践表明，这种机型的设备施工效果非常好，正常工效在 300～350m²/d 之间，在含黏性土粒较多的地层实施深层搅拌桩，除考虑设备综合性能外，还要考虑设备的动力。

（2）工艺性试验。工程技术要求的水泥掺入比是 8％～15％，为确定满足设计墙体指标要求的水泥掺入比值，在工程正式开工前，按施工组织设计确定的施工工艺进行现场工艺性试验，工艺性试验的同时也是进行设备运转性能的调试，确定与输浆泵输浆档位匹配的下钻、提升速度及合适的水灰比，选取搅拌头合适的转度，效验搅拌头结构的适应性。

试验位置布置在 2＋400 部位，试验段位于施工轴线偏背水测 2m 布置，试验钻头直径为 420mm，固化剂采用 42.5 级普通硅酸盐水泥，考虑水库大坝是均质土坝，坝身土主要以粉质黏土为主，结合我单位多年的施工经验，水灰比暂选用 1.6∶1，试验选取 8％、10％、12％、15％共 4 种水泥掺入比，每种水泥掺入比各做 2 组试验桩，且连续完成八组试验，形成一道连续的深层搅拌桩试验墙。

7d 后对试验部位进行开挖检查，开挖深度 3m，经测量，桩体直径 420～424mm，最小成墙厚度 270～275mm，墙体垂直度误差是 2.5％～3％，桩间搭接 100～110mm，单元墙搭接 165～170mm，都满足设计要求。墙体连续，桩体轮廓清晰，呈深灰色，水泥掺入比 12％和 15％两组掺入比成桩色泽较深，8％和 10％色泽相对浅些。从墙体上取样，每组掺入比各取一组试样，做抗压强度、渗透系数和渗透破坏比降的室内试验，得到水泥土的 7d 抗压强度，根据《建筑地基处理技术规范》（JGJ 79—2012）中水泥土 7d 强度与 28d 强度推算公式计算，12％和 15％两组掺入比桩体的强度都能满足设计要求，在选取水泥掺入比时考虑既能满足设计要求又不浪费资源，最终确定施工中控制水泥掺入比 12％。试验段检测结果见表 11-7。

表 11-7　　　　　　　　　　　　试 验 段 检 测 结 果 表

试样野外编号	水泥掺入比/％	检 测 项 目			
		抗压强度/MPa		渗透系数/(cm/s)	渗透破坏比降
		7d（实测）	28d（推算）		
S-1	8	0.41	0.70	8.12～9.54×10⁻⁷	＞150
S-2	10	0.47	0.80	8.44～9.12×10⁻⁷	＞150
S-3	12	0.61	1.04	7.98～8.92×10⁻⁷	＞150
S-4	15	0.68	1.12	7.65～8.37×10⁻⁷	＞150

（3）施工工艺。

1）防渗墙成墙工艺及施工参数。防渗墙施工采用一次成墙二搅二喷工艺，即搅拌头完成一次喷浆搅拌钻进和一次喷浆搅拌提升的过程即完成一个单元墙体的施工。根据试验结果和设计要求，工程施工参数值确定为：水泥掺入比 12％，水灰比是 1.6∶1，搅拌头直径 420～430mm，单元墙之间搭接不小于 160mm，一个单元墙成墙长度是 900mm，提升速度 0.3～1.0m/min。防渗墙施工成墙工艺见图 11-7。

2）施工作业步骤。

A. 按图纸测量放线，确定防渗墙的施工轴线。

B. 沿施工轴线方向分段开挖导流沟，导流沟宽约 600～800mm，深 500～800mm。在挖导流沟的过程中，遇到地下障碍物须及时清除。

C. 设置每单元墙的位置，安放定位标尺。

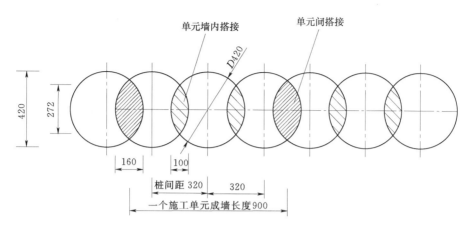

图 11-7 防渗墙施工成墙工艺图（单位：mm）

D. 移动桩机至施工位置，调整支腿行程，调平设备。

E. 制浆站按 1.6∶1 的水灰比配制水泥浆，输送到储浆罐，水泥浆应随配随用。

F. 启动设备各部件，搅拌头旋转、喷浆、钻进，同时自动记录仪采集、处理、显示施工数据信息。

G. 当搅拌钻头钻进到设计墙底高程并确认孔口返浆后方可提升搅拌头，搅拌头提升过程中仍然搅拌、喷浆，直到搅拌头运动到设计墙顶高程。

H. 搅拌钻头连续完成一个工作过程，即完成了二搅二喷施工过程，意味着一个单元桩体施工结束，这时可以关闭输浆泵，停止供浆。

I. 记录施工数据，打印施工资料。

J. 移动定位标尺，操作设备，桩机向前移动 900mm，调平，重复上述过程进行下一单元墙体的施工。

（4）施工过程控制。

1）施工放样。用水准仪沿施工轴线每 20m 放一处施工桩位，施工作业时，在桩机对位一侧引入轴线控制线，作为施工设备纵向移动的基准线。

2）桩机移位、调平。每完成一个单元墙施工后，桩机要沿着轴线控制线方向移位，按定位标尺长度移动，桩位对位偏差控制在 ±5mm 内。施工前用经纬仪校正三通管调平装置，标定水平刻度，调平时水平线控制在刻度范围内。

3）水泥浆液配制。原则上按已定的水灰比配制水泥浆，水泥在制浆器中的搅拌时间不低于 3min，制备好的浆液不得离析，水泥浆液应随配随用。用比重计测量浆液的比重，每罐浆液一测，合格的浆液才能输送到储浆罐中。

4）水泥浆液停置时间。浆液温度保持在 5～40℃，当气温在 10℃ 以上时超过 3h 或 10℃ 以下时超过 4h 均按废浆处理。

5）钻进。开始用慢挡钻进，速度不宜过快，防止孔位偏移，钻进过程中可根据土层情况适当调整钻进速度，一般控制在 0.3～0.8m/min。为减少钻进阻力，钻进时适量喷浆。

6）提升。为保证土体被搅拌次数，提升速度一般控制在 0.3～1.0m/min 之间，提升速度要和输浆量相匹配，保证孔口微微返浆状态，且输浆连续，并用浆量自动记录仪记录输浆量。

7）垂直度控制。开工前用经纬仪配合水准仪校正桩机上钻杆滑行轨道的铅垂度和调平管水平面，误差控制在3‰以内，施工期间每前进100m，对桩机校核1次。

8）钻头直径。钻头直径选用420mm，施工中每班两测，保证钻头直径不小于420mm，不大于430mm，磨损或损坏及时补焊或更换，以保证搅拌桩成桩直径和可靠搭接。

9）深度控制。安装自动记录仪检测搅拌头位移深度，自动记录仪检测精度是0.1m，因此深度参数保留小数点后一位数，第二位小数是逢1进位。一般控制桩深超过计算桩深0.01~0.8m，以充分保证实际桩深满足设计要求。

10）施工记录。设专人记录每桩下沉和提升时间，深度记录误差不得大于10cm，时间记录误差不得大于5s，施工中发现的问题及处理情况均应注明。

（5）施工中遇到的技术问题。

1）接头处理。施工中因机械故障、材料供应等不可避免因素造成防渗墙施工不连续，需要对相邻桩体进行搭接处理。当停机时间不超过24h，采取原位搭接或套接1根桩的形式处理；如果间断时间超过24h，或遇地下障碍物中断某个部位的深搅施工，墙体出现接头连接，需要针对不同情况采取相应处理措施，最终使防渗墙体形成封闭的结构。

A.因故停机时间在24h之内，在中止部位恢复施工时，搅拌头下钻至停浆面下0.5m，使前、后施工的桩体相交搭接，或与停浆前施工的一单元桩体套接一根桩，目的是充分保证搅拌桩连续搭接。防渗墙接头处理见图11-8~图11-10。

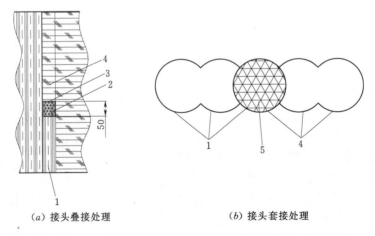

（a）接头叠接处理　　　　　　（b）接头套接处理

图11-8　防渗墙接头处理示意图（一）（单位：cm）

1—停机前最后施工单元墙；2—垂直方向搅拌桩搭接部位；3—停浆面；
4—停机后施工第一个单元墙；5—套接桩体

B.施工过程因故停机时间超过24h，墙体出现接头，在完整的防渗墙迎水侧贴补一个单元桩，待墙体凝固后，在墙体搭接处用工程钻机钻孔至设计墙深，灌注水泥砂浆或水泥浆液封闭（见图11-9）。

C. 深层搅拌桩施工遇地下障碍物，若深度在 2m 以上的部位，通过开挖清除即可，如遇深层障碍，阻断设备钻进，使施工中断，施工作业中采取避开障碍物，后期使用高压喷射灌浆方法连接两处墙体。如果待连接的两处墙体间距 $L<600mm$，则在防渗墙中间施工一根旋喷桩，如果墙体间距 $L>600mm$，则用高压摆喷连接，摆喷墙数量视连接距离确定（见图 11-10）。

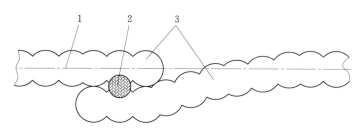

图 11-9　防渗墙接头处理示意图（二）
1—防渗墙施工轴线；2—钻孔灌浆接头；3—防渗墙

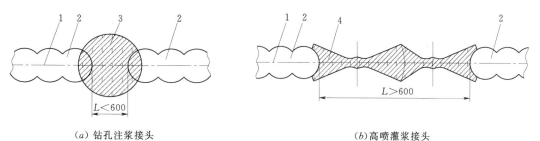

（a）钻孔注浆接头　　　　　（b）高喷灌浆接头

图 11-10　防渗墙接头处理示意图（三）（单位：mm）
1—防渗墙施工轴线；2—防渗墙；3—高压旋喷桩接头；4—高压摆喷墙接头

2）深搅防渗墙与建筑物等连接。水库大坝分布着许多建筑物，如涵洞、闸墩、桥墩、取水管等，施工之前收集查询相关历史资料，在建筑物附近做好标记，当施工趋于标记附近，桩机钻进速度减缓，谨慎操作，搅拌头触及到建筑物后停止钻进，提升搅拌头，移动设备，跨越建筑物另一侧施工。搅拌桩与建筑物之间采用高压喷射防渗墙连接（见图 11-11）。

11.3.4　工程质量检查

（1）开挖检查。每 300m 开挖一处检查孔，检查孔均匀布置，共计开挖 8 处，开挖长 3~3.5m，深 2.5~3m。桩体均匀相割搭接，墙体连续、密实，灰褐色，黏土地层局部夹小块黏土，搅拌

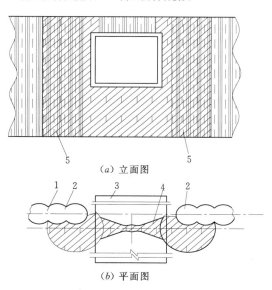

（a）立面图

（b）平面图

图 11-11　防渗墙与建筑物连接示意图
1—防渗墙施工轴线；2—防渗墙；3—建筑物；
4—高喷摆喷墙；5—深层搅拌桩墙与
高喷墙搭接区域

桩体不光滑，但不影响墙体的防渗性能。实测防渗墙外观尺寸，最小墙厚均大于265～276mm，一个单元墙成墙长度0.90～0.93m，满足设计要求。

（2）钻孔取芯。墙体龄期28d后，使用150型工程钻机钻孔取芯，检测防渗墙质量。根据《深层搅拌法技术规范》（DL/T 5425—2009）中的搅拌桩检测相关规定，沿防渗墙轴线每300m间距布置一处取芯检测孔，共计布置8个，每孔取1组试样，试样选取墙体的上、中、下个部位，做抗压强度、渗透系数和渗透破坏比降室内试验。8组试样每组做3次，共计做了24次试验，实验结果是抗压强度1.71～2.68MPa，渗透系数1.01×10^{-7}～3.25×10^{-7}cm/s，渗透破坏比降大于150。与设计指标比对，各项指标全部满足设计要求。

（3）无损检测。为探测墙体铅垂方向完整性、连续性以及墙体是否存在缺陷等，采用地面雷达检测方法对搅拌桩防渗墙进行质量检测。信号采集设备和数据处理软件分别是瑞典产RAMAC超强地面耦合系统（RTC）和REFLEXW数据处理软件。检测部位是业主指定位置0+583～0+883，检测长度300m。沿防渗墙顶部轴线位置布置雷达探测线，雷达探测仪沿探测线方向移动，采集数据。检测结果是，防渗墙深度符合设计要求，总体连续、完整，不存在空洞现象。

11.3.5 工程运行情况及后评

测压管是观测水库大坝运行情况的重要设施，工程交付使用后，在水库大坝桩号0+400、0+700、1+500和2+100断面安装了测压管检测仪，每个断面从上游至下游各布置4个，共计布置16个测压管，其测压管布置见图11-12。

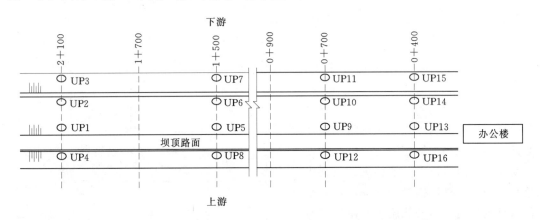

图11-12 大坝安全检测测压管布置图

测压管安装时，要在测压管口安装专用的管口装置，将带通气管电缆固定靠在测压管管壁处，并保证通气管畅通，且不进入水分或污物，传感器使用带自动温度补偿性能的YZ型压阻式水位计，水位计安放在最低水位，深度要保证最低水位的精确测量，且放置平稳。

仪器安装完成后，用配置YZY-1型压阻式读数仪对水位进行测量，再进行人工比测，检查仪器安装高程、测值准确性和重复性。

表11-8摘录了大坝运行期间观测点的数据，对各渗流观测数据分析显示，桩号0

＋700、1＋500断面各测点渗流观测数据与理论计算数据较吻合，大坝桩号0＋400、2＋100断面截渗墙后面的观测点数据比理论计算数据低。水库大坝渗流（水位）观测对照见图 11－13，防渗墙下游实测水位线在理论浸润线之下，防渗墙施工满足大坝渗透稳定要求。

表 11－8 水库大坝渗流（水位）观测对照表

测量断面	测点	实测结果/m	计算结果/m	差值/m	测点位置
桩号 0＋400	UP16	30.125	30.057	－0.068	截渗墙前
	UP13	28.455	28.898	0.443	截渗墙后
	UP14	27.409	28.79	1.381	
	UP15	26.418	28.251	1.833	
桩号 0＋700	UP12	30.04	29.981	－0.059	截渗墙前
	UP9	28.46	28.751	0.291	截渗墙后
	UP10	27.724	28.413	0.689	
	UP11	25.743	27.473	1.73	
桩号 1＋500	UP8	30.102	29.536	－0.566	截渗墙前
	UP5	28.606	28.406	－0.2	截渗墙后
	UP6	27.687	27.704	0.017	
	UP7	25.693	25.946	0.253	
桩号 2＋100	UP4	30.009	29.981	－0.028	截渗墙前
	UP1	28.441	29.007	0.566	截渗墙后
	UP2	27.115	28.861	1.746	
	UP3	26.034	28.562	2.528	

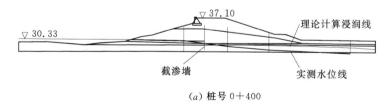

（a）桩号 0＋400

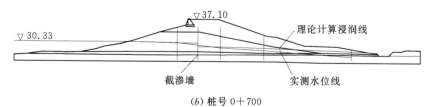

（b）桩号 0＋700

图 11－13（一） 水库大坝渗流观测比较图

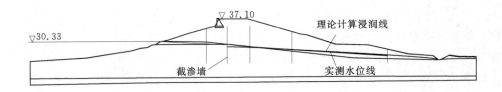

(c) 桩号 1+500

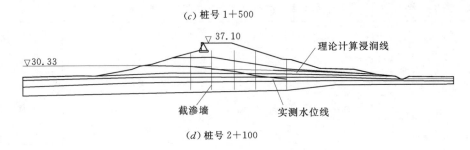

(d) 桩号 2+100

图 11-13（二） 水库大坝渗流观测比较图

11.4 汾河某城区段治理工程

11.4.1 工程概况

汾河某城区段治理工程是某城区汾河美化蓄水工程，为确保工程蓄水，防止水资源的侧向渗漏流失，在汾河两岸需要采取严格的防渗措施，解决汾河两岸箱涵下松散的细砂、粉砂、粉土、淤泥质土等松散地层的地下水的渗漏问题。通过工艺比选垂直防渗方案，确定采用多头小直径深层搅拌工艺建造防渗墙，在局部地段辅以高喷墙进行防渗墙的补强和衔接。同时，为防止蓄水渠和浑水渠水体通过地下渗透，在中隔堤地基采取单头深层搅拌施工设备，进行水泥土深层搅拌施工，建造一道防渗中隔墙。

11.4.2 工程设计

（1）工程设计条件。

1）工程地质。根据地质勘查成果，场地土主要为第四系河流洪积物松散堆积，所探明的地层自上而下分别为：①淤泥质粉土；②粉细砂；③粉质黏土夹粉砂；④粉质黏土夹粉土等。其中①淤泥质粉土渗透系数极小，但是分布不稳定，尤其是在河床底部严重缺失。②粉细砂、③粉质黏土夹粉砂层渗透系数较大 $k=3.5\times10^{-3}$ cm/s，汾河蓄水后，该土层是重要的地下渗漏通道，本次蓄水工程需要进行防渗治理的主要地层。④粉质黏土夹粉土层顶板埋置深度 12.5～31.8m，厚度大于 5m，渗透系数 $k=1.9\times10^{-5}$ cm/s，分布连续稳定，为本地区相对隔水层。

2）水文地质。场地地下水位第四系松散孔隙潜水，地下水与汾河地面水水力联系较大，具有统一的水面。地下水水质为 $HCO_3 - Ca$ 型，无侵蚀性。

（2）工程设计。

1）方案设计。设计防渗墙墙体固化剂采用 32.5 级普通硅酸盐水泥，水泥掺入量 15%，水灰比初定 1.0∶1～1.5∶1，根据现场试验最终确定施工水灰比。防渗墙水泥土抗压强度不小于 0.5MPa，压缩模量不大于 1000MPa，渗透系数不大于 $A \times 10^{-6}$ cm/s（1<A<10），破坏比降不小于 100。

防渗墙墙体厚度不小于 200mm，钻具垂直度偏差不大于 5‰；防渗墙顶部需凿除，凿除长度为 300mm。

2）设计计算。汾河两岸及中隔堤以及橡胶坝坝下设计深层搅拌薄层水泥土地下连续墙作为垂直防渗。防渗墙深度达 33.0m。

A. 渗透破坏比降。汾河某市城区段治理工程特征断面见图 11-14，汾河设置橡胶坝蓄水后，设计最大水深位于橡胶坝坝前，最大水深 4.2m，较河道治理之前，水位提高 4.0m，高出当地城区相邻凹地约 1.2m。由于汾河橡胶坝为调蓄性蓄水，年度内总的水流流量无较大变化，区域内地下水水位也无较大的变化。而实际上，工程蓄水后，测定库区水位为 0.9m，防渗墙之外侧 2m 和 10m 位置地下水水位分别为 5.1m 和 5.3m（箱涵顶部相对高程计为 0m），蓄水后内外水位差为 4.0m，即防渗墙承受有 4.0m 的水头。下面以此条件进行防渗墙渗透破坏比降的校核。

$$J = \frac{H-h}{t} = \frac{\Delta h}{t} = \frac{4.0}{0.20} = 20 < 100$$

从验算结果看，防渗墙渗透破坏比降指标满足要求。

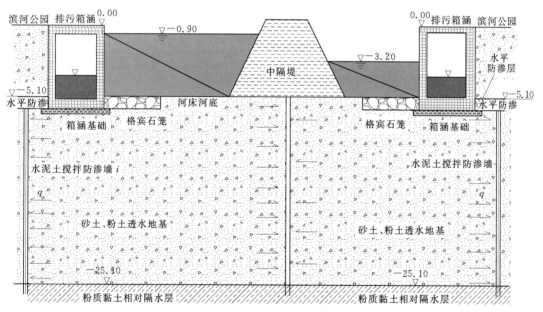

图 11-14　汾河某市城区段治理工程特征断面示意图

B. 渗透流量。防渗墙渗透流量按照平均处理深度为 20m、防渗墙内外水头差值 4.0m 计算：

$$\begin{aligned}
q_1 &= KIF \\
&= 5 \times 10^{-6} \times 984 \times \frac{4}{0.2} \times 20 \times 1 \\
&= 5 \times 10^{-6} \times 984 \times 20 \times 20 \\
&= 1.96 \text{m}^3/\text{d}
\end{aligned}$$

C. 强度和变形。堤岸墙下松散的细砂、粉砂、粉土、淤泥质土等松散地层变形模量为 2~20MPa，防渗墙水泥土抗压强度不小于 0.5MPa，压缩模量不大于 1000MPa。两者压缩模量相差较小，能做到协调变形，不至于产生太大的应力集中现象。

汾河治理后，防渗墙上部的滨河公园基本不存在行车和大规模的土木工程建筑，也就不存在较大的附加应力，由于公园内新近回填土所引起的附加应力，其对于防渗墙强度的要求不大，设计的 0.5MPa 的水泥土强度满足其承载力的要求。

11.4.3 工程施工

（1）施工方案。因隔水层埋置深度大，地质条件较为复杂，地表富含建筑垃圾，再则工程量大，任务紧迫，本工程选用 ZCJ 型三头深层搅拌桩机施工。埋置深度大于 25m 地段，其上部采用深层搅拌施工方案，超过 25m 深度段采用高压喷射灌浆摆喷施工。

1）主要施工设备。本工程主要配置 ZCJ 型多头小直径深层搅拌截渗桩机，由主机和水泥浆搅拌装置两大系统组成。共布置 8 台套该型施工设备。为处理难工地段，配置 3 台套高喷设备。

2）施工参数。投入施工设备轴间距为 320mm，按设计要求墙厚，考虑施工可能产生的偏差，选用钻头直径 $d=380$mm，单元墙内桩间搭接 60mm，单元内理论最小墙厚 205mm，大于设计要求的 200mm。由于施工中可能出现桩位误差和垂直度偏差，以最大深度 25m 为依据，按照单边偏斜 0.5％幅度和桩位偏移 20mm 考虑，单元间搭接厚度加大到 150mm，可保证搅拌桩桩底有效搭接，搅拌桩桩顶单元间最小防渗墙的厚度为 302.5mm，墙底最小防渗墙厚度为 62.4mm，其渗透比降小于 100，符合渗透破坏比降要求。单元成墙及单元间搭接施工顺序见图 11-15。

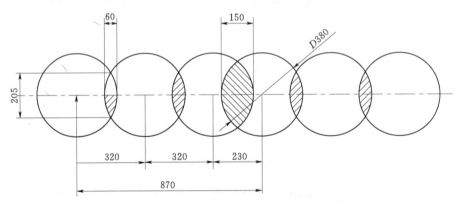

图 11-15　单元成墙及单元间搭接施工顺序示意图（单位：mm）

（2）施工准备。

1）三通一平。

A. 修建进退场及场内道路。

B. 接通网电，备用 2 台 200kW 柴油发电机。

C. 施工用水就近取用河水，并进行试验鉴定，施工用水要求符合搅和水泥浆用水标准。

D. 平整场地，施工作业面符合技术要求。

2）测量放线。进行测量放线，定出施工桩位，做出标志，施工桩位准确。

3）先导孔。按施工技术文件要求，沿施工轴线按照间距 50m、孔深 25m 布置先导孔，进行地质复勘，详细了解工程地段的地质情况，重新编制地质剖面图，确定了最后的施工深度等施工参数。

4）成墙试验。根据施工图纸的规定、技术要求、地质剖面图，进行成墙试验，检验施工参数和工艺合适性，确定浆液的配比、输浆的工作压力、输浆量和与之相匹配的钻头下沉、提升速度，为工程的正式施工做好准备。

（3）资源配置。

1）劳动力。根据本工程施工进度计划及施工强度要求，结合施工组织设计方案，劳动力配置如下。

水泥土防渗墙施工 8 个施工队伍，负责整个工程的防渗墙施工。每队共 23 人，采用 3 班制作业。每班配置：机械操作工 3 人，其中 1 人任班长，普工 2 人；施工员 1 人。每队配备施工队长 1 人，维修工 2 人，电工 1 人，电焊工 1 人。

高喷灌浆施工共 3 个施工队伍，每队共 37 人，也采用 3 班制，机械操作工 4 人，其中 1 人任班长，普工 6 人，施工员 1 人。每队配备维修工 2 人，电工 1 人，电焊工 1 人。

综合施工队共 2 个施工队伍，每队共 26 人，采用单班制，配置施工员 1 名，电工 1 名，电焊工 1 名，机械操作工 2 名，维修工 1 名，普工 20 名，共计 26 人。

2）材料。主要施工材料和水电计划需用量见表 11-9。

表 11-9 主要施工材料和水电计划需用量表

名 称	规 格	计量单位	数 量					
			总量	5 月	6 月	7 月	8 月	9 月
普通硅酸盐水泥	P. O 32.5	t	13970	6120	6010	1840		
普通硅酸盐水泥	P. O 42.5	t	9552			2980	6204	368
水	m³		34682	9581	9318	6251	8925	607
电	kW·h		350000		175000			175000

注 由于国家标准的更新，2008 年 7 月取消 P.O 32.5 水泥标准，该水泥不再生产和投入使用，采用高一级标号。

（4）质量控制与检测。

1）施工质量满足技术要求。

A. 施工场地平整。

B. 清基挖除植物根茎。

C. 钻头直径 380mm，单元内桩间搭接厚度 60mm，最小墙体厚度 204.9mm。为保证墙体连续，单元间桩与桩搭接厚度 150mm。

D. 水泥掺入比 15%，固化剂浆液的水灰比为 1.0～1.5。制备好的浆液不得离析，停置时间不得超过 4h。

E. 停浆时，及时通知操作人员，记录停浆深度，为防止断桩或缺浆，将钻头搅拌和下沉至停浆面以下 0.5m，恢复供浆时再喷浆提升。

F. 配浆时，水灰比严格按细则执行，记录所加水、灰及总浆量。

G. 墙深达到设计要求。

2) 施工质量控制措施。

A. 材料控制措施。工程使用水泥改为 P.O 42.5 普通硅酸盐水泥。水泥运到施工现场均附有出厂合格证，使用前进行复检，同一批次同标号的水泥每 200t（不足 200t 按 200t 计）取样检测 1 次。

水泥按不同品种、标号、出厂批号以及是否复验等分别贮存仓库，采取遮盖措施与排水措施，防止贮存不当引起水泥变质。水泥的出厂日期不超过 3 个月，水泥的堆放高度不超过 10 袋，码放整齐有序。

B. 水泥土搅拌桩施工控制。桩机安装深度自动记录仪，严格按照施工图纸要求控制下钻深度、喷浆面停浆面，确保桩长。输浆泵安装浆量自动记录仪，输浆时精确记录输浆量，并使浆液泵送连续。

施工时定时检查搅拌桩的桩径、成墙厚度及搅拌均匀度，对使用的钻头定期复核检查，其直径磨耗量不大于 5mm。

桩机安装水平调平装置，确保桩机机身施工时处于水平状态，保证导向架的垂直度，使桩体垂直度不超过 1/200。

搅拌轴对中偏差不大于 10mm，桩间搭接长度、成墙厚度满足设计要求。

喷浆钻进和提升的速度符合施工工艺要求，并设有专人记录每桩下沉和提升时间，其深度记录误差不大于 10cm，时间记录误差不大于 5s。

在成桩过程中遇有故障而停止喷浆时，第二次喷浆接桩，其喷浆重叠长度均大于 0.5m。

3) 质量检查措施。

A. 作业前的检查。水泥土搅拌桩施工前，对以下项目质量进行检查验收：桩位的现场放样成果、材料试验成果、浆液配合比和喷浆量试验成果、钻孔偏斜率。

B. 作业过程的检查。水泥土搅拌桩施工过程中，通过施工记录和现场抽查，对搅拌桩及其工艺进行逐项检查，主要检查内容有：注浆量、水灰比、钻头直径、施工深度、机架倾斜度等，此外还注意检查施工中是否有异常情况出现，记录其处理方法及措施。

（5）特殊情况及其处理方法。工程施工总体是比较顺利的，在施工中由于出现地层复杂、各种地上、地下障碍物影响等情况，给施工带来了一定的困难。在遇见这些问题时，通常采取下述方案给予解决。

1) 特殊地层处理。

A. 粉细砂地层。根据勘察资料，场地地基土粉土层中夹薄层粉细砂层，局部地方砂层较厚，该土层强度较高，内摩擦力较大，在该层位进行搅拌施工时，钻进困难，且容易埋钻。

考虑到粉细砂易于液化，施工时，采取向孔底输送压缩空气的方法，使得土层液化，减少地层阻力，很大程度上提高了施工工效。

通过后期取样观察，采取该方案处理的搅拌桩，水泥土搅拌均匀、质地致密、室内检测结果均符合设计要求。

B. 砂卵石地层。本工程施工段内可见砂卵石地层，卵石粒径 20～60mm，磨圆度较好，分选性一般，卵石成分主要为花岗石、玄武岩等，含量在 20%～50% 之间，基质为浅色的石英、长石中细砂，地层分布不连续。

上述砂卵石地层强度大，深层埋置的卵石无法扰动，在该层位中不适宜使用深层搅拌施工工艺。主要采取高压旋喷方案对该部位进行防渗处理。

在施工时，根据探明的砂卵石地层地板高程，由其最高顶点向上 500mm 位置，向轴线两侧划定平直的施工界线，上部采用深层搅拌工艺施工，下部采用高压摆喷灌浆折接方案施工。高喷轴线向河道外侧偏离深层搅拌施工轴线，偏离距离 300mm，深层搅拌防渗墙和高喷板墙搭接长度 500mm，结合部位采用高压旋喷灌浆处理。

2) 接触部位的处理。

A. 一期、二期工程接头部位。汾河治理一期工程，其防渗墙布置于河道两侧箱涵之下，采用高喷工艺施工。本期工程防渗墙布置在箱涵外侧，距箱涵中心线距离 7.2m 位置。

在两期工程之间存在一个过渡的接头部位。由于搅拌设备工作平台需要保持 5.0m 以上宽度，在靠近箱涵位置无法施工。搅拌施工为原地成桩工艺，其成桩位置只是尽可能逼近箱涵边缘，对于箱涵下高喷防渗墙和箱涵边缘之间的空隙，不能形成封闭的防渗系统。出于以上情况，在该部位采用高压摆喷进行施工。

高压摆喷施工时间安排在该位置的深层搅拌防渗墙施工结束后进行，其两端的搭接长度满足设计要求，且不小于 3.0m，以确保工程达到封闭，实现防渗目的。

B. 排污渠道。九院沙河是汾河在该城区段的一条重要支流，河口宽度 5.0m，为常年性流水，平水期汇流量可达 $1.2m^3/s$，为彻底解决九院沙河对水平防渗的冲刷作用，该段的防渗墙调整至箱涵下，于箱涵施工前，将河道导流，进行防渗墙施工。

C. 建筑及建筑基础接触部位。在建筑及其基础位置，底部采取高压喷射灌浆方案施工，建筑及基础四周，采用密实灌浆施工方案进行封闭处理。

3) 地下障碍物的处理。

A. 地下桥。汾河地下桥埋设于汾河河道之下，埋设深度较浅，地下桥宽度约 15m，上下行四车道，地下桥是东西城区的重要交通纽带。

为防止施工对地下桥的破坏，地下桥位置采用水平防渗与垂直防渗相结合的设计方案解决。在地下桥中心线上下游各 30m 位置设置一道深层搅拌防渗墙，与两岸防渗墙搭接，同地下桥顶部水平防渗系统一道，成为一个封闭的防渗体系。

B. 地下管线。据有关资料显示，工程施工段内，有多条不同单位、不同类型的地下管线。根据其大致位置，采取地下雷达探测与开挖相结合的探测手段，查明管线的性质、尺寸、埋置深度和管线走向，并标明其中心线和边缘位置，深层搅拌施工至此时，两边各留出不少于 500mm 的安全距离，避让管线。所留缺口，采用其他工艺施工。

河道西侧某个排污口，采用纤维钢玻璃管道接入排污箱涵。该排污口为该城区西区的重要排污工程，日排污量可达 $30000m^3$，管道直径 1200mm。管道下无法正常进行深层搅拌施工，采用高压喷射灌浆方案进行两侧防渗墙的衔接处理。高喷孔在管道两侧布置，距管道中心线各 0.7m。

C. 建筑垃圾。作为城市河道，在其治理前，在其管理盲区常有石块、砖头、混凝土块、铅丝及铁块等建筑垃圾堆放和填埋，有的地方建筑垃圾埋深3～4m。在本次工程治理时，大部分的浅部建筑垃圾被清理，已经回填并覆盖黄黏土水平防渗层，而深部埋置的建筑垃圾未进行处理，这些未清理的建筑垃圾块体大、埋置深、不可预见性强，在深层搅拌施工中，常常造成搅拌钻头、钻杆、大盘及电机等配件损毁，给施工设备带来极大的威胁。对这种建筑垃圾的处理，是本工程施工中最大的施工难题。

由于河道长，经过河道治理覆盖后，建筑垃圾隐蔽性强，针对这种情况采用的是"查—望—探—挖—钻或避让"的方案加以解决。

首先根据先期地质勘察、河道测绘和走访调查的资料，大致确定建筑垃圾分布位置。再根据河床地形地势及两岸进出场道路情况，判断该点存放垃圾的可能性和建筑垃圾的大致堆存量。加密复勘先导孔，详细勘察确定地段的建筑垃圾分布情况。对已经查明建筑垃圾，如果埋置深度小于2.0m，采用挖除回填的办法解决，当其埋置深度大于2.0m时，则采取绕行避让措施加以解决。

对于建筑垃圾埋置深度大、分布广泛的地段，采取绕行避让明显不经济、不合理情况，该段改用高压喷射灌浆处理，高喷灌浆与深层搅拌施工段的搭接按照一、二期工程接头处理方案执行，并复合《深层搅拌法技术规范》（DL/T 5425—2009）、《水利水电工程施工质量检验与评定规程》（SL 176—2007）等要求，且搭接长度不小于1.0m。

在深层搅拌施工时，尤其是在上部孔段搅拌施工时，需要降低钻进速度和调低转速，注意观测电机电流变化情况，倾听设备齿轮和孔底的杂音。一旦出现异常现象，立即停止钻进，处理完毕后再继续进行施工。

4）相对隔水层埋置深度大，超过深层搅拌设备施工能力。在施工一标段北侧，相对隔水层埋置深度达到31.5m，超过ZCJ-25深层搅拌设备施工能力，采用深层搅拌和高喷工艺结合的方案进行施工，其上部采用深层搅拌施工方案，超过23m深度段采用高压喷射灌浆摆喷施工。高喷轴线向河道外侧偏离深层搅拌施工轴线，偏离距离300mm，深层搅拌防渗墙和高喷板墙搭接长度500mm，结合部位采用高压旋喷灌浆处理。

（6）施工进度。

1）计划工期。工程范围内主要工程项目为水泥土防渗墙工程施工。水泥土防渗墙工程量超过16.2万m²。工程原计划于2007年7月动工，但由于汾河治理工程有其他工程施工，且安排工期正为汛期，为此，综合考虑各种因素后，本工程本项目的工期推迟到2008年4月正式开始，计划于2008年10月初完工、蓄水。

A. 工期目标。由于工期紧、任务重，为确保工程如期完成，施工前，按照施工的目标工期，根据施工条件和施工资源配置情况，进行工期倒安排，做出详细的施工安排，编制翔实的工程进度计划。

进场时间按照现场情况和业主单位的计划，2008年3月底，主要管理人员陆续进场，2008年4月中旬，计划投入工地的施工队逐步到位，开始进行施工的准备工作。

按照计划，本工程完工时间为10月5日，倒排工期的正式开工时间为4月25日，施工总进度计划为监理签发开工令后164d完工。

B. 计划工期可行性分析。本标段的关键工作是水泥土搅拌桩防渗墙施工，本次投入施工设备型号为 ZCJ 型，正常情况下施工工效可达 $350m^2/d$，为防止地下建筑垃圾、河道地质变化等不可预见因素对工期影响，计划工期按照设备工效为 $200m^2/d$ 考虑，16.2 万 m^2 水泥土搅拌桩防渗墙，需要 8 台该型号深层搅拌设备 100d 完成，工期有望按照计划实现。

2）施工进度。

A. 准备工作进度。由于场地等因素影响，本工程开工日期有所推迟。施工材料洽商、设备和人员组织已经就绪，场外水、电、路等勘查完毕，项目部、库房等临时工程也准备完成。场地具备条件后，立即安排施工人员进驻现场后，及时进行场地内三通一平准备工作，完成测量放线工作；同时，组织施工设备和材料入场，完成安装调试工作；组织勘察队伍进行先导孔施工，勘察资料每天整理报验，确保 3d 形成勘察成果指导防渗墙施工。准备工作 7d 完成。

B. 水泥土防渗墙施工进度及保证措施。在各项准备工作完成后，即进行水泥土搅拌桩防渗墙施工，完成工程量 16.2 万余 m^2，在施工的同时进行资料整理。

8 台水泥土搅拌桩防渗墙施工机组于 2008 年 4 月 25 日陆续开工，每两台相向施工。确保工程在 9 月 1 日前完成全部防渗墙的施工，于 10 月 1 日前完成检测工作并提交检测成果。

为保证施工顺利进行，有效控制施工进度，本工程主要从以下方面进行施工进度的控制。

设备保障：本工程配备先进的施工技术和施工机械，配置 8 台套 ZCJ－25 型深层搅拌桩机，后勤上备用多种易损配件，安排一些维修水平高、责任心强的维修人员，保障工程顺利进行。同时，根据总控计划，灵活增加备用机组措施。

质量管理：本工程严格按照全面质量管理的要求和工作程序开展各项工作，对各工序的工作质量严格把关，杜绝了任何一次因施工质量问题而造成的返工和窝工。

调整预案：在施工组织编制时，制定了施工进度控制措施和施工进程中进度调整预案，在施工中及时排除了施工工期的不利影响。

C. 工程检测。工程质量检测是在水泥土防渗墙施工达到 28d 龄期后进行，即 6 月初即可开始，直至防渗墙施工全部完成后的 28d 内全部结束。

D. 竣工验收。竣工验收工作于在 9 月 25 日开始，9 月 28 日结束，历时 4d。

11.4.4 工程检测

（1）开挖检测。在墙体强度满足要求后，按照每 500m 开挖一处的原则，对墙体进行开挖，开挖长度 3m、深 2.5m，检查结果，桩体外观质量良好，墙体搅拌均匀，质地致密，搅拌桩单元内搭接和单元间搭接厚度满足设计要求，由于施工的扰动性，防渗墙最小厚度普遍较设计值更厚。从开挖检测整体上看，施工质量优良。

（2）桩体取样检测。遵照《深层搅拌法技术规范》（DL/T 5425—2009）及《建筑地基处理技术规范》（JGJ 79—2012）等规定，按照堤防工程每 300～500m 抽检 1 孔，不足 300m 也布设 1 孔的要求，本段布置 20 处钻孔取样检测点。

在截渗墙墙体具备强度后进行，采用取样器钻取芯样或从开挖外露的墙体中凿取试块，其中，钻孔取样按照上中下分段取样方法，每处取样 3 组，每组 3 块。送实验室做抗压强度和渗透性检验。

防渗墙钻孔取芯检测试验结果见表 11-10。

表 11-10　　　　　　　　　　防渗墙钻孔取芯检测试验结果表

序号	检 测 项 目	样品数 /组	最大值 /MPa	最小值 /MPa	平均值 /MPa	标准差	变异系数	标准值	备注
1	无侧限抗压强度	60	1.82	0.65	1.17	2.25	0.57	0.67	
2	变形模量	60	945	228	638	602	0.94	505	
3	渗透系数（$\times 10^{-6}$cm/s）	30	6.28	0.76	2.43				
4	破坏比降	15	380	160	292	265	0.58	170	

根据检测成果，防渗墙水泥土无侧限抗压强度最大值 1.82MPa，最小值 0.65MPa，平均值 1.17MPa，无侧限抗压强度满足大于 0.5MPa 的设计要求；变形模量最大值 945MPa，最小值 228MPa，平均值 638MPa，变形模量满足小于 1000MPa 的设计要求；渗透系数最大值 6.28×10^{-6}cm/s，最小值 7.61×10^{-7}cm/s，平均值 2.43×10^{-6}cm/s，渗透系数满足小于 $A \times 10^{-6}$cm/s（$1 < A < 10$）的设计要求。

（3）围井试验。围井尺寸见图 11-16 和图 11-17，长 3 个搅拌桩单元，宽 2 个搅拌桩单元，深度为防渗墙设计控制深度，以相对隔水层作为围井的井底。

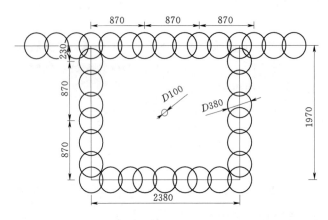

图 11-16　试验围井平面图（单位：mm）　　　图 11-17　试验围井剖面图（单位：mm）

围井施工结束 28d 后，采用人工清除围井内顶部浮浆，挖除上部 2m 的土层，观测防渗墙及围井的施工效果，在围井中心凿孔注水。中心孔采用干法施工，孔径 ϕ110mm，深度 5m 左右，孔内插入相应口径的导管，并标注刻度。准备就绪后，向中心孔内注水，饱和 3~5d 后，观测孔内水位下降速度，测定防渗墙的渗透性能。

通过多次注水观测结果，防渗墙渗透系数最大值 6.28×10^{-6}cm/s，最小值 7.61×10^{-7}cm/s，平均值 2.43×10^{-6}cm/s，渗透系数满足小于 $K \times 10^{-6}$cm/s（$1 < K < 10$）的设计要求。

11.4.5　工程效果

本次治理工程按期完成，库区试蓄水如期进行，经过 2 个月的试运行，库水水位高程比较稳定。水位抬升后，堤防外侧未见地下水反渗，测定地下水水位无明显抬升，说明防

284

渗墙防渗效果显著，达到预期目的。

目前，由于汾河治理良好，蓄水成功，汾河两岸已经建成绿化景观区，与汾河蓄水渠相映成趣，成为广大市民休闲度假的好去处。

11.5 广西某城市防洪堤基础防渗墙工程

11.5.1 工程概况

（1）工程简介。工程位于广西东部，处于西江与桂江两江交汇处。为确保城区安全，沿江修建有一道防洪堤，防洪堤沿全长 3.57km。工程设计主要采用钢筋混凝土防洪墙形式，主要建筑物有主堤、护岸工程、排涝泵站和堤后集水渠等。为折减渗压水头，防止堤基土挡洪期间在承压水的作用下产生渗透破坏，在堤防底板前趾外 1m 建造防渗墙。

（2）工程地质条件。工程所在地段经地质勘探表明，施工范围内的土层自上而下主要由人工填土、砂壤土、淤泥质黏土、壤土（包括黏土夹砂）、含泥砂层、砂卵砾石、残积黏土、全风化砂岩、强风化砂岩及弱风化砂岩组成。工程需防渗处理涉及土层如下：

1）人工填土主要为杂填土，局部为素填土，约 1/3 的堤段有抛填块石和砌石。杂填土中夹有砖块、块石等。人工填土整个堤段均有分布，覆盖于堤基表面，层厚 2.3～13.0m。

2）砂壤土：该层为堤基主要土层，层厚 1.1～10.0m。

3）淤泥质黏土：该层呈透镜状分布，最厚约 8.7m。

4）壤土：呈透镜状，最厚约 10.0m。

5）含泥沙层：层厚 0～10.3m，呈透镜状分布。

6）砂卵砾石：该层分部稳定，贯穿整个堤段。

（3）工程地质特点：

1）地层变化较大，土质松软，工程特性差。

2）表层杂填土组成复杂，主要地层渗透系数大，抗渗稳定性差。

11.5.2 工程设计

西江段防渗墙设计方案为水泥土搅拌桩，防渗墙墙底深入砂壤土层 1m。在地下障碍物较多的部位和地上障碍物部位（桥梁、涵洞）采用高喷。

（1）设计计算。通过现场取土，进行室内配比试验，在水泥掺入比不小于 12% 情况下，其单轴抗压强度不小于 0.8MPa，水泥土的渗透破坏比降为 220。根据相关技术标准和规范要求，本工程的允许比降 $[J]$ 取 70。该水库校核洪水位的高程和对地下水位的观测结果，水头差 ΔH 为 15m，施工偏差系数 η_j 取 1.2。由式（3-22）计算最小防渗墙厚度 S 可得：

$$S = 1.2 \times \frac{15}{70} = 0.257 \text{m}$$

由最小防渗墙厚度对设计允许比降进行校核可得：

$$\frac{15}{0.257} = 58.37 \leqslant [J]$$

可知防渗墙的设计允许比降满足要求。

（2）水泥土防渗墙设计参数。

水泥防渗墙设计参数如下：

渗透系数：$K \leqslant 1.0 \times 10^{-6}$cm/s。

抗压强度：$R_{28} > 0.8$MPa。

允许渗透比降：$J > 60$。

最小成墙厚度：300mm。

水泥掺入比：不小于12%。

垂直度允许偏差：不大于0.3%。

11.5.3 工程施工

（1）施工准备。

1）清除地下障碍物，修建施工平台。对施工轴线上深度4m左右的浆砌石、块石等地下障碍物进行开挖清除并回填土，对在边坡上施工面进行开挖填土并碾压，对整个施工面进行场地平整。

2）地质复勘。沿防渗墙施工轴线每50m设1孔进行地质复勘，复勘钻孔深度不小设计防渗墙墙底线2.0m，且深入相对隔水层的砂壤土层不少于1m。

3）工艺性施工试验。为了确定适合本工程的施工参数，施工前进行了工艺性试验。试验于2002年3月7日进行，水泥掺入比选用12%，水灰比分别采用1.7:1、1.5:1和1.2:1三种，桩径350mm，垂直度控制0.3%，桩位偏差10mm。7日后进行开挖检查，墙体外观质量良好，墙体连续，整体性好。取样检测结果：渗透系数平均 $K = 1.2 \times 10^{-7}$cm/s，28d抗压强度1.86MPa，成墙厚度310～350mm，均满足设计要求。根据试验时的泛浆情况和开挖效果，确认施工水灰比为1.5:1。

4）测量放线。根据给定的桩号及测量基准点，按照设计要求的轴线位置，进行施工放样工作，确定轴线位置、施工桩位以及墙顶高程。

（2）水泥土搅拌桩施工。

1）施工工艺。深层搅拌桩水泥土防渗墙施工工艺流程见图11-18。

本工程施工投入的设备有BJS-18型桩机，采用了二序成墙，二序成墙见图11-19。工艺作业程序如下：

A. 主机就位并调试：安装水泥浆液制备系统。

B. 主机调平：制浆系统同时拌制水泥浆。

C. 启动主机：使多钻头同时转动并向下钻进；同时开启输浆系统，边搅拌钻进边喷浆直至达到设计深度。

D. 反转提升并搅拌喷浆到地面，完成一序墙的施工；桩机向前移动160mm，施工第二序，完成一个成墙单元的施工。

E. 桩机整机沿预定的方向前移动800mm，进行第二个单元墙的施工，重复上述步骤，如此连续作业，最终形成一道具有一定强度、稳定性和抗渗性的水泥土防渗墙。

2）质量控制。

A. 施工前控制。平整场地，防止机械失稳。测量放线，控制施工轴线及高程点。根

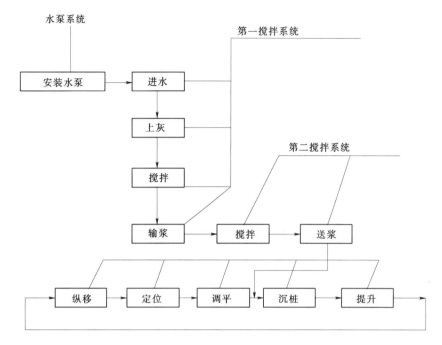

图 11-18　深层搅拌桩水泥土防渗墙施工工艺流程图

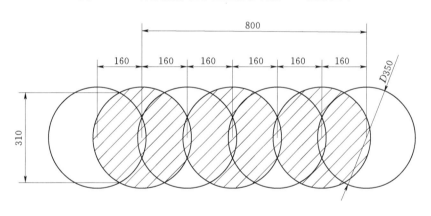

图 11-19　二序成墙示意图（单位：mm）

据施工技术要求成桩试验。确定浆液配比、输浆量等。根据成桩试验结果，确定施工参数。施工材料采用 P.O 32.5R 普通硅酸盐水泥。对使用的材料每 200t 抽检 1 次，抽检合格才能使用，不合格材料坚决不用。

B. 施工过程控制。严格按照拟定的水灰比配制水泥浆，水泥浆液随配随用，灰浆搅拌机同时不断搅动，制备好的浆液不出现离析。停置时间：当气温在 10℃ 以上时超过 3h，10℃ 以下时超过 5h 均应按废浆处理。桩位偏差在 10mm 内；桩体的垂直度在 0.5% 以内。

在钻进过程中，根据土层情况保持适当的钻进速度，一般在 0.3～1.3m/min，为减少钻进阻力，钻进时适量喷浆。

在提升过程中，控制提升速度 0.8～1.2m/min，提升速度和输浆量相匹配且输浆连续。

桩机安装深度自动记录仪，严格按照施工要求控制下钻深度、喷浆面停浆面，确保桩长，深度。

设备沿轴线控制线移动，对位按定位标尺距离移动，确保轴线偏差和桩位偏差控制在允许范围内，沿施工方向每 10～15m 设置轴线控制线。

对使用的钻头定期复核检查，其直径磨耗量不大于 10mm。

相交桩体时间不超过 24h，特殊原因超过 24h，采取贴桩处理措施。

（3）高喷灌浆与水泥土搅拌桩的搭接施工。施工过程中，高喷灌浆与水泥土搅拌桩的搭接有下面两种情况。

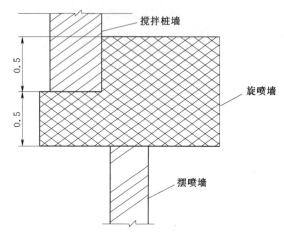

图 11-20　高喷与搅拌桩搭接断面示意图（单位：m）

1）水泥土搅拌桩已施工到设计深度，但与搅拌桩相邻的一段因地下障碍物较多而采用高压摆喷施工，在水泥土搅拌桩已达到一定强度后，为了保证搭接，采用高压旋喷搭接，旋喷孔距搭接的水泥土搅拌桩中心和摆喷孔不大于 1m，施工轴线在同一条轴线上。

2）水泥土搅拌桩遇地下障碍物未施工到设计深度，为了保证搭接效果，同时降低工程造价，采用高压旋喷与高压摆喷结合的搭接方式，搅拌桩遇障碍物深度以下 0.5m 至设计深度采用高压摆喷，搭接部位采用高压旋喷。具体搭接方案如下：高喷轴线布置在迎水侧与水泥土搅拌桩轴线平行，两轴线距离 0.3m，摆喷和旋喷孔距均按旋喷孔距 1.0m，高压摆喷从设计深度摆喷至搅拌桩遇地下障碍物深度位置以下 0.5m 时，改用旋喷提升，当提升 1m 后与搅拌桩搭接 0.5m 结束喷射进行回灌封孔。其搭接断面见图 11-20。

11.5.4　工程质量检查

（1）作业前检查。水泥土搅拌桩在作业前进行以下项目的质量检查：

1）现场测量放样成果。

2）材料试验成果。

3）浆液配合比试验成果。

（2）作业过程中检查。在施工过程中，通过施工记录和现场抽查，对搅拌桩施工主要检查内容有：注浆量、水灰比、钻头直径、施工深度、机架倾斜度等。此外还注意检查施工中是否有异常情况出现，记录其处理方法及措施。

（3）施工结束后检查。

1）墙体开挖检查。采用开挖检查的方式检验防渗墙的施工质量，如桩体直径、最小墙厚、桩体均匀性、连续性及桩体搭接情况等，每隔 300m 左右开挖 1 处，开挖长度约 3m，开挖深度 3.0m 左右，水泥土搅拌桩共开挖 12 处，墙体质量全部符合设计要求。

2）墙体取芯检测。对水泥土搅拌桩和高喷灌浆防渗墙进行墙体取芯，水泥土搅拌桩共取芯 18 处，54 组芯样，高喷共取芯 10 处，30 组芯样，送室内进行抗压抗渗检测，检测结果，水泥土搅拌桩渗透系数为 $1.22\sim5.4\times10^{-7}$cm/s，抗压强度 $1.2\sim2.5$MPa，全部符合设计要求。

11.5.5 工程运行情况及评价

整个工程于 2003 年 3 月初完工，2003 年 12 月通过竣工验收，被评为优良工程。

经过了多次洪水考验。2005 年 6 月 22 日，洪水位达到 25.8m，高出地面近 3m，未发现有渗漏通道，2005 年 6 月 23 日，洪水位达到 26.75m，漫过挡水墙墙顶，防渗墙再次经受住了考验。

参 考 文 献

［1］ 林宗元．岩土工程治理手册．沈阳：辽宁科学技术出版社，1993.

［2］ 常士骠，张苏民．工程地质手册编辑委员会．工程地质手册．4 版．北京：中国建筑工业出版社，2007.

［3］ 龚晓楠．地基处理手册．北京：中国建筑工业出版社，2008.

［4］ 钱敏，伍海平，等．陆地工程深层搅拌施工方法设计施工手册．北京：中国科学技术出版社，2002.

［5］ 刘学尧，张克恭，等．地基与基础．北京：中国建筑工业出版社，1989.

［6］ 钱家欢，殷宗泽．土工原理与计算．北京：中国水利水电出版社，2000.

［7］ 夏可风．水利水电施工手册地基与基础工程．北京：中国电力出版社，2004.

［8］ 丛蔼森．地下连续墙的设计施工与应用．北京：中国水利水电出版社，2001.

［9］ 刘保平．深层搅拌法的设计施工与应用．济南：济南出版社，2003.

［10］ 陈肇元，崔京浩．土钉支护在基坑工程中的应用．北京：中国建筑工业出版社，2000.

［11］ 刘松玉．粉喷桩复合地基理论与工程应用．北京：中国建筑工业出版社，2006.

［12］ 张俊芝．水利水电工程理论研究及技术应用．武汉：武汉工业大学出版社，2000.

［13］ 白永年．中国堤坝防渗加固新技术．北京：中国水利水电出版社，2001.

［14］ 蒋亚青．混凝土外加剂应用基础．2 版．北京：化学工业出版社，2011.

［15］ 夏可风．水利水电地基与基础工程新技术．天津：天津科学技术出版社，2002.

［16］ 龚晓楠．第四届地基处理学术讨论会论文集．杭州：浙江大学出版社，1995.

［17］ 李桂芬，王连祥，等．中国水利学会．99 防洪技术国际研讨会论文集，1999.

［18］ 朱耀泉．堤防加固技术研讨会论文集．上册．中国水利水电科学研究院，1999.

［19］ 朱耀泉．堤防加固技术研讨会论文集．下册．中国水利水电科学研究院，1999.

［20］ 孙钊，夏可风．堤防及病险水库垂直防渗技术论文集．中国水利学会地基与基础工程专业委员会，2000.

［21］ 长江科学院．长江护岸工程（第六届）及堤防防渗工程技术经验交流会论文汇编．2001.

［22］ 夏可风．水利水电地基与基础工程技术创新与发展．北京：中国水利水电出版社，2011.

［23］ 牛志荣，李宏，等．复合地基处理及其工程实例．北京：中国建材工业出版社，2000.